Die Frequenzkennlinien

Eine Einführung in die Grundlagen des Frequenzkennlinien-Verfahrens und dessen Anwendungen in der Regelungstechnik

K. H. Fasol

Mit 188 Abbildungen und 4 Ausschlagtafeln

1968

Springer-Verlag Wien GmbH

Dipl.-Ing. Dr. techn. KARL HEINZ FASOL
Dozent an der Technischen Hochschule Wien

Additional material to this book can be downloaded from http://extras.springer.com.

ISBN 978-3-7091-7963-5 ISBN 978-3-7091-7962-8 (eBook)
DOI 10.1007/978-3-7091-7962-8

Ursprünglich erchienen bei Springer-Verlag/Wien 1968
Softcover reprint of the hardcover 1st edition 1968

Library of Congress Catalog Card Number 68-13 225

Titel-Nr. 9225

Geleitwort

Die Technik der modernen Regelung kann nur von ihrer Theorie her verstanden werden. Das gibt diesem Gebiet einen besonderen Reiz. Aber auch Schwierigkeiten eigener Art entstehen dadurch, denn für den theoretisch weniger Begabten gibt es kaum einen anderen Zugang zu den Kernproblemen der Regelungstechnik.

Alle theoretischen Verfahren, die diesen Zugang erleichtern, haben deshalb große Bedeutung für die Anwendung. Die Frequenzgangdarstellung nimmt unter diesen Verfahren einen bevorzugten Platz ein. Sie ist ohne allzu großen mathematischen Aufwand anwendbar und kann trotzdem bis zu einem vertieften Eindringen in schwierige Probleme ausgebaut werden. Sie zeigt auf einfache Weise einen Weg zur Operatordarstellung, ohne die die Signalfluß- und Blockschaltbilder nicht benutzt werden können, ohne die aber auch eine Modellierung auf dem Analog- oder Digitalrechner nicht möglich wäre. Die bildliche Darstellung der Frequenzgangoperatoren durch ihre Ortskurven verhilft zu einer Einsicht in die regelungstechnischen Zusammenhänge und zeigt, in welcher Hinsicht eine gegebene Regelanlage zu verändern ist, um günstige Regelergebnisse zu erhalten.

Die graphische Behandlung von Ortskurven des Frequenzganges ist jedoch bei vielteiligeren Problemen umständlich und kann auch nur für einen gewissen, meist verhältnismäßig engen Frequenzbereich mit genügender Genauigkeit erfolgen. Das Umzeichnen der Ortskurven in eine rechtwinkelige logarithmische Darstellung beseitigt viele dieser Schwierigkeiten, so daß das „Frequenzkennlinien-Verfahren" für die Praxis das bevorzugte Darstellungsverfahren geworden ist.

Das vorliegende Buch zeigt in ausführlicher Weise die Behandlung von Regelproblemen nach diesem Verfahren und gibt damit wohl zum ersten Mal eine zusammenfassende Darstellung des Frequenzkennlinien-Verfahrens in Buchform. Die Tragweite dieses Verfahrens wird dabei besonders deutlich, da sowohl die linearen stetigen Systeme als auch die nichtlinearen Systeme und schließlich sogar die Abtastregelungen damit darstellbar sind. Das Buch füllt eine Lücke im heute vorhandenen deutschsprachigen Schrifttum aus und es möge ihm Erfolg auf diesem Weg beschieden sein.

Darmstadt, im Juni 1968 **W. Oppelt**

Vorwort

Das Frequenzkennlinien-Verfahren zur Untersuchung und zum Entwurf von Regelkreisen wurde vorwiegend im englisch-amerikanischen Sprachraum entwickelt und wird auch weitgehend in der russischen Literatur benützt. Auch im deutschen Sprachraum verdrängt es langsam die früher besser eingeführte Ortskurvenmethode. Die wesentlichen Grundlagen des Verfahrens wurden wohl schon in zahlreichen Aufsätzen und einigen Broschüren erläutert und die Methode wird auch in unzähligen Publikationen immer wieder verwendet. Die hier versuchte zusammenfassende Darstellung, die unter anderem auch das nichtlineare Gebiet berücksichtigt, stand jedoch in Buchform bisher nicht zur Verfügung.

Es wird also ein Themenkreis behandelt, der immer aktuell sein wird. Trotz des Trends zur computergesteuerten Prozeßführung wird es nämlich auch in den nächsten Jahrzehnten immer noch eine Vielzahl von herkömmlichen Regelkreisen geben, zu deren Entwurf die konventionelle Regelungstheorie unumgänglich ist. Nicht zuletzt deshalb wird der Studierende oder der Betriebsingenieur seine Studien immer mit der konventionellen Theorie beginnen müssen, wenn er sich dem Gebiet der modernen Steuerungs- und Regelungstechnik zuwendet. Dieses Buch soll ihm dann helfen, sich über das Frequenzkennlinien-Verfahren zu informieren. Es lag nicht in meiner Absicht, ein weiteres in die Grundlagen der Regelungstechnik einführendes Lehrbuch zu schreiben. Da und dort mußte jedoch etwas weiter ausgeholt werden, um die jeweils notwendigen Grundlagen und Zusammenhänge zu schaffen. Gewisse Grundkenntnisse des Lesers werden aber vorausgesetzt. Der Lektüre sollte deshalb unbedingt das Studium eines grundlegenden Lehrbuches vorausgehen [z. B. 84, 121, 201, 243, 249, 287].

Das vorliegende Buch ist eine Erweiterung einiger Kapitel meiner regelungstechnischen Vorlesungen und verschiedener Veröffentlichungen, und es verwendet auch manchmal Ergebnisse einiger von mir betreuter Diplomarbeiten. Im ersten Teil habe ich eine Zusammenstellung der Grundlagen des Frequenzkennlinien-Verfahrens und dessen Anwendungsmöglichkeiten bei der Analyse und Synthese linearer Regelkreise versucht. Im zweiten Teil wird auch die Untersuchung von nichtlinearen und nichtstetigen Systemen behandelt. In beiden Teilen habe ich besonderen Wert auf einfache Näherungsmethoden gelegt, die bei guter Genauigkeit die Anwendung der Verfahren oft beträchtlich erleichtern. Einige abstrakt gedachte Übungsbeispiele am Ende einzelner Kapitel sollen dem Leser Gelegenheit zum Einüben der Methoden geben. Im dritten Teil wird dann über die Durchführung und Auswertung von Frequenzgangmessungen gesprochen.

Der thematischen Abgrenzung des Buches entsprechend finden bei der Systemanalyse nur sinusförmige Testsignale Berücksichtigung. Von der Behandlung der Systemanalyse mittels stochastischer Signale habe ich abgesehen, weil es darüber ausreichende Literatur gibt, vor allem die ausgezeichneten Werke von H. SCHLITT [281, 379]. Im Literaturverzeichnis finden sich weitere Hinweise [16, 51, 87, 127, 189, 195, 203, 204, 280, 288, 290, 331, 332].

Für meinen Lehrer an der Technischen Hochschule Wien, Herrn o. Professor Dr. F. SCHULZ, empfinde ich große Dankbarkeit, weil er mich vor etlichen Jahren dazu veranlaßt hat, neben meinem bisherigen Fachgebiet des hydraulischen Versuchs- und Meßwesens mich auch in das Gebiet der Regelungstechnik einzuarbeiten. Er übertrug mir nach und nach alle seine regelungstechnischen Vorlesungen an der Fakultät für Maschinenwesen und hat dadurch indirekt, aber doch wohl entscheidend zum Zustandekommen dieses Buches beigetragen. Es ist mir auch eine angenehme Verpflichtung, Herrn PETER VINGRON für die umsichtige Bearbeitung der Abschnitte 7 und 11 herzlich zu danken. Außerdem bin ich Herrn VINGRON für das Lesen von Manuskript und Korrekturbogen sowie für zahlreiche wertvolle Ratschläge großen Dank schuldig. Dem Institut für Numerische Mathematik an der Technischen Hochschule Wien (Vorstand o. Prof. Dr. H. J. STETTER) danke ich für die einige Male notwendige Benützung der Rechenanlage IBM 7040. Herzlicher Dank gebührt schließlich auch Fräulein E. DÖLTL für das sorgfältige Schreiben des Manuskriptes. Dem Springer-Verlag in Wien danke ich bestens für die Herausgabe des Buches in der gewohnt mustergültigen Springer-Ausstattung.

Wien, im Frühjahr 1968 **Karl Heinz Fasol**

Inhaltsverzeichnis

A. Lineare Systeme

Seite

1. Beschreibung des dynamischen Verhaltens von regelungstechnischen Übertragungsgliedern . . . 1

1.1 Übertragungsfunktion, Frequenzgang, Ortskurve . . . 2
1.2 Reguläre und nichtreguläre Übertragungsfunktionen . . . 6
1.3 Die Grundformen der Übertragungsglieder . . . 8
1.3.1 Reguläre Glieder . . . 8
1.3.1.1 P-Glied . . . 8
1.3.1.2 D-Glied und I-Glied . . . 8
1.3.1.3 PD1-Glied und PT1-Glied . . . 9
1.3.1.4 PD2-Glied und PT2-Glied . . . 11
1.3.2 Nichtreguläre Glieder . . . 13
1.3.2.1 Nichtreguläre Glieder erster und zweiter Ordnung . . . 13
1.3.2.2 Allpaß-Glieder . . . 14
1.3.2.3 Totzeit-Glied . . . 16

2. Beschreibung des Übertragungsverhaltens durch Frequenzkennlinien . . . 16

2.1 Die Frequenzkennlinien (Bode-Diagramm) . . . 16
2.2 Die Grundformen der Frequenzkennlinien . . . 19
2.2.1 P-Glied . . . 19
2.2.2 D-Glied und I-Glied . . . 19
2.2.3 PD1-Glied und PT1-Glied . . . 20
2.2.3.1 Annäherung der Phasenkennlinien durch Gerade . . . 23
2.2.3.2 Annäherung der Phasenkennlinien durch Hyperbeln . . . 25
2.2.4 PD2-Glied und PT2-Glied . . . 26
2.2.4.1 Annäherung der Phasenkennlinien durch Gerade . . . 33
2.2.4.2 Annäherung der Phasenkennlinien durch Hyperbeln . . . 34
2.2.5 Nichtreguläre Glieder; Totzeit . . . 35
2.2.6 Zusammenfassung . . . 36
2.3 Übungsaufgaben . . . 38

3. Zusammenhang zwischen Amplituden- und Phasenkennlinie bei regulären Systemen . . . 40

3.1 Das Gesetz von BODE . . . 40
3.2 Vereinfachte Bestimmung der Phasenkennlinie . . . 44
3.2.1 Graphische Näherungsmethode . . . 44
3.2.2 Rechnerische Näherungsmethode . . . 44

4. Frequenzkennlinien von geschlossenen Systemen und Parallelschaltungen . . . 46

4.1 Frequenzkennlinien einschleifiger Systeme . . . 46
4.1.1 Das Nichols-Diagramm . . . 48
4.1.2 Abschätzung des Verlaufes der Frequenzkennlinien . . . 51

Seite

4.2 Frequenzkennlinien von Parallelschaltungen 52
4.2.1 Verwendung des Nichols-Diagrammes 53
4.2.2 Abschätzung des Verlaufes der Frequenzkennlinien 54
4.3 Frequenzkennlinien mehrschleifiger Systeme 54
4.4 Übungsaufgaben 58

5. Stabilitätsanalyse 59
5.1 Das vereinfachte Nyquist-Kriterium 61
5.1.1 Näherungsverfahren zur Stabilitätsprüfung 64
5.1.2 Zwei-Ortskurven-Methode 65
5.2 Allgemeine Fassung des Nyquist-Kriteriums 67
5.2.1 Zwei-Ortskurven-Methode 73
5.3 Übungsaufgaben 74

6. Analyse der Stabilitätsgüte 77
6.1 Absolute Stabilitätsgüte 78
6.1.1 Grundformen der Güte-Kennlinien 79
6.1.2 Diskussion des Verfahrens 82
6.2 Relative Stabilitätsgüte 83
6.2.1 Grundformen der Güte-Kennlinien 83
6.2.2 Zusammenhang zwischen Amplituden- und Phasenkennlinie; Verallgemeinerung des Gesetzes von Bode 85
6.2.2.1 Vereinfachtes Kriterium für relative Stabilitätsgüte 86
6.2.3 Zwei-Ortskurven-Methode 90
6.3 Übungsaufgaben 91

7. Synthese des Regelkreises 92
7.1 Die anzustrebende Amplitudenkennlinie des offenen Systems 94
7.1.1 Die mittelfrequente Asymptote 96
7.1.2 Übergang von der mittelfrequenten zur niederfrequenten Asymptote . . 98
7.1.3 Die niederfrequente und die hochfrequente Asymptote 100
7.1.4 Nomogramme zur Bestimmung der Kenngrößen des geschlossenen Systems 101
7.2 Korrigierende Netzwerke 111
7.2.1 Mechanische, hydraulische und pneumatische Netzwerke 112
7.2.2 Passive Gleichstrom-Netzwerke 115
7.3 Das Einfügen der korrigierenden Netzwerke 124
7.3.1 Serienkorrektur 124
7.3.2 Parallelkorrektur 124
7.3.2.1 Korrektur durch Gegenkopplung (Rückführung) 124
7.4 Optimale Reglereinstellung 126
7.5 Übungsaufgaben 128

B. Nichtlineare und nichtstetige Systeme

8. Die Beschreibungsfunktion zur Analyse nichtlinearer Systeme 130
8.1 Grundlagen 130
8.2 Kennlinien und Beschreibungsfunktionen 134
8.2.1 Betrags- und Argumenten-Diagramme 137

Seite

8.3 Stabilitätsanalyse . . . 140
8.3.1 Zwei-Ortskurven-Methode . . . 140
8.3.1.1 Anwendung im Frequenzkennlinien-Verfahren . . . 142
8.3.2 Stabilitätsdiagramme . . . 143
8.4 Übungsaufgaben . . . 145

9. Die Relais-Charakteristiken zur Analyse von Relaissystemen . . . 146
9.1 Die Methode von ZYPKIN zur Analyse der Eigenschwingungen eines Relaissystems . . . 147
9.1.1 Symmetrisches Schalten eines Relaissystems ohne Totzone . . . 147
9.1.2 Symmetrisches Schalten eines Relaissystems mit Totzone . . . 153
9.1.2.1 Näherung mit Hilfe der „vereinfachten Relais-Charakteristiken" 154
9.2 Erweiterungen der Methode von ZYPKIN . . . 158
9.2.1 Knicke oder Unstetigkeiten der Ausgangsgröße $x(t)$ . . . 158
9.2.2 Unsymmetrisches Schalten . . . 160
9.2.2.1 Unsymmetrisches Schalten eines Relaissystems ohne Totzone. Linearteil ohne Integration . . . 162
9.2.2.2 Unsymmetrisches Schalten eines Relaissystems ohne Totzone. Linearteil mit Integration . . . 165
9.3 Übungsaufgaben . . . 167

10. Näherungsweise Stabilitätsanalyse linearer Abtastsysteme . . . 168
10.1 Beschreibungsfunktion für Abtaster und Formierungsglied . . . 170
10.1.1 Näherungsformeln für die negativ inversen Beschreibungsfunktionen . 174
10.1.2 Anwendung im Frequenzkennlinien-Verfahren . . . 176

C. Experimentelle Analyse und Identifikation

11. Durchführung und Auswertung von Frequenzgangmessungen . . . 179
11.1 Erzeugung von Sinusschwingungen . . . 182
11.1.1 Funktionsgeneratoren . . . 182
11.1.1.1 Elektrische Sinusgeneratoren . . . 182
11.1.1.2 Pneumatische und hydraulische Sinusgeneratoren . . . 183
11.1.1.3 Mechanische Sinusgeneratoren . . . 187
11.1.2 Wahl der Amplitude . . . 188
11.1.3 Wahl des Frequenzbereichs . . . 189
11.1.3.1 Kontinuierlich veränderte Frequenz . . . 190
11.2 Registrierung der Signale . . . 194
11.3 Kommerzielle Frequenzgang-Meßeinrichtungen . . . 197
11.4 Kennwertermittlung . . . 202
11.5 Beispiel für durchgeführte Versuche: Frequenzgangmessungen in Wasserkraftanlagen . . . 206

Lösungen der Übungsaufgaben . . . 214

Literaturverzeichnis . . . 247

Namen- und Sachverzeichnis . . . 261

Tafeln . . . nach 264

A. Lineare Systeme

„Will man bei der Untersuchung eines Regelvorganges zu einer rechnerischen Lösung kommen, so wird man gezwungen sein, gewisse Näherungen einzuführen. Der Zusammenhang zweier voneinander abhängigen Größen entspricht sehr häufig einer recht komplizierten Funktion, die zwar vielfach in Form einer Kurve vorliegt, die aber mathematisch nur schwer zu erfassen ist. Man ersetzt nun diese Kurve durch die Tangente im Betriebspunkt. Diese Ersatzgerade hat dann allerdings nur in einem gewissen Bereich Gültigkeit. Wir beschränken uns damit auf diesen Bereich und müssen uns Rechenschaft über die Grenzen der Gültigkeit unserer Rechnung ablegen. Man spricht von einer Linearisierung des Systems und rechnet dann nur mit linearen bzw. linearisierten Regelgliedern."

A. Leonhard

1. Beschreibung des dynamischen Verhaltens von regelungstechnischen Übertragungsgliedern

Die uns in der Regelungstechnik beschäftigenden Netzwerke haben — von Ausnahmen abgesehen — die Eigenschaft, daß sie durch Strukturumwandlung des Signalflußplanes auf die Standardform eines vielschleifigen Regelungssystems (Abb. 1.1) zurückgeführt werden können (s. Abschnitt 4.2). Das System Abb. 1.1

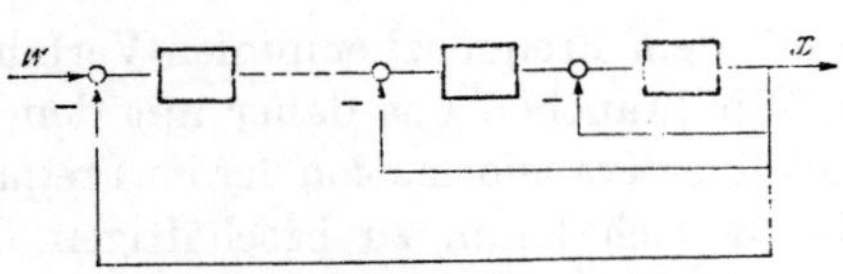

Abb. 1.1. Vielschleifiges Regelungssystem

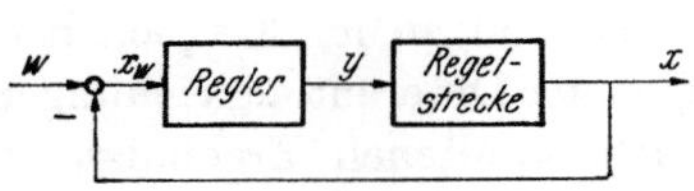

Abb. 1.2. Einschleifiger Regelkreis

baut sich wiederum aus einzelnen ineinandergeschachtelten einschleifigen Kreisen nach Abb. 1.2 auf. Diese Abbildung zeigt den konventionellen Regelkreis mit den Bezeichnungen des Normblattes DIN 19226 [69, 70][1]. Die diesen Kreis betreffenden grundsätzlichen Aufgabenstellungen der konventionellen Regelungstechnik sind in allen Lehrbüchern [u. a. 43, 84, 107, 121, 201, 243, 244, 249, 251, 267, 287] eingehend behandelt. Davon wollen wir uns im Rahmen dieses Buches nur

[1] Die Ziffern in eckigen Klammern beziehen sich auf das Literaturverzeichnis.

mit jenen Problemen beschäftigen, zu deren Lösung das Frequenzkennlinien-Verfahren herangezogen werden kann. Der Leser sei hier gleich nochmals darauf aufmerksam gemacht, daß dabei gewisse Grundkenntnisse der Regelungstechnik vorausgesetzt werden.

Die Aufgaben der Analyse eines Regelungssystems nach Abb. 1.2 teilen sich im wesentlichen in die Untersuchung des autonomen, d. h. des nach einer Anfangsstörung sich selbst überlassenen Systems und in die Untersuchung des fremderregten Systems. In die erste Gruppe fallen die Fragen nach der Stabilität bzw. der Stabilitätsgüte, während die zweite Gruppe das dynamische Übertragungsverhalten, also den durch Differentialgleichungen beschriebenen Zusammenhang zwischen Ein- und Ausgangssignal des Systems umfaßt. Die Aufgaben der Synthese (des Entwurfs) eines Regelungssystems lassen sich ebenfalls in diese zweite Gruppe der Problemstellungen einordnen. Wird die Frage nach dem Übertragungsverhalten für einen einzelnen fiktiven Baustein eines Regelungssystems gestellt, dann führt dies auf die für jede regelungstechnische Untersuchung zunächst notwendige Befassung mit dem in Abb. 1.3 gezeigten Übertragungsglied.

Man kann das Übertragungsverhalten einerseits so beschreiben, daß man die Signale als Funktionen der Zeit ermittelt und graphisch darstellt. Anderseits kann man als Eingangssignal des Übertragungsgliedes eine harmonische Schwingung heranziehen und das Verhalten des Gliedes in Abhängigkeit von der Frequenz darstellen. Im ersten Fall spricht man von der Untersuchung im Zeitbereich, während man im zweiten Fall bekanntlich von einer Untersuchung im Frequenzbereich spricht. Beide Möglichkeiten haben Vorteile und Nachteile, was manchmal auch zu Auseinandersetzungen geführt hat. Die Verfechter des Zeitbereiches verwiesen dabei mit Recht auf die bessere Anschauung. Heute, wo die konventionelle lineare Regelungstheorie als abgeschlossen zu betrachten ist, haben derartige Gegenüberstellungen an Aktualität verloren und man muß feststellen, daß sich beide Möglichkeiten sinnvoll ergänzen.

Abb. 1.3. Übertragungsglied

Wie schon der Name sagt, stellt man mit dem Frequenzkennlinien-Verfahren Untersuchungen im Frequenzbereich an. Wir brauchen uns daher mit den Lösungen der Differentialgleichungen bzw. mit einer Transformation der im Frequenz bereich erhaltenen Ergebnisse in den Zeitbereich kaum zu beschäftigen. Das Frequenzkennlinien-Verfahren ist eine lineare Methode und wurde bisher mit wenigen Ausnahmen auch nur in der linearen Theorie verwendet. Wir müssen also für die zunächst notwendige Besprechung der Grundlagen einen linearen Zusammenhang zwischen Eingangs- und Ausgangsgröße annehmen und wir verbleiben auch weiterhin im gesamten ersten Teil des Buches auf dem Boden der linearen Regelungstheorie.

1.1 Übertragungsfunktion, Frequenzgang, Ortskurve

Betrachten wir Abb. 1.3 und nehmen wir an, x_e und x_a seien die normierten Abweichungen beliebiger physikalischer Größen von jeweils einem zweckmäßig gewählten Bezugswert. Es wird dann durch das mit einem Kästchen symbolisierte

Übertragungsglied die Funktion $x_e(t)$ in die Funktion $x_a(t)$ übergeführt. Dieser Zusammenhang wird durch die gewöhnliche lineare Differentialgleichung mit konstanten reellen Koeffizienten beschrieben:

$$\begin{aligned} b_n \overset{(n)}{x}_a(t) + \cdots + b_2 \ddot{x}_a(t) + b_1 \dot{x}_a(t) + b_0 x_a(t) = \\ = a_0 x_e(t) + a_1 \dot{x}_e(t) + a_2 \ddot{x}_e(t) + \cdots + a_m \overset{(m)}{x}_e(t), \end{aligned} \qquad (1.1)$$

wobei für physikalisch realisierbare Übertragungsglieder $n > m$ sein muß. Bedient man sich der Operatorenrechnung und setzt für die zeitliche Differentiation das Symbol p, mit dem die Zeitfunktion formal multipliziert wird:

$$\frac{dx}{dt} = \dot{x} = p \cdot x, \qquad (1.2)$$

dann ergibt sich

$$\begin{aligned} (b_n p^n + \cdots + b_2 p^2 + b_1 p + b_0)\, x_a(t) = \\ = (a_0 + a_1 p + a_2 p^2 + \cdots + a_m p^m)\, x_e(t), \end{aligned} \qquad (1.3)$$

bzw. in abgekürzter Schreibweise

$$R(p) x_a(t) = Q(p) x_e(t). \qquad (1.4)$$

Man erhält nach Gl. (1.4) die Zeitfunktion $x_a(t)$ durch formales Multiplizieren der Zeitfunktion $x_e(t)$ mit dem Operatorausdruck

$$\frac{x_a(t)}{x_e(t)} = \frac{(a_0 + a_1 p + \cdots + a_m p^m)}{(b_0 + b_1 p + \cdots + b_n p^n)} = \frac{Q(p)}{R(p)}. \qquad (1.5)$$

Macht man jetzt die Ansätze

$$x_e(t) = X_e(s) \cdot e^{st}, \qquad x_a(t) = X_a(s) \cdot e^{st}, \qquad (1.6)$$

worin $s = (\delta + i\omega)$ eine komplexe Variable ist, deren Real- und Imaginärteil die Dimension [Zeit^{-1}] haben, dann erhält man mit den zeitlichen Ableitungen

$$\begin{aligned} \dot{x}_e(t) &= X_e(s) \cdot s \cdot e^{st}, & \dot{x}_a(t) &= X_a(s) \cdot s \cdot e^{st}, \\ &\vdots & &\vdots \\ \overset{(m)}{x}_e(t) &= X_e(s) \cdot s^m \cdot e^{st}, & \overset{(n)}{x}_a(t) &= X_a(s) \cdot s^n \cdot e^{st}, \end{aligned}$$

durch Einsetzen in Gl. (1.1):

$$\begin{aligned} (b_n s^n + \cdots + b_1 s + b_0) X_a(s) = \\ = (a_0 + a_1 s + \cdots + a_m s^m) X_e(s), \end{aligned} \qquad (1.7)$$

bzw.

$$\frac{X_a(s)}{X_e(s)} = \frac{(a_0 + a_1 s + \cdots + a_m s^m)}{(b_0 + b_1 s + \cdots + b_n s^n)} = \frac{Q(s)}{R(s)} = W(s). \qquad (1.8)$$

Die Gl. (1.1) wird also durch die Ansätze (1.6) identisch erfüllt, wenn die Gl. (1.8) gilt, deren formale Übereinstimmung mit dem Operatorausdruck (1.5) sofort auffällt [324]. Die mit Gl. (1.8) definierte Funktion der beliebigen komplexen Variablen s wird „Übertragungsfunktion" genannt und ist die zweckmäßigste Beschreibung des Übertragungsverhaltens. Zu Gl. (1.8) kommt man auch, wenn man bei verschwindenden Anfangsbedingungen die Gl. (1.1) mittels der Laplace-Transformation [u. a. 72, 106, 148, 229] in den Bildbereich transformiert. Die Übertragungsfunktion ist dann gleich dem Quotienten der Laplace-Transformierten von Ausgangs- und Eingangsfunktion.

Machen wir nun anderseits die harmonischen Ansätze:

$$\begin{aligned}
x_e(t) &= \overline{X}_e \cdot e^{i\omega t}, & x_a(t) &= \overline{X}_a \cdot e^{i\omega t} \cdot e^{i\alpha},\\
\dot{x}_e(t) &= \overline{X}_e \cdot (i\omega) \cdot e^{i\omega t}, & \dot{x}_a(t) &= \overline{X}_a \cdot (i\omega) \cdot e^{i\omega t} \cdot e^{i\alpha},\\
&\vdots & &\vdots\\
\overset{(m)}{x}_e(t) &= \overline{X}_e \cdot (i\omega)^m \cdot e^{i\omega t}, & \overset{(n)}{x}_a(t) &= \overline{X}_a \cdot (i\omega)^n \cdot e^{i\omega t} \cdot e^{i\alpha},
\end{aligned} \tag{1.9}$$

so erhalten wir auf gleiche Weise durch Einsetzen in Gl. (1.1) schließlich die komplexe Funktion

$$\frac{\overline{X}_a}{X_e} \cdot e^{i\alpha} = \frac{(a_0 + a_1 \cdot (i\omega) + \cdots + a_m \cdot (i\omega)^m)}{(b_0 + b_1 \cdot (i\omega) + \cdots + b_n \cdot (i\omega)^n)} = \frac{Q(i\omega)}{R(i\omega)} = F(i\omega), \tag{1.10}$$

die als „Frequenzgang" bezeichnet wird. Wieder fällt die formale Übereinstimmung mit den Gln. (1.5) und (1.8) auf. Ebenso wie durch die Übertragungsfunktion ist auch durch den Frequenzgang das Übertragungsverhalten vollständig beschrieben. Setzt man im Frequenzgang $(i\omega) = s$, dann erhält man die Übertragungsfunktion, mit der durch die Methode der Laplace-Transformation der Zusammenhang zwischen dem Frequenzbereich und dem Zeitbereich hergestellt

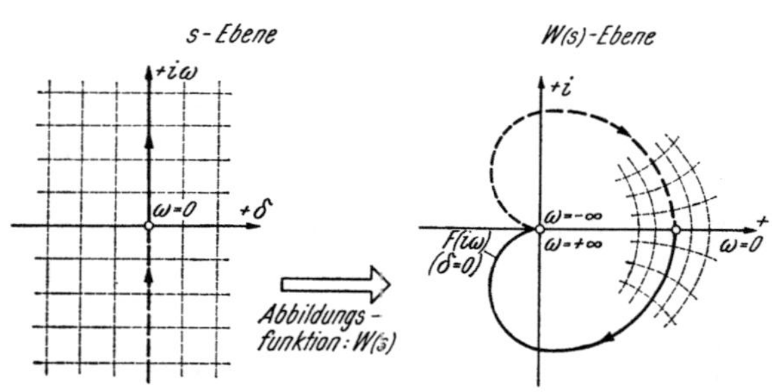

Abb. 1.4. Zur Erläuterung der Ortskurve

ist. Der mit Gl. (1.10) definierte Frequenzgang charakterisiert das Verhalten des Übertragungsgliedes unter erzwungenen harmonischen Schwingungen und ist die Grundlage für das Frequenzkennlinien-Verfahren.

Stellt man den Frequenzgang in der komplexen Zahlenebene dar, dann erhält man die sogenannte „Ortskurve" (Abb. 1.4). Ihr Name rührt daher, daß man sie bei variabler Kreisfrequenz ω jedoch bei festgehaltener Einheits-Amplitude der harmonischen Eingangsschwingung auch als Ort der Spitzen aller möglichen Schwingungsvektoren der phasenverschobenen harmonischen Ausgangsschwingung definieren kann. Wegen dieser Definition wird die komplexe Funktion des Frequenzganges, wie bereits aus Gl. (1.10) zu ersehen, vorwiegend durch ihren Betrag und ihr Argument angegeben. Der Betrag $|F(i\omega)| = A(\omega)$ ist laut Gl. (1.10) der von der Kreisfrequenz ω abhängende Quotient der Amplituden von Eingangs- und Ausgangsschwingung und wird daher „Amplitudenverhältnis" oder auch „Amplitudenfunktion" genannt. Das ebenfalls von ω abhängende Argument $\arg F(i\omega) = \alpha(\omega)$ ist nach obigem Ansatz die Phasenverschiebung zwischen Eingangs- und Ausgangsschwingung und wird als „Phasenfunktion" bezeichnet.

Bildet man mittels der Übertragungsfunktion als Abbildungsfunktion die s-Ebene auf die $W(s)$-Ebene ab, dann erhält man, wie in Abb. 1.4 gezeigt, für $s = i\omega$ in der $W(s)$-Ebene die Ortskurve als konforme Abbildung der imaginären Achse der s-Ebene. Im allgemeinen wird die Ortskurve nur für die physikalisch sinnvollen positiven Kreisfrequenzen dargestellt und nach ω beziffert. Diese Frequenzteilung ist ebenso wichtig wie die Form der Ortskurve. Jener Punkt der Ortskurve, für welchen der Betrag A einen Größtwert annimmt, wird als Resonanzstelle und die betreffende Frequenz als Resonanzfrequenz bezeichnet.

Nach Besprechung dieser wichtigen Grundlagen soll noch auf eine weitere für uns später bedeutende Tatsache aufmerksam gemacht werden: Betrachten wir die Serienschaltung einer beliebigen Anzahl von Übertragungsgliedern nach Abb. 1.5, wobei das Ausgangssignal eines Gliedes gleich dem Eingangssignal des folgenden Gliedes ist. Diese Serienschaltung wird durch ein System von Differentialgleichungen beschrieben. Eliminiert man die Zwischenvariablen, so erhält man wieder eine einzige Gleichung als Zusammenhang zwischen $x_e(t)$ und $x_a(t)$. Die dieser Differentialgleichung entsprechende resultierende Übertragungsfunktion erhält man wegen

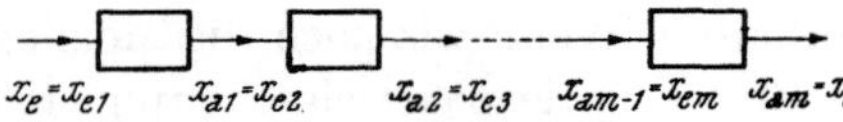

Abb. 1.5.
Serienschaltung von Übertragungsgliedern

$$\frac{X_{a1}(s)}{X_{e1}(s)} \cdot \frac{X_{a2}(s)}{X_{e2}(s)} \cdots \frac{X_{am}(s)}{X_{em}(s)} = \frac{X_a(s)}{X_e(s)} \tag{1.11}$$

auf einfache Weise als Produkt der einzelnen Übertragungsfunktionen

$$W = W_1 \cdot W_2 \ldots W_m, \tag{1.12}$$

was natürlich auch für den Frequenzgang gilt. Man erhält diesen ebenso als Produkt der Einzel-Frequenzgänge, wobei sich die Beträge multiplizieren und die Argumente addieren.

Wendet man diese Erkenntnis auf die Übertragungsfunktion Gl. (1.8) an, dann kann man, unter Verwendung der Darstellung von Polynomen als Produkte ihrer Linearfaktoren, die Übertragungsfunktion als jene einer Serienschaltung auffassen:

$$W(s) = \frac{a_m}{b_n} \cdot \frac{\prod\limits_{j=1}^{m} (s - s_{Qj})}{\prod\limits_{k=1}^{n} (s - s_{Rk})}. \tag{1.13}$$

Darin sind s_{Qj} die Wurzeln des Zählerpolynoms $Q(s)$ bzw. die Nullstellen der Übertragungsfunktion und s_{Rk} die Wurzeln des Nennerpolynoms $R(s)$ bzw. die

Pole der Übertragungsfunktion. Man erkennt, daß das Übertragungsverhalten auch durch die Angabe dieser Nullstellen und Pole beschrieben werden kann. Die Gl. (1.13) zeigt ferner, daß man jede rationale Übertragungsfunktion als Produkt einzelner Teil-Übertragungsfunktionen fiktiver Übertragungsglieder darstellen kann, wenn man die Nullstellen und Pole kennt. Diese Teil-Übertragungsfunktionen sind ganz einfach aufgebaut und für sie lassen sich je nach der Lage ihrer Singularitäten ganz wenige „Grundformen" angeben. Im Abschnitt 1.3 sollen dann diese Grundformen besprochen werden. Wir wollen jetzt nur noch die Übertragungsfunktion Gl. (1.13) in eine solche Form bringen, die der üblichen Schreibweise dieser Grundformen entspricht.

Da, wie eingangs erwähnt, Real- und Imaginärteil der Variablen s die Dimension [Zeit^{-1}] haben, bezeichnen wir im Fall einer reellen negativen Singularität diese mit dem negativen Kehrwert $(-1/T)$ einer Zeitkonstante, womit wir die Übertragungsfunktion auch in der Form

$$W(s) = V \frac{\prod_{j=1}^{m} (1 + T_{Qj} s)}{\prod_{k=1}^{n} (1 + T_{Rk} s)} \tag{1.13a}$$

erhalten. Wenn wir noch die Möglichkeiten von Singularitäten im Ursprung der s-Ebene sowie paarweise konjugiert komplexe Singularitäten (für die bezüglich der Kennzeichnung durch Zeitkonstanten ähnliche Ansätze gemacht werden [287]) mit einbeziehen, dann schreiben wir schließlich die Übertragungsfunktion in der allgemeinen Form

$$W(s) = V \frac{s^{\alpha} \prod_{j=1}^{\beta} (1 + T_{Qj} s) \prod_{u=1}^{\delta} (1 + T_{Qu,1} s + T_{Qu,2}^{2} s^2)}{\prod_{k=1}^{\gamma} (1 + T_{Rj} s) \prod_{v=1}^{\varepsilon} (1 + T_{Rv,1} s + T_{Rv,2}^{2} s^2)}. \tag{1.14}$$

Darin ist V eine dimensionslose Konstante (der Verstärkungsfaktor), der Exponent α ($\alpha = 0, \pm 1, \pm 2, \ldots$) bezeichnet die Ordnung der Nullstelle bzw. jene des Pols im Ursprung und es ist $(\alpha + \beta + \gamma + 2\delta + 2\varepsilon) = (m + n)$. Die Faktoren sind von erster Ordnung für reelle bzw. von zweiter Ordnung für konjugiert komplexe Singularitäten.

Es zeigen sich somit folgende sieben Möglichkeiten für die Grundformen der Übertragungsfunktion:

a) keine Singularität, die Übertragungsfunktion artet zu einer Konstante aus,
b), c) Nullstelle bzw. Pol im Ursprung,
d), e) Nullstelle bzw. Pol auf der reellen Achse,
e), f) Je zwei Linearfaktoren haben zwei konjugiert komplexe Nullstellen bzw. Pole.

1.2 Reguläre und nichtreguläre Übertragungsfunktionen

Bei der allgemeinen Form der Übertragungsfunktion wurde zunächst angenommen, daß diese in der rechten s-Halbebene keine Singularitäten habe. Das bedeutet, daß alle Koeffizienten der Differentialgleichung positiv sind oder höchstens verschwinden bzw. daß keine negativen Zeitkonstanten auftreten. Dieser Fall ist sicher der häufigste; es können aber unter Umständen (z. B. bei Mitkopplungen oder bedingt durch gewisse physikalische Eigenschaften) auch negative Koeffizienten auftreten. Die Übertragungsfunktion wird dann z. B. im Fall reeller positiver Nullstellen Faktoren der Form $(1 - Ts)$ enthalten.

Wir wollen nun etwas vorgreifen und eine Übertragungsfunktion betrachten, die eine positive Nullstelle und einen dazu an der imaginären Achse gespiegelten negativen Pol besitzt:

$$W(s) = \frac{1 - Ts}{1 + Ts}. \tag{1.15}$$

Berechnen wir aus dem dazu gehörenden Frequenzgang die Amplitudenfunktion, dann erhalten wir für alle Kreisfrequenzen ω den konstanten Wert eins. Für die Phasenfunktion hingegen erhalten wir je nach Größe der Frequenz ω Nacheilungen von null bis $-\pi$. Ein Übertragungsglied mit dieser Eigenschaft wird als „Phasenfaktor" (oder „Allpaß"; s. Abschnitt 1.3.2.2) bezeichnet. Multiplizieren wir eine beliebige Anzahl derartiger Faktoren miteinander, dann bleiben die Amplitudenfunktionen von sämtlichen unendlich vielen Möglichkeiten unverändert gleich eins, während die Phasenfunktionen immer verschiedene Nacheilungen ergeben. Die gleichen Eigenschaften haben Übertragungsfunktionen, die konjugiert komplexe Nullstellen mit positivem Realteil und zu diesen an der imaginären Achse gespiegelte Pole haben.

Denken wir uns jetzt alle unendlich vielen Möglichkeiten der Phasenfaktoren $W_1, W_2, W_3, .., W_\infty$ jeweils mit einer einzigen Übertragungsfunktion W_r multipliziert, die keine Singularitäten auf der imaginären Achse und in der rechten Halbebene (höchstens eine Singularität im Ursprung) enthält, dann haben alle entstehenden Übertragungsfunktionen zwar dieselbe Amplitudenfunktion, jedoch nur das Glied W_r für sich allein besitzt bei jeder Frequenz ω die kleinstmögliche Phasenverschiebung. Übertragungsglieder bzw. Übertragungssysteme mit solchen rationalen Übertragungsfunktionen, die auf der imaginären Achse und in der rechten s-Halbebene keine Singularitäten und höchstens eine Singularität im Ursprung besitzen, werden deshalb als „Phasenminimum"-Übertragungsglieder oder einfacher als „reguläre" Glieder bzw. „reguläre" Systeme bezeichnet. Im Gegensatz dazu stehen die als „nichtregulär" bezeichneten rationalen Übertragungsfunktionen mit positiven Singularitäten oder auch die bisher noch nicht erwähnten Exponentialfunktionen.

Aus obiger Überlegung kann man sofort schließen, daß für die Phasenminimum-Übertragungsfunktionen ein gesetzmäßiger Zusammenhang zwischen Amplituden- und Phasenfunktion bestehen muß, daß also eine der beiden Funktionen allein zur Charakterisierung des Übertragungsverhaltens genügt. Dieser tatsächlich bestehende Zusammenhang soll im Abschnitt 3 besprochen werden. Zunächst wollen wir aber die Grundformen der regulären und nichtregulären Übertragungsglieder näher betrachten.

1.3 Die Grundformen der Übertragungsglieder

1.3.1 Reguläre Glieder

1.3.1.1 P-Glied

In obigem Fall a) (S. 6) vereinfacht sich die Gl. (1.1) zu einer Proportion

$$b_0 x_a(t) = a_0 x_e(t) \tag{1.16}$$

und die Übertragungsfunktion ist eine Konstante, nämlich der Verstärkungsfaktor

$$W = \frac{a_0}{b_0} = V. \tag{1.17}$$

Die Ortskurve artet zu einem Punkt auf der positiven reellen Achse aus. Ein Übertragungsglied mit diesem Verhalten wird als proportionales Glied bzw. P-Glied oder auch als Verstärkungsglied bezeichnet.

1.3.1.2 D-Glied und I-Glied

Das differentiale Verhalten (D-Verhalten) wird durch die Gleichung

$$b_0 x_a = a_1 \dot{x}_e \tag{1.18}$$

bzw.

$$x_a = \frac{a_1}{b_0} \dot{x}_e = T \dot{x}_e \tag{1.19}$$

beschrieben. Die Übertragungsfunktion

$$W(s) = Ts \tag{1.20}$$

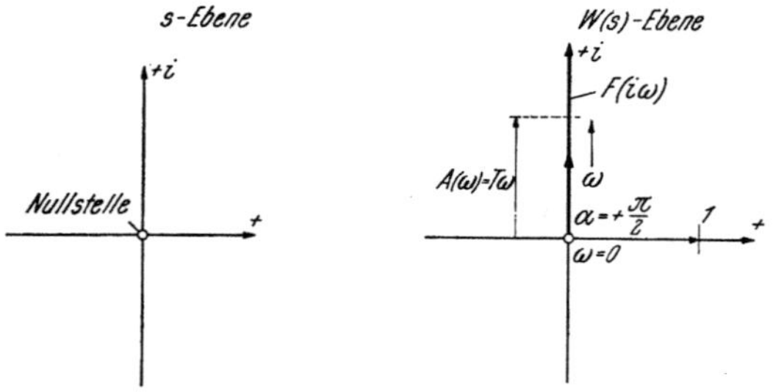

Abb. 1.6. Nullstelle der Übertragungsfunktion und Ortskurve des D-Gliedes

besitzt in diesem Fall b) (S. 6) eine Nullstelle im Ursprung der s-Ebene (Abb. 1.6). Mit $s = i\omega$ erhalten wir den Frequenzgang

$$F(i\omega) = iT\omega, \tag{1.21}$$

dessen Ortskurve laut Abb. 1.6 mit der positiv imaginären Achse zusammenfällt. Aus der Ortskurve kann man die Amplitudenfunktion

$$A(\omega) = T\omega \tag{1.22}$$

und die Phasenfunktion

$$\alpha = +\frac{\pi}{2} \tag{1.23}$$

ablesen.

Als Umkehrung des D-Verhaltens ergibt sich das integrale bzw. kurz I-Verhalten (I-Glied) mit der Differentialgleichung

$$T\dot{x}_a = x_e \tag{1.24}$$

und der Übertragungsfunktion

$$W(s) = \frac{1}{Ts}, \tag{1.25}$$

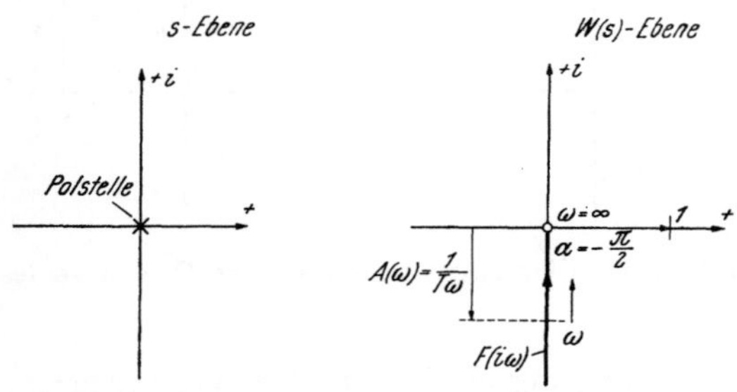

Abb. 1.7. Pol der Übertragungsfunktion und Ortskurve des I-Gliedes

die laut Abb. 1.7 einen Pol im Nullpunkt der s-Ebene aufweist (Fall c). Die Ortskurve des Frequenzganges

$$F(i\omega) = \frac{1}{iT\omega} = -i\frac{1}{T\omega}, \tag{1.26}$$

die mit der negativ imaginären Achse zusammenfällt, ist ebenfalls in Abb. 1.7 dargestellt; ihr entnimmt man die Amplitudenfunktion

$$A(\omega) = \frac{1}{T\omega} \tag{1.27}$$

und die Phasenfunktion

$$\alpha = -\frac{\pi}{2}. \tag{1.28}$$

1.3.1.3 PD1-Glied und PT1-Glied

Mit den Fällen d) und e) (S. 6) wenden wir uns Übertragungsgliedern zu, deren Übertragungsfunktionen eine reelle negative Singularität aufweisen. Im

Falle einer Nullstelle (Abb. 1.8) handelt es sich dann um das proportional-differentiale Verhalten erster Ordnung (PD1-Glied), das durch die Gleichung

$$b_0 x_a = a_0 x_e + a_1 \dot{x}_e \tag{1.29}$$

bzw. geläufiger durch

$$x_a = V(x_e + T\dot{x}_e) \tag{1.30}$$

beschrieben wird. Die Übertragungsfunktion

$$W(s) = V(1 + Ts) \tag{1.31}$$

besitzt eine Nullstelle bei $s = -1/T$. Die Gl. (1.31) kann man bereits als eine Serienschaltung eines P-Gliedes mit einem durch den Klammerausdruck be-

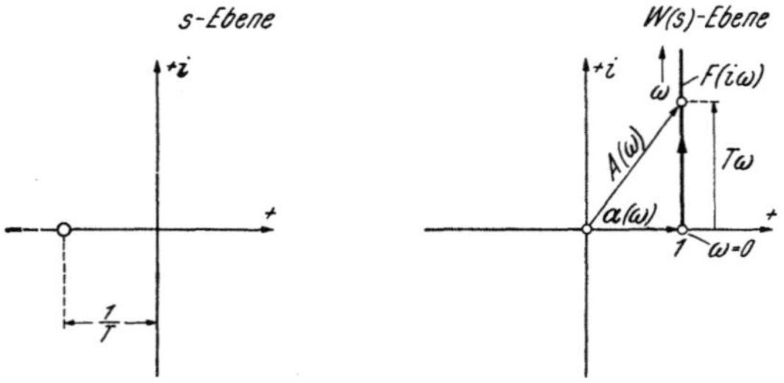

Abb. 1.8. Nullstelle der Übertragungsfunktion und Ortskurve des PD1-Gliedes

schriebenen PD1-Übertragungsglied mit der Verstärkung $V = 1$ auffassen, weshalb wir im folgenden unter einem PD1-Glied schlechthin immer eine Übertragungsfunktion

$$W(s) = (1 + Ts) \tag{1.32}$$

verstehen. Der Frequenzgang lautet dann

$$F(i\omega) = 1 + iT\omega, \tag{1,33}$$

seine Ortskurve ist in Abb. 1.8 gezeichnet. Für den eingetragenen Vektor liest man die Amplitudenfunktion

$$A(\omega) = \sqrt{1 + T^2\omega^2} \tag{1.34}$$

und die Phasenfunktion

$$\alpha(\omega) = \operatorname{arc\,tg}(T\omega) \tag{1.35}$$

ab.

Wiederum als Umkehrung dieses Verhaltens erhält man unter Verwendung der Schreibweise der Gl. (1.32) die Differentialgleichung

$$T\dot{x}_a + x_a = x_e \tag{1.36}$$

und die Übertragungsfunktion

$$W(s) = \frac{1}{1 + Ts}. \tag{1.37}$$

Dadurch ist das Verzögerungsglied erster Ordnung oder kurz PT1-Glied mit dem Pol bei $s = -1/T$ beschrieben. Der Frequenzgang

$$F(i\omega) = \frac{1}{1 + iT\omega} \tag{1.38}$$

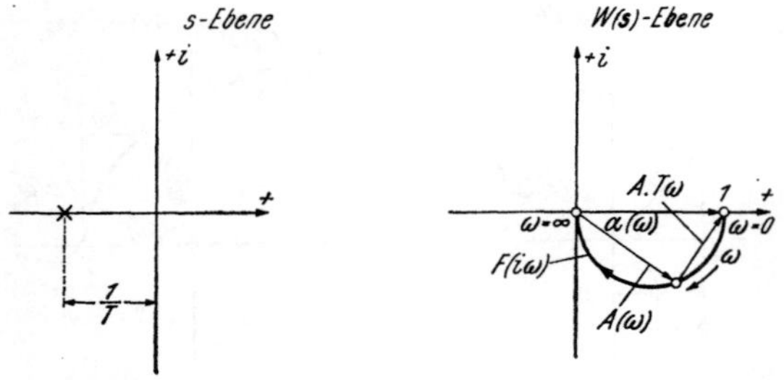

Abb. 1.9. Pol der Übertragungsfunktion und Ortskurve des PT1-Gliedes

hat nach Abb. 1.9 als Ortskurve einen Halbkreis im vierten Quadranten. An den eingetragenen Vektoren kann man wieder die Amplitudenfunktion

$$A(\omega) = \frac{1}{\sqrt{1 + T^2\omega^2}} \tag{1.39}$$

und die Phasenfunktion

$$\alpha(\omega) = -\operatorname{arc\,tg}(T\omega) \tag{1.40}$$

ablesen.

1.3.1.4 PD2-Glied und PT2-Glied

Das proportional-differentiale Verhalten zweiter Ordnung (PD2-Glied) wird durch die Differentialgleichung

$$b_0 x_a = a_0 x_e + a_1 \dot{x}_e + a_2 \ddot{x}_e \tag{1.41}$$

beschrieben, die wir nach Abspalten des Verstärkungsgliedes mit den Zeitkonstanten T_1 und T_2 in der gebräuchlichen Form

$$x_a = x_e + T_1 \dot{x}_e + T_2^2 \ddot{x}_e \tag{1.42}$$

schreiben. Führen wir noch den in der Schwingungslehre verwendeten dimensionslosen Dämpfungsgrad $D = T_1/2T_2$ ein, dann erhalten wir schließlich

$$x_a = x_e + 2DT\dot{x}_e + T^2\ddot{x}_e. \tag{1.43}$$

(Weil jetzt nur mehr eine Zeitkonstante vorkommt, ist deren Index nicht mehr notwendig.) Man kann sich leicht davon überzeugen, daß die Übertragungsfunktion

$$W(s) = (1 + 2DTs + T^2s^2) \tag{1.44}$$

unter der Voraussetzung $0 < D < 1$ die in Abb. 1.10 eingetragenen konjugiert komplexen Nullstellen besitzt, womit wir bei obigem Fall e) angelangt sind. In der Abbildung ist wieder die Ortskurve des Frequenzganges

$$F(i\omega) = (1 - T^2\omega^2) + i2DT\omega \tag{1.45}$$

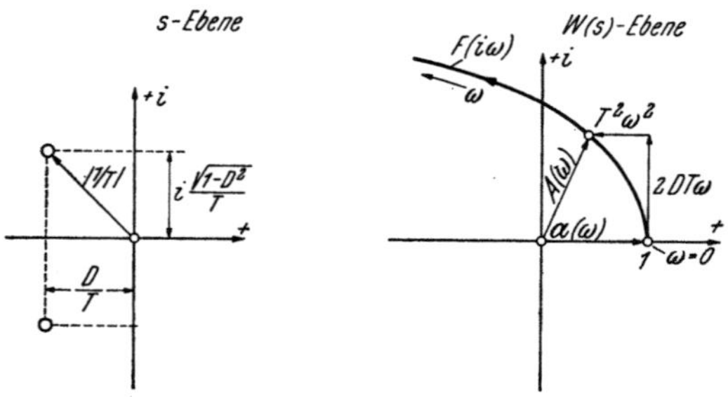

Abb. 1.10. Nullstellen der Übertragungsfunktion und Ortskurve des PD2-Gliedes

mit ihrer Vektordarstellung eingetragen, aus der man in nun schon gewohnter Weise die Amplitudenfunktion

$$A(\omega) = \sqrt{(1 - T^2\omega^2)^2 + (2DT\omega)^2} \tag{1.46}$$

und die Phasenfunktion

$$\alpha(\omega) = \operatorname{arc\,tg} \frac{2\,DT\omega}{1 - T^2\omega^2} \tag{1.47}$$

ablesen kann.

Als Inversion des PD2-Gliedes erhält man schließlich die Verzögerung zweiter Ordnung (PT2-Glied) mit der Differentialgleichung

$$T^2\ddot{x}_a + 2DT\dot{x}_a + x_a = x_e, \tag{1.48}$$

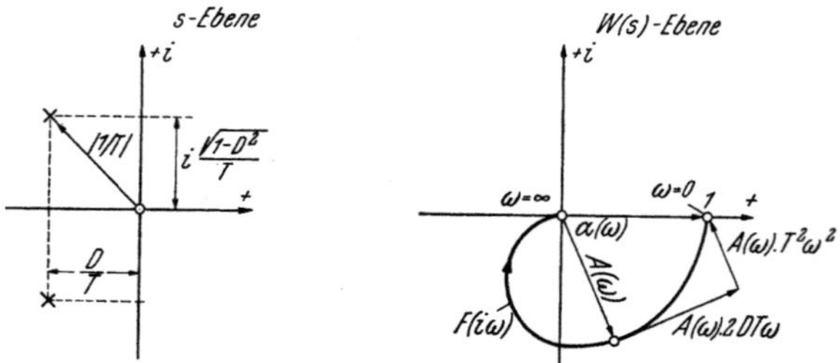

Abb. 1.11. Pole der Übertragungsfunktion und Ortskurve des PT2-Gliedes

die mit $0 < D < 1$ als Gleichung des gedämpften Schwingers allgemein geläufig ist. Die Übertragungsfunktion

$$W(s) = \frac{1}{1 + 2DTs + T^2s^2} \tag{1.49}$$

hat die in Abb. 1.11 eingetragenen Pole (Fall f); der Frequenzgang

$$F(i\omega) = \frac{1}{(1 - T^2\omega^2) + i\,2\,DT\omega} \tag{1.50}$$

ergibt die in der Abbildung eingezeichnete Ortskurve, woraus wir wieder die Funktionen

$$A(\omega) = \frac{1}{\sqrt{(1 - T^2\omega^2)^2 + (2\,DT\omega)^2}} \tag{1.51}$$

und

$$\alpha(\omega) = -\operatorname{arc\,tg} \frac{2\,DT\omega}{1 - T^2\omega^2} \tag{1.52}$$

erkennen.

1.3.2 Nichtreguläre Glieder

1.3.2.1 Nichtreguläre Glieder erster und zweiter Ordnung

Im Falle einer reellen Singularität in der rechten s-Halbebene bezeichnen wir das in der Übertragungsfunktion auftretende Glied

$$W(s) = (1 - Ts)^{\pm 1} \tag{1.53}$$

als nichtreguläres Glied erster Ordnung. Bei einer positiven Nullstelle lautet der Frequenzgang

$$F(i\omega) = 1 - iT\omega\,. \tag{1.54}$$

Vergleichen wir diesen mit Gl. (1.33), so erkennen wir, daß die Ortskurve von Gl. (1.54), die wir wohl nicht mehr darstellen müssen, aus der Ortskurve des PD1-Gliedes durch Spiegelung um die reelle Achse entsteht. Diese Feststellung gilt auch für alle anderen nichtregulären Glieder erster und zweiter Ordnung, deren Ortskurven jeweils aus den Ortskurven der entsprechenden regulären Glieder durch Spiegelung hervorgehen. Demnach stimmen die Amplitudenfunktionen mit jenen der regulären Glieder immer überein, während sich die Phasenfunktionen durch das Vorzeichen unterscheiden. Die Amplitudenfunktion der Gl. (1.54) stimmt also mit jener des PD1-Gliedes überein (Gl. 1.34), die Phasenfunktion jedoch lautet wie beim PT1-Glied

$$\alpha(\omega) = -\operatorname{arc\,tg}(T\omega)\,. \tag{1.55}$$

Für das nichtreguläre Glied erster Ordnung mit einem positiven Pol erhält man den zu Gl. (1.54) inversen Frequenzgang

$$F(i\omega) = \frac{1}{1 - iT\omega}\,, \tag{1.56}$$

dessen Ortskurve aus jener des PT1-Gliedes durch Spiegelung um die reelle Achse entsteht. Die Amplitudenfunktion stimmt nun mit Gl. (1.39) überein, für die Phasenfunktion erhält man jedoch

$$\alpha(\omega) = \operatorname{arc\,tg}(T\omega)\,. \tag{1.57}$$

Ein Übertragungsglied zweiter Ordnung mit der Übertragungsfunktion

$$W(s) = (1 - 2DTs + T^2s^2)^{\pm 1} \tag{1.58}$$

bezeichnen wir sinngemäß als nicht reguläres Glied zweiter Ordnung. Hier erhalten wir bei konjugiert komplexen Nullstellen den Frequenzgang

$$F(i\omega) = (1 - T^2\omega^2) - i2DT\omega. \tag{1.59}$$

Die Amplitudenfunktion ist identisch mit jener des PD2-Gliedes Gl. (1.46), wogegen die Phasenfunktion

$$\alpha(\omega) = -\operatorname{arc\,tg} \frac{2DT\omega}{1 - T^2\omega^2} \tag{1.60}$$

lautet.

Das nichtreguläre Glied zweiter Ordnung mit konjugiert komplexen Polen in der rechten s-Halbebene ist uns für $0 < D < 1$ als instabiles Schwingungsglied mit dem Frequenzgang

$$F(i\omega) = \frac{1}{(1 - T^2\omega^2) - i\,2DT\omega} \tag{1.61}$$

bekannt. Auch hier erhalten wir die Ortskurve durch Spiegelung jener des stabilen Schwingungsgliedes (PT2-Glied). Die Amplitudenfunktionen beider Glieder stimmen wieder überein, Gl. (1.51), während wir für die Phasenfunktion des nichtregulären Gliedes

$$\alpha(\omega) = \operatorname{arc\,tg} \frac{2DT\omega}{1 - T^2\omega^2} \tag{1.62}$$

erhalten.

1.3.2.2 Allpaß-Glieder

Der Allpaß erster Ordnung mit der Übertragungsfunktion

$$W(s) = \frac{1 - Ts}{1 + Ts} \tag{1.63}$$

wurde bereits auf S. 7 vorweggenommen. Die Ortskurve des Frequenzganges

$$F(i\omega) = \frac{1 - iT\omega}{1 + iT\omega} = \frac{1 - T^2\omega^2}{1 + T^2\omega^2} - i\frac{2T\omega}{1 + T^2\omega^2} \tag{1.64}$$

ist ein Einheits-Halbkreis mit dem Mittelpunkt im Ursprung und ist in Abb. 1.12 eingetragen. Aus der Abb. bzw. aus Gl. (1.64) liest man die Amplitudenfunktion $A = 1$ und die Phasenfunktion

$$\alpha(\omega) = -\operatorname{arc\,tg} \frac{2T\omega}{1 - T^2\omega^2} \tag{1.65}$$

ab. Die grundlegende Eigenschaft dieses Allpasses ist es, daß wegen der mit $A = 1$ konstanten Amplitudenfunktion bei jeder Frequenz *alle* Sinusschwingungen dieses Glied mit unveränderter Amplitude *pass*ieren können. Es wurde auch bereits festgestellt, daß ein Übertragungsglied mit zwei konjugiert komplexen

Nullstellen mit positivem Realteil und zu diesen an der imaginären Achse gespiegelten Polen dieselben Eigenschaften aufweist. Die Übertragungsfunktion und der Frequenzgang dieses Allpasses zweiter Ordnung lauten mit $0 < D < 1$:

$$W(s) = \frac{1 - 2DTs + T^2 s^2}{1 + 2DTs + T^2 s^2}, \tag{1.66}$$

bzw.

$$F(i\omega) = \frac{(1 - T^2\omega^2) - i\,2\,DT\omega}{(1 - T^2\omega^2) + i\,2\,DT\omega}. \tag{1.67}$$

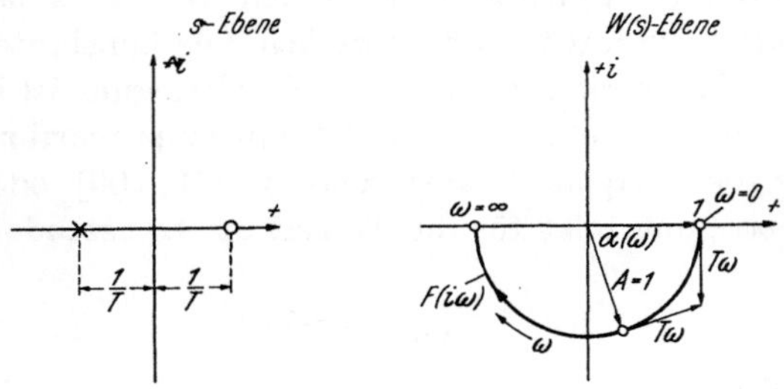

Abb. 1.12.
Singularitäten der Übertragungsfunktion und Ortskurve des Allpasses erster Ordnung

Das Zeigerbild und die Ortskurve (jetzt ein Einheitskreis) sind in Abb. 1.13 dargestellt, woraus man abermals die Amplitudenfunktion $A = 1$ ersieht und die Phasenfunktion

$$\alpha(\omega) = -\operatorname{arc\,tg} \frac{4\,DT\omega\,(1 - T^2\omega^2)}{(1 - T^2\omega^2)^2 - (2\,DT\omega)^2} \tag{1.68}$$

errechnen kann.

Wir haben auch schon festgestellt, daß die Reihenschaltungen von Allpässen immer wieder Allpässe sind und daß alle rationalen Übertragungsfunktionen,

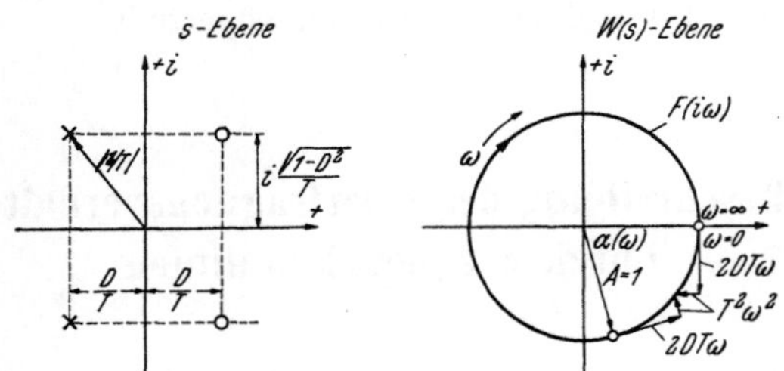

Abb. 1.13.
Singularitäten der Übertragungsfunktion und Ortskurve des Allpasses zweiter Ordnung

welche gleiche Amplitudenfunktionen aufweisen, sich nur durch Allpässe unterscheiden. Das bedeutet, daß man eine nichtreguläre Übertragungsfunktion immer in einen regulären Anteil und in einen Allpaß-Anteil zerlegen kann, was an dem einfachen Beispiel

$$W(s) = \frac{(1 - T_1 s)}{(1 + T_2 s)} = \frac{(1 + T_1 s)}{(1 + T_2 s)} \cdot \frac{(1 - T_1 s)}{(1 + T_1 s)} \tag{1.69}$$

deutlich wird. Dasselbe gilt natürlich auch dann, wenn nichtreguläre Glieder im Nenner der Übertragungsfunktion vorkommen, weil auch die Inversion eines Allpasses wieder ein Allpaß ist, wovon man sich leicht überzeugen kann. Allerdings ist dieser dann instabil im Gegensatz zum Allpaß mit positiven Nullstellen, der sich immer stabil verhält.

1.3.2.3 Totzeit-Glied

Ein Totzeitglied verhält sich ähnlich wie ein Allpaß. Es läßt jede Eingangsfunktion unverändert hindurch, wobei lediglich eine konstante Zeitverschiebung nämlich die Totzeit T_t auftritt. Bei harmonischer Erregung ist im eingeschwungenen Zustand die Zeitverschiebung der Kreisfrequenz proportional. Aus dem Zeitverschiebungssatz der Laplace-Transformation [72, 106] oder auch aus rein anschaulicher Überlegung folgt für die Totzeit die transzendente Übertragungsfunktion

$$W(s) = e^{-sT_t} \tag{1.70}$$

und der Frequenzgang

$$F(i\omega) = e^{-iT_t\omega}. \tag{1.71}$$

Die Ortskurve ist also der unendlich vieldeutige Einheitskreis. Die Amplitudenfunktion ist wie beim Allpaß $A = 1$ und für die Phasenfunktion erhält man

$$\alpha(\omega) = -T_t\omega. \tag{1.72}$$

Das Totzeit-Glied besitzt unendlich viele Pole im negativ Unendlichen und unendlich viele Nullstellen im positiv Unendlichen.

Im Gegensatz zu den vorher besprochenen nichtregulären Gliedern tritt die Totzeit in Regelungssystemen recht häufig auf.

Die nun besprochenen Grundformen der Übertragungsglieder sind auch in Tabelle 2.4 (S. 36 und 37) noch einmal zusammengestellt.

2. Beschreibung des Übertragungsverhaltens durch Frequenzkennlinien

2.1 Die Frequenzkennlinien (Bode-Diagramm)

Im vorigen Kapitel haben wir folgendes festgestellt: Wenn die Nullstellen und Pole der Übertragungsfunktion bekannt sind, dann kann jedes Übertragungsglied als Serienschaltung einer Reihe von elementaren Übertragungsgliedern aufgefaßt werden bzw. es wird jede Übertragungsfunktion als Produkt entsprechender Grundformen erhalten. Beim Entwurf von Regelungssystemen wird es beim Arbeiten im Frequenzbereich also notwendig sein, aus den Frequenzgängen dieser Grundformen durch Multiplikation zunächst einen resultierenden Frequenzgang zu ermitteln. Beim einschleifigen System nach Abb. 1.2 wird es sich dabei um die Serienschaltung von Regler und Strecke (bei offener Rückführungsschleife) handeln. Die an und für sich etwas schwerfällige Ortskurvenmethode erscheint dazu wenig geeignet, weil die vektorielle Multiplikation zweier noch so einfacher Ortskurven schon eine sehr zeitraubende Angelegenheit ist. Wir müssen also nach einer Methode suchen, die eine bequeme Multiplikation der Frequenzgänge erlaubt.

In vielen Fällen läßt sich ein mathematisches Problem mit Hilfe einer Transformation in eine Form bringen, in der es leichter zu lösen ist. Wenn man will, kann man auch das Logarithmieren als eine solche Transformation auffassen; durch sie wird das Multiplizieren im Oberbereich auf ein Addieren im Bildbereich zurückgeführt. Logarithmieren wir den Frequenzgang

$$F(i\omega) = A(\omega) \cdot e^{i\alpha(\omega)}, \tag{2.1}$$

so erhalten wir

$$\ln F(i\omega) = \ln A(\omega) + i\alpha(\omega), \tag{2.2a}$$

bzw.

$$\log F(i\omega) = \log A(\omega) + i\alpha(\omega) \cdot \log e. \tag{2.2b}$$

Ob nun der natürliche oder der dekadische Logarithmus verwendet wird, ist, wie man sieht, bei graphischer Darstellung nur eine Maßstabfrage. Es ist deshalb vorwiegend der dekadische Logarithmus gebräuchlich. Der Logarithmus des Frequenzganges ist demnach wieder eine komplexe Funktion, deren Realteil der Logarithmus der Amplitudenfunktion und deren Imaginärteil die Phasenfunktion ist. Der Logarithmus der Amplitudenfunktion und die Phasenfunktion werden in gesonderten Diagrammen dargestellt, wobei man aus später verständlichem Grunde für die Kreisfrequenz ω ebenfalls den logarithmischen Maßstab verwendet. Wie bei der Ortskurve üblich, beschränkt man sich auch hier auf die physikalisch sinnvollen positiven Frequenzen und da wieder auf einen Frequenzbereich, der für die jeweilige Aufgabenstellung zweckmäßig ist. Diese in Abb. 2.1 für das PD1-Glied gezeigte Darstellung wird nach H. W. Bode [32] als „Bode-Diagramm" oder häufiger als „Frequenzkennlinien" bezeichnet. Die Darstellung der Amplitudenfunktion wird „Amplitudengang", „Amplitudencharakteristik", „Amplitudenkennlinie" oder „Resonanzkurve", und die Darstellung der Phasenfunktion wird „Phasengang", „Phasencharakteristik" oder „Phasenkennlinie" genannt.

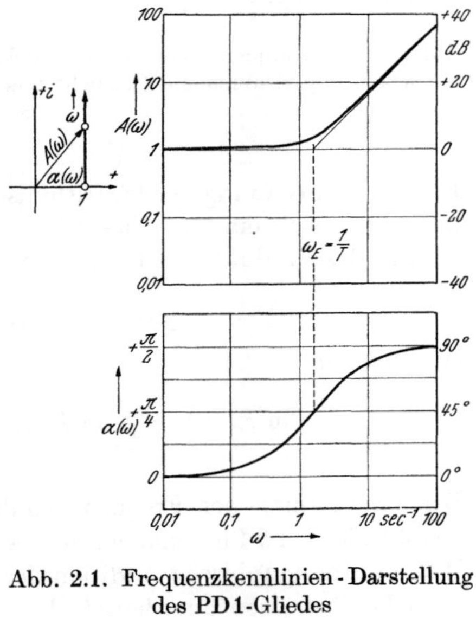

Abb. 2.1. Frequenzkennlinien-Darstellung des PD1-Gliedes

Bei der Darstellung der Amplitudenkennlinie ist es vielfach üblich, anstelle des Logarithmus der Amplitudenfunktion den zwanzigfachen dekadischen

Logarithmus aufzutragen. Die Einheit dieser Teilung wird mit „Dezibel", abgekürzt „dB", bezeichnet. Eine Dekade der logarithmischen Teilung entspricht somit 20 dB (s. Abb. 2.1). Der Vorteil der dB-Skala ist, daß für die Diagramme ein einfach logarithmisches Papier verwendet werden kann und daß — wenn erwünscht — sowohl Amplituden- als auch Phasenkennlinie auch in einem einzigen Schaubild aufgetragen werden können.

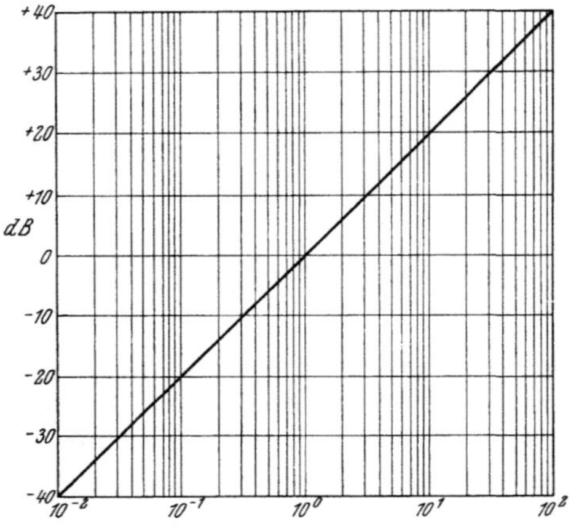

Abb. 2.2. Zusammenhang zwischen dekadischem Logarithmus und Dezibel-Skala

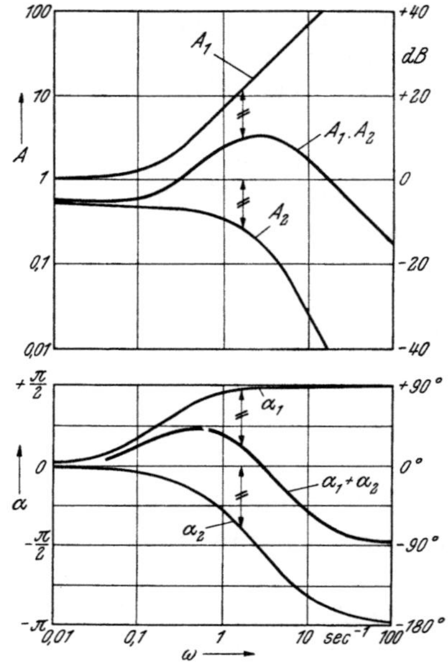

Abb. 2.3. Die Frequenzkennlinien einer Serienschaltung erhält man durch graphische Kennlinien-Addition

Für die Umrechnung der logarithmischen Skala in die dB-Skala und umgekehrt kann man sich ein einfaches Diagramm nach Abb. 2.2 anfertigen.

Für das Produkt von Frequenzgängen

$$F(i\omega) = F_1(i\omega) \cdot F_2(i\omega) \cdots F_n(i\omega) \tag{2.3}$$

erhalten wir

$$\ln F(i\omega) = \sum_{\nu=1}^{n} \ln F_\nu(i\omega) = \sum_{\nu=1}^{n} \ln A_\nu(\omega) + i \sum_{\nu=1}^{n} \alpha_\nu(\omega). \tag{2.4}$$

Bei Verwendung der Frequenzkennlinien erhält man daher nach Gl. (2.4) die Amplituden- und Phasenkennlinie des resultierenden Frequenzganges auf bequeme Weise durch graphische Addition der einzelnen Kennlinien. In Abb. 2.3 ist diese einfache Operation angedeutet. Die vielen weiteren Vorteile und Anwendungsmöglichkeiten der Methode werden im Laufe des Buches noch deutlich zum Ausdruck kommen. Um mit dem Verfahren arbeiten zu können, müssen wir aber zunächst die Frequenzkennlinien der Grundformen besprechen. Wir werden sehen, daß sie sich durch äußerst einfache Formen auszeichnen.

2.2 Die Grundformen der Frequenzkennlinien

2.2.1 P-Glied

Nach Gl. (1.17) sind Übertragungsfunktion und Frequenzgang für alle Frequenzen ω konstant, und zwar gleich dem Verstärkungsfaktor V. Die Amplitudenkennlinie ist eine im Abstand V zur Frequenzachse parallel laufende Gerade, während die Phasenkennlinie mit der Frequenzachse zusammenfällt (Abb. 2.4).

Bei Multiplikation eines beliebigen Frequenzganges mit einem reinen P-Glied bleibt also die Phasenkennlinie unverändert, die Amplitudenkennlinie wird um den Betrag V der Verstärkung parallel verschoben.

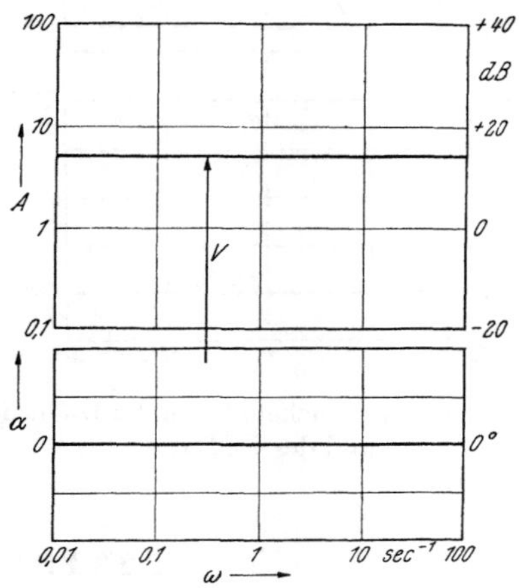

Abb. 2.4. Frequenzkennlinien des P-Gliedes

2.2.2 D-Glied und I-Glied

Wie im Abschnitt 1.3.1.2 besprochen, lauten die Amplituden- und Phasenfunktionen bzw. ihre Logarithmen:

D-Glied: $A = T\omega,$ (1.22)

$\alpha = +\pi/2,$ (1.23)

bzw. $\log A = \log T + \log \omega,$ (2.5)

I-Glied: $A = 1/T\omega,$ (1.27)

$\alpha = -\pi/2,$ (1.28)

bzw. $\log A = -\log T - \log \omega.$ (2.6)

Daraus erkennt man sofort den Verlauf der Kennlinien: Wegen der für die Frequenzachse gewählten logarithmischen Teilung sind die Amplitudenkennlinien Gerade mit der Neigung $+1$ oder $+20$ dB/Dekade beim D-Glied bzw. -1 oder -20 dB/Dekade beim I-Glied. Diese Geraden laufen für $T = 1$ durch den Punkt ($\omega = 1$, $A = 1$), ansonsten sind sie zu diesen Geraden um T bzw. $1/T$ parallel verschoben und schneiden die Gerade $A = 1$ bei der Frequenz $\omega = 1/T$ (Abb. 2.5). Die Phasenkennlinien sind ebenfalls Gerade, die beim D-Glied im Abstand $+\pi/2$ bzw. beim I-Glied im Abstand $-\pi/2$ zur Frequenzachse parallel verlaufen.

Aus Abb. 2.5 erkennt man, daß die gestrichelten Geraden an und für sich als Kennlinien (für $T = 1$) und die Zeitkonstante bzw. ihr Kehrwert als „Verstärkung" aufgefaßt werden können. Dies erweist sich bei Ermittlung der Kennlinie einer Serienschaltung einzelner Elementarglieder mit verschiedenen Verstärkungen als zweckmäßig, weil man dann die Verstärkungen aller Einzelglieder, also auch die „Verstärkungen" T bzw. $1/T$ der D- bzw. I-Glieder zu einer Verstärkung V_0 der Serienschaltung zusammenzieht, wodurch sonst nur Grundformen mit den Verstärkungen eins übrig bleiben. Es ist dann nur zu beachten, daß diese Gesamtverstärkung unter Umständen nicht mehr dimensionslos ist.

Wir wollen hier gleich einen weiteren Vorteil der Frequenzkennlinien kennenlernen: Die Inversion des Frequenzganges Gl. (2.1) ergibt

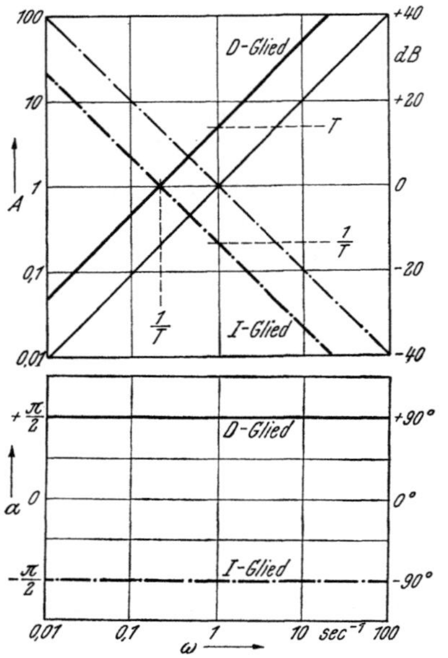

Abb. 2.5. Frequenzkennlinien des D-Gliedes und des I-Gliedes

$$\frac{1}{F(i\omega)} = \frac{1}{A(\omega)} \cdot e^{-i\alpha(\omega)} \tag{2.7}$$

bzw.

$$\ln \frac{1}{F(i\omega)} = -\ln A(\omega) - i\alpha(\omega). \tag{2.8}$$

Ein Vergleich der Gln. (2.8) und (2.2a) zeigt, daß die Inversion eines Frequenzganges durch Spiegelung seiner Amplitudenkennlinie um die Gerade $A = 1$, die wir als Frequenzachse der Amplitudenkennlinie bezeichnen, und durch Spiegelung der Phasenkennlinie ebenfalls um ihre Frequenzachse gebildet wird. Dieser einfache Zusammenhang ist schon in Abb. 2.5 für das I-Glied als Inversion des D-Gliedes bzw. umgekehrt zum Ausdruck gekommen.

2.2.3 PD1-Glied und PT1-Glied

Die Amplituden- und Phasenfunktionen dieser Glieder haben wir im Abschnitt 1.3.1.3 ermittelt:

PD1-Glied:

$$A = \sqrt{1 + T^2\omega^2}, \tag{1.34}$$

$$\alpha = \operatorname{arc\,tg}(T\omega), \tag{1.35}$$

$$\text{bzw.} \quad \log A = \frac{1}{2} \log(1 + T^2\omega^2), \tag{2.9}$$

PT1-Glied:

$$A = \frac{1}{\sqrt{1 + T^2\omega^2}}, \tag{1.39}$$

$$\alpha = -\operatorname{arc\,tg}(T\omega), \tag{1.40}$$

$$\text{bzw.} \quad \log A = -\frac{1}{2} \log(1 + T^2\omega^2). \tag{2.10}$$

In Abb. 2.1 haben wir bereits den prinzipiellen Verlauf der Kennlinien des PD1-Gliedes kennengelernt. Es gilt nun, diese Kennlinien ausführlich zu untersuchen, was wir der Einfachheit halber nur für das PD1-Glied tun wollen. Die Kennlinien des dazu inversen PT1-Gliedes haben dieselben Eigenschaften, sie sind lediglich um die Frequenzachsen gespiegelt.

Wir betrachten zunächst die Amplitudenfunktion Gl. (2.9) und lassen einmal ω gegen 0 und einmal gegen ∞ gehen. Für $\omega \to 0$ geht $\log A \to \log 1 = 0$. Für $\omega \to \infty$ ist in Gl. (2.9) der Wert 1 gegen den sehr großen Wert $(T\omega)^2$ zu vernachlässigen, weshalb $\log A \to \log (T\omega)$ geht. Die Geraden

$$\log A = 0 \tag{2.11a}$$

und

$$\log A = \log T + \log \omega \tag{2.11b}$$

sind daher Asymptoten der Amplitudenkennlinien (s. Abb. 2.1). Die Asymptote Gl. (2.11b) hat die Steigung $+1$ bzw. 20 dB/Dekade und schneidet die mit der ω-Achse zusammenfallende Asymptote — wie man sich durch Gleichsetzen der Gln. (2.11) überzeugen kann — bei der sogenannten „Eckfrequenz"

$$\omega_E = \frac{1}{T}. \tag{2.12}$$

Wie wir gleich sehen werden, ist die Abweichung der Amplitudenkennlinie von ihren Asymptoten verhältnismäßig gering, weshalb es meist genügt, den Verlauf der Kennlinien durch die beiden Asymptoten anzunähern. Das Zeichnen der Asymptoten wird sehr einfach, weil man nach Gl. (2.12) die Eckfrequenz ω_E unmittelbar dem Frequenzgang als Kehrwert der Zeitkonstante T entnimmt. Wegen dieser Bedeutung der Eckfrequenz werden im folgenden die Kennlinien der Grundformen meist als Funktion der auf ω_E bezogenen Kreisfrequenz dargestellt. Die logarithmische Amplitudenkennlinie lautet dann:

$$\log A = \frac{1}{2} \log \left(1 + \left(\frac{\omega}{\omega_E}\right)^2\right). \tag{2.13}$$

Wir wollen jetzt einerseits die Abweichung der Amplitudenkennlinie von ihren Asymptoten als Funktion der Frequenz berechnen und anderseits nachweisen, daß diese Abweichung symmetrisch zur Eckfrequenz ω_E ist.

Für $\frac{\omega}{\omega_E} = \frac{\omega_1}{\omega_E} < 1$ ist die Korrektur ΔA_1 (Abb. 2.6) mit Gl. (2.13) gegeben:

$$\log \Delta A_1 = \frac{1}{2} \log \left(1 + \left(\frac{\omega_1}{\omega_E}\right)^2\right). \tag{2.14}$$

Für $\frac{\omega}{\omega_E} = \frac{\omega_2}{\omega_E} > 1$ erhalten wir:

$$\log \Delta A_2 = \frac{1}{2} \log \left(1 + \left(\frac{\omega_2}{\omega_E}\right)^2\right) - \log \left(\frac{\omega_2}{\omega_E}\right) = \frac{1}{2} \log \left(1 + \left(\frac{\omega_E}{\omega_2}\right)^2\right). \tag{2.15}$$

Für Abszissenwerte, die symmetrisch zu $\frac{\omega}{\omega_E} = 1$ liegen, ist $\frac{\omega_2}{\omega_E} = \frac{\omega_E}{\omega_1}$ und damit $\Delta A_1 = \Delta A_2$; die Abweichung ist also symmetrisch zu $\frac{\omega}{\omega_E} = 1$. Bei diesem Wert ist die Abweichung der Kennlinie von ihren Asymptoten am größten und beträgt $\log \Delta A_{\max} = \frac{1}{2} \log 2 \approx 0{,}15$; (15% der Dekade), bzw. in Dezibel: $\log \Delta A_{\max\,\mathrm{dB}} = 20 \cdot \frac{1}{2} \cdot \log 2 \approx 3$ dB. In Tabelle 2.1 ist unter anderem die auch als Amplitudenkorrektur bezeichnete Korrektur-Funktion Gln. (2.14) und (2.15) tabelliert und in Abb. 2.7 graphisch dargestellt. Außerhalb des Bereiches $0{,}5 < \frac{\omega}{\omega_E} < 2$ beträgt die Korrektur weniger als 1 dB, die Annäherung der Amplitudenkennlinie durch ihre Asymptoten ist also meistens genügend genau.

In den Tafeln 1 und 2 sind die Verläufe der Kennlinien für die Glieder erster Ordnung dargestellt.

Die Eckfrequenz ω_E bedeutet nicht nur für die Amplitudenkennlinie, sondern auch für den Phasenverlauf einen charakteristischen Wert. Für die Eckfrequenz

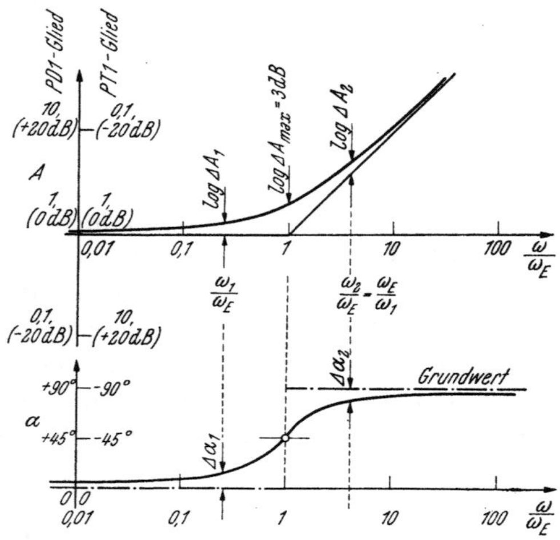

Abb. 2.6. Frequenzkennlinien des PD1-Gliedes und des PT1-Gliedes

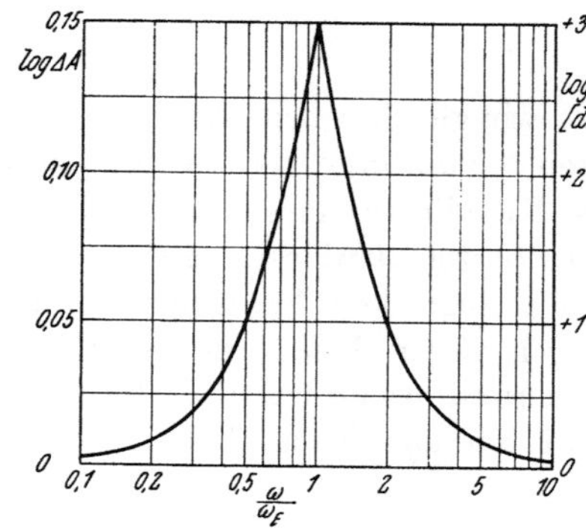

Abb. 2.7. Amplitudenkorrektur des PD1-Gliedes (gilt mit umgekehrtem Vorzeichen für das PT1-Glied)

beträgt wegen Gl. (1.35) bzw. (1.40) die Phasenfunktion $\pm 45°$, der sogenannte Grundwert (Abb. 2.6) springt hier beim PD1-Glied von 0 auf $+90°$ bzw. beim PT1-Glied von 0 auf $-90°$. In der logarithmischen Darstellung ist auch hier die Abweichung der Kennlinie von ihrem Grundwert zur Eckfrequenz symmetrisch, was anschließend gezeigt wird.

Für $\frac{\omega}{\omega_E} = \frac{\omega_1}{\omega_E} < 1$ ist die Phasenkorrektur $\Delta\alpha_1$ (Abb. 2.6) wieder durch Gl. (1.35) gegeben:

$$\Delta\alpha_1 = \alpha_1 = \operatorname{arc\,tg} \frac{\omega_1}{\omega_E}. \tag{2.16}$$

Für $\frac{\omega}{\omega_E} = \frac{\omega_2}{\omega_E} > 1$ ergibt sich für die Korrektur:

$$\Delta\alpha_2 = \operatorname{arc\,tg} \frac{\omega_2}{\omega_E} - \frac{\pi}{2} = -\operatorname{arc\,cotg} \frac{\omega_2}{\omega_E} = -\operatorname{arc\,tg} \frac{\omega_E}{\omega_2}. \tag{2.17}$$

Wieder erkennt man, daß für $\frac{\omega_2}{\omega_E} = \frac{\omega_E}{\omega_1}$ sich für die Korrekturen $\Delta\alpha_2 = -\Delta\alpha_1$ ergibt. Die Phasenkorrektur ist ebenfalls in Tabelle 2.1 angegeben und die Phasenkennlinie ist in Tafel 2 dargestellt.

Tabelle 2.1. *Absolutwerte der Amplituden- und Phasenkorrekturen der Glieder erster Ordnung*

$\frac{\omega}{\omega_E}$		log ΔA [1]	log ΔA [dB]	$\Delta\alpha$ $\Delta\alpha/\pi$	$\Delta\alpha$ [Grad]
0,01	100	0,0001	0,001	0,003	0,57
0,05	20	0,0005	0,011	0,016	2,86
0,10	10	0,0022	0,043	0,032	5,71
0,15	6,67	0,0048	0,097	0,047	8,53
0,20	5,00	0,0085	0,170	0,063	11,31
0,25	4,00	0,0132	0,263	0,078	14,04
0,30	3,33	0,0187	0,374	0,093	16,70
0,35	2,86	0,0251	0,502	0,107	19,29
0,40	2,50	0,0322	0,645	0,121	21,80
0,45	2,22	0,0400	0,801	0,135	24,23
0,50	2,00	0,0485	0,969	0,148	26,57
0,55	1,82	0,0574	1,148	0,160	28,81
0,60	1,67	0,0668	1,335	0,172	30,96
0,70	1,43	0,0866	1,732	0,194	34,99
0,80	1,25	0,1074	2,148	0,215	38,66
0,90	1,11	0,1288	2,577	0,233	41,99
1,00		0,1505	3,010	0,250	45,00

Es wird von vielen Autoren empfohlen, sich zum praktischen Arbeiten ein für allemal an Hand der Tabelle 2.1 oder Tafel 2 eine Leiter oder ein sogenanntes Amplitudenlineal sowie ein Phasenlineal anzufertigen, das dann allerdings nur für einen bestimmten Maßstab zu verwenden wäre. Die Verwendung des Amplitudenlineals wird sich sehr oft erübrigen, weil die Annäherung der Kennlinien durch die Asymptoten in den meisten Fällen genau genug ist. Hingegen wird die Annäherung der Phasenkennlinie durch ihre Grundwerte nur in den seltensten Fällen genügen. Hier erweisen sich oft andere Näherungen als vorteilhaft.

2.2.3.1 Annäherung der Phasenkennlinien durch Gerade

Es ist für überschlägige Untersuchungen in vielen Fällen günstig, die Phasenkennlinien der Glieder 1. Ordnung durch folgende stückweise definierte Funktionen anzunähern:

$$0 \leqq \frac{\omega}{\omega_E} \leqq 0{,}1 : \alpha = 0,$$

$$0{,}1 \leqq \frac{\omega}{\omega_E} \leqq 10 : \alpha = \pm \frac{\pi}{4}\left(1 + \log \frac{\omega}{\omega_E}\right),$$

$$\frac{\omega}{\omega_E} \geqq 10 : \alpha = \pm \frac{\pi}{2}. \tag{2.18}$$

In der oberen Hälfte der Abb. 2.8 ist diese Funktion für das PD1-Glied gestrichelt eingetragen. Diese leicht im Gedächtnis zu behaltende Näherung hat den Vorteil, daß auch die Phasenfunktion durch Gerade dargestellt ist, weshalb ein Phasenlineal oder eine Tabelle überflüssig wird [30].

Zur Beurteilung der Genauigkeit dieser Näherung erhält man aus Gl. (2.18) sofort die Fehlerfunktion

$$
\begin{aligned}
0 \leqq \frac{\omega}{\omega_E} \leqq 0{,}1 &: \Delta = \pm \operatorname{arc\,tg} \frac{\omega}{\omega_E}, \\
0{,}1 \leqq \frac{\omega}{\omega_E} \leqq 10 &: \Delta = \pm \left[\frac{\pi}{4}\left(1 + \log \frac{\omega}{\omega_E}\right) - \operatorname{arc\,tg} \frac{\omega}{\omega_E}\right], \\
\frac{\omega}{\omega_E} \geqq 10 &: \Delta = \pm \left(\frac{\pi}{2} - \operatorname{arc\,tg} \frac{\omega}{\omega_E}\right).
\end{aligned}
\qquad (2.19)
$$

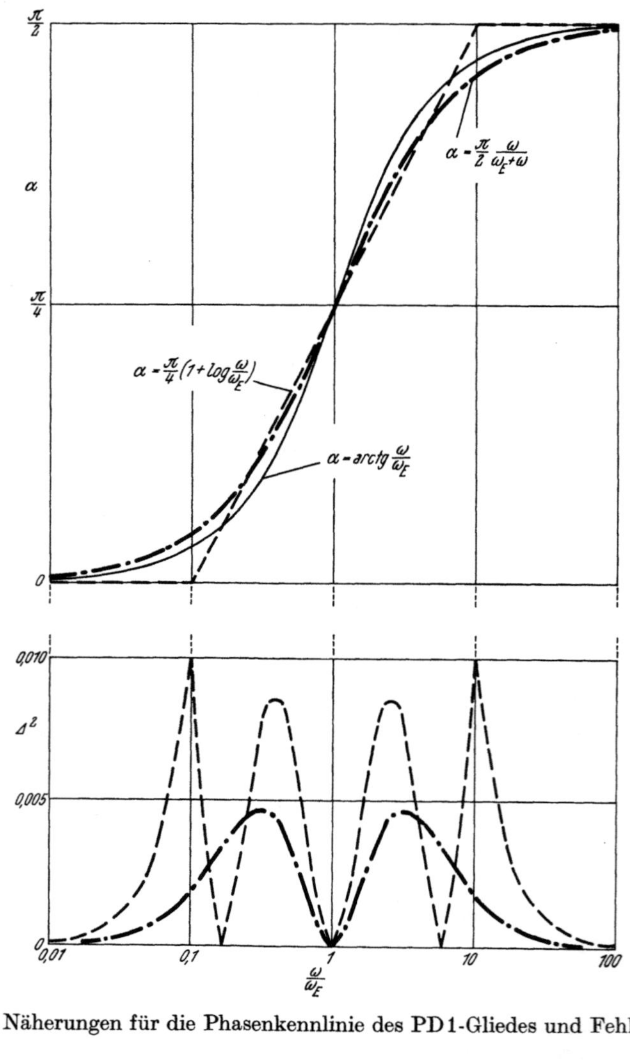

Abb. 2.8. Näherungen für die Phasenkennlinie des PD1-Gliedes und Fehlerquadrate

Die Fehlerquadrate aus Gl. (2.19) sind in der unteren Hälfte der Abb. 2.8 eingetragen. Den durchschnittlichen quadratischen Fehler im Bereich $0 < \frac{\omega}{\omega_E} = 100$

erhält man durch die Integration

$$\Delta_m^2 = \frac{1}{100}\left\{\int_0^{0,1} \operatorname{arc\,tg}^2 \frac{\omega}{\omega_E}\, d\,\frac{\omega}{\omega_E} + \int_{0,1}^{10}\left[\frac{\pi}{4}\left(1+\log\frac{\omega}{\omega_E}\right) - \operatorname{arc\,tg}\frac{\omega}{\omega_E}\right]^2 d\,\frac{\omega}{\omega_E} + \right.$$

$$\left. + \int_{10}^{100}\left(\frac{\pi}{2} - \operatorname{arc\,tg}\frac{\omega}{\omega_E}\right)^2 d\,\frac{\omega}{\omega_E}\right\} = 1{,}25\cdot 10^{-3}. \qquad (2.20)$$

2.2.3.2 Annäherung der Phasenkennlinien durch Hyperbeln

In manchen Fällen kann zur einfachen Berechnung des Phasenverlaufes auch eine analytische Näherung der Phasenkennlinie erwünscht sein [94]. Etwas

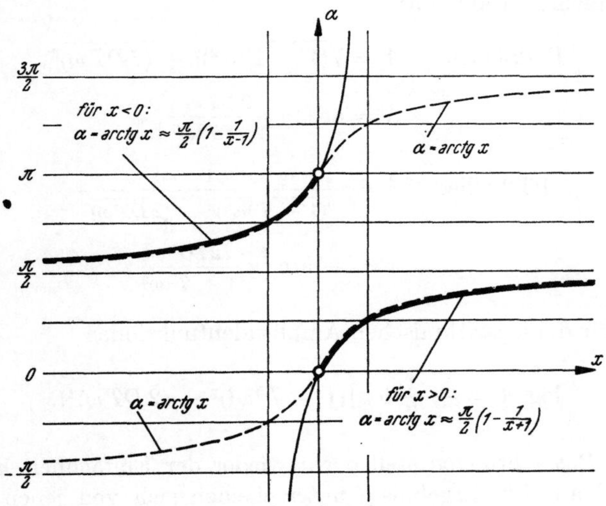

Abb. 2.9. Annäherungen der arc tg-Kurve durch Hyperbeln

genauer als durch die vorher besprochene Näherung kann der in Frage kommende Ast der arc tg-Funktion (Abb. 2.9) durch eine Hyperbel

$$\alpha = \frac{\pi}{2}\left(1 - \frac{1}{ax+1}\right) \qquad (2.21)$$

angenähert werden, deren Asymptoten parallel zu den Koordinaten-Achsen liegen. Nach den Methoden der Ausgleichsrechnung wird der Wert des Faktors a mit $a = 1$ ermittelt. Für das Glied erster Ordnung erhalten wird dann mit $x = \omega/\omega_E$ aus Gl. (2.21) die Funktion

$$\alpha = \pm \operatorname{arc\,tg}\frac{\omega}{\omega_E} \approx \pm\frac{\pi}{2}\,\frac{\omega}{\omega_E + \omega}, \qquad (2.22)$$

die für das PD1-Glied ebenfalls in Abb. 2.8 dargestellt ist. Die Fehlerfunktion lautet jetzt:

$$\Delta = \pm \left(\frac{\pi}{2} \cdot \frac{\omega}{\omega_E + \omega} - \operatorname{arc\,tg} \frac{\omega}{\omega_E}\right), \tag{2.23}$$

ihre Fehlerquadrate sind wieder in Abb. 2.8 eingetragen. Der durchschnittliche quadratische Fehler im Bereich $0 < \frac{\omega}{\omega_E} < 100$ folgt wieder aus der Integration

$$\Delta_m^2 = \frac{1}{100} \int_0^{100} \left(\frac{\pi}{2} \cdot \frac{\omega}{\omega_E + \omega} - \operatorname{arc\,tg} \frac{\omega}{\omega_E}\right)^2 d\,\frac{\omega}{\omega_E} = 0{,}48 \cdot 10^{-3}. \tag{2.24}$$

2.2.4 PD2-Glied und PT2-Glied

Wir stellen zunächst wieder die Amplituden- und Phasenfunktionen dieser Übertragungsglieder zusammen:

PD2-Glied: $$A = \sqrt{(1 - T^2\omega^2)^2 + (2DT\omega)^2}, \tag{1.46}$$

$$\alpha = \operatorname{arc\,tg} \frac{2DT\omega}{1 - T^2\omega^2}, \tag{1.47}$$

PT2-Glied: $$A = \frac{1}{\sqrt{(1 - T^2\omega^2)^2 + (2DT\omega)^2}}, \tag{1.51}$$

$$\alpha = -\operatorname{arc\,tg} \frac{2DT\omega}{1 - T^2\omega^2}, \tag{1.52}$$

und erhalten für die logarithmischen Amplitudenfunktionen

$$\log A = \pm \frac{1}{2} \log[(1 - T^2\omega^2)^2 + (2DT\omega)^2]. \tag{2.25}$$

Die folgenden Betrachtungen stellen wir wieder der Einfachheit halber nur für das PD2-Glied an. Die Ergebnisse unterscheiden sich von jenen für das zum PD2-Glied inversen PT2-Glied wieder nur durch das Vorzeichen.

Wie früher beim Glied erster Ordnung lassen wir die Kreisfrequenz ω einmal gegen 0 und einmal gegen ∞ gehen. Man erkennt dann aus Gl. (2.25), daß für $\omega \to 0$ wieder $\log A \to 0$ und daß für $\omega \to \infty$ jetzt $\log A \to \log(T\omega)^2$ geht. Die Geraden

$$\log A = 0 \tag{2.26a}$$

und

$$\log A = (2 \log T + 2 \log \omega) \tag{2.26b}$$

sind die Asymptoten der Amplitudenkennlinien, wobei die Steigung jetzt $+2$ bzw. $+40$ dB/Dekade beträgt. Der Schnittpunkt der beiden Asymptoten liegt wieder bei der Eckfrequenz ω_E (Gl. (2.12)).

Die grundsätzlichen Verläufe der Kennlinien sind in Abb. 2.10 eingetragen. Die Dämpfung D ist jetzt maßgebend für die Gestalt der Kennlinien, wobei der Amplitudenverlauf sowohl über als auch unter den Asymptoten liegen kann. Es ist wieder notwendig, die Korrekturfunktionen zu betrachten. Wie bei dem Glied erster Ordnung kann man auch hier zeigen, daß sowohl die Amplituden- als auch die Phasenkorrekturen symmetrisch zur Eckfrequenz liegen. Auf die ganz analog zu früher durchzuführende Rechnung wollen wir hier verzichten (der

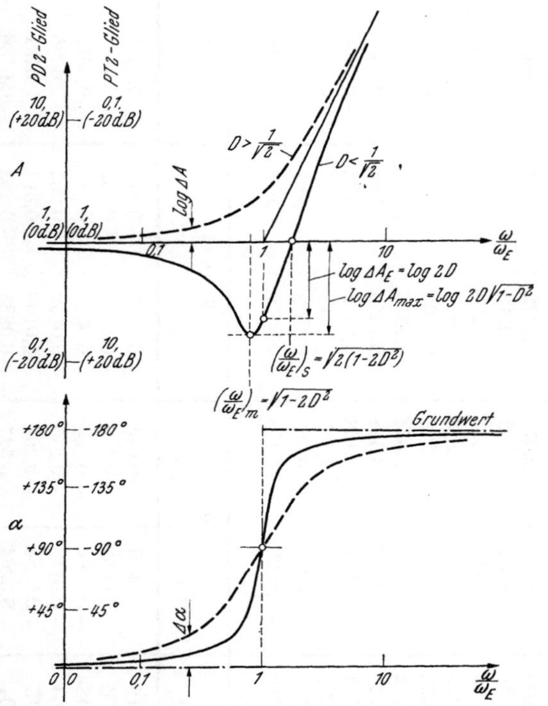

Abb. 2.10. Frequenzkennlinien des PD2-Gliedes und des PT2-Gliedes

Leser kann sie leicht selbst durchführen) und wollen mit der Eckfrequenz ω_E gleich die Formeln für die Korrekturen angeben:

Für $\dfrac{\omega}{\omega_E} < 1$ gilt:

$$\log \varDelta A = \log A = \frac{1}{2} \log \left[\left(1 - \left(\frac{\omega}{\omega_E}\right)^2\right)^2 + \left(2D\,\frac{\omega}{\omega_E}\right)^2\right], \tag{2.27}$$

$$\varDelta\alpha = \alpha = \operatorname{arc\,tg} \frac{2D\,\dfrac{\omega}{\omega_E}}{1 - \left(\dfrac{\omega}{\omega_E}\right)^2}. \tag{2.28}$$

Für $\dfrac{\omega}{\omega_E} > 1$ gilt:

$$\log \varDelta A = \frac{1}{2} \log \left[\left(1 - \left(\frac{\omega_E}{\omega}\right)^2\right)^2 + \left(2D\,\frac{\omega_E}{\omega}\right)^2\right], \tag{2.29}$$

$$\varDelta\alpha = -\operatorname{arc\,tg} \frac{2D\,\dfrac{\omega_E}{\omega}}{1 - \left(\dfrac{\omega_E}{\omega}\right)^2}. \tag{2.30}$$

Tabelle 2.2. *Amplitudenkorrekturen* log ΔA *des PD2-Gliedes (für PT2-Glied gilt umgekehrtes Vorzeichen)*

$\frac{\omega}{\omega_E}$		D = 0,05		D = 0,10		D = 0,15		D = 0,20		D = 0,25	
		[1]	[dB]	[1]	[dB]	[1]	[dB]	[1]	[dB]	[1]	[dB]
0,05	20	−0,0011	−0,022	−0,0011	−0,021	−0,0010	−0,021	−0,0010	−0,020	−0,0010	−0,019
0,10	10	−0,0043	−0,087	−0,0043	−0,086	−0,0042	−0,083	−0,0040	−0,080	−0,0038	−0,076
0,15	6,67	−0,0098	−0,197	−0,0097	−0,194	−0,0094	−0,189	−0,0091	−0,181	−0,0086	−0,172
0,20	5,00	−0,0176	−0,353	−0,0174	−0,347	−0,0169	−0,338	−0,0162	−0,325	−0,0154	−0,308
0,25	4,00	−0,0279	−0,558	−0,0274	−0,548	−0,0266	−0,533	−0,0256	−0,511	−0,0242	−0,484
0,30	3,33	−0,0407	−0,815	−0,0400	−0,800	−0,0388	−0,777	−0,0372	−0,744	−0,0351	−0,703
0,35	2,86	−0,0564	−1,128	−0,0554	−1,108	−0,0537	−1,073	−0,0513	−1,026	−0,0483	−0,966
0,40	2,50	−0,0752	−1,505	−0,0738	−1,475	−0,0713	−1,427	−0,0680	−1,360	−0,0638	−1,275
0,45	2,22	−0,0976	−1,952	−0,0955	−1,910	−0,0921	−1,843	−0,0875	−1,750	−0,0816	−1,633
0,50	2,00	−0,1240	−2,480	−0,1211	−2,422	−0,1164	−2,328	−0,1100	−2,200	−0,1021	−2,041
0,55	1,82	−0,1551	−3,102	−0,1511	−3,022	−0,1446	−2,893	−0,1359	−2,717	−0,1251	−2,502
0,60	1,67	−0,1919	−3,838	−0,1863	−3,726	−0,1773	−3,546	−0,1653	−3,305	−0,1507	−3,014
0,70	1,43	−0,2884	−5,768	−0,2767	−5,533	−0,2584	−5,168	−0,2352	−4,704	−0,2086	−4,173
0,80	1,25	−0,4332	−8,665	−0,4046	−8,091	−0,3639	−7,277	−0,3173	−6,345	−0,2691	−5,382
0,90	1,11	−0,6773	−13,546	−0,5822	−11,643	−0,4813	−9,626	−0,3903	−7,807	−0,3112	−6,223
1,00		−1,0000	−20,000	−0,6990	−13,979	−0,5229	−10,458	−0,3979	−7,959	−0,3010	−6,021

$\frac{\omega}{\omega_E}$		D = 0,30		D = 0,35		D = 0,40		D = 0,45		D = 0,50	
		[1]	[dB]	[1]	[dB]	[1]	[dB]	[1]	[dB]	[1]	[dB]
0,05	20	−0,0009	−0,018	−0,0008	−0,016	−0,0007	−0,015	−0,0007	−0,013	−0,0005	−0,011
0,10	10	−0,0036	−0,071	−0,0033	−0,066	−0,0030	−0,059	−0,0026	−0,052	−0,0022	−0,043
0,15	6,67	−0,0081	−0,161	−0,0074	−0,148	−0,0066	−0,133	−0,0058	−0,116	−0,0048	−0,097
0,20	5,00	−0,0144	−0,287	−0,0132	−0,263	−0,0118	−0,236	−0,0102	−0,205	−0,0085	−0,170
0,25	4,00	−0,0225	−0,451	−0,0206	−0,412	−0,0184	−0,367	−0,0159	−0,317	−0,0131	−0,262
0,30	3,33	−0,0326	−0,653	−0,0297	−0,594	−0,0264	−0,527	−0,0226	−0,453	−0,0186	−0,371
0,35	2,86	−0,0447	−0,893	−0,0405	−0,809	−0,0357	−0,714	−0,0304	−0,609	−0,0247	−0,494
0,40	2,50	−0,0587	−1,174	−0,0528	−1,057	−0,0463	−0,926	−0,0391	−0,782	−0,0313	−0,627
0,45	2,22	−0,0747	−1,494	−0,0668	−1,336	−0,0580	−1,160	−0,0485	−0,969	−0,0383	−0,765
0,50	2,00	−0,0927	−1,854	−0,0822	−1,643	−0,0706	−1,412	−0,0582	−1,163	−0,0451	−0,902
0,55	1,82	−0,1126	−2,252	−0,0987	−1,974	−0,0837	−1,674	−0,0679	−1,358	−0,0515	−1,029
0,60	1,67	−0,1341	−2,683	−0,1161	−2,321	−0,0969	−1,938	−0,0771	−1,542	−0,0569	−1,137
0,70	1,43	−0,1800	−3,600	−0,1504	−3,009	−0,1207	−2,413	−0,0912	−1,824	−0,0624	−1,249
0,80	1,25	−0,2219	−4,437	−0,1767	−3,534	−0,1341	−2,683	−0,0942	−1,884	−0,0569	−1,137
0,90	1,11	−0,2423	−4,845	−0,1818	−3,635	−0,1281	−2,561	−0,0799	−1,598	−0,0363	−0,726
1,00		−0,2219	−4,437	−0,1549	−3,098	−0,0969	−1,938	−0,0458	−0,915	0,0000	0,000

Tabelle 2.2 (Fortsetzung)

$\frac{\omega}{\omega_E}$		D = 0,55		D = 0,60		D = 0,65		D = 0,707		D = 0,75	
		[1]	[dB]	[1]	[dB]	[1]	[dB]	[1]	[dB]	[1]	[dB]
0,05	20	−0,0004	−0,009	−0,0003	−0,006	−0,0002	−0,003	0,0001	0,001	0,0001	0,003
0,10	10	−0,0017	−0,034	−0,0012	−0,024	−0,0007	−0,013	0,0001	0,001	0,0006	0,011
0,15	6,67	−0,0038	−0,076	−0,0026	−0,053	−0,0014	−0,028	0,0001	0,002	0,0013	0,027
0,20	5,00	−0,0066	−0,132	−0,0046	−0,091	−0,0024	−0,047	0,0004	0,007	0,0025	0,050
0,25	4,00	−0,0101	−0,202	−0,0069	−0,137	−0,0034	−0,068	0,0009	0,017	0,0042	0,084
0,30	3,33	−0,0141	−0,283	−0,0094	−0,188	−0,0043	−0,087	0,0018	0,035	0,0066	0,131
0,35	2,86	−0,0185	−0,371	−0,0120	−0,239	−0,0051	−0,101	0,0032	0,065	0,0097	0,194
0,40	2,50	−0,0231	−0,461	−0,0144	−0,287	−0,0053	−0,106	0,0055	0,110	0,0138	0,276
0,45	2,22	−0,0275	−0,550	−0,0163	−0,326	−0,0048	−0,096	0,0087	0,175	0,0190	0,381
0,50	2,00	−0,0315	−0,630	−0,0175	−0,350	−0,0033	−0,066	0,0132	0,263	0,0256	0,512
0,55	1,82	−0,0346	−0,693	−0,0176	−0,352	−0,0005	−0,010	0,0190	0,380	0,0336	0,671
0,60	1,67	−0,0365	−0,730	−0,0162	−0,325	0,0039	0,078	0,0265	0,529	0,0431	0,862
0,70	1,43	−0,0345	−0,691	−0,0076	−0,152	0,0184	0,367	0,0467	0,935	0,0672	1,344
0,80	1,25	−0,0219	−0,438	0,0108	0,217	0,0416	0,832	0,0746	1,491	0,0979	1,958
0,90	1,11	0,0035	0,070	0,0400	0,801	0,0738	1,477	0,1095	2,190	0,1346	2,692
1,00		0,0414	0,828	0,0792	1,584	0,1139	2,279	0,1505	3,010	0,1761	3,522

$\frac{\omega}{\omega_E}$		D = 0,80		D = 0,85		D = 0,90		D = 0,95		D = 1,00	
		[1]	[dB]	[1]	[dB]	[1]	[dB]	[1]	[dB]	[1]	[dB]
0,05	20	0,0003	0,006	0,0005	0,010	0,0007	0,014	0,0009	0,018	0,0011	0,022
0,10	10	0,0012	0,025	0,0020	0,039	0,0027	0,054	0,0035	0,070	0,0043	0,086
0,15	6,67	0,0028	0,057	0,0044	0,088	0,0061	0,122	0,0078	0,157	0,0097	0,193
0,20	5,00	0,0052	0,103	0,0079	0,159	0,0108	0,217	0,0139	0,278	0,0170	0,341
0,25	4,00	0,0083	0,166	0,0126	0,251	0,0170	0,340	0,0216	0,432	0,0263	0,527
0,30	3,33	0,0124	0,247	0,0184	0,367	0,0246	0,491	0,0309	0,618	0,0374	0,749
0,35	2,86	0,0174	0,349	0,0254	0,508	0,0335	0,670	0,0418	0,836	0,0502	1,004
0,40	2,50	0,0237	0,474	0,0337	0,674	0,0439	0,878	0,0542	1,083	0,0645	1,289
0,45	2,22	0,0312	0,624	0,0434	0,868	0,0557	1,113	0,0679	1,358	0,0801	1,602
0,50	2,00	0,0400	0,801	0,0545	1,089	0,0688	1,375	0,0829	1,658	0,0969	1,938
0,55	1,82	0,0503	1,007	0,0669	1,338	0,0832	1,663	0,0991	1,983	0,1148	2,296
0,60	1,67	0,0621	1,242	0,0807	1,614	0,0988	1,976	0,1164	2,328	0,1335	2,671
0,70	1,43	0,0901	1,803	0,1122	2,243	0,1333	2,666	0,1536	3,073	0,1732	3,464
0,80	1,25	0,1237	2,475	0,1482	2,965	0,1715	3,431	0,1937	3,874	0,2148	4,297
0,90	1,11	0,1621	3,242	0,1880	3,760	0,2125	4,250	0,2357	4,713	0,2577	5,154
1,00		0,2041	4,082	0,2305	4,609	0,2553	5,106	0,2788	5,575	0,3010	6,021

Tabelle 2.3. *Absolutwerte der Phasenkorrekturen $\Delta\alpha$ der Glieder zweiter Ordnung*

$\frac{\omega}{\omega_E}$		$D = 0{,}05$		$D = 0{,}10$		$D = 0{,}15$		$D = 0{,}20$		$D = 0{,}25$	
		$\Delta\alpha/\pi$	[Grad]	$\Delta\alpha/\pi$	[Grad]	$\Delta\alpha/\pi$	[Grad]	$\Delta\alpha/\pi$	[Grad]	$\Delta\alpha/\pi$	[Grad]
0,01	100	0,001	0,06	0,001	0,12	0,001	0,17	0,001	0,23	0,002	0,29
0,05	20	0,002	0,29	0,003	0,57	0,005	0,86	0,006	1,15	0,008	1,44
0,10	10	0,003	0,58	0,006	1,16	0,010	1,74	0,013	2,31	0,016	2,89
0,15	6,67	0,005	0,88	0,010	1,76	0,015	2,64	0,020	3,51	0,024	4,39
0,20	5,00	0,007	1,19	0,013	2,39	0,020	3,58	0,027	4,76	0,033	5,95
0,25	4,00	0,009	1,53	0,017	3,05	0,025	4,57	0,034	6,09	0,042	7,60
0,30	3,33	0,011	1,89	0,021	3,77	0,031	5,65	0,042	7,51	0,052	9,36
0,35	2,86	0,013	2,28	0,025	4,56	0,038	6,82	0,050	9,07	0,063	11,28
0,40	2,50	0,015	2,73	0,030	5,44	0,045	8,13	0,060	10,78	0,074	13,39
0,45	2,22	0,018	3,23	0,036	6,44	0,053	9,61	0,071	12,72	0,088	15,76
0,50	2,00	0,021	3,81	0,042	7,60	0,063	11,31	0,083	14,93	0,102	18,44
0,55	1,82	0,025	4,51	0,050	8,96	0,074	13,31	0,097	17,51	0,120	21,52
0,60	1,67	0,030	5,36	0,059	10,62	0,087	15,71	0,114	20,56	0,140	25,12
0,70	1,43	0,043	7,82	0,085	15,35	0,124	22,38	0,160	28,77	0,191	34,46
0,80	1,25	0,070	12,53	0,133	23,96	0,187	33,69	0,231	41,63	0,267	48,01
0,90	1,11	0,141	25,35	0,241	43,45	0,305	54,87	0,345	62,18	0,373	67,11
1,00		0,500	90,00	0,500	90,00	0,500	90,00	0,500	90,00	0,500	90,00

$\frac{\omega}{\omega_E}$		$D = 0{,}30$		$D = 0{,}35$		$D = 0{,}40$		$D = 0{,}45$		$D = 0{,}50$	
		$\Delta\alpha/\pi$	[Grad]	$\Delta\alpha/\pi$	[Grad]	$\Delta\alpha/\pi$	[Grad]	$\Delta\alpha/\pi$	[Grad]	$\Delta\alpha/\pi$	[Grad]
0,01	100	0,002	0,34	0,002	0,40	0,003	0,46	0,003	0,52	0,003	0,57
0,05	20	0,010	1,72	0,011	2,01	0,013	2,30	0,014	2,58	0,016	2,87
0,10	10	0,019	3,47	0,023	4,04	0,026	4,62	0,029	5,19	0,032	5,77
0,15	6,67	0,029	5,26	0,034	6,13	0,039	7,00	0,044	7,86	0,049	8,72
0,20	5,00	0,040	7,13	0,046	8,30	0,053	9,46	0,059	10,62	0,065	11,77
0,25	4,00	0,051	9,09	0,059	10,57	0,067	12,04	0,075	13,50	0,083	14,93
0,30	3,33	0,062	11,19	0,072	13,00	0,082	14,78	0,092	16,53	0,101	18,25
0,35	2,86	0,075	13,46	0,087	15,60	0,098	17,70	0,110	19,75	0,121	21,75
0,40	2,50	0,089	15,95	0,102	18,44	0,116	20,85	0,129	23,20	0,142	25,46
0,45	2,22	0,104	18,70	0,120	21,55	0,135	24,30	0,150	26,92	0,164	29,43
0,50	2,00	0,121	21,80	0,139	25,02	0,156	28,07	0,172	30,96	0,187	33,69
0,55	1,82	0,141	25,32	0,161	28,90	0,179	32,25	0,197	35,36	0,213	38,26
0,60	1,67	0,163	29,36	0,185	33,28	0,205	36,87	0,223	40,16	0,240	43,15
0,70	1,43	0,219	39,47	0,244	43,85	0,265	47,68	0,283	51,01	0,300	53,92
0,80	1,25	0,295	53,13	0,318	57,27	0,337	60,64	0,352	63,44	0,365	65,77
0,90	1,11	0,392	70,62	0,407	73,22	0,418	75,22	0,427	76,80	0,434	78,08
1,00		0,500	90,00	0,500	90,00	0,500	90,00	0,500	90,00	0,500	90,00

Aus den Gln. (1.46) bzw. (2.27) kann man nun einige charakteristische Werte der Amplitudenkennlinie ermitteln, die in Abb. 2.10 eingetragen sind. Man kann leicht berechnen, daß die Amplitudenkorrektur für $D \leqq 1/\sqrt{2}$ bei der Frequenz

$$\left(\frac{\omega}{\omega_E}\right)_m = \sqrt{1 - 2D^2} \tag{2.31}$$

einen Extremwert, nämlich

$$\log \Delta A_{\max} = \log 2D\sqrt{1 - D^2} \tag{2.32}$$

Tabelle 2.3 (Fortsetzung)

ω/ω_E		$D = 0{,}55$		$D = 0{,}60$		$D = 0{,}65$		$D = 0{,}707$		$D = 0{,}75$	
		$\Delta\alpha/\pi$	[Grad]	$\Delta\alpha/\pi$	[Grad]	$\Delta\alpha/\pi$	[Grad]	$\Delta\alpha/\pi$	[Grad]	$\Delta\alpha/\pi$	[Grad]
0,01	100	0,004	0,63	0,004	0,69	0,004	0,75	0,005	0,81	0,005	0,86
0,05	20	0,018	3,16	0,019	3,44	0,021	3,73	0,023	4,05	0,024	4,30
0,10	10	0,035	6,34	0,038	6,91	0,042	7,48	0,045	8,12	0,048	8,62
0,15	6,67	0,053	9,58	0,058	10,43	0,063	11,28	0,068	12,22	0,072	12,96
0,20	5,00	0,072	12,91	0,078	14,04	0,084	15,15	0,091	16,42	0,096	17,35
0,25	4,00	0,091	16,35	0,099	17,75	0,106	19,12	0,115	20,64	0,121	21,80
0,30	3,33	0,111	19,93	0,120	21,58	0,129	23,20	0,139	24,98	0,146	26,31
0,35	2,86	0,132	23,69	0,142	25,58	0,152	27,41	0,163	29,41	0,172	30,89
0,40	2,50	0,154	27,65	0,165	29,75	0,176	31,76	0,189	33,95	0,197	35,54
0,45	2,22	0,177	31,83	0,190	34,10	0,202	36,26	0,214	38,41	0,224	40,24
0,50	2,00	0,201	36,25	0,215	38,66	0,227	40,91	0,240	43,25	0,250	45,00
0,55	1,82	0,227	40,94	0,241	43,42	0,254	45,71	0,267	48,11	0,277	49,79
0,60	1,67	0,255	45,88	0,269	48,37	0,281	50,63	0,294	52,97	0,303	54,58
0,70	1,43	0,314	56,48	0,326	58,74	0,337	60,73	0,349	62,74	0,356	64,09
0,80	1,25	0,376	67,75	0,386	69,44	0,394	70,91	0,402	72,34	0,407	73,30
0,90	1,11	0,440	79,14	0,445	80,02	0,449	80,78	0,453	81,50	0,456	81,99
1,00		0,500	90,00	0,500	90,00	0,500	90,00	0,500	90,00	0,500	90,00

ω/ω_E		$D = 0{,}80$		$D = 0{,}85$		$D = 0{,}90$		$D = 0{,}95$		$D = 1{,}00$	
		$\Delta\alpha/\pi$	[Grad]	$\Delta\alpha/\pi$	[Grad]	$\Delta\alpha/\pi$	[Grad]	$\Delta\alpha/\pi$	[Grad]	$\Delta\alpha/\pi$	[Grad]
0,01	100	0,005	0,92	0,005	0,97	0,006	1,03	0,006	1,09	0,006	1,15
0,05	20	0,026	4,59	0,027	4,87	0,029	5,16	0,030	5,44	0,032	5,73
0,10	10	0,051	9,18	0,054	9,74	0,057	10,31	0,060	10,86	0,064	11,42
0,15	6,67	0,077	13,80	0,081	14,62	0,086	15,44	0,090	16,26	0,095	17,06
0,20	5,00	0,102	18,44	0,108	19,50	0,114	20,56	0,120	21,60	0,126	22,62
0,25	4,00	0,128	23,11	0,136	24,39	0,143	25,64	0,149	26,87	0,156	28,07
0,30	3,33	0,155	27,81	0,163	29,27	0,171	30,69	0,178	32,06	0,186	33,40
0,35	2,86	0,181	32,55	0,190	34,14	0,198	35,68	0,206	37,16	0,214	38,58
0,40	2,50	0,207	37,30	0,217	38,99	0,226	40,60	0,234	42,14	0,242	43,60
0,45	2,22	0,234	42,08	0,243	43,81	0,253	45,45	0,261	46,99	0,269	48,46
0,50	2,00	0,260	46,85	0,270	48,58	0,279	50,19	0,287	51,71	0,295	53,13
0,55	1,82	0,287	51,60	0,296	53,28	0,305	54,83	0,313	56,28	0,320	57,62
0,60	1,67	0,313	56,31	0,322	57,89	0,330	59,35	0,337	60,69	0,344	61,93
0,70	1,43	0,364	65,52	0,371	66,80	0,378	67,96	0,383	69,02	0,389	69,98
0,80	1,25	0,413	74,29	0,418	75,17	0,422	75,96	0,426	76,68	0,430	77,32
0,90	1,11	0,458	82,48	0,461	82,92	0,463	83,31	0,465	83,66	0,467	83,97
1,00		0,500	90,00	0,500	90,00	0,500	90,00	0,500	90,00	0,500	90,00

annimmt, der bei verschwindender Dämpfung ($D = 0$) negativ unendlich wird. Diese Unendlichkeitsstelle tritt dann bei der Eckfrequenz auf. Ansonsten erkennt man aus Gl. (2.31), daß sich das Extremum mit zunehmender Dämpfung in Richtung kleinerer Frequenzen verschiebt, um für $D > 1/\sqrt{2}$ zu verschwinden. Aus Gl. (2.27) berechnet man auch den Wert der Amplitudenkorrektur für die Stelle der Eckfrequenz ($\omega/\omega_E = 1$) mit

$$\log \Delta A_E = \log 2D. \tag{2.33}$$

Schließlich kann die für $D < 1/\sqrt{2}$ vorhandene Schnittstelle der Amplitudenfunktion mit der Frequenzachse ebenfalls aus Gl. (1.46) mit

$$\left(\frac{\omega}{\omega_E}\right)_s = \sqrt{2(1 - 2D^2)} \tag{2.34}$$

berechnet werden.

Die Annäherung der Amplitudenkennlinien durch ihre Asymptoten ist bei den Gliedern zweiter Ordnung nur mehr sehr beschränkt, nämlich nur bei mittleren Dämpfungsgraden ($0{,}4 \lesssim D \lesssim 0{,}7$) möglich, solange der Fehler den Betrag von etwa 3 dB nicht übersteigt. Außerhalb dieses Bereiches und da ganz besonders bei kleiner Dämpfung muß die Amplitudenkorrektur berücksichtigt werden, die hier in der Umgebung der Eckfrequenz sehr große Werte annimmt. Wegen des Parameters D wird die Anfertigung von Schablonen jetzt nicht mehr zweckmäßig sein.

Zum genauen Arbeiten mit den Kennlinien zweiter Ordnung werden dem Leser verschiedene Hilfsmittel zur Verfügung gestellt. In den Tabellen 2.2 und 2.3 sind nach den Gln. (2.27) bis (2.30) Werte der Korrekturfunktionen angegeben,

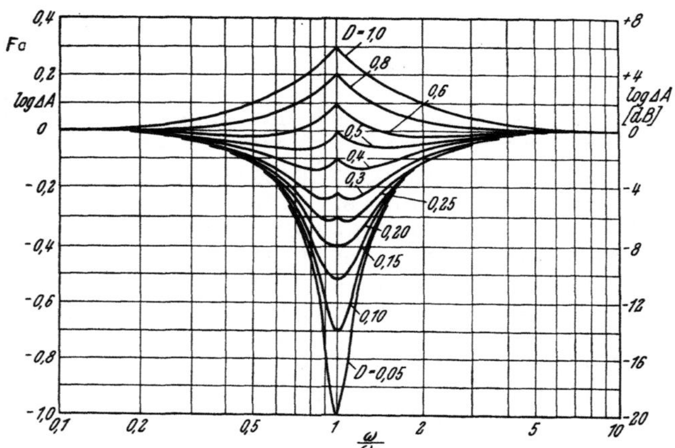

Abb. 2.11. Amplitudenkorrekturen des PD2-Gliedes
(gelten mit umgekehrten Vorzeichen für das PT2-Glied)

während in Abb. 2.11 die Amplitudenkorrektur graphisch dargestellt ist. Am Ende des Buches ist in den Tafeln 1 und 2 je eine Schar von Kennlinien für verschiedene Dämpfungen aufgetragen. Schließlich kann man auch noch ein recht praktisches Diagramm konstruieren, dem für beliebige Werte D die Kennlinienverläufe entnommen werden können: Eine Umformung der Gln. (1.46) und (1.47) ergibt die Beziehungen

$$D = \frac{\sqrt{A^2 - \left(1 - \left(\frac{\omega}{\omega_E}\right)^2\right)^2}}{2\,\frac{\omega}{\omega_E}}, \tag{2.35}$$

und

$$D = \frac{\left(1 - \left(\frac{\omega}{\omega_E}\right)^2\right) \operatorname{tg}\alpha}{2\,\frac{\omega}{\omega_E}}. \tag{2.36}$$

Diese Gleichungen sind in Tafel 3 für A und α als Parameter graphisch dargestellt.

Im Gegensatz zur Amplitudenfunktion lassen sich für die Phasenfunktion, wie bei den Gliedern erster Ordnung, Näherungsfunktionen angeben, die sich manchmal als zweckmäßig erweisen.

2.2.4.1 Annäherung der Phasenkennlinien durch Gerade

Mit denselben Vorteilen wie beim Glied erster Ordnung können auch hier die Phasenfunktionen durch die stückweise definierten Funktionen

$$\begin{aligned}
0 \leqq \frac{\omega}{\omega_E} \leqq k_0 &: \alpha = 0,\\
k_0 \leqq \frac{\omega}{\omega_E} \leqq \frac{1}{k_0} &: \alpha = \pm \frac{\pi}{2}\left(1 - \frac{\log(\omega/\omega_E)}{\log k_0}\right),\\
\frac{\omega}{\omega_E} \geqq \frac{1}{k_0} &: \alpha = \pm \pi
\end{aligned} \tag{2.37}$$

angenähert werden [95]. Diese Näherung ist im oberen Teil der Abb. 2.12 für $D = 0{,}5$ gezeigt. Die Knickstellen k_0 bzw. $1/k_0$ sind jetzt natürlich vom Dämpfungsgrad D abhängig. Die Ermittlung dieser Funktion $k_0(D)$ erfolgt mittels der Methoden der Ausgleichsrechnung aus der Bedingung

$$\left\{\int_0^{k_0}\left[\operatorname{arc\,tg}\frac{2D(\omega/\omega_E)}{1-(\omega/\omega_E)^2}\right]^2 d\,\frac{\omega}{\omega_E} + \int_{k_0}^{1}\left[\operatorname{arc\,tg}\frac{2D(\omega/\omega_E)}{1-(\omega/\omega_E)^2} - \frac{\pi}{2}\left(1 - \frac{\ln(\omega/\omega_E)}{\ln k_0}\right)\right]^2 d\,\frac{\omega}{\omega_E}\right\} \to \text{Min!} \tag{2.38}$$

Die Auswertung von Gl. (2.38) führt nach gewissen Vereinfachungen auf die Gleichung:

$$\frac{\partial B}{\partial k_0} + \frac{D k_0}{1 + 2Dk_0 - k_0^2} = \frac{(1 + k_0)\ln k_0 + 2(1 - k_0)}{2k_0(\ln k_0)^3},$$

$$\text{mit } B = \frac{D}{\ln k_0}\int_{k_0}^{1}\frac{\frac{\omega}{\omega_E}\ln\frac{\omega}{\omega_E}}{1 + 2D\,\frac{\omega}{\omega_E} - \left(\frac{\omega}{\omega_E}\right)^2}\,d\,\frac{\omega}{\omega_E}. \tag{2.39}$$

Die etwas mühsame Lösung der Gl. (2.39) ergibt schließlich mit sehr guter Näherung den einfachen Zusammenhang

$$k_0 = 0{,}1 - 0{,}615 \cdot \log D, \tag{2.40}$$

der in dem unteren Diagramm der Abb. 2.12 dargestellt ist und der für $D \geqq 0{,}05$ gilt.

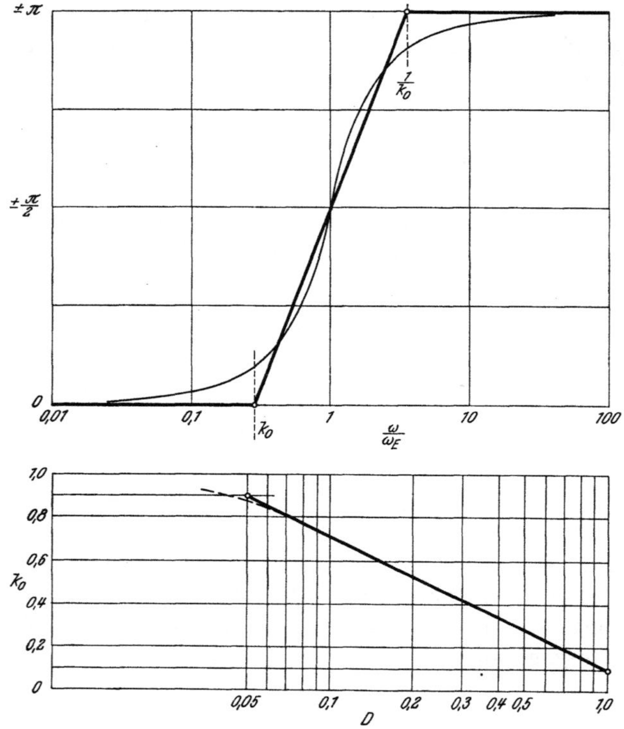

Abb. 2.12. Annäherung der Phasenkennlinien zweiter Ordnung durch Gerade

2.2.4.2 Annäherung der Phasenkennlinien durch Hyperbeln

Die vorher besprochene Näherung durch Geradenstücke ist für rasche überschlägige Untersuchungen bestens geeignet. Die Genauigkeit der Näherung ist jedoch etwas schlechter als beim Glied erster Ordnung. Wesentlich genauer ist beim Glied zweiter Ordnung die schon früher verwendete Hyperbel-Näherung. Die beiden für die Glieder zweiter Ordnung in Frage kommenden Äste der arc tg-Funktion werden nach Abb. 2.9 durch die Hyperbel-Äste

$$\alpha = \frac{\pi}{2}\left(1 - \frac{1}{x \pm 1}\right) \tag{2.41}$$

angenähert, wobei das positive Vorzeichen für $x > 0$ und das negative Vorzeichen für $x < 0$ gilt. Entsprechend der Phasenkennlinie $\alpha = \pm \arg \operatorname{tg}[2DT\omega/$

$(1 - T^2\omega^2)]$ der Glieder zweiter Ordnung setzt man für diese in Gl. (2.41)

$$x = \frac{2DT\omega}{1 - T^2\omega^2} = \frac{2D\omega_E\omega}{\omega_E^2 - \omega^2}, \tag{2.42}$$

und erhält damit für $x > 0$ bzw. $0 \leqq \omega \leqq \omega_E$:

$$\alpha \approx \pm \frac{\pi}{2} \cdot \frac{2D\omega_E\omega}{2D\omega_E\omega + (\omega_E^2 - \omega^2)}, \tag{2.43a}$$

und für $x < 0$ bzw. $\omega_E \leqq \omega$:

$$\alpha \approx \pm \frac{\pi}{2} \cdot \frac{2D\omega_E\omega - 2(\omega_E^2 - \omega^2)}{2D\omega_E\omega - (\omega_E^2 - \omega^2)}. \tag{2.43b}$$

Die auf S. 26 angestellten Fehlerrechnungen sind auch für die Glieder zweiter Ordnung gültig.

2.2.5 Nichtreguläre Glieder; Totzeit

Eine Besprechung der Frequenzkennlinien der nichtregulären Glieder erster und zweiter Ordnung erübrigt sich, weil nach Abschnitt 1.3.2 ihre Amplitudenkennlinien mit jenen der entsprechenden regulären Glieder übereinstimmen, während sich die Phasenkennlinien nur durch die Vorzeichen unterscheiden. Die Phasenkennlinie des Allpasses erster Ordnung stimmt mit jener des Schwingungsgliedes für $D = 1$ überein (vergleiche die Gln. (1.52) und (1.65)), während die Phasenkennlinie Gl. (1.68) des Allpasses zweiter Ordnung durch Überlagerung der beiden übereinstimmenden Kennlinien des nichtregulären Gliedes Gl. (1.60) und des Schwingungsgliedes Gl. (1.52) erhalten wird. Der Vollständigkeit halber sind die Kennlinien der nichtregulären Glieder in die später folgende Übersichtstabelle 2.4 mit aufgenommen.

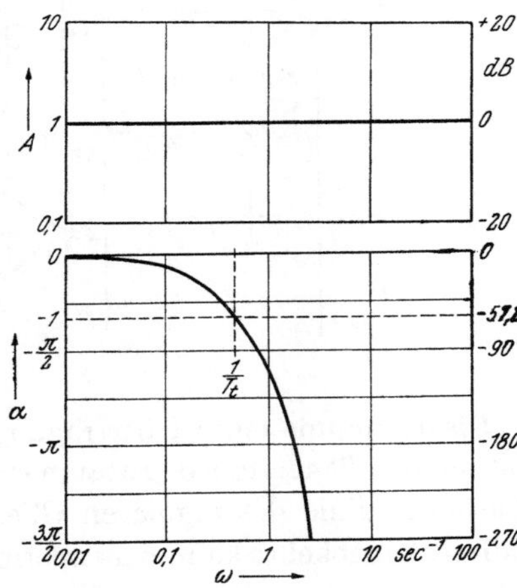

Abb. 2.13.
Frequenzkennlinien des Totzeitgliedes

Wegen der Übereinstimmung der Kennlinienverläufe sind die vorher besprochenen Näherungen für Amplituden- und Phasenverlauf sinngemäß auch auf alle nichtregulären Glieder anzuwenden.

Es bleiben lediglich die Kennlinien des Totzeit-Gliedes anzuführen. Nach Abschnitt 1.3.2.3 fällt die Amplitudenkennlinie mit der Frequenzachse zusammen. So wie ein Allpaß wirkt sich auch die Totzeit auf die Amplitudenkennlinie nicht aus. Die Phasenkennlinie hingegen strebt nach der Beziehung

$$\alpha = -T_t \cdot \omega \tag{1.72}$$

um die Totzeit proportional der Frequenz von 0 gegen $-\infty$. Abb. 2.13 zeigt die Kennlinien des Totzeitgliedes.

Tabelle 2.4. *Grundformen der Übertragungsglieder*

reguläre Glieder					
Bezeichnung	Nullstellen, Pole Übertragungsfunktion Frequenzgang	Frequenzkennlinien	Näherung für die Frequenzkennlinien	Bezeichnung	Nullst., Pole Übertrag. funkt. Frequenzgang
P	$+i$; V	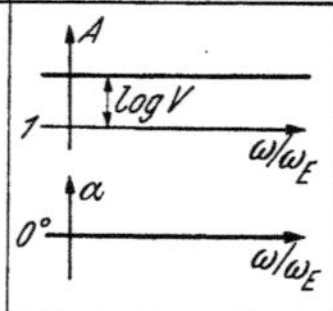			
PD1 PT1	$(1+Ts)^{\pm 1}$ $\left(1+i\frac{\omega}{\omega_E}\right)^{\pm 1}$	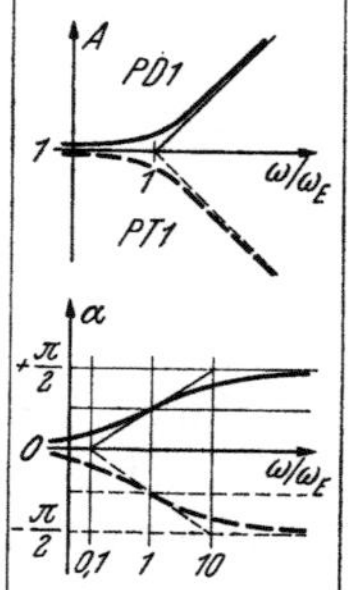	Asymptoten (nebenstehend) a) Gerade (nebenst.) b) Hyperbel: $\pm \frac{\pi}{2} \frac{\omega}{(\omega_E+\omega)}$	D I	$(Ts)^{\pm 1}$ $\left(i\frac{\omega}{\omega_E}\right)^{\pm 1}$
PD2 PT2	$(1+2DTs+T^2s^2)^{\pm 1}$ $\left(1-\left(\frac{\omega}{\omega_E}\right)^2+i\,2D\frac{\omega}{\omega_E}\right)^{\pm 1}$	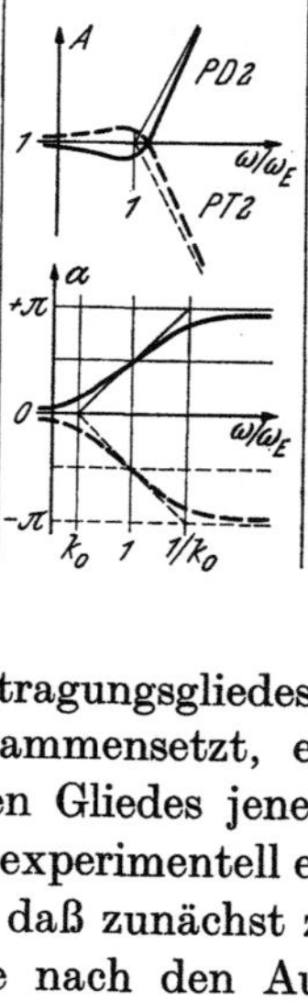	Asymptoten (nebenstehend) nur für $0{,}4 \leq D \leq 0{,}7$ genügend genau a) Gerade (nebenst.): $k_0 = 0{,}1 - 0{,}615 \log D$ b) Hyperbel: $\pm \frac{\pi}{2} \frac{2D\omega_E\omega - (\omega_E^2-\omega^2) \pm (\omega_E^2-\omega^2)}{2D\omega_E\omega \pm (\omega_E^2-\omega^2)}$ (In Zähler und Nenner ist "+" für $\omega \leq \omega_E$ und "−" für $\omega \geq \omega_E$ zu setzen.)		

Die Kennlinie eines Übertragungsgliedes, das sich aus einem regulären Glied und einem Totzeitglied zusammensetzt, erhält man dadurch, daß man zur Phasenkennlinie des regulären Gliedes jene des Totzeit-Gliedes nach Abb. 2.13 addiert. Umgekehrt kann bei experimentell erhaltenen Kennlinien die vorhandene Totzeit so bestimmt werden, daß zunächst zur gemessenen Amplitudenkennlinie die reguläre Phasenkennlinie nach den Ausführungen des Abschnittes 3 konstruiert wird. Die Differenz zwischen dieser und der gemessenen Phasenkennlinie ergibt dann die durch die Totzeit bedingte Phasenkennlinie. Damit kann man dann auch sofort den Betrag der Totzeit ablesen.

2.2.6 Zusammenfassung

Es ist wegen der Bedeutung dieses Abschnittes vielleicht angebracht, nach Besprechung der wichtigsten Grundlagen des Frequenzkennlinien-Verfahrens dessen wesentliche Eigenschaften zusammenzustellen:

Tabelle 2.4 (Fortsetzung)

	nichtreguläre Glieder			
Frequenzkennlinien	Bezeichnung	Nullstellen, Pole Übertragungsfunktion Frequenzgang	Frequenzkennlinien	Näherung für die Frequenzkennlinien
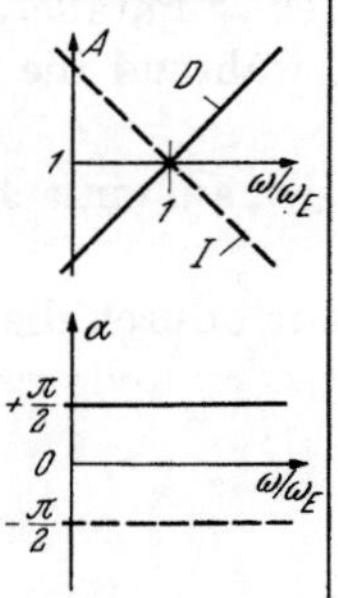	ND1 NT1	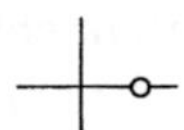 $(1-Ts)^{\pm 1}$ $(1-i\frac{\omega}{\omega_E})^{\pm 1}$ 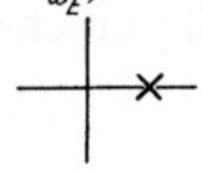	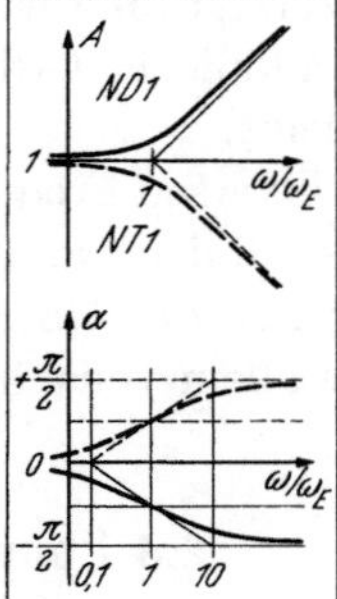	Asymptoten (nebenstehend) a) Gerade (nebenst.) b) Hyperbel: $\mp\frac{\pi}{2}\frac{\omega}{(\omega_E+\omega)}$
	ND2 NT2	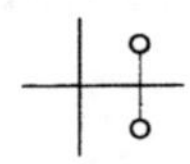 $(1-2DTs+T^2s^2)^{\pm 1}$ $(1-(\frac{\omega}{\omega_E})^2-i\,2D\frac{\omega}{\omega_E})^{\pm 1}$ 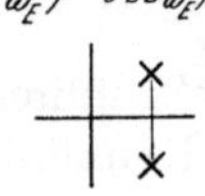	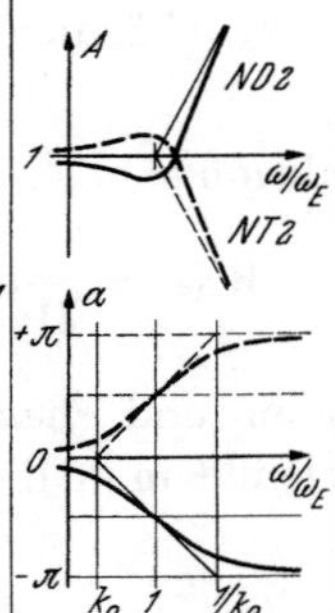	Asymptoten (nebenstehend) nur für $0{,}4 \lesssim D \lesssim 0{,}7$ genügend genau a) Gerade (nebenst.): $k_0 = 0{,}1 - 0{,}615 \log D$ b) Hyperbel: unter Beachtung des Vorzeichenwechsels wie PD2- und PT2-Glied
	T_t	$e^{-T_t s}$ $e^{-iT_t\omega} = e^{-i\frac{\omega}{\omega_E}}$	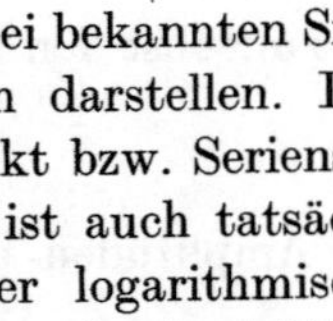	

Jede Übertragungsfunktion läßt sich bei bekannten Singularitäten als Produkt von Übertragungsfunktions-Grundformen darstellen. Damit erhält man auch jeden beliebigen Frequenzgang als Produkt bzw. Serienschaltung von Frequenzgang-Grundformen. Die Serienschaltung ist auch tatsächlich die am häufigsten vorkommende Schaltungsart. Wegen der logarithmischen Darstellung erhält man die Kennlinien einer Serienschaltung durch Addition der Kennlinien der einzelnen Teilglieder. Somit erhält man auch jede beliebige Kennlinie durch Addition entsprechend kombinierter Kennlinien-Grundformen.

Die Grundformen der Kennlinien zeichnen sich durch sehr einfache Verläufe aus. Die Amplitudenkennlinien der Glieder erster Ordnung und teilweise auch jene der Glieder zweiter Ordnung sind mit guter Genauigkeit durch ihre Asymptoten anzunähern. Auch für die Phasenkennlinien lassen sich zweckmäßige Näherungen angeben. Die Tabelle 2.4 bietet eine übersichtliche Zusammenstellung der Grundformen mit allen wesentlichen Angaben.

Die Asymptoten-Neigungen der Amplitudenkennlinien betragen ± 1, bzw. ± 2. Wegen der Addition der Kennlinien sind bei Serienschaltungen daher immer nur ganzzahlige Asymptoten-Neigungen bzw. Neigungen von 0, $\pm$ 20 dB/Dekade, $\pm$ 40 dB/Dekade usw. möglich.

Die jeweiligen Eckfrequenzen erhält man als Kehrwerte der Zeitkonstanten.

Eine Änderung der Verstärkung wirkt sich lediglich in einer Parallelverschiebung der Amplitudenkennlinie in Ordinatenrichtung aus, während die Phasenkennlinie unverändert bleibt.

Die Kennlinien eines inversen Frequenzganges ergeben sich auf einfache Weise durch Spiegelung der Kennlinien um die Frequenzachsen.

Bei regulären Gliedern ist das Übertragungsverhalten auch durch die Angabe der Amplitudenkennlinie allein vollständig beschrieben.

2.3 Übungsaufgaben

(Lösungen ab S. 214)

Aufgabe 2.1:

Für die Übertragungsfunktion

$$W(s) = \frac{3s}{(1 + 2s)(1 + 0{,}25s)}$$

zeichne man die Amplituden- und Phasenkennlinie als Summe der Kennlinien der Grundformen. Weiter zeichne man die Kennlinien der inversen Übertragungsfunktion.

Aufgabe 2.2:

Für die Übertragungsfunktion

$$W(s) = \frac{4(1 + s)}{(1 + 2s + 4s^2)}$$

zeichne man die Amplituden- und Phasenkennlinie sowie die Kennlinien der inversen Übertragungsfunktion.
Hinweis: Man bestimme zunächst den Dämpfungsgrad.

Aufgabe 2.3:

Man zeichne zunächst die Amplituden- und Phasenkennlinie für die Übertragungsfunktion

$$W(s) = \frac{1{,}2s}{(1 + 0{,}5s)} \cdot e^{-0{,}2s},$$

sodann zeichne man die Kennlinien für eine Vergrößerung der Verstärkung von 1,2 auf 3,2.

Aufgabe 2.4:

Für die Übertragungsfunktion

$$W(s) = \frac{(3 + 9s)}{(0{,}6 + 1{,}8s + 1{,}2s^2)}$$

zeichne man die Amplituden- und Phasenkennlinie.
Hinweis: Man stelle die Übertragungsfunktion zunächst als Produkt von Grundformen dar, sodann bestimme man den Dämpfungsgrad.

Aufgabe 2.5:

Für die Übertragungsfunktion

$$W(s) = \frac{(0{,}11 + 1{,}1s)}{(s + 5s^2)(1 + 2{,}4s + 9s^2)}$$

zeichne man die Amplituden- und Phasenkennlinie.

Aufgabe 2.6:

Für die Übertragungsfunktion

$$\mathrm{W}(s) = \frac{(0{,}05s^{-1} + 0{,}6 + 5s)}{0{,}04(1 + s)(1 + 1{,}8s)^2}$$

zeichne man die Asymptoten der Amplitudenkennlinie sowie die nach Abschnitt 2.2.3.1 bzw. 2.2.4.1 durch Gerade angenäherte Phasenkennlinie.
Hinweis: Man forme zunächst den Zähler so um, daß ein PD2-Glied entsteht.

Aufgabe 2.7:

Wie Aufgabe 2.6, jedoch für die Übertragungsfunktion

$$W(s) = \frac{1{,}2(0{,}25s^{-1} + 1 + 1{,}56s)}{(1{,}5s + 3s^2)(1 + 0{,}8s)}.$$

Aufgabe 2.8:

Wie Aufgabe 2.6, jedoch für die Übertragungsfunktion

$$W(s) = \frac{(1 + s)(1 + 1{,}2s + s^2)}{(s + 0{,}12s^2)(1 + 0{,}32s + 0{,}16s^2)}.$$

Aufgabe 2.9:

Die Übertragungsfunktion

$$W(s) = \frac{2(1 - 3s)}{(1 + 3s + 2s^2)}$$

ist in einen regulären Teil und in einen Allpaß aufzuspalten. Sodann zeichne man die Amplituden- und Phasenkennlinie, wobei man die obigen Näherungen verwende.

Aufgabe 2.10:

Wie Aufgabe 2.9, jedoch für die Übertragungsfunktion

$$W(s) = \frac{2 - 5{,}6s + 8s^2}{s(1 + 0{,}8s)^2}.$$

Aufgabe 2.11:

Für die Übertragungsfunktion der Aufgabe 2.1 ist der Phasenverschiebungswinkel an der Stelle $\omega = 1{,}0$ mit Hilfe der in Abschnitt 2.2.3.2 bzw. 2.2.4.2 besprochenen Hyperbel-Näherung zu berechnen.

Aufgabe 2.12:

Wie Aufgabe 2.11, jedoch für die Übertragungsfunktion der Aufgabe 2.3 und die Stelle $\omega = 5{,}5$.

Aufgabe 2.13:

Wie Aufgabe 2.11, jedoch für die Übertragungsfunktion der Aufgabe 2.5 und eine Frequenz, bei der das Amplitudenverhältnis $A = 0{,}12$ wird.

3. Zusammenhang zwischen Amplituden- und Phasenkennlinie bei regulären Systemen

3.1 Das Gesetz von Bode

Schon auf S. 7 sind wir zu dem Schluß gekommen, daß bei Phasenminimum-Systemen ein gesetzmäßiger Zusammenhang zwischen der Amplitudenkennlinie und der Phasenkennlinie bestehen muß. Dieser Zusammenhang wird etwa am Beispiel des PD1-Gliedes deutlich, wenn wir aus Amplitudenfunktion Gl. (1.34) und Phasenfunktion Gl. (1.35) den Ausdruck $(T\omega)$ eliminieren und dadurch die Beziehung

$$\alpha(A) = \operatorname{arc\,tg} \sqrt{A^2 - 1} \tag{3.1}$$

erhalten. Ein für alle regulären Übertragungssysteme gültiges Gesetz, nach dem aus einem gegebenen Amplitudenverlauf der Phasenverlauf berechnet werden kann, wurde von H. W. Bode abgeleitet [31, 32, 245], dessen Gedankengang wir jetzt in groben Zügen folgen wollen.

Die Übertragungsfunktion $W(s)$ eines regulären Übertargungssystems hat weder auf der imaginären Achse noch in der rechten s-Halbebene singuläre Stellen, während im Nullpunkt Singularitäten liegen dürfen. Deshalb verschwindet nach dem zweiten Fundamentalsatz der Funktionstheorie (Cauchyscher Integralsatz) das Integral der Übertragungsfunktion längs eines Weges, der unter Umgehung des Nullpunktes die gesamte rechte Halbebene einschließt. Da man eine Aussage über Betrag und Argument machen will, setzt man im Integranden nicht die Übertragungsfunktion selbst, sondern ihren Logarithmus an. Dies ändert nichts, weil auch der Logarithmus einer regulären Übertragungsfunktion keine Singularitäten in der rechten s-Halbebene aufweist. Eine jetzt möglicherweise im Ursprung auftretende Singularität wird ohnedies auf einem kleinen Halbkreis umgangen (s. Abb. 3.1). Damit man die Funktionswerte an der Stelle $s_1 = i\omega_1$ ermitteln kann, muß der Integrand an dieser Stelle einen Pol erhalten, der ebenfalls auf einem kleinen Halbkreis umgangen wird. Damit nun trotzdem der Integrand eine gerade Funktion von s bleibt, muß auch noch bei $s_1^* = -i\omega_1$ ein Pol hergestellt werden. Im Verlauf der folgenden Rechnung stellt es sich auch als zweckmäßig heraus, im Zähler des Integranden die Konstante $Re\{\ln W(s_1)\}$ abzuziehen. Man kommt so schließlich zu dem Integral

$$J = \oint \frac{\ln W(s) - Re\{\ln W(s_1)\}}{(s - s_1)(s - s_1^*)}\, ds, \tag{3.2}$$

bzw. mit $s_1 = i\omega_1$, $s_1^* = -i\omega_1$ und der Abkürzung $Re\{\ln F(i\omega_1)\} = A_1$ zu

$$J = \oint \frac{\ln W(s) - \ln A_1}{s^2 + \omega_1^2}\, ds. \tag{3.3}$$

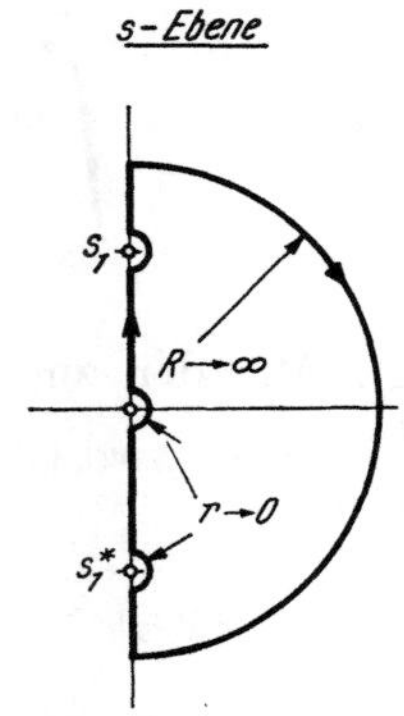

Abb. 3.1. Integrationsweg für die Ableitung des Gesetzes von BODE

Dieses Integral muß längs des in Abb. 3.1 angedeuteten Weges verschwinden.

Wir berechnen zunächst den Anteil des Halbkreises, auf dem der Pol bei s_1^* umgangen wird. Für diesen Weg ist

$$s = -i\omega_1 + re^{i\varphi}$$

und

$$ds = ire^{i\varphi} d\varphi,$$

womit wir für den Grenzübergang $r \to 0$ aus Gl. (3.3) erhalten:

$$J_{1*} = \lim_{r\to 0} \int_{\varphi=-\pi/2}^{+\pi/2} \frac{\ln W(s) - \ln A_1}{re^{i\varphi} - 2i\omega_1}\, i\, d\varphi = \frac{\ln F(-i\omega_1) - \ln A_1}{-2\omega_1} \int_{-\pi/2}^{+\pi/2} d\varphi = \frac{i\pi\alpha(\omega_1)}{2\omega_1}. \tag{3.4}$$

Man kann sich leicht davon überzeugen, daß auch das Integral J_1 über den Halbkreis um s_1 denselben Wert liefert, während das Integral längs des Halbkreises um den Ursprung verschwindet. Ebenso liefert auch die Integration längs des großen Halbkreises für $R \to \infty$ keinen Anteil. Es verbleibt also noch die Integration längs der imaginären Achse für $s = i\omega$:

$$J_1 = \int_{\omega=-\infty}^{+\infty} \frac{\ln F(i\omega) - \ln A_1}{\omega_1^2 - \omega^2}\, d(i\omega) = i \int_{+\infty}^{0} \frac{\ln A(-\omega) + i\alpha(-\omega) - \ln A_1}{\omega_1^2 - \omega^2}\, d(-\omega) +$$

$$+ i \int_{0}^{+\infty} \frac{\ln A(\omega) + i\alpha(\omega) - \ln A_1}{\omega_1^2 - \omega^2}\, d\omega = 2i \int_{0}^{+\infty} \frac{\ln A(\omega) - \ln A_1}{\omega_1^2 - \omega^2}\, d\omega. \tag{3.5}$$

Wir erhalten somit für das Integral Gl. (3.3)

$$J = J_{1*} + J_1 + J_i = \frac{i\pi\alpha(\omega_1)}{\omega_1} + 2i\int_0^{+\infty} \frac{\ln A(\omega) - \ln A_1}{\omega_1^2 - \omega^2}\,d\omega = 0, \tag{3.6}$$

woraus für den Phasenverschiebungswinkel $\alpha(\omega_1)$ an der Stelle ω_1 die Beziehung

$$\alpha(\omega_1) = -\frac{2\omega_1}{\pi}\int_0^{+\infty} \frac{\ln A(\omega) - \ln A_1}{\omega_1^2 - \omega^2}\,d\omega = -\frac{2}{\pi}\int_0^{+\infty} \frac{\ln A(\omega) - \ln A_1}{\frac{\omega_1}{\omega} - \frac{\omega}{\omega_1}} \cdot \frac{d\left(\frac{\omega}{\omega_1}\right)}{\frac{\omega}{\omega_1}} \tag{3.7}$$

folgt. Mit der zur Abkürzung vorübergehend eingeführten neuen Variablen $\ln\left(\frac{\omega}{\omega_1}\right) = u$ wird Gl. (3.7) zu

$$\alpha(\omega_1) = -\frac{2}{\pi}\int_{u=-\infty}^{+\infty} \frac{\ln A(u) - \ln A_1}{e^{-u} - e^{u}}\,du = \frac{1}{\pi}\int_{-\infty}^{+\infty} \frac{\ln A(u) - \ln A_1}{\sinh u}\,du. \tag{3.8}$$

Die partielle Integration der Gl. (3.8) ergibt schließlich

$$\alpha(\omega_1) = \frac{1}{\pi}\int_{-\infty}^{+\infty} \frac{d(\ln A(u))}{du} \ln\coth\frac{u}{2}\,du = \frac{1}{\pi}\int_{-\infty}^{+\infty} A' \ln\left|\frac{\omega + \omega_1}{\omega - \omega_1}\right| d\left(\ln\frac{\omega}{\omega_1}\right), \tag{3.9}$$

welche Beziehung das erste Gesetz von Bode darstellt.

In Gl. (3.9) hat die Funktion

$$\Phi = \ln\left|\frac{\omega + \omega_1}{\omega - \omega_1}\right| \tag{3.10}$$

die Eigenschaft einer Bewertungsfunktion für den Einfluß der Neigung der Amplitudenkennlinie. Abb. 3.2b zeigt diese Bewertungsfunktion und man sieht, daß die Neigung der Amplitudenkennlinie in der Nähe der Frequenz ω_1 den Phasenwinkel am stärksten beeinflußt. Man erhält nach Gl. (3.9) den bei der Kreisfrequenz ω_1 auftretenden Phasenverschiebungswinkel $\alpha(\omega_1)$ (im Bogenmaß), indem man die mit der Bewertungsfunktion multiplizierte Ableitung der Amplitudenkennlinie über den gesamten positiven Frequenzbereich integriert.

Man findet also bestätigt, daß der zu einer bestimmten Kreisfrequenz gehörende Phasenverschiebungswinkel durch die Amplitudenkennlinie allein vollständig bestimmt ist, bzw. daß die Amplitudenfunktion für sich allein das Übertragungsverhalten eines regulären Systems charakterisiert.

Der an näheren Einzelheiten der Herleitung von Gl. (3.9) interessierte Leser sei auf die Originalarbeit von Bode verwiesen. Dort findet er unter anderem auch die Umkehrung der obigen Aufgabenstellung, nämlich aus einem gegebenen Phasenverlauf die zugehörige Amplitudenkennlinie zu ermitteln. Es wird hier aber nicht für notwendig erachtet, auf dieses sowie auf weitere für die Regelungstechnik weniger wichtige Bodesche Theoreme näher einzugehen.

Es ist augenscheinlich, daß die Auswertung des Integrals Gl. (3.9) meist auf große Schwierigkeiten stößt oder zumindest sehr zeitraubend ist. Trotzdem wird das Bodesche Gesetz — wenn auch nicht in obiger Formulierung — für uns bei

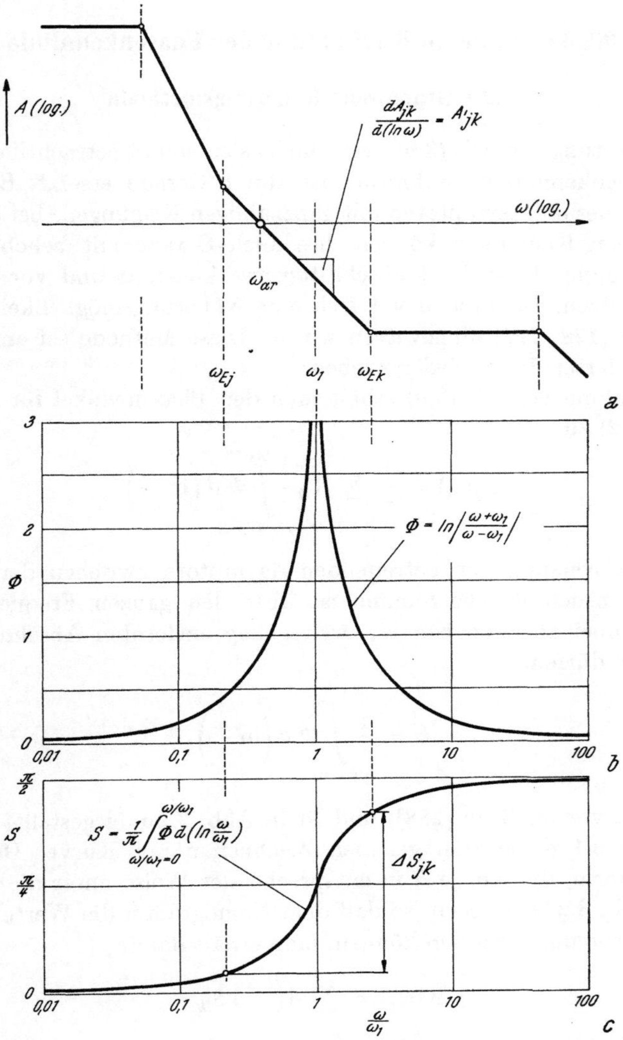

Abb. 3.2. Zur vereinfachten Bestimmung der Phasenkennlinie aus gegebener Amplitudenkennlinie. *a* Asymptoten der Amplitudenkennlinie, *b* Bewertungsfunktion, *c* Integral der Bewertungsfunktion

der näherungsweisen Stabilitätsprüfung von regulären Systemen von gewisser Bedeutung sein. Für diesen Zweck kann die Anwendung des Gesetzes bei Entwurfsarbeiten sehr nützlich sein. Man muß sich aber davon überzeugen können, daß das System weder Allpässe noch Totzeit enthält und daß die vorgenommene Linearisierung zulässig ist. Es ist jedoch wichtig, festzustellen, daß die Bedeutung des Gesetzes bei der Analyse von ausgeführten Systemen auch wieder nicht überschätzt werden darf. Hier wird man wohl nur in den seltensten Fällen auf die gleichzeitige Aufzeichnung beider Kennlinien verzichten.

3.2 Vereinfachte Bestimmung der Phasenkennlinie

3.2.1 Graphische Näherungsmethode

Die Auswertung von Gl. (3.9) vereinfacht sich sofort beträchtlich, wenn man die Amplitudenkennlinie abschnittsweise durch Gerade ersetzt. Bei Entwurfsarbeiten sind dies die Asymptoten mit ganzzahligen Neigungen, bei experimentell aufgenommenen Kennlinien können dies auch Gerade mit beliebiger Neigung sein. Die Neigung A' ist jetzt abschnittsweise konstant und vor das jeweilige Integral zu setzen. Dadurch bietet sich eine Näherungsmöglichkeit an, auf die von Menskij [178, 217] hingewiesen wurde. Diese Methode sei anschließend in etwas abgeänderter Form wiedergegeben:

In Anwendung von Gl. (3.9) erhält man den Phasenwinkel für die Frequenz ω_1 (s. Abb. 3.2) zu

$$\alpha(\omega_1) = \frac{1}{\pi} \sum A'_{jk} \cdot \int\limits_{\omega/\omega_1=\omega_{Ej}/\omega_1}^{\omega_{Ek}/\omega_1} \Phi \, d\left(\ln \frac{\omega}{\omega_1}\right), \tag{3.11}$$

worin A'_{jk} die Neigung der betreffenden Asymptote zwischen den Frequenzen ω_{Ej} und ω_{Ek} bedeutet. Die Summe ist über den ganzen Frequenzbereich zu erstrecken, wobei aber die von ω_1 weit genug entfernten Abschnitte vernachlässigt werden dürfen.

Das Integral

$$S = \frac{1}{\pi} \int\limits_{\omega/\omega_1=0}^{\omega/\omega_1} \Phi \, d\left(\ln \frac{\omega}{\omega_1}\right) \tag{3.12}$$

liegt tabelliert vor (z. B. in [288]) und ist in Abb. 3.2c dargestellt. Die auszugsweise Tabelle 3.1 diene zum genauen Zeichnen dieser Kurve. Das Verfahren besteht nun darin, die Kurve S in entsprechender Weise unter die Amplitudenkennlinie (Abb. 3.2a) zu legen, so daß dem Nomogramm die Werte ΔS_{jk} (siehe Abb. 3.2c) entnommen werden können. Man erhält damit

$$\alpha(\omega_1) = \sum A'_{jk} \cdot \Delta S_{jk}. \tag{3.13}$$

Diese Methode ist recht praktisch; als Nachteil wird lediglich empfunden, daß man an die Verwendung eines Kurvenblattes und damit an einen bestimmten Frequenzmaßstab gebunden ist.

3.2.2 Rechnerische Näherungsmethode

Das Integral Gl. (3.12) kann durch die Beziehung

$$S \approx \frac{\pi}{2} \left(1 - e^{-a\omega/\omega_1}\right) \tag{3.14}$$

angenähert werden. Dadurch wird die vorher besprochene graphische Methode weiter vereinfacht und auf eine einfache Rechnung zurückgeführt.

Aus der Bedingung

$$\left\{\int_0^{10}\left[S-\frac{\pi}{2}\left(1-e^{-a\omega/\omega_1}\right)\right]^2 d\frac{\omega}{\omega_1}\right\}\to \text{Min!} \tag{3.15}$$

ermittelt sich der Wert a in Gl. (3.15) zu $a = 0{,}7$. Die damit errechneten Fehlerquadrate sind in Abb. 3.3 dargestellt. Der durchschnittliche quadratische Fehler dieser Näherung im Bereich $0 \leqq \frac{\omega}{\omega_1} \leqq 10$ beträgt $\Delta_m^2 \approx 0{,}007$ (s. auch Abb. 6.7).

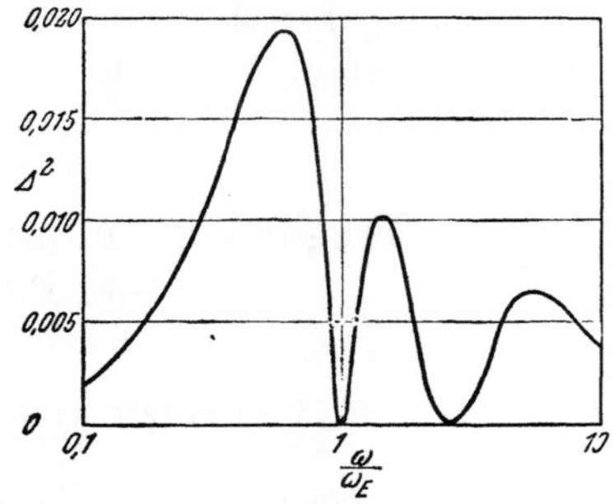

Abb. 3.3.
Fehlerquadrate der Näherung Gl. (3.14)

Tabelle 3.1. *Werte des Integrals* $S = \frac{1}{\pi}\int\limits_{\omega/\omega_1=0}^{\omega/\omega_1}\ln\left|\frac{\omega+\omega_1}{\omega-\omega_1}\right| d\left(\ln\frac{\omega}{\omega_1}\right)$

ω/ω_1	S	ω/ω_1	S
0,01	0,0064	1,05	0,8587
0,05	0,0318	1,11	0,9177
0,10	0,0637	1,18	0,9694
0,15	0,0957	1,25	1,0123
0,20	0,1279	1,33	1,0547
0,25	0,1603	1,43	1,0951
0,30	0,1930	1,54	1,1396
0,35	0,2260	1,67	1,1711
0,40	0,2595	1,82	1,2074
0,45	0,2935	2,00	1,2427
0,50	0,3281	2,22	1,2774
0,55	0,3634	2,50	1,3113
0,60	0,3997	2,86	1,3448
0,65	0,4371	3,33	1,3778
0,70	0,4757	4,00	1,4105
0,75	0,5161	5,00	1,4429
0,80	0,5585	6,67	1,4751
0,85	0,6037	10,00	1,5071
0,90	0,6531	20,00	1,5390
0,95	0,7093	100,00	1,5644
1,00	0,7854	∞	1,5708

Da jeweils die Differenzen ΔS in die Berechnung des Phasenwinkels eingehen, kann man schließlich schreiben

$$\alpha(\omega_1) = \frac{\pi}{2}\sum A'_{jk}\left(e^{-0{,}7\cdot\omega_{Ej}/\omega_1} - e^{-0{,}7\cdot\omega_{Ek}/\omega_1}\right). \tag{3.16}$$

Unter Verwendung von Gl. (3.16) kann nunmehr die Phasenkennlinie in kurzer Zeit durch einfache Rechnung unter Verwendung eines Rechenschiebers ermittelt werden.

Übungsaufgaben, bei denen diese Methoden verwendet werden, befinden sich am Ende des Abschnittes 5 (S. 74).

4. Frequenzkennlinien von geschlossenen Systemen und Parallelschaltungen

4.1 Frequenzkennlinien einschleifiger Systeme

Bei der Besprechung des Übertragungsverhaltens und dessen Darstellung im Frequenzbereich wurde von einem Übertragungsglied nach Abb. 1.3 ausgegangen. Im speziellen Fall kann es sich dabei um die Reihenschaltung eines Reglers mit einer Regelstrecke handeln. Es ist üblich, die Übertragungsfunktion dieser Reihenschaltung mit

$$W_R(s) \cdot W_S(s) = W_0(s) \tag{4.1}$$

zu bezeichnen. In erweitertem Sinn muß es sich bei dem durch $W_0(s)$ beschriebenen Übertragungsglied nicht mehr um Strecke und Regler als solche handeln, sondern es kann ein beliebiges Netzwerk betrachtet werden. $W_0(s)$ wird als Übertragungsfunktion des „offenen" Systems bezeichnet. Diese Benennung stammt von der in Abb. 4.1 als unterbrochen gedachten äußeren Rückführschleife, wobei die Vorzeichenumkehr an der Mischstelle zunächst nicht beachtet wird (s. S. 61). Die Frequenzkennlinien des offenen Systems erhält man wie besprochen durch Addition der Kennlinien jener Grundformen, aus denen sich eben $W_0(s)$ zusammensetzt.

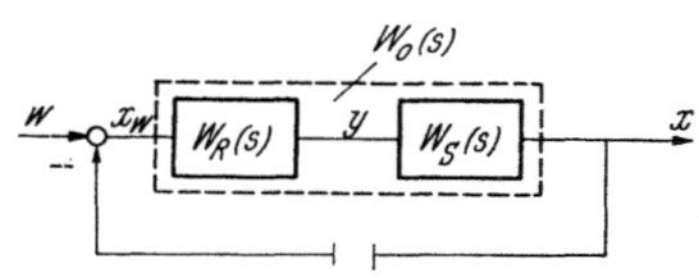

Abb. 4.1. Einschleifiges Regelungssystem

Schließt man die Rückführung, dann besteht für das geschlossene Syseme nach Abb. 4.1 wegen der Gültigkeit des Superpositionsgesetzes im Bildbericht der Laplace-Transformation die Bezeichnung

$$X(s) = W_0(s) \cdot W(s) - W_0(s) \cdot X(s), \tag{4.2}$$

mit $W(s)$ als Bildfunktion der Führungsgröße und $X(s)$ als Bildfunktion der Regelgröße. Für das Übertragungsverhalten des geschlossenen Systems leitet man daraus die Übertragungsfunktion

$$W_w(s) = \frac{X(s)}{W(s)} = \frac{W_0(s)}{W_0(s) + 1} = \frac{Q_0(s)}{Q_0(s) + R_0(s)} \tag{4.3}$$

bzw. den Frequenzgang

$$F_w(i\omega) = \frac{F_0(i\omega)}{F_0(i\omega) + 1} = \frac{Q_0(i\omega)}{Q_0(i\omega) + R_0(i\omega)} \tag{4.4}$$

mit $W_0(s) = Q_0(s)/R_0(s)$ ab. Die Übertragungsfunktion $W_w(s)$ wird deshalb als „Übertragungsfunktion für Führungsverhalten" und der Frequenzgang $F_w(i\omega)$ als „Führungsfrequenzgang" bezeichnet. Ist wie bei dem Standard-Regelkreis nach Abb. 4.1 nur ein Vorwärtsglied und eine Rückführschleife vorhanden, dann spricht man von einem einschleifigen Regelkreis bzw. von einem einschleifigen Regelungssystem.

Wirkt auf die Regelstrecke eine Störgröße z, dann kann in den meisten Fällen im Signalflußplan das Störsignal der Stellgröße überlagert werden (Abb. 4.2a). Will man die Auswirkung dieser Störung auf die Regelgröße feststellen, dann setzt man die Führungsgröße $w = 0$ und erhält auf gleiche Weise wie vorher die Übertragungsfunktion für „Störverhalten"

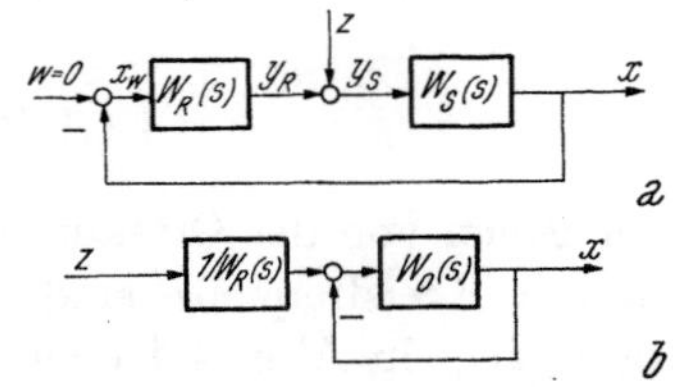

Abb. 4.2. Signalflußplan für Störverhalten eines einschleifigen Systems

$$W_z(s) = \frac{X(s)}{Z(s)} = \frac{W_S(s)}{W_0(s)+1} = \frac{1}{W_R(s)} \cdot \frac{W_0(s)}{W_0(s)+1} \qquad (4.5)$$

als Beziehung zwischen Regelgröße x und Störgröße z. Im Frequenzbereich entspricht der Gl. (4.5) der „Störfrequenzgang" $F_z(i\omega)$. Wie aus Gl. (4.5) hervorgeht, kann der Signalflußplan der Abb. 4.2a nach Abb. 4.2b gleichwertig umgewandelt werden. Es entsteht wieder das System Abb. 4.1, das für Führung und Störung in gleicher Weise gilt, wobei im letzteren Fall die inverse Übertragungsfunktion des Reglers vorgeschaltet gedacht wird.

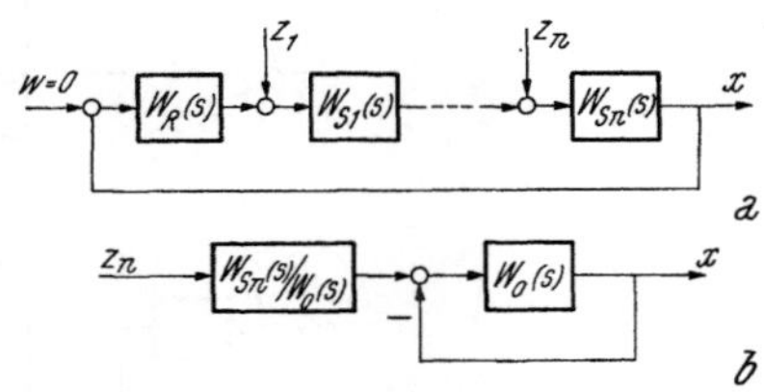

Abb. 4.3. Signalflußplan für Störverhalten eines einschleifigen Systems bei mehreren Störgrößen

Die Einwirkung mehrerer Störgrößen kann im allgemeinen nach Abb. 4.3a dargestellt werden. Will man jetzt die Auswirkung einer bestimmten Störung feststellen, dann berechtigt wieder das für lineare Systeme geltende Superpositionstheorem dazu, sowohl die Führungsgröße als auch die übrigen Störgrößen null zu setzen. Für die interessierende Störung erhält man dann nach Reduktion des Signalflußplanes auf Abb. 4.3b die Übertragungsfunktion

$$W_{zn}(s) = \frac{W_{Sn}(s)}{W_0(s)} \cdot \frac{W_0(s)}{W_0(s)+1}. \qquad (4.6)$$

Wir sehen, daß alle interessierenden Übertragungsfunktionen des einschleifigen geschlossenen Systems durch Serienschaltungen mit der Übertragungsfunktion Gl. (4.3) gewonnen werden. Diese Gleichung wird daher als Übertragungsfunktion des geschlossenen Systems schlechthin bezeichnet und der Index w wird meist weggelassen, wenn dadurch eine Verwechslung mit der Bildfunktion der Führungsgröße nicht zu befürchten ist.

Entsteht in Gl. (4.5) ein Nennerpolynom von höherer Ordnung als zwei, was praktisch immer der Fall ist, dann kann die Zerlegung in Grundformen erster und zweiter Ordnung wegen der dazu notwendigen Bestimmung der Wurzeln Schwierigkeiten machen. Es sind wohl Methoden für die Darstellung in Produktform bekannt geworden [340, 342]; so einfach der Zusammenhang auch aussieht, so ist doch oft der Rechenaufwand erheblich. Die Frequenzkennlinien des geschlossenen Kreises können dann aus jenen des offenen Kreises nicht mehr direkt ermittelt werden, außer man bedient sich eines Hilfsdiagrammes, das wir anschließend besprechen wollen. Dieses nach N. B. Nichols benannte Diagramm gehört zu den bekanntesten Hilfsmitteln der konventionellen linearen Regelungstheorie und es gestattet auf einfache Weise die Bestimmung des Übertragungsverhaltens des geschlossenen Systems aus den Kennlinien des offenen Systems.

4.1.1 Das Nichols-Diagramm

Wir gehen von der Ortskurve $F_0(i\omega)$ des offenen Regelkreises aus; für eine bestimmte Kreisfrequenz sind Betrag $A_0 = |F_0(i\omega)|$ und Argument $\alpha_0 = \arg F_0(i\omega)$ in Abb. 4.4 eingezeichnet. Ebenso ist der zugehörige Vektor $\bar{A}_0$ der Ortskurve $F_0(i\omega) + 1$ eingetragen. Drehen wir das aus A_0 und $\bar{A}_0$ gebildete

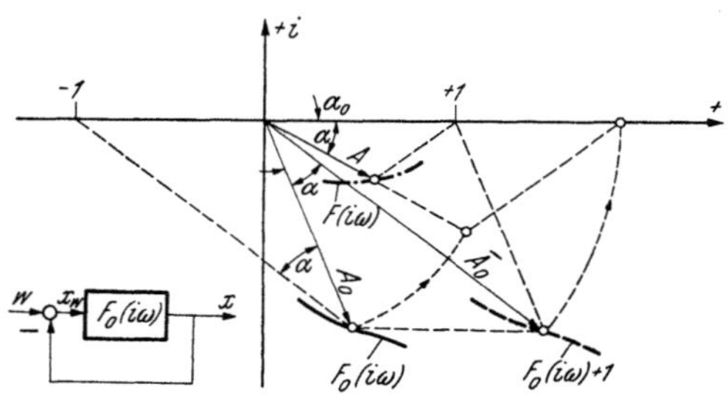

Abb. 4.4. Zur Ableitung des Hall-Diagrammes und des Nichols-Diagrammes

Zeigerdreieck so, daß der Vektor $\bar{A}_0 = |F_0(i\omega) + 1|$ in die reelle Achse fällt und normieren wir seinen Betrag, dann kommt dies einer Subtraktion der Argumente und einer Division der Beträge gleich. Wir erhalten dadurch nach Gl. (4.4) den Betrag $A = |F_w(i\omega)|$ und das Argument α der Ortskurve des geschlossenen Kreises. Durch diese Konstruktion ist jedem Punkt der Ortskurve $F_0(i\omega)$ ein Punkt der Ortskurve $F_w(i\omega)$ zugeordnet.

Man berechnet aus Abb. 4.4 für den Betrag

$$A = \frac{A_0}{\sqrt{A_0^2 + 2A_0 \cos\alpha_0 + 1}} \tag{4.7}$$

und für das Argument

$$\alpha = \operatorname{arc\,tg} \frac{\sin\alpha}{A_0 + \cos\alpha_0}. \tag{4.8}$$

Zu den gleichen Ausdrücken kommt man natürlich auch dadurch, daß man A und α aus

$$A \cdot e^{i\alpha} = \frac{A_0 \cdot e^{i\alpha_0}}{A_0 \cdot e^{i\alpha_0} + 1} \tag{4.9}$$

berechnet. Durch die Gln. (4.7) und (4.8) sind in der komplexen F_0-Ebene zwei Scharen von Kreisen gegeben, was man in karthesischen Koordinaten besser erkennen kann: Setzt man in obigen Gln. für den Realteil $A_0 \cos \alpha_0 = a_0$ und für den Imaginärteil $i A_0 \sin \alpha_0 = b_0$, dann erhält man nach einigen Umformungen eine Schar von Kreisen

$$\left(a_0 + \frac{A^2}{A^2 - 1}\right)^2 + b_0^2 = \frac{A^2}{(A^2 - 1)^2} \tag{4.10}$$

mit dem Parameter A und eine dazu orthogonale Schar von Kreisen

$$(a_0 + 0{,}5)^2 + \left(b_0 - \frac{1}{2 \operatorname{tg} \alpha}\right)^2 = \left(\frac{1}{2 \sin \alpha}\right)^2 \tag{4.11}$$

mit dem Parameter α. Abb. 4.5 zeigt diese Kreise, das nach A. C. HALL benannte „Hall-Diagramm". Mit seiner Hilfe kann zu jedem Punkt ω_ν der Ortskurve

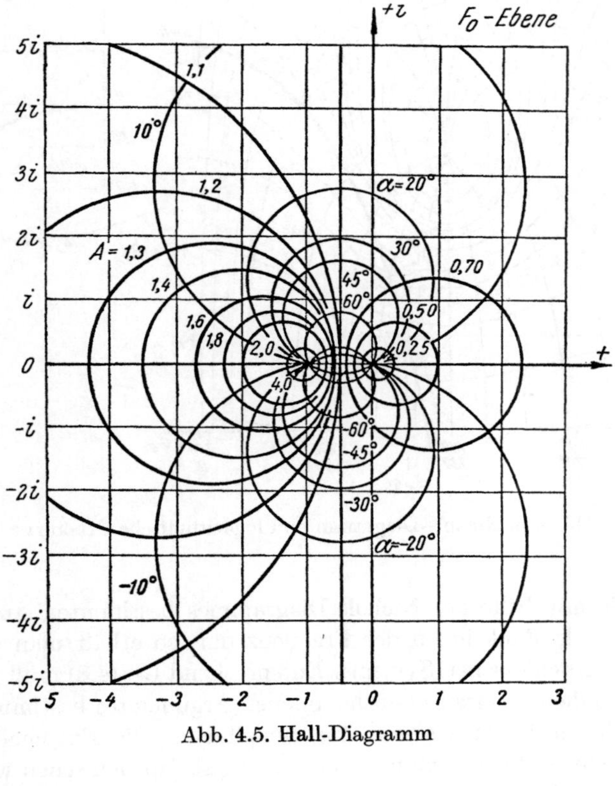

Abb. 4.5. Hall-Diagramm

$F_0(i\omega)$ der Betrag $A(\omega_\nu)$ und das Argument $\alpha(\omega_\nu)$ der Ortskurve $F_w(i\omega)$ des geschlossenen Regelkreises abgelesen werden.

Für die Ermittlung der Frequenzkennlinien ist eine andere Darstellung der Gln. (4.7) und (4.8) zweckmäßiger: Trägt man in einem rechtwinkligen Koordinatensystem auf der Abszisse den Phasenwinkel α_0 und auf der Ordinate den Logarithmus von A_0 auf, dann erhält man für jeweils festgehaltene Werte der

Parameter A und α zwei Scharen von Kurven. Dadurch entsteht das „Nichols-Diagramm“ [54, 107, 162] Abb. 4.6, das auch in Tafel 4 in großem Format dargestellt ist. Man entnimmt nach Abb. 4.6 den Frequenzkennlinien des offenen Systems für eine bestimmte Frequenz ω_ν die Werte $A_0(\omega_\nu)$ und $\alpha_0(\omega_\nu)$ für Amplitude und Phase und kann zu diesem Wertepaar im Nichols-Diagramm die zugehörigen Werte $A(\omega_\nu)$ und $\alpha(\omega_\nu)$ des geschlossenen Systems ablesen. Im Nichols-Diagramm ergibt sich dabei zwangsläufig eine Art der Darstellung der Ortskurve $F_0(i\omega)$, die als logarithmische Ortskurve bezeichnet wird (s. Abb. 4.6).

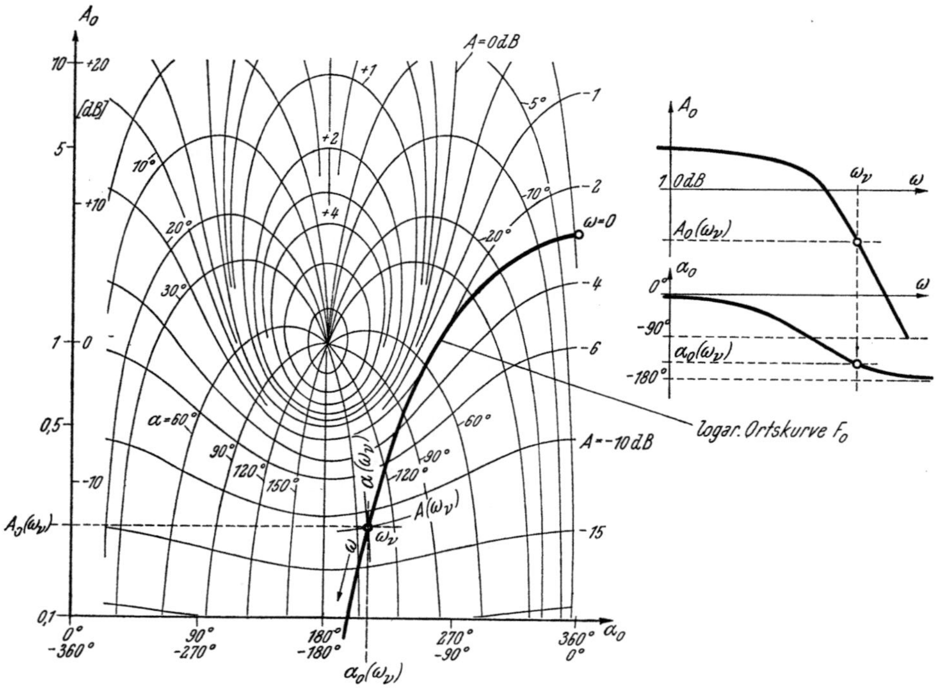

Abb. 4.6. Nichols-Diagramm und logarithmische Ortskurve

Stellt man die mit Hilfe des Nichols-Diagrammes bestimmten Amplituden und Phasen wieder als Funktionen der Frequenz dar, so erhält man die Frequenzkennlinien des geschlossenen Systems. Entsprechend Gl. (4.8) muß man noch das Vorzeichen des dem Diagramm entnommenen Argumentes bestimmen bzw. man muß eventuell ein Vielfaches von 2π hinzufügen. Die Entscheidung darüber fällt jedoch recht leicht, wie man bei den Übungsbeispielen sehen wird.

Handelt es sich nicht wie beim konventionellen Regelkreis um eine Rückführung bzw. Gegenkopplung, sondern um eine Mitkopplung (positive Rückführung; Addition an der Mischstelle im Signalflußplan Abb. 4.1), dann lautet an Stelle von Gl. (4.3) die Übertragungsfunktion des geschlossenen Systems

$$W(s) = \frac{W_0(s)}{-W_0(s) + 1}. \tag{4.12}$$

Die Kennlinien des Frequenzganges

$$F(i\omega) = -\frac{F_0(i\omega)}{-F_0(i\omega) + 1} \tag{4.13}$$

können auch jetzt unter Verwendung des Nichols-Diagrammes bestimmt werden, wenn man statt Gl. (4.13) schreibt:

$$F(i\omega) = -\frac{(-F_0(i\omega))}{(-F_0(i\omega)) + 1}. \tag{4.14}$$

Die Ermittlung der Frequenzkennlinien der Mitkopplung erfolgt dann nach Gl. (4.14) in folgenden Schritten: Man entnimmt den Frequenzkennlinien des offenen Systems die Werte A_0 und α_0. Wegen $|-F_0| = |F_0| = A_0$ geht man dann mit A_0 und wegen $\arg(-F_0) = \arg F_0 - \pi$ mit $(\alpha_0 - \pi)$ ins Nichols-Diagramm. Der abgelesene Betrag A gilt unverändert für die Mitkopplung, während vom abgelesenen Argument noch π zu subtrahieren ist.

4.1.2 Abschätzung des Verlaufes der Frequenzkennlinien

Manchmal genügt für überschlägige Untersuchungen eine grobe Abschätzung des Übertragungsverhaltens des geschlossenen Systems [107, 182, 244]. Eine solche Abschätzung ist einfach durchzuführen und vermeidet weitgehend die punktweise Benützung des Nichols-Diagrammes. Man stellt dazu für die Gegenkopplung die folgende Überlegung an: Geht voraussetzungsgemäß für große Frequenzen $F_0(i\omega) \to 0$, dann wird für große ω nach Gl. (4.4) die Näherung $F_0(i\omega) \approx F(i\omega)$ und damit $A_0(\omega) \approx A(\omega)$ und $\alpha_0(\omega) \approx \alpha(\omega)$ gelten. Die Amplituden- und Phasenverläufe des offenen und des geschlossenen Systems werden sich also für große ω voneinander wenig unterscheiden. Das gleiche gilt auch für kleine ω, wenn $F_0(i\omega)$ ein D-Glied enthält. Aus Gl. (4.4) erkennt man aber auch, daß für unbegrenzt wachsendes $F_0(i\omega)$ bzw. $A_0(\omega)$ der Frequenzgang $F(i\omega)$ sich dem Wert 1 nähern wird. Bei integrierendem Verhalten des offenen Systems wird sich also für kleine Frequenzen die Näherung $A(\omega) \approx 1$, $\alpha(\omega) \approx 0$ ergeben. Diese Näherung kann auch sonst im Bereich großer Werte von $A_0(\omega)$ angewendet werden. Man erkennt diesen Zusammenhang auch bei Betrachten des Nichols-Diagrammes. Es fällt auf, daß am oberen Rand des Diagrammes $A \to 1$ und $\alpha \to 0$ gehen, während am unteren Rand die Werte A mit A_0 und α mit α_0 annähernd übereinstimmen.

Auf Grund dieser Überlegungen kann man die Methode kurz formulieren: Man erhält eine grobe Näherung für die Amplitudenkennlinie $A(\omega)$ des geschlossenen Systems, wenn man die Kennlinie $A_0(\omega)$, soweit sie unterhalb der Frequenzachse verläuft, als Kennlinie $A(\omega)$ betrachtet und ihren oberhalb der Frequenzachse verlaufenden Teil durch die Frequenzachse selbst ersetzt. Für große Beträge A_0 hat der Verlauf der Phasenkennlinie die Frequenzachse zur Asymptote; geht für $\omega \to \infty$ die Amplitudenkennlinie $A_0 \to 0$, dann stimmen für große ω die Verläufe $\alpha_0(\omega)$ und $\alpha(\omega)$ annähernd überein. In Abb. 4.7 ist diese Näherung an einigen Beispielen angedeutet.

Ist der Frequenzgang $F_0(i\omega)$ proportional wirkend, dann hat die Amplitudenkennlinie $A_0(\omega)$ für $\omega \to 0$ eine horizontale Asymptote entsprechend der Verstärkung V_0. Die obige Näherung ist in diesem Fall nur dann noch halbwegs genau, wenn V_0 genügend groß (etwa $V_0 \gtrsim 10$) ist. Bei kleineren Werten der Verstärkung ist es genauer, die Kennlinie $A(\omega)$ für kleine Frequenzen nicht durch die Frequenzachse selbst, sondern durch eine zu ihr parallele Asymptote im Abstand $V_0/(V_0 + 1)$ anzunähern.

Die Genauigkeit der beschriebenen Näherung ist für praktische Zwecke etwa solange hinreichend, als $A_0 \gtrsim 10$ bzw. $A_0 \lesssim 0{,}1$ beträgt. Für die Frequenzen, die außerhalb der dadurch gegebenen Bereiche, also in der Ungebung der Knick-

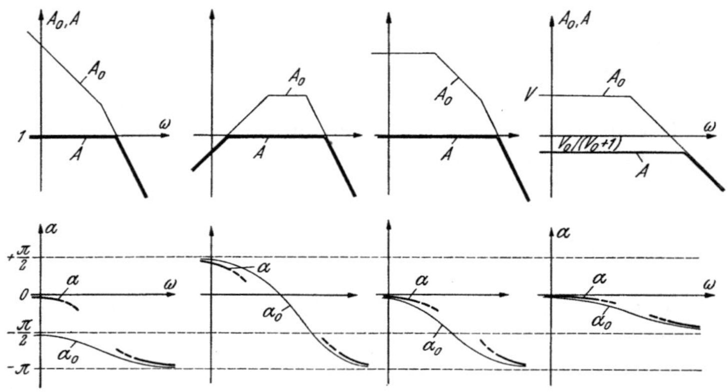

Abb. 4.7. Beispiele für die Abschätzung des Verlaufes der Frequenzkennlinien des geschlossenen Systems aus dem Kennlinienverlauf des offenen Systems

stellen von $A(\omega)$ liegen, ist die Näherung zu ungenau. In vielen Fällen wird die Methode aber für eine rasche Abschätzung des Übertragungsverhaltens des geschlossenen Systems recht praktisch sein. Man kann schließlich die Abschätzung verbessern, wenn man in den Bereichen zu großen Fehlers einige Punkte mit Hilfe des Nichols-Diagrammes bestimmt. Umgekehrt leistet die Abschätzung des Phasenverlaufes für $\omega \to 0$ und $\omega \to \infty$ bei der Bestimmung von $\alpha(\omega)$ aus dem Nichols-Diagramm wertvolle Hilfe. Die beiden Methoden können sich also gegenseitig gut ergänzen.

Die gleichen Überlegungen gelten sinngemäß für die Mitkopplung nach Gl. (4.14). An den Näherungen für die Amplitudenkennlinie ändert sich nichts, außer daß bei proportional wirkendem Frequenzgang $F_0(i\omega)$ bei kleinen Verstärkungen und kleinen Frequenzen die Amplitudenkennlinie jetzt eine Asymptote für $V = |V_0/(-V_0 + 1)|$ hat. Für die Phasenkennlinie gilt jetzt bei $A_0 \to 0$: $\alpha \approx \alpha_0$ und bei $A_0 \to \infty$: $\alpha \approx -\pi$.

4.2 Frequenzkennlinien von Parallelschaltungen

Wir haben es bisher in erster Linie mit der Serienschaltung und im vorigen Abschnitt mit der Gegenkopplung bzw. Mitkopplung zu tun gehabt. Als dritte Schaltungsart stoßen wir zwar seltener, aber doch auch auf die Parallelschaltung nach Abb. 4.8, wobei eine Addition oder eine Subtraktion vorliegen kann. Für die Übertragungsfunktion und den Frequenzgang liest man unmittelbar die Beziehungen

$$\begin{aligned} W(s) &= W_1(s) \pm W_2(s); \\ F(i\omega) &= F_1(i\omega) \pm F_2(i\omega) \end{aligned} \tag{4.15}$$

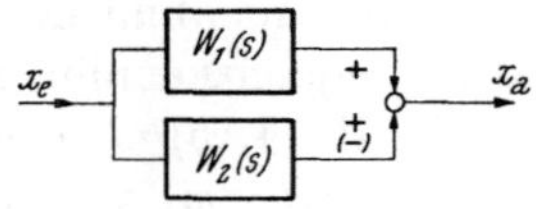

Abb. 4.8. Parallelschaltung zweier Übertragungsglieder

ab. Es ist nun notwendig, die Frequenzkennlinien der vektoriellen Frequenzgangaddition (bzw. -subtraktion) zu finden, was nicht mehr so einfach vor sich geht wie die Addition der Kennlinien bei einer Serienschaltung. Es bestehen auch hier zwei Möglichkeiten, die wir anschließend behandeln wollen. Dabei soll nur die Addition besprochen werden, weil sich die Subtraktion von ihr lediglich dadurch unterscheidet, daß wegen

$$A_1 \cdot e^{i\alpha_1} - A_2 \cdot e^{i\alpha_2} = A_1 \cdot e^{i\alpha_1} + A_2 \cdot e^{i(\alpha_2 - \pi)} \tag{4.16}$$

vor Durchführung der Addition die Phasenkennlinie $\alpha_2(\omega)$ um π vermindert wird.

4.2.1 Verwendung des Nichols-Diagrammes

Es ist möglich, die Frequenzkennlinien einer Parallelschaltung auch unter Verwendung des Nichols-Diagrammes zu bestimmen. Der Vorgang teilt sich in mehrere Schritte, erfordert also einen gewissen Aufwand, doch liefert er die genauen Kennlinien. Man erweitert die Gl. (4.15) entweder mit F_1 oder mit F_2:

$$F = \frac{F_1 + F_2}{F_1} \cdot F_1 = \frac{F_1 + F_2}{F_2} \cdot F_2 \tag{4.17}$$

und erhält dadurch

$$F = \frac{F_1/F_2 + 1}{F_1/F_2} \cdot F_1 = \frac{F_2/F_1 + 1}{F_2/F_1} \cdot F_2 \tag{4.18}$$

bzw.

$$F = \frac{1}{\Phi_1} \cdot F_1 = \frac{1}{\Phi_2} \cdot F_2. \tag{4.18a}$$

Nach Gl. (4.18) werden die Kennlinien der Parallelschaltung auf folgende Weise bestimmt: 1. Durch Subtraktion der Frequenzkennlinien bestimmt man die Kennlinien von F_1/F_2 oder F_2/F_1, 2. Mit Hilfe des Nichols-Diagrammes bestimmt man nun die Kennlinien von Φ_1 bzw. Φ_2, 3. Durch Spiegeln um die Frequenzachsen erhält man die Inversion dieser Kennlinien, die man als 4. Schritt schließlich den Kennlinien F_1 bzw. F_2 überlagert, womit man die Frequenzkennlinien der Parallelschaltung erhält.

Es ist nicht unbedingt notwendig, jeweils die gesamten Verläufe der Kennlinien F_1/F_2 bzw. F_2/F_1, Φ und $1/\Phi$ zu zeichnen. Man kommt sehr rasch vorwärts, wenn man jeweils für eine bestimmte Frequenz den beiden Kennlinien F_1 und F_2 die Werte für Amplitude und Phase entnimmt und die weitere Rechnung unter Anfertigung einer kleinen Tabelle numerisch durchführt.

4.2.2 Abschätzung des Verlaufes der Frequenzkennlinien

Auf ganz ähnliche Weise wie in Abschnitt 4.1.2 kann man auch den Verlauf der Frequenzkennlinien einer Parallelschaltung abschätzen. Wird bei Addition nach Gl. (4.15) $F_1(i\omega) \gg F_2(i\omega)$, dann erhält man die Näherungen $A(\omega) \approx \approx A_1(\omega)$, $\alpha(\omega) \approx \alpha_1(\omega)$. Ebenso gelten für $F_1(i\omega) \ll F_2(i\omega)$ die Näherungen $A(\omega) \approx A_2(\omega)$, $\alpha(\omega) \approx \alpha_2(\omega)$. Man erhält demnach die Abschätzung der Frequenzkennlinien einer Parallelschaltung, indem man bereichsweise jeweils

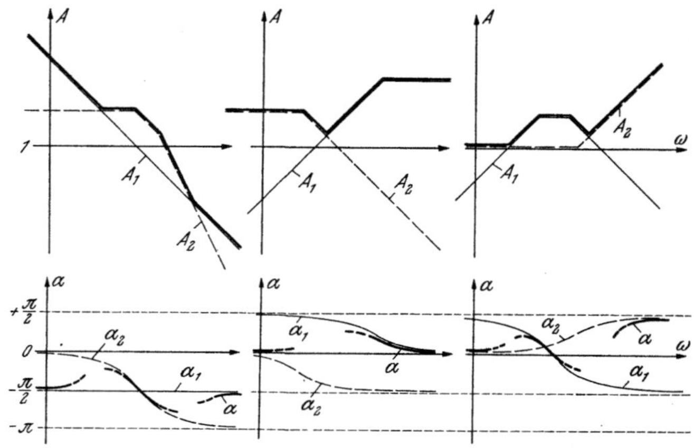

Abb. 4.9. Beispiele für die Abschätzung des Verlaufes der Kennlinien einer Parallelschaltung aus den Kennlinien der Parallelzweige

jene Kennlinien heranzieht, die das größere Amplitudenverhältnis aufweisen. Dies ist natürlich auch bei Parallelschaltung beliebig vieler Glieder möglich. Zur Erläuterung sind in Abb. 4.9 einige Möglichkeiten angeführt.

Man kann diese Abschätzung wieder wesentlich verbessern, wenn man in den Bereichen der jetzt zusätzlich auftretenden Asymptoten-Knickstellen der Amplitudenkennlinie für beide Kennlinien einige Punkte mit Hilfe des Nichols-Diagrammes exakt ermittelt.

Es sind immer wieder Versuche gemacht worden, Methoden zur Frequenzgangaddition im Frequenzkennlinien-Verfahren zu finden. Es besteht aber schließlich noch immer die Möglichkeit, einige Punkte durch vektorielle Frequenzgangaddition zu bestimmen. Merkwürdigerweise wird darauf nur ungern zurückgekommen.

4.3 Frequenzkennlinien mehrschleifiger Systeme

Nicht immer haben wir es mit dem einfachen Fall einer einschleifigen Regelung zu tun. Wenn z. B. an die Güte des Regelvorganges hohe Anforderungen gestellt werden oder wenn es sich um Regelstrecken mit ungünstigem Zeitverhalten handelt, dann wird eine Verbesserung im wesentlichen durch Anordnung mehrerer Rückführschleifen erreicht. Das System hat dann eine vielschleifige Struktur, deren Standardform schon in Abb. 1.1 angedeutet wurde. Hinsichtlich der Anordnung der mehrschleifigen oder ,,vermaschten“ Netzwerke sind keine Grenzen gesetzt, doch lassen sich alle praktisch vorkommenden Systeme immer auf die Standardform reduzieren [u. a. 172, 287].

Wir wollen dies an einigen der bekanntesten Beispiele zeigen.

Bei trägen Regelstrecken wird sehr oft die Auswirkung einer Störung erst gar nicht abgewartet. Die Störgröße selbst wird erfaßt und wirkt entweder auf den Regler oder direkt auf das Stellglied ein. Dadurch wird in den Regelvorgang schon eingegriffen, bevor noch die Regelgröße durch die Störung beeinflußt wird. Ein Beispiel für eine derartige ,,Störgrößenaufschaltung“ ist in Abb. 4.10a gezeigt. Für Führungsverhalten sind der Signalflußplan und damit auch die Übertragungsfunktion dieser Abb. für $z = 0$ unmittelbar zu entnehmen; es ergibt sich ein normaler einschleifiger Kreis, den wir nicht mehr zu besprechen brauchen. Den hier nur interessierenden Signalflußplan für Störung ($w = 0$) erhält man durch Umformen der Struktur, wie es in den Abb. 4.10b und c gezeigt ist. Aus der letzten Abb. erkennt man, daß dem jetzt wieder einschleifigen System (das für Führung und Störung gleich aussieht) eine Steuerung in Form einer die Störgröße kompensierenden Parallelschaltung vorgeschaltet ist. Der Abb. 4.10c entnimmt man die Übertragungsfunktion

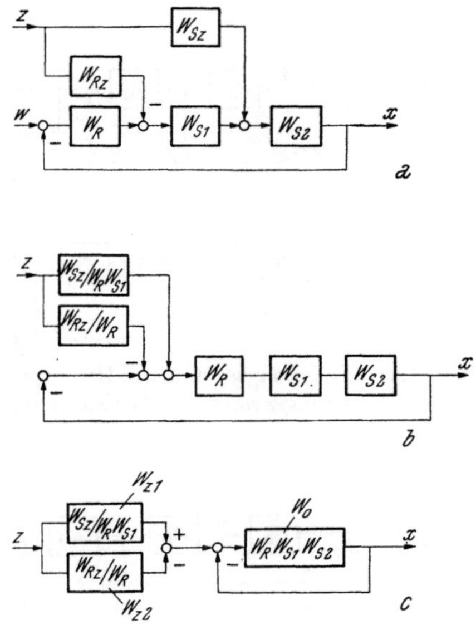

Abb. 4.10. *a* Regelungssystem mit Störgrößenaufschaltung, *b* und *c* Strukturumformung des Signalflußplanes für Störverhalten

$$W = \left(\frac{W_{Sz}}{W_R W_{S1}} - \frac{W_{Rz}}{W_R}\right) \frac{W_R W_{S1} W_{S2}}{W_R W_{S1} W_{S2} + 1} = (W_{z1} - W_{z2}) \frac{W_0}{W_0 + 1}. \qquad (4.19)$$

Demnach werden die Frequenzkennlinien dieses Systems in mehreren Schritten bestimmt; 1. Zeichnen der Kennlinien der Frequenzgänge F_{z1} und F_{z2} aus den Kennlinien von Regler und Strecke, 2. Subtraktion dieser Kennlinien nach den im vorigen Abschnitt besprochenen Verfahren zu den Kennlinien von $F_z = (F_{z1} - F_{z2})$, 3. Zeichnen der Kennlinien F_0 des offenen Systems, 4. Bestimmen der Kennlinien des geschlossenen Systems mit Hilfe des Nichols-Diagrammes, 5. Überlagern dieser Kennlinien mit jenen von F_z. Es ließe sich noch zeigen, daß die Parallelschaltung eliminiert und der Signalflußplan schließlich auf ein zweischleifiges System umgeformt werden kann, was im vorliegenden Fall aber nicht zweckmäßig wäre.

Das vorige Beispiel wurde gewählt, um das Auftreten einer Parallelschaltung zu zeigen. Die Struktur ist dabei noch einschleifig geblieben. Eine andere Möglichkeit zur Kompensierung einer Störung ist die in Abb. 4.11a gezeigte Regelung mit Hilfsregelgröße x_H. Diese wird der Regelstrecke nach einem flinken Abschnitt entnommen und der Regelgröße x überlagert. Das dynamische Verhalten der Summe $(x + x_H)$ ist dann günstiger als jenes von x allein. Auf ähnliche Weise kann das träge Verhalten der Strecke auch durch die in Abb. 4.11b gezeigte Verwendung einer Hilfsstellgröße y_H verbessert werden. Diese beiden Möglichkeiten stellen bereits zweischleifige Systeme dar und die Signalflußpläne können ohne weiteres auf die Standardform reduziert werden.

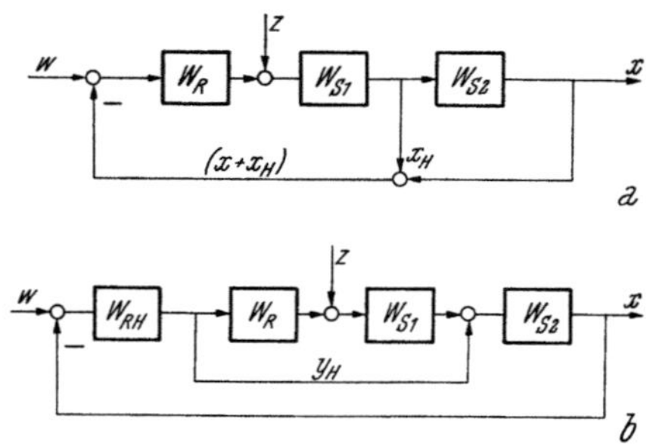

Abb. 4.11. *a* Regelungssystem mit Hilfsregelgröße, *b* Regelungssystem mit Hilfstellgröße

Eine weitere Verbesserung der x_H-Regelung wird dadurch erreicht, daß die Hilfsregelgröße auf einen eigenen Regler einwirkt, wobei der Sollwert von einem vorgeschalteten Führungsregler gegeben wird (Abb. 4.12a). Dadurch werden Störungen, die auf den so entstehenden Hilfsregelkreis einwirken, schon in diesem ausgeregelt und vom Hauptregelkreis ferngehalten. Diese viel verwendete Möglichkeit der zweischleifigen Regelung ist als „Kaskadenregelung" bekannt. Es läßt sich zeigen, daß zwischen den System-Strukturen der Abb. 4.11 und 4.12 prinzipiell kein Unterschied besteht. Wir wollen daher die Reduktion des Signalflußbildes nur für den Fall der Kaskadenregelung besprechen.

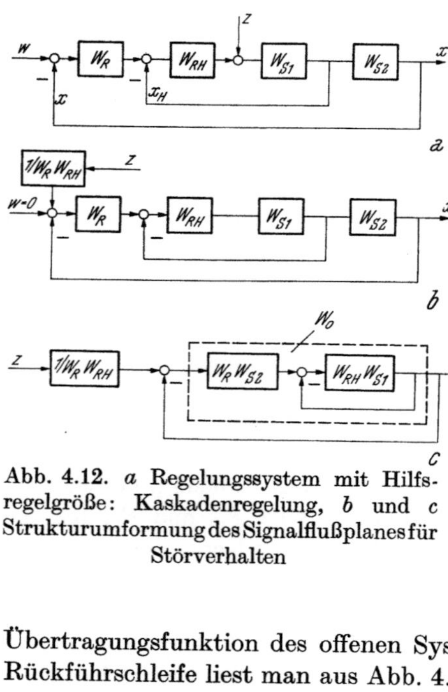

Abb. 4.12. *a* Regelungssystem mit Hilfsregelgröße: Kaskadenregelung, *b* und *c* Strukturumformung des Signalflußplanes für Störverhalten

Aus Abb. 4.12a erkennt man, daß für Führungsverhalten $(z = 0)$ die Kennlinien der inneren Schleife aus ihren offenen Kennlinien $F_{RH} \cdot F_{S1}$ mit Hilfe des Nichols-Diagrammes ermittelt werden, womit man das System auf ein einschleifiges reduziert. Um das Störverhalten zu untersuchen, verschiebt man nach Abb. 4.12b zunächst den Angriffspunkt der Störung und erhält schließlich die Standardform des zweischleifigen Systems Abb. 4.12c (vergleiche Abb. 1.1). Für die Übertragungsfunktion des offenen Systems bei unterbrochen gedachter äußerer Rückführschleife liest man aus Abb. 4.12c den Ausdruck

$$W_0 = \frac{W_{RH} W_{S1}}{W_{RH} W_{S1} + 1} W_R W_{S2} \tag{4.20}$$

ab. Für die Übertragungsfunktion des geschlossenen Systems erhält man

$$W = \frac{1}{W_R W_{RH}} \cdot \frac{W_0}{W_0 + 1}. \tag{4.21}$$

Die Frequenzkennlinien erhält man wieder in mehreren Schritten: 1. Zeichnen der Kennlinien von $F_{RH} \cdot F_{S1}$ der offenen inneren Schleife, 2. Bestimmen der Kennlinien der geschlossenen inneren Schleife mit Hilfe des Nichols-Diagrammes, 3. Überlagern dieser Kennlinien mit jenen von $F_R \cdot F_{S2}$. Damit hat man die Frequenzkennlinien des Frequenzganges F_0 (nach Gl. (4.20)) des offenen Systems ermittelt und hat damit auch das zweischleifige System auf ein einschleifiges reduziert, was in Abb. 4.12c angedeutet ist. Die Kennlinien des geschlossenen Systems bestimmt man als vierten Schritt schließlich wieder mit Hilfe des Nichols-Diagrammes und überlagert diese dann den inversen Kennlinien von $F_k \cdot F_{RH}$.

Zu den vermaschten bzw. vielschleifigen Systemen rechnet man meist nicht nur die Systeme mit einer Regelgröße, sondern auch jene Systeme, die mehrere Regelgrößen und demnach auch mehrere Führungsgrößen aufweisen. Die Theorie

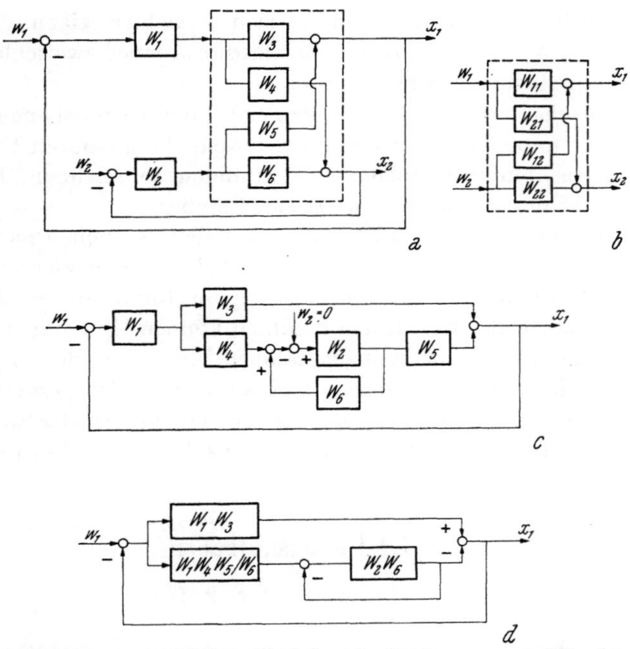

Abb. 4.13. Zweifachregelung. *a* und *b* Signalflußplan des Systems, *c* und *d* Strukturumformung des Signalflußplanes zur Ermittlung der Übertragungsfunktion W_{11}

dieser multivariablen Systeme stellt schon wesentlich höhere Anforderungen und im allgemeinen sind unsere graphischen Methoden nicht mehr anwendbar. Bei beschränkter Zahl der Variablen gelingt es aber doch manchmal, solche Systeme so zu reduzieren, daß sie auch im Frequenzkennlinien-Verfahren behandelt werden können. Als Beispiel diene eine Zweifachregelung nach Abb. 4.13a. Stellt man das System als Übertragungsglied mit den Eingängen w_1 und w_2 und den Ausgängen x_1 und x_2 dar, dann werden die Funktionen w durch die Übertragungsfunktionen W_{11} bis W_{22} in die Funktionen x übergeführt (Abb. 4.13b). Wir wollen die Übertragungsfunktion W_{11} bzw. ihre Frequenzkennlinien bestimmen, wozu der Signalflußplan nach Abb. 4.13c umgeformt und $w_2 = 0$ gesetzt wird. Eine weitere Umformung liefert dann Abb. 4.13d, woraus sich bei aufgetrennt gedachter äußerer Rückführschleife die Übertragungsfunktion

$$W_{11,0} = W_1 W_3 - \frac{W_1 W_4 W_5}{W_6} \frac{W_2 W_6}{W_2 W_6 + 1} \tag{4.22}$$

und schließlich für das geschlossene System

$$W_{11} = \frac{W_{11,0}}{W_{11,0} + 1} \tag{4.23}$$

ermittelt. Die einzelnen Schritte zur Bestimmung der Frequenzkennlinien von F_0 und weiter zur Bestimmung der Kennlinien des geschlossenen Systems müssen jetzt wohl nicht mehr aufgezählt werden. Sie sind aus dem Aufbau der Gln. (4.22) und (4.23) deutlich zu ersehen. Es ließe sich auch hier zeigen, daß das System 4.13d schließlich auch noch auf die Standardform eines zweischleifigen Systems (s. Abb. 4.12c) reduziert werden könnte.

Abermals wollen wir uns erinnern, daß es bei den besprochenen und ähnlichen Beispielen nicht unbedingt notwendig ist, jeweils die gesamten Verläufe aller im Verlaufe der Rechnung entstehenden Kennlinien zu zeichnen. Die numerische tabellarische Rechnung erweist sich als zweckmäßig.

Es ist wohl verständlich, daß bei vielschleifigen Systemen nach Art der vorherigen Beispiele bei Subtraktion in einer Parallelschaltung oder bei einer postiven Rückführung (Mitkopplung) in der Übertragungsfunktion des offenen Systems auch nichtreguläre Glieder zustande kommen können. Eine innere Schleife stellt für sich einen zu Eigenschwingungen fähigen Kreis dar, der unter Umständen auch instabil sein kann. In solchem Fall kann aber das gesamte geschlossene System trotzdem ein stabiles Verhalten zeigen. Die Fragen der Stabilitätsanalyse der geschlossenen Systeme werden uns in den nächsten Abschnitten beschäftigen.

4.4 Übungsaufgaben

(Lösungen ab S. 225)

Aufgabe 4.1:

Die Übertragungsfunktion der Aufgabe 2.2 (S. 38) sei die Übertragungsfunktion eines offenen Regelungssystems (Gegenkopplung):

$$W_0(s) = \frac{4(1+s)}{(1+2s+4s^2)}.$$

Die Frequenzkennlinien für diese Übertragungsfunktion wurden bereits konstruiert (s. Lösung der Aufgabe 2.2 auf S. 214).
Man ermittle die Frequenzkennlinien des geschlossenen Systems sowohl unter Anwendung der Abschätzung nach Abschnitt 4.1.2 als auch unter Verwendung des Nichols-Diagrammes (Tafel 4).
Hinweis: Man zeichne zunächst die Asymptoten der Kennlinien des geschlossenen Systems wie in Abb. 4.7. Bei der Anwendung des Nichols-Diagrammes fertige

man eine Tabelle an, in die man die jeweiligen Werte von ω, A_0, α_0, A und α einträgt.

Aufgabe 4.2:

Wie Aufgabe 4.1, jedoch werde angenommen, es handle sich um eine Mitkopplung.

Aufgabe 4.3:

Wie Aufgabe 4.1, jedoch für die Übertragungsfunktion der Aufgabe 2.5:

$$W_0(s) = \frac{(0{,}11 + 1{,}1s)}{(s + 5s^2)(1 + 2{,}4s + 9s^2)}.$$

Aufgabe 4.4:

Die Übertragungsfunktionen zweier parallelgeschalteter Übertragungsglieder lauten:

$$W_1(s) = \frac{2}{s}, \qquad W_2(s) = \frac{6}{(1 + 1{,}25s)(1 + 0{,}5s)}.$$

Man zeichne zunächst die einzelnen Frequenzkennlinien und bestimme sodann die Frequenzkennlinien der Parallelschaltung $W = W_1 + W_2$ sowohl unter Anwendung der Abschätzung nach Abschnitt 4.2.2 als auch unter Verwendung des Nichols-Diagrammes.

Hinweis: Man zeichne zunächst wieder die Asymptoten der Kennlinien der Parallelschaltung wie in Abb. 4.9. Bei der Anwendung des Nichols-Diagrammes fertige man zur Durchführung der Zwischenrechnungen eine Tabelle an.

Aufgabe 4.5:

Das System Abb. 4.11a (Regelung mit Hilfsregelgröße) habe die folgenden Übertragungsfunktionen:

$$W_R = \frac{(1 + 0{,}25s^{-1})}{1 + s} = \frac{0{,}25}{s}\,\frac{(1 + 4s)}{1 + s},$$

$$W_{S1} = \frac{2}{1 + 0{,}2s}, \qquad W_{S2} = \frac{2}{1 + 2s} \cdot e^{-0{,}5s}.$$

Man reduziere den Signalflußplan durch Strukturumformung auf die Standardform eines zweischleifigen Systems, und zwar sowohl für Führungsverhalten ($z = 0$) als auch für Störverhalten ($w = 0$). Sodann bestimme man für Führungsverhalten die Frequenzkennlinien des geschlossenen Systems sowohl unter Anwendung der Abschätzung nach Abschnitt 4.1.2 als auch unter Verwendung des Nichols-Diagrammes.

5. Stabilitätsanalyse

Bisher stand das Übertragungsverhalten sowohl der Regelkreisglieder als auch des offenen und des geschlossenen Regelkreises im Vordergrund der Untersuchung. Die Systeme führten — bedingt durch das Prinzip der Frequenzgangmethode — immer erzwungene harmonische Schwingungen aus. Wenn wir nun den durch seine Übertragungsfunktion $W_0(s) = Q_0(s)/R_0(s)$ beschriebenen offenen Regelkreis als Gegenkopplung schließen (Abb. 4.1), dann entsteht ein zu Eigenschwingungen fähiger Kreis mit der Übertragungsfunktion

$$W(s) = \frac{W_0(s)}{W_0(s) + 1} = \frac{Q_0(s)}{Q_0(s) + R_0(s)}. \tag{4.3}$$

Dieser Regelkreis kann nach Wegfall der äußeren Erregung unter Umständen eine stabile Eigenschwingung mit der Eigenfrequenz ω_S ausführen; der Regelungstechniker sagt dann, der Kreis befinde sich an der Stabilitätsgrenze. Die Eigenschwingung kann auch aufklingen; das System ist dann instabil. Von einem brauchbaren Regelungssystem muß aber zumindest verlangt werden, daß der Eigenvorgang abklingt und daß seine Amplitude mit der Zeit verschwindet. Der Vorgang muß also asymptotisch stabil sein; der Regelungstechniker bezeichnet ein System mit dieser Eigenschaft kurz als ein „stabiles" System.

Bei verschwindender äußerer Anregung ($x_e \equiv 0$) wird der Eigenvorgang durch die zu Gl. (1.1) gehörende homogene Differentialgleichung beschrieben. Man erkennt sofort, daß sich die charakteristische Gleichung des Eigenvorganges des geschlossenen Kreises durch Nullsetzen des Nennerpolynoms (des sogenannten „charakteristischen Polynoms") in Gl. (4.3) ergibt:

$$Q_0(s) + R_0(s) = 0 \tag{5.1}$$

Wenn nun $s_\nu = \delta_\nu + i\omega_\nu$ eine Wurzel dieser charakteristischen Gleichung ist, dann wird ein Teilvorgang durch $x_\nu(t) = C_\nu \cdot e^{s_\nu t}$ beschrieben, woraus man wieder erkennt, daß jeder Teilvorgang nur dann abklingt, wenn der Realteil der zugehörigen Wurzel negativ ist. Der geschlossene Kreis ist also dann stabil, wenn alle Wurzeln der charakteristischen Gl. in der linken s-Halbebene liegen. Es ist Aufgabe aller Stabilitätskriterien, die Einhaltung dieser notwendigen und hinreichenden Bedingung zu überprüfen.

Da ja der Leser voraussetzungsgemäß über Grundkenntnisse der Regelungstechnik verfügt, soll es bei dieser kurzen Einführung bleiben und es soll auf Einzelheiten und mathematische Begründungen der Stabilitätskriterien verzichtet werden. Sie sind in den vielen vorhandenen Lehrbüchern zu finden.

Die Hauptaufgabe des Regelungstechnikers als schöpferischer Ingenieur ist weniger die Analyse eines vorhandenen Regelkreises, sondern viel mehr der Entwurf, die „Synthese" eines zu bauenden Regelungssystems. Das stabile Arbeiten ist natürlich eine Grundvoraussetzung für dieses System, das dann so ausgelegt werden muß, daß es gewünschte Eigenschaften aufweist. Im Abschnitt 7 wird dieser Aufgabe noch genügend Raum gewidmet sein. Die Bedeutung der Stabilitätsanalyse eines vorhandenen bzw. eines durch seine Gleichungen gegebenen Systems ist also nicht überzubewerten, weshalb dieser und auch der folgende Abschnitt nicht allzu ausführlich gehalten sind. Zum Verständnis und zur Ausschöpfung aller durch die Frequenzkennlinien gegebenen Möglichkeiten ist aber das Studium der Stabilitätsanalyse unumgänglich.

5.1 Das vereinfachte Nyquist-Kriterium

Für die Stabilitätsprüfung mit Hilfe der Frequenzkennlinien eignet sich am besten das Kriterium von Nyquist [231, sowie alle Lehrbücher]. Wir wollen zunächst annehmen, daß die Übertragungsfunktion des offenen Systems wie in den meisten praktisch vorkommenden Fällen nur Pole mit negativem Realteil oder höchstens einen Pol im Nullpunkt habe. Für diesen Fall genügt eine vereinfachte Fassung des Kriteriums, die anschließend besprochen werden soll. Auf einen mathematischen Nachweis, der auf verschiedenen Wegen zu erbringen ist, wollen wir weitgehend verzichten und uns im wesentlichen mit der Anschauung begnügen.

Bildet man, wie schon auf S. 5 besprochen, mittels der Übertragungsfunktion $W_0(s)$ des offenen Systems die s-Ebene auf eine $W_0(s)$-Ebene ab, dann erhält man für $s = i\omega$ in dieser Ebene die Ortskurve $F_0(i\omega)$ als konforme

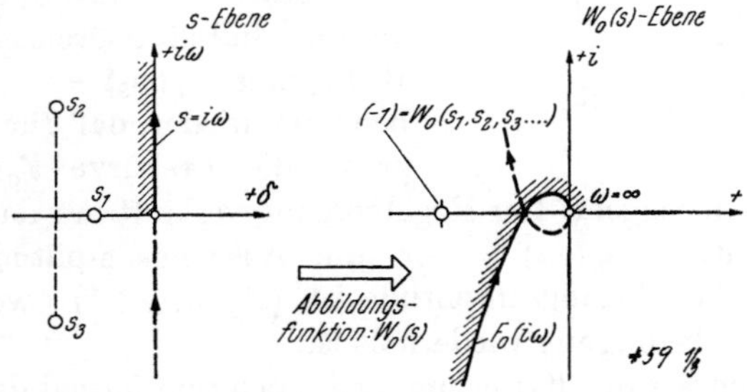

Abb. 5.1. Zur Ableitung des vereinfachten Nyquist-Kriteriums

Abbildung der imaginären Achse aus der s-Ebene (Abb. 5.1). Die charakteristische Gl. (5.1) wird durch $W_0(s) = -1$ identisch erfüllt, was bedeutet, daß sich sämtliche Wurzeln der Gl. (5.1) im Punkt $(-1, \pm i0)$ der $W_0(s)$-Ebene abbilden. Da bei Durchlaufen der imaginären Achse der s-Ebene im Sinne zunehmender Frequenz bei Stabilität alle Wurzeln der charakteristischen Gleichung links der imaginären Achse liegen müssen, so muß bei Zutreffen obiger Voraussetzung auch bei Durchfahren des Abbildes der i-Achse, nämlich der Ortskurve $F_0(i\omega)$ im positiven Sinne der „kritische Punkt" $(-1, \pm i0)$ stets zur Linken liegen. Es genügt, wenn die Ortskurve nur für die physikalisch sinnvollen positiven Frequenzen durchlaufen wird. Das Wesentliche des Kriteriums ist es also, daß aus der Ortskurve des offenen Systems bzw. noch einfacher aus dessen Frequenzkennlinie das Verhalten des geschlossenen Systems beurteilt werden kann.

Das Verfahren kann auch durch eine einfache physikalische Überlegung erklärt werden: Wir denken uns den Regelkreis an einer beliebigen Stelle z. B. nach Abb. 5.2 aufgeschnitten und dieses offene System mit der harmonischen Schwingung

$$x_e = \overline{X}_e \cdot \sin \omega t \tag{5.2}$$

erregt. Der offene Kreis führt dann im Beharrungszustand erzwungene Schwingungen aus und das Ausgangssignal ergibt sich unter Berücksichtigung der Vorzeichenumkehr mit dem Frequenzgang zu

$$x_a = -\overline{X}_e \cdot A_0(\omega) \cdot \sin\big(\omega t + \alpha_0(\omega)\big). \tag{5.3}$$

Es kann der Fall eintreten, daß für eine bestimmte Frequenz ω_S der Phasenverschiebungswinkel $\alpha_0(\omega_S) = -\pi$ beträgt, womit die Gl. (5.3) lautet:

$$x_a = -\overline{X}_e \cdot A_0(\omega_S) \sin(\omega_S t - \pi) = \overline{X}_e \cdot A_0(\omega_S) \sin \omega_S t. \tag{5.4}$$

Ist dann auch noch $A_0(\omega_S) = 1$, dann könnte der Regelkreis plötzlich geschlossen und im gleichen Augenblick die Erregung abgeschaltet werden, wodurch sich, wie man aus einem Vergleich der Gln. (5.2) und (5.4) erkennt, am Schwingungszustand des Systems nichts ändern würde. Die erzwungene Schwingung würde als stabile Eigenschwingung aufrecht erhalten bleiben, d. h. das System würde sich an der Stabilitätsgrenze befinden. Die Bedingung $\alpha_0(\omega_S) = -\pi$, $A_0(\omega_S) = 1$ bedeutet wieder, daß für die Stabilitätsgrenze die Ortskurve $F_0(i\omega)$ durch den kritischen Punkt hindurchgeht. Der Regelvorgang verläuft nur dann stabil, wenn bei gleicher Phasenlage $\alpha_0(\omega_S) = -\pi$ die Ausgangsamplitude des offenen Systems kleiner als die Eingangsamplitude ist $\big(A_0(\omega_S) < 1\big)$, womit die vorher aufgestellte Stabilitätsbedingung wiederholt ist.

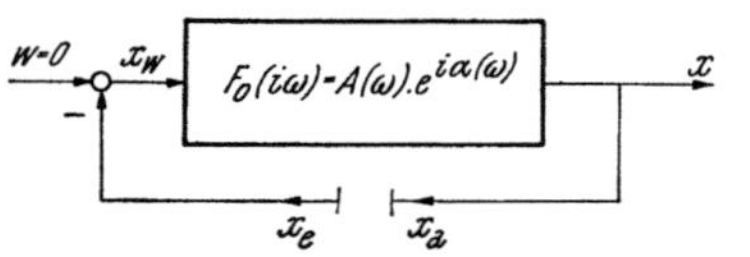

Abb. 5.2. Offener Regelkreis

Schließlich können wir das Kriterium auch noch rein formal darstellen, indem wir den Vorgang im autonomen System Abb. 5.2 durch das für den Frequenzbereich geltende Gleichungssystem

$$\begin{aligned} F_0(i\omega) \cdot X_w - X &= 0 \\ X_w + X &= 0 \end{aligned} \tag{5.5}$$

beschreiben. Das Gleichungssystem hat eine nichttriviale Lösung (stabile Dauerschwingung) für Verschwinden der Determinante

$$\begin{vmatrix} F_0(i\omega) & -1 \\ 1 & 1 \end{vmatrix} = F_0(i\omega) + 1 = 0, \tag{5.6}$$

woraus wieder der kritische Punkt $F_0(i\omega) = -1$ zu erkennen ist.

Aus diesen Erkenntnissen wollen wir das Kriterium von Nyquist in seiner vereinfachten Form zusammenfassend formulieren:

Der offene Regelkreis muß folgenden Voraussetzungen genügen: Zähler- und Nennerpolynome der Übertragungsfunktion $W_0(s)$ haben keine gemeinsamen Wurzeln, $W_0(s)$ habe nur Pole in der linken s-Halbebene oder höchstens einen Pol erster oder zweiter Ordnung im Nullpunkt. Die Ordnung des Nennerpolynoms $R_0(s)$ sei höher als jene des Zählerpolynoms $Q_0(s)$. Die Ortskurve $F_0(i\omega)$ ende daher für unendlich hohe Frequenzen im Nullpunkt; ferner schneide sie den

Einheitskreis nur einmal. (Diese Voraussetzungen sind bei den praktisch vorkommenden einschleifigen Kreisen nahezu immer erfüllt).

Unter diesen Voraussetzungen verhält sich der geschlossene Regelkreis dann und nur dann stabil, wenn bei Durchlaufen der Ortskurve $F_0(i\omega)$ im Sinne zunehmender Frequenz der kritische Punkt $(-1, \pm i0)$ stets zur Linken bleibt.

Da ein dem offenen System in Serien geschaltetes Totzeitglied dessen Stabilität nicht beeinträchtigt, ist das vereinfachte Kriterium auch noch auf transzendente Übertragungsfunktionen anwendbar [368].

Unter Verwendung dieses Kriteriums können wir nach Konstruktion der Frequenzkennlinien des offenen Systems, die wir ja durch Addition der Kennlinien der Teilglieder erhalten haben, sofort beurteilen, wie sich das geschlossene System hinsichtlich seiner Stabilität verhalten wird. Wir können darüber hinaus

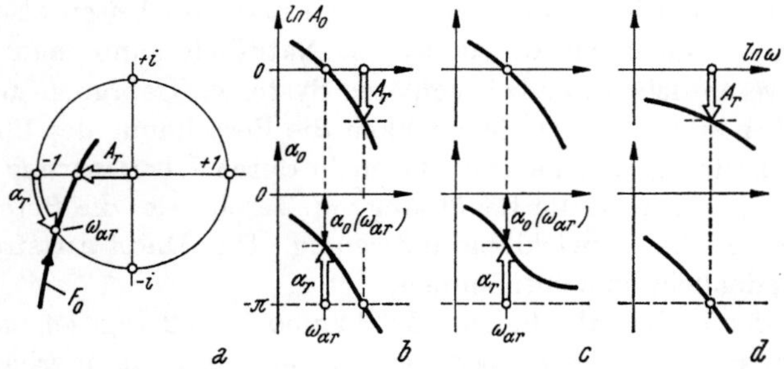

Abb. 5.3. Anwendung des Nyquist-Kriteriums im Frequenzkennlinien-Verfahren. *a* Ortskurve, *b* Frequenzkennlinien; Amplitudenrand und Phasenrand definiert, *c* Amplitudenrand nicht definiert, *d* Phasenrand nicht definiert

bei Verwendung der Frequenzkennlinien auch deutlich erkennen, durch welche Maßnahmen die Stabilität erreicht bzw. verbessert werden kann. Da sich die Kennlinien-Grundformen bei Änderung der Verstärkungen oder der Zeitkonstanten immer nur in der einen oder anderen Richtung parallel verschieben, ist der Einfluß der einzelnen Parameter deutlich zu ersehen.

Die grundsätzlichen Möglichkeiten für die überwiegend vorkommenden abfallenden Amplituden- und Phasenkennlinien sind in Abb. 5.3 angedeutet. Man betrachtet den Phasenverschiebungswinkel an der Stelle $A_0 = 1$ und das Amplitudenverhältnis an der Stelle $\alpha_0 = -\pi$ und erkennt, daß die Ortskurve $F_0(i\omega)$ den Einheitskreis bei der sogenannten Durchtrittsfrequenz $\omega_{\alpha r}$ unter einer Nacheilung kleiner als π schneiden muß bzw. daß für $\alpha_0 = -\pi$ das Amplitudenverhältnis kleiner als eins sein muß. Definiert man den sogenannten „Amplitudenrand" A_r als Amplitudenverhältnis bei $\alpha_0 = -\pi$ und den sogenannten „Phasenrand" als $\alpha_r = \pi + \alpha_0(\omega_{\alpha r})$ (s. Abb. 5.3), dann lautet das vereinfachte Nyquist-Kriterium bei Anwendung auf die Frequenzkennlinien:

Erfüllt das offene System die obigen Voraussetzungen, dann ist es für die Stabilität des geschlossenen Systems notwendig und hinreichend, daß der Phasenrand α_r positiv und der Logarithmus des Absolutwertes des Amplitudenrandes A_r negativ ist.

5.1.1 Näherungsverfahren zur Stabilitätsprüfung

Zur Anwendung des Nyquist-Kriteriums müssen entweder die Kennlinien des offenen Systems experimentell festgestellt werden oder es müssen bei Entwurfsarbeiten die Amplituden- und die Phasenkennlinie konstruiert werden. Lediglich wenn man eine Amplitudenkennlinie nach Abb. 5.3d erhält, erübrigt sich die Betrachtung der Phasenkennlinie. Ein derartiges System ist immer stabil, weil die Ortskurve zur Gänze im Inneren des Einheitskreises verläuft. Im Gegensatz zur Amplitudenkennlinie ist die Konstruktion der Phasenkennlinie etwas mühsamer, weil sie nicht ganz so einfach wie jene anzunähern ist, sondern — abgesehen vom D- und I-Glied — als Überlagerung von arc tg-Kurven konstruiert werden muß. Soll nur die Stabilität festgestellt und die Phasenkennlinie nicht aus anderen Gründen konstruiert werden, dann wäre es bei Entwurfsarbeiten also einfacher, den Phasenrand α_r numerisch zu berechnen. Natürlich kann man von dieser Möglichkeit im wesentlichen nur bei regulären Systemen Gebrauch machen.

Grundsätzlich besteht als erste Möglichkeit die Berechnung des Phasenrandes aus den im Abschnitt 2.2 angegebenen Formeln durch Überlagerung der arc tg-Werte für $\omega = \omega_{\alpha r}$. Dazu ist die Benützung von Tafeln oder die Berechnung des arc tg aus seiner Reihenentwicklung notwendig. Die Durchtrittsfrequenz $\omega_{\alpha r}$ wird der Amplitudenkennlinie entnommen.

Setzt man in den in den Abschnitten 2.2.3.2 und 2.2.4.2 angegebenen Formeln für die Hyperbel-Näherung der Phasenkennlinie $\omega = \omega_{\alpha r}$, dann erhält man eine für reguläre Systeme gültige Näherungsformel für den Phasenrand, die in allgemeiner Form lautet:

$$\alpha_r = \frac{\pi}{2}\left\{2 + n_D - n_I \pm \sum_{i=1}^{\substack{i=n_{PD1}\\ i=n_{PT1}}} \frac{\omega_{\alpha r}}{\omega_{Ei} + \omega_{\alpha r}} \pm \right.$$

$$\left. \pm \sum_{i=1}^{\substack{i=n_{PD2}\\ i=n_{PT2}}} \frac{2D\omega_{Ei}\omega_{\alpha r} - (\omega_{Ei}^2 - \omega_{\alpha r}^2) \pm (\omega_{Ei}^2 - \omega_{\alpha r}^2)}{2D\omega_{Ei}\omega_{\alpha r} \pm (\omega_{Ei}^2 - \omega_{\alpha r}^2)} - \frac{2}{\pi}\, T_t \cdot \omega_{\alpha r}\right\}. \tag{5.7}$$

Darin bedeuten ω_{Ei} die einzelnen Eckfrequenzen und n_D, n_I, n_{PD1} usw. die jeweiligen Anzahlen der betreffenden Glieder. Ergibt die Berechnung des Phasenrandes nach Gl. (5.7) einen positiven Wert, dann ist der geschlossene Regelkreis stabil.

Die Gl. (5.7) sieht auf den ersten Blick vielleicht etwas umständlich aus, führt aber in der Anwendung auf einfache Formen, wie man beim Durchrechnen einer der Übungsaufgaben erkennen wird.

Noch wesentlich einfacher, jedoch etwas weniger genau ist es, die im Abschnitt 3.2.2 besprochene Berechnungsmethode zu verwenden. Man nähert die Amplitudenkennlinie durch ihre Asymptoten an und berechnet aus Gl. (3.16) den Winkel $\alpha_0(\omega_{\alpha r})$, indem man für ω_1 die Durchtrittsfrequenz einsetzt. Der Phasenrand folgt dann aus $\alpha_r = \pi + \alpha_0(\omega_{\alpha r})$.

5.1.2 Zwei-Ortskurven-Methode

Wie schon erwähnt, wird es sich später als wichtige Aufgabe herausstellen, ein als unveränderbar gegebenes Übertragungssystem durch Hinzufügen eines geeignet zu entwerfenden Gliedes so zu ergänzen, daß das entstehende System gewünschte optimale Eigenschaften aufweist. Im konkreten Fall ist zu einer gegebenen Regelstrecke ein geeigneter Regler zu entwerfen. Man hat also von der Ortskurve bzw. von den Frequenzkennlinien einer Strecke auszugehen und dazu geeignete Kennlinien des Reglers zu bestimmen, wobei natürlich die Stabilität des geschlossenen Kreises eine selbstverständliche Voraussetzung ist. Als Grundlage für diese Aufgabe wollen wir eine Methode besprechen, welche es gestattet, die Stabilität des geschlossenen Systems aus dem Verlauf der Ortskurven bzw. Frequenzkennlinien von Strecke und Regler zu beurteilen [62, 63, 84, 201, 243].

Wir gehen wieder von der an der Stabilitätsgrenze identisch erfüllten charakteristischen Gleichung bzw. von Gl. (5.6) aus, in der wir $F_0 = F_R \cdot F_S$ setzen. Damit ergibt sich mit der Eigenfrequenz ω_s:

$$F_0(i\omega_s) = |F_R(i\omega_s)| \cdot |F_S(i\omega_s)| \cdot e^{i(\arg F_R(i\omega_s) + \arg F_S(i\omega_s))} = -1\,, \tag{5.8}$$

woraus folgt:

$$|F_R(i\omega_s)| = \left|\frac{1}{F_S(i\omega_s)}\right| = \left|-\frac{1}{F_S(i\omega_s)}\right|, \tag{5.9}$$

bzw.

$$A_R(\omega_s) = \frac{1}{A_S(\omega_s)}. \tag{5.9a}$$

Für die Argumente erkennen wir den Zusammenhang

$$\arg F_R(i\omega_s) = -\pi - \arg F_S(i\omega_s) = \arg\left(-\frac{1}{F_S(i\omega_s)}\right), \tag{5.10}$$

bzw.

$$\alpha_R(\omega_s) = -\pi - \alpha_S(\omega_s)\,. \tag{5.10a}$$

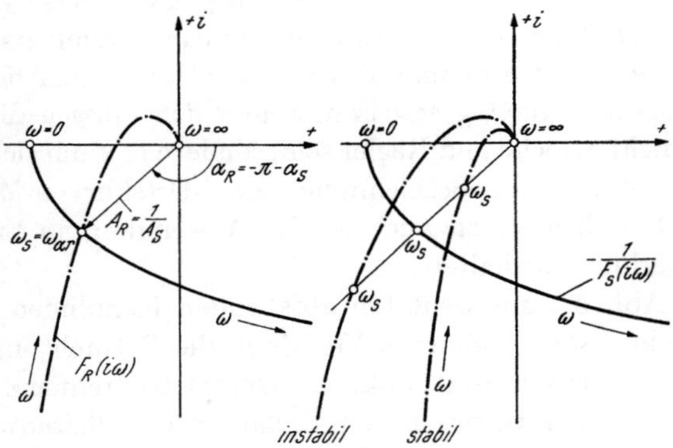

Abb. 5.4. Stabilitätsprüfung mit der Zwei-Ortskurven-Methode

Wir zeichnen demnach die Ortskurve $F_R(i\omega)$ des Reglers und die negativ-inverse Ortskurve $-1/F_S(i\omega)$ der Strecke. Wenn für eine bestimmte Frequenz ω_s die Gln. (5.9) und (5.10) gleichzeitig erfüllt sind, dann geht die Ortskurve $F_0(i\omega)$

durch den kritischen Punkt; das geschlossene System befindet sich an der Stabilitätsgrenze (Abb. 5.4). Aus der früher für Stabilität aufgestellten Bedingung $A_0(\omega_s) < 1$ folgt, daß bei Gleichheit der Argumente beider Frequenzgänge der Betrag A_R kleiner als der Betrag $1/A_S$ sein muß. In Abb. 5.4 ist dieser stabile Fall ebenfalls eingetragen.

Mit dieser „Zwei-Ortskurven-Methode" haben wir eine abgewandelte Form des Nyquist-Kriteriums gewonnen, die sich bei Verwendung der Frequenzkennlinien wieder sehr einfach gestaltet. Nach Gl. (5.9a) erhalten wird die Amplitudenkennlinie von $-1/F_S(i\omega)$ als Inversion durch Spiegelung der Kennlinie A_S um die Frequenzachse und wir erhalten die Phasenkennlinie nach Gl. (5.10a) durch Spiegelung um $-\pi/2$ (Abb. 5.5). Der Schnitt der so erhaltenen Amplitudenkennlinie mit der Kennlinie $A_R(\omega)$ erfolgt bei der Durchtrittsfrequenz $\omega_{\alpha r}$, während der Schnittpunkt der beiden Phasenkennlinien die Frequenz ω_s liefert. Das Stabilitätskriterium wird schließlich wie folgt formuliert:

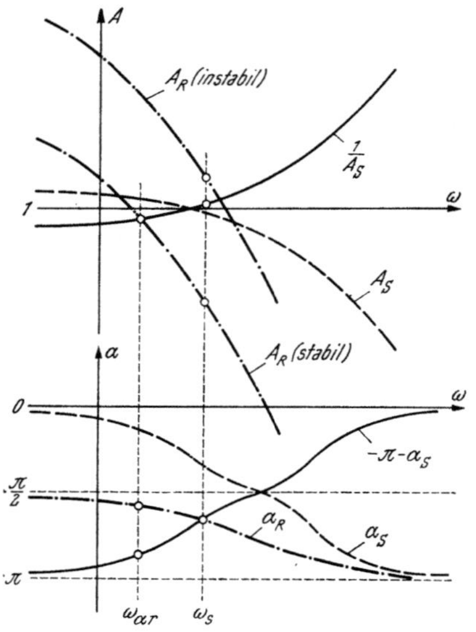

Abb. 5.5. Anwendung der Zwei-Ortskurven-Methode im Frequenzkennlinien-Verfahren

Das geschlossene System ist stabil, wenn die Amplitudenverhältnisse bei der Frequenz ω_s die Bedingung $A_R(\omega_s) < 1/A_S(\omega_s)$ und die Phasenverschiebungen bei der Frequenz $\omega_{\alpha r}$ die Bedingung $\alpha_R(\omega_{\alpha r}) > \left(-\pi - \alpha_S(\omega_{\alpha r})\right)$ erfüllen.

Das Kriterium ist natürlich in analoger Weise auf die Ortskurve bzw. die Kennlinien $F_S(i\omega)$ der Strecke und die negativ inverse Ortskurve bzw. die Kennlinien $-1/F_R(i\omega)$ des Reglers anwendbar. Besonders bei nichtlinearen Systemen mit linearer Strecke und nichtlinearem Regler (s. Abschnitt 8) wird sich diese Version als zweckmäßig erweisen. Schließlich müssen die beiden Teile des Systems auch nicht Strecke und Regler sein, sondern es kann sich um eine beliebige Aufteilung handeln. Da die Bezeichnung „Zwei-Ortskurven-Methode" allgemein gebräuchlich ist, wollen wir sie auch bei der Anwendung im Frequenzkennlinien-Verfahren weiterhin beibehalten.

Für die in Abb. 5.3 angedeuteten abfallenden Kennlinien regulärer Systeme genügt auch beim Zwei-Ortskurven-Verfahren die Betrachtung der Amplitudenkennlinien allein, deren Schnittpunkt die Durchtrittsfrequenz $\omega_{\alpha r}$ liefert. Damit werden nach einem der besprochenen Verfahren die Phasenwinkel $\alpha_R(\omega_{\alpha r})$ und $\alpha_S(\omega_{\alpha r})$ berechnet, womit dann die Einhaltung der Stabilitätsbedingung geprüft werden kann.

5.2 Allgemeine Fassung des Nyquist-Kriteriums

Bei mehrschleifigen Systemen erhält man die Kennlinien der inneren Schleifen nach Abschnitt 4, indem man schrittweise die geöffneten Rückführungen schließt und jeweils das Nichols-Diagramm anwendet. So erhält man vor Schließen der letzten Rückführschleife die Kennlinien des offenen mehrschleifigen Systems. Wir haben festgestellt, daß weitaus die meisten praktisch vorkommenden einschleifigen Systeme den auf S. 62 für das vereinfachte Kriterium genannten Bedingungen genügen. Manchmal genügen auch mehrschleifige Systeme diesen Bedingungen. Die vereinfachte Fassung des Kriteriums ist deshalb für uns am wichtigsten. In manchen Fällen, besonders bei vermaschten Systemen, kann das offene (mehrschleifige) System aber auch instabil, das geschlossene System trotzdem stabil sein. In so einem Fall ist das erweiterte Nyquist-Kriterium anzuwenden, das an vielen Stellen ausführlich behandelt wird [80, 84, 107, 129, 287]. Wir wollen uns hier auf das Wichtigste beschränken.

Im Gegensatz zu früher soll ein beliebig instabiles offenes System zugelassen werden. Die Übertragungsfunktion $W_0(s)$ darf beliebig viele Pole auf der imaginären Achse und rechts davon enthalten. Die Anzahl der Pole auf der i-Achse und in der positiven s-Halbebene (nicht jedoch die Pole selbst) müssen in solchem Fall bekannt sein bzw. vorher bestimmt werden [287]. Für die Ordnungen der Polynome $Q_0(s)$ und $R_0(s)$ wollen wir wieder dieselben Voraussetzungen machen wie früher; das System soll realisierbar sein.

Die allgemeine Fassung des Kriteriums ist dann sehr anschaulich abzuleiten. Wir betrachten die Funktion

$$w(s) = W_0(s) + 1 = \frac{Q_0(s) + R_0(s)}{R_0(s)} = \frac{\bar{Q}_0(s)}{R_0(s)}. \qquad (5.11)$$

Die Ordnung von $Q_0(s)$ sei n_Q, jene von $R_0(s)$ sei n_R. Da voraussetzungsgemäß $n_R > n_Q$ ist, hat das Polynom $\bar{Q}_0(s)$ ebenfalls die Ordnung n_R. Durch Nullsetzen dieses charakteristischen Polynoms erhält man die charakteristische Gleichung des geschlossenen Systems. Die Funktion $w(s)$ hat demnach n_R Pole und n_R Nullstellen. Hinsichtlich der ersteren werde, wie schon gesagt, keine Einschränkung gemacht; hinsichtlich der Nullstellen muß aber verlangt werden, daß sie sämtlich negativen Realteil aufweisen, denn das ist ja die notwendige und hinreichende Bedingung für asymptotische Stabilität. Wir denken uns nun alle Singularitäten der Funktion $w(s)$ in der s-Ebene eingetragen, was in Abb. 5.6 angedeutet ist. In der linken s-Halbebene liegen n_R Nullstellen und N Pole. Auf der imaginären Achse liegen P_0 Pole, während P Pole einen positiven Realteil haben. Wir denken uns weiter die Funktion $w(s)$ in ihre Linearfaktoren zerlegt (Gl. (1.13)) und setzen $s = i\omega$. Dadurch bildet sich die imaginäre Achse der s-Ebene mittels der Abbildungsfunktion $w(s)$ in der $w(s)$-Ebene als Ortskurve $f(i\omega) = F_0(i\omega) + 1$ ab (s. Abb. 5.6). Das Argument der Funktion $f(i\omega)$ erhält man mit den Argumenten φ der Linearfaktoren aus der s-Ebene:

$$\arg f(i\omega) = \sum_{j=1}^{n_R} \varphi_{\bar{q}j} - \sum_{k=1}^{n_R} \varphi_{rk}. \qquad (5.12)$$

Für die Stabilitätsprüfung interessiert uns die Änderung welche dieses Argument erfährt, wenn wir die gesamte imaginäre Achse der s-Ebene im Sinne anwachsender Frequenzen durchfahren. Die auf der imaginären Achse liegenden Pole umgehen

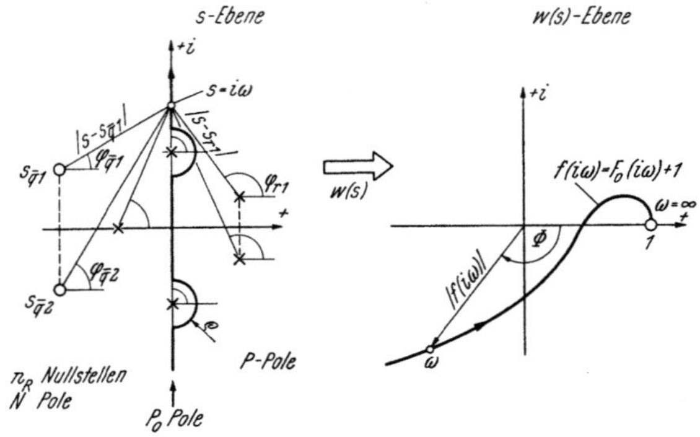

Abb. 5.6. Zur Ableitung der allgemeinen Fassung des Nyquist-Kriteriums

wir dabei aber auf kleinen Halbkreisen und bilden den gesamten dadurch entstehenden Weg ab. Für die Argumentenänderung längs der Abbildung dieses Weges erhalten wir somit für ein stabiles System nach Abb. 5.6:

$$\underset{-\infty \leqq \omega \leqq +\infty}{\Delta \Phi} = (n_R - N - P_0 + P)\pi, \tag{5.13}$$

bzw. wegen $(N + P_0 + P) = n_R$:

$$\underset{-\infty \leqq \omega \leqq +\infty}{\Delta \Phi} = 2P\pi. \tag{5.14}$$

Jedesmal, wenn bei Durchfahren der i-Achse die Variable s wegen $\varrho \to 0$ den Wert einer Polstelle annimmt, dann fällt der betreffende Punkt der Ortskurve $f(i\omega)$ ins Unendliche. Der Halbkreis mit dem Radius ϱ, auf dem der Pol umgangen wird, bildet sich für $\varrho \to 0$ als ein im Unendlichen liegender Halbkreis ab, der im mathematisch negativen Sinn durchlaufen wird. Diese Argumentenänderung um $-\pi$ können wir wohl berechnen, nicht aber am Verlauf der Ortskurve unmittelbar erkennen. Bei Polen auf der imaginären Achse müssen wir demnach die unmittelbar an der Ortskurve selbst festgestellte Argumentenänderung $\Delta \arg f(i\omega)$ um $-P_0\pi$ korrigieren, damit wir den Wert $\Delta\Phi$ erhalten. Somit ergibt sich für ein stabiles System:

$$\underset{-\infty \leqq \omega \leqq +\infty}{\Delta \arg f(i\omega)} - P_0\pi = \underset{-\infty \leqq \omega \leqq +\infty}{\Delta \Phi} = 2P\pi. \tag{5.15}$$

An dieser Beziehung ändert sich auch dann nichts, wenn man in der Ortskurven-Ebene eine Verschiebung um -1 vornimmt. Man erhält dadurch die Ortskurve $F_0(i\omega)$ des offenen Systems und betrachtet das Argument eines vom kritischen Punkt $(-1, \pm i0)$ an die Ortskurve gezogenen Vektors (Abb. 5.7). Durchfahren wird die Frequenz-Achse nur für die physikalisch sinnvollen positiven Frequenzen, dann erhalten wir schließlich

$$\underset{0 \leq \omega \leq +\infty}{\Delta} \arg F(i\omega) = (P + P_0/2)\pi. \tag{5.16}$$

Zusammenfassend wollen wir damit die erweiterte Fassung des Nyquist-Kriteriums wie folgt formulieren.

Das offene System genüge den folgenden Voraussetzungen: Die Polynome $Q_0(s)$ und $R_0(s)$ haben keine gemeinsamen Wurzeln; die Ordnung von $R_0(s)$ se

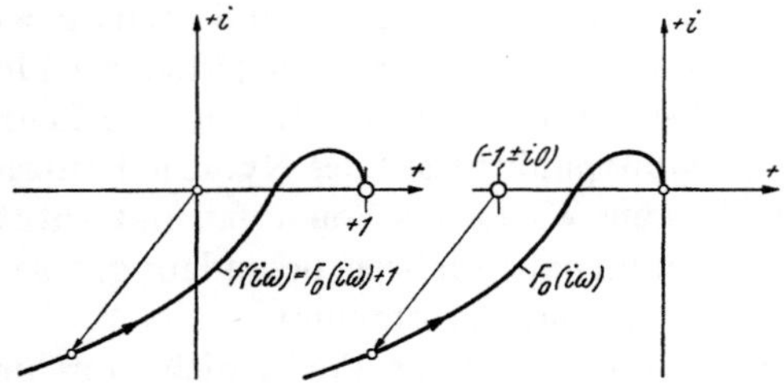

Abb. 5.7. Zur Ableitung der allgemeinen Fassung des Nyquist-Kriteriums

höher als jene von $Q_0(s)$. Die Nullstellen und Pole der Übertragungsfunktion $W_0(s)$ dürfen über die gesamte s-Ebene beliebig verteilt sein.

Das geschlossene System verhält sich dann und nur dann stabil, wenn die Ortskurve $F_0(i\omega)$ nicht durch den kritischen Punkt $(-1, \pm i0)$ geht und wenn bei Durchfahren der Ortskurve $F_0(i\omega)$ für $\omega = 0$ bis $\omega \to +\infty$ der vom kritischen Punkt aus an die Ortskurve gelegte Vektor eine Gesamtänderung seines Argumentes nach Gl. (5.16) erfährt.

Diese Fassung des Kriteriums wird manchmal auch als „Umlaufsform“ bezeichnet. Zur selben Aussage gelangt man auch mit Hilfe einer speziellen Fassung des Stellensatzes der Funktionentheorie, der den Zusammenhang zwischen der Anzahl der in einem Bereich liegenden Nullstellen und Pole und einem Cauchy-Integral herstellt [z. B. 73].

Bedingt durch die in der rechten s-Halbebene liegenden Pole von $W_0(s)$ ist es in der erweiterten Fassung des Kriteriums nicht mehr notwendige und hinreichende Bedingung für Stabilität, daß der kritische Punkt stets zur Linken der Ortskurve $F_0(i\omega)$ liegt. Dies wird an den späteren Beispielen noch auffallen.

Mit Gl. (5.16) ist das Nyquist-Kriterium auf alle möglichen stabilen und instabilen regulären und nichtregulären offenen Systeme ausgedehnt. Die früher besprochene vereinfachte Fassung ist — wovon man sich leicht überzeugen kann — in Gl. (5.16) mit enthalten. Für die weitere Anwendung im Frequenzkennlinien-Verfahren wollen wir aber den Resonanzfall des offenen Systems, also Pole auf der imaginären Achse, ausschließen, während im Ursprung ein Pol erster oder zweiter Ordnung zugelassen sein soll. Diese Einschränkungen sind hinsichtlich der praktisch vorkommenden Systeme unbedeutend. Die Zahl der Pole in der positiven s-Halbebene sei weiterhin unbegrenzt.

Es ist doch anschaulich, daß zwischen der mit Gl. (5.16) festgelegten Anzahl der Umläufe der Ortskurve $F_0(i\omega)$ um den kritischen Punkt und der Anzahl der

Schnittpunkte dieser Ortskurve mit der reellen Achse links vom kritischen Punkt ein Zusammenhang bestehen muß. Durchfährt man die Ortskurve $F_0(i\omega)$ im Sinne anwachsender Frequenzen, dann bezeichnet man einen links vom kritischen Punkt $(-1, \pm i0)$ liegenden Übergang von der oberen in die untere s-Halbebene $(d\alpha_0/d\omega > 0)$ als „positiv", im umgekehrten Fall $(d\alpha_0/d\omega < 0)$ als „negativ" (Abb. 5.8). Es wird nun u. a. von Föllinger und Gloede [107] sehr anschaulich gezeigt, daß für einen stabilen geschlossenen Regelkreis die Differenz $(n^+ - n^-)$ zwischen positiven und negativen Übergängen für den Fall $P_0 \leqq 1$ den Wert $P/2$ und für den Fall $P_0 = 2$ den Wert $(P + 1)/2$ annehmen muß. Beginnt die Ortskurve im Punkt $-\infty$, was bei $P_0 = 2$ der Fall ist, dann wird dieser „Schnittpunkt" $^1/_2$mal gezählt und zwar positiv, wenn die Ortskurve für kleine Frequenzen unterhalb der reellen Achse verläuft und negativ im umgekehrten Fall.

Diese sogenannte „Schnittpunktform" des Nyquist-Kriteriums, welche natürlich die vereinfachte Fassung wieder als Sonderfall mit enthält, ist für die Anwendung im Frequenzkennlinien-Verfahren besonders gut geeignet. Zusammenfassend wird sie hier folgendermaßen formuliert:

Aus der Bedingung, daß der kritische Punkt nicht durchfahren werden darf, folgt, daß für $A(\omega) = 1$ der von $-\pi, -3\pi, \ldots$ aus definierte Phasenrand niemals verschwinden darf.

Das geschlossene System ist dann und nur dann stabil, wenn die Differenz zwischen positiven und negativen Übergängen der Kennlinien des offenen Systems die folgenden Werte annimmt:

$$\text{Für } P_0 \leqq 1 : (n^+ - n^-) = P/2,$$

$$\text{für } P_0 = 2 : (n^+ - n^-) = (P + 1)/2. \tag{5.17}$$

Zur Bestimmung der Schnittpunkte betrachtet man jene Bereiche der Phasenkennlinie für die $A(\omega) > 1$ ist. Ein Schnittpunkt mit der Linie $-\pi, -3\pi, \ldots$ ist positiv, wenn in ihm die Phasenkennlinie ansteigt, anderenfalls ist er negativ. Hat die Phasenkennlinie die $-\pi$-Linie zur Asymptote, dann wird dieser Schnittpunkt mit $+1/2$ bzw. $-1/2$ gezählt, je nachdem ob die Kennlinie für kleine Frequenzen steigt oder fällt.

Wir erkennen aus Gl. (5.17), daß es bei instabilem offenen System eine für Stabilität des geschlossenen Systems notwendige (jedoch nicht hinreichende) Bedingung ist, daß das offene System in der rechten s-Halbebene eine gerade Anzahl von Polen besitzt.

In den Abb. 5.8 und 5.9 ist die Anwendung des Kriteriums an einigen Beispielen demonstriert, wobei nach der Art der Ortskurve $F_0(i\omega)$ unterschieden ist. Man kann nämlich die Ortskurven bzw. Frequenzkennlinien des offenen Systems in drei verschiedene Typen einteilen, wobei man als „erste Art" die abfallenden Kennlinien bezeichnet, welche die Frequenzachsen nur einmal schneiden. Auf sie ist das vereinfachte Kriterium anzuwenden. Zur „zweiten Art" rechnet man jene Kennlinien, die zu einem stabilen oder integralen offenen System gehören, die aber mehr als einen Übergang aufweisen. Abb. 5.8 stellt zwei solcher Fälle zusammen. Die Kennlinien in Abb. 5.8a gehören zu einem System, das eine Integration, jedoch keine Pole in der rechten s-Halbebene enthält. Es ist $P_0 = 1$ und $P = 0$ weshalb nach Gl. (5.17) für Stabilität des geschlossenen Systems die

Differenz aus positiven und negativen Übergängen verschwinden muß. Da der Übergang bei ω_{s3} bei $A_0 < 1$ erfolgt, wird er nicht gezählt und man erkennt, daß das geschlossene System stabil ist. In Abb. 5.8b sind die Kennlinien des selben Systems nach Vergrößerungen des Verstärkungsfaktors eingezeichnet. Der Übergang ω_{s3} erfolgt nun ebenfalls bei $A_0 > 1$ und muß gezählt werden. Somit

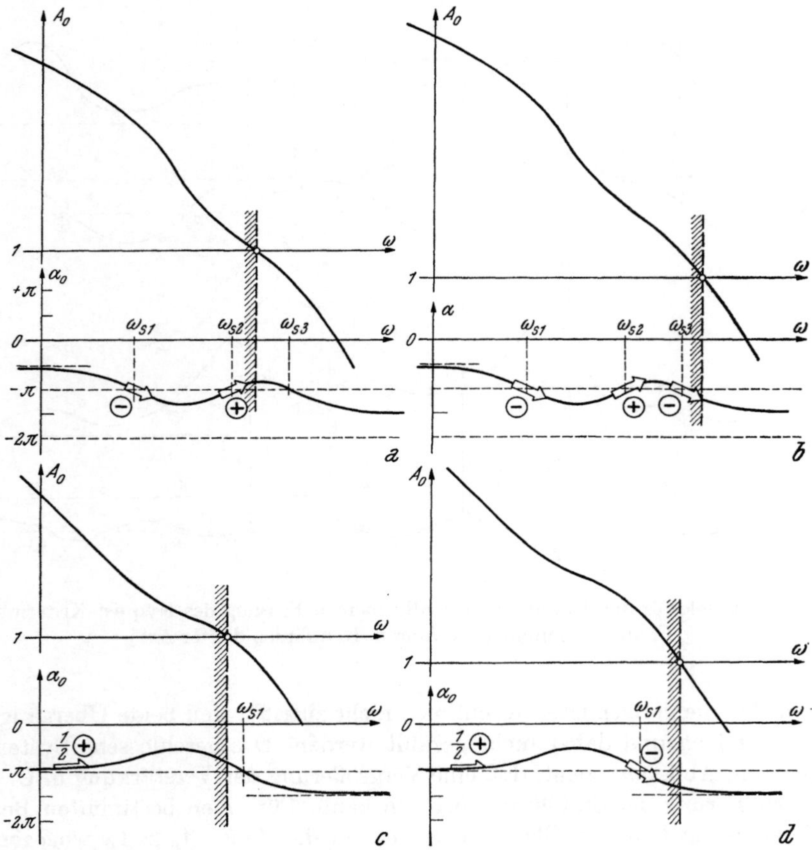

Abb. 5.8. Beispiele für die Anwendung der allgemeinen Fassung des Nyquist-Kriteriums im Frequenzkennlinien-Verfahren. Kennlinien zweiter Art

wird $(n^+ - n^-) = -1$, was nach Gl. (5.17) Instabilität des geschlossenen Systems bedeutet. Die Kennlinien Abb. 5.8c gehören zu einem System, das einen Null-Pol zweiter Ordnung und ebenfalls keine Pole in der positiven s-Halbebene hat. Für kleine Frequenzen steigt die Phasenkennlinie an; es handelt sich also um einen mit $+1/2$ zu zählenden Schnittpunkt. Der an sich negative Schnittpunkt bei ω_{s1} wird wegen $A_0 < 1$ nicht gezählt. Somit ist $(n^+ - n^-) = +{}^1/_2$ und das geschlossene System ist nach Gl. (5.17) stabil. Auch hier bewirkt nach Abb. 5.8d eine Vergrößerung der Verstärkung, daß das geschlossene System instabil wird. Der Übergang bei ω_{s1} muß dann nämlich wegen $A_0 > 1$ gezählt werden, womit $(n^+ - n^-) = -{}^1/_2$ und die Stabilitätsbedingung nicht mehr erfüllt ist.

Die Abb. 5.9 zeigt Kennlinien der „dritten Art". Das offene System ist jetzt instabil, wobei die Anzahl der Pole in der positiven s-Halbebene bekannt ist. Die Kennlinien Abb. 5.9a gehören zu einem proportional wirkenden instabilen offenen System mit zwei Polen in der rechten s-Halbebene; ($P = 2$, $P_0 = 0$). Nach Gl. (5.17) muß jetzt für ein stabiles geschlossenes System $(n^+ - n^-) = +1$

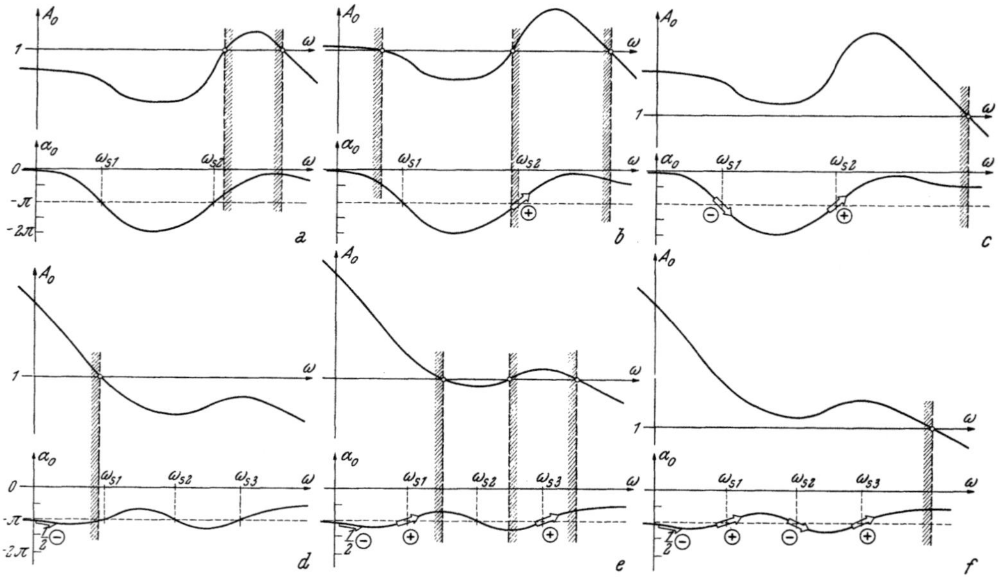

Abb. 5.9. Beispiele für die Anwendung der allgemeinen Fassung des Nyquist-Kriteriums im Frequenzkennlinien-Verfahren. Kennlinien dritter Art

sein, was für die gezeichneten Kennlinien nicht zutrifft, weil beide Übergänge bei $A_0 < 1$ erfolgen und daher nicht gezählt werden. Das geschlossene System ist also instabil. Abb. 5.9b zeigt, daß eine Vergrößerung der Verstärkung u. U. auch eine Verbesserung der Stabilität erbringen kann. Für einen bestimmten Bereich der Verstärkung fällt der Übergang bei ω_{s2} in die Zone $A_0 > 1$, wogegen der Schnittpunkt bei ω_{s1} noch weiter bei $A_0 < 1$ erfolgt. Damit ist $(n^+ - n^-) = +1$ und das geschlossene System wird stabil. Bei weiterer Vergrößerung der Verstärkung (Abb. 5.9c) erfolgen beide Übergänge bei $A_0 > 1$ und das geschlossene System wird wieder instabil. Dasselbe Verhalten zeigt das System, dessen Kennlinien in den Abb. 5.9d bis f gezeichnet sind. Es ist wieder $P = 2$ und das offene System hat einen Null-Pol zweiter Ordnung ($P_0 = 2$). Nach Gl. (5.17) lautet damit die Stabilitätsbedingung $(n^+ - n^-) = +{}^3/_2$, die wieder nur bei einer mittleren Verstärkung nach Abb. 5.9e erfüllt ist. Bei kleineren und auch bei größeren Verstärkungen wird das geschlossene System instabil. Ein ähnliches Verhalten, jedoch mit je zwei Stabilitäts- und Instabilitätsbereichen, weist übrigens auch das System mit den Frequenzkennlinien Abb. 5.8a und b auf.

5.2.1 Zwei-Ortskurven-Methode

So wie das vereinfachte Nyquist-Kriterium läßt sich auch die Schnittpunktform der erweiterten Fassung ganz einfach in die Zwei-Ortskurven-Methode übertragen. Da die Anwendung dieser Methode auf die Frequenzkennlinien leichter durchzuführen und auch übersichtlicher ist als in der Ortskurven-Ebene, wollen wir den Umweg über die Ortskurve diesmal erst gar nicht machen. Für die Übertragungsfunktionen von Regler und Regelstrecke werden die auf S. 69 für $W_0(s)$ gemachten Voraussetzungen beibehalten. $W_R(s)$ und $W_S(s)$ haben insgesamt P Pole in der positiven s-Halbebene und sie haben insgesamt $P_0 \leqq 2$ Pole im Nullpunkt. Ebenso wie im Abschnitt 5.1.2 betrachten wir die Kennlinien $A_R(\omega)$ und $\alpha_R(\omega)$ des Reglers sowie die Kennlinien $1/A_S(\omega)$ und $(-\pi - \alpha_S(\omega))$ der Strecke. Wir erhalten diese Kennlinien wie auf S. 66 beschrieben. Die Phasenkennlinien werden sich bei Frequenzen $\omega_{s1}, \omega_{s2}, \ldots$ usw. schneiden.

Für einen Durchgang der Ortskurve $F_0(i\omega)$ durch die negativ reelle Achse der Ortskurven-Ebene gilt unverändert die Beziehung

$$\arg F_R(i\omega_{s\nu}) = \arg\left(-\frac{1}{F_S(i\omega_{s\nu})}\right). \tag{5.10}$$

Die Schnittpunkte der Phasenkennlinie des Reglers mit der negativ inversen Phasenkennlinie der Strecke bei den Frequenzen $\omega_{s\nu}$ entsprechen demnach jeweils einem $\arg F_0(i\omega_{s\nu}) = -\pi, -3\pi, \ldots,$ wobei aber nur jene Schnittpunkte zu zählen sind, für die $A_R(\omega_{s\nu}) > 1/A_S(\omega_{s\nu})$ ist. Ein derartiger Schnittpunkt ist positiv, wenn für ihn gilt:

$$\frac{d}{d\omega}(\arg F_R) > \frac{d}{d\omega}\left(\arg\left(-\frac{1}{F_S}\right)\right), \tag{5.18}$$

anderenfalls ist er negativ. Haben für $\omega \to 0$ beide Phasenkennlinien eine gemeinsame Asymptote und ist $A_R(0) > 1/A_S(0)$, dann ist dies je nach Verlauf der Phasenkennlinien bei kleinen Frequenzen als ein halber positiver bzw. ein halber negativer Schnittpunkt zu zählen.

In Abb. 5.10 sind mögliche Fälle der Schnittpunkte skizziert. Für $\omega \to 0$ ergibt sich z. B. ein halber positiver Schnittpunkt, der Schnittpunkt bei ω_{s1} ist negativ, jene bei ω_{s2} und ω_{s4} sind positiv. Die Schnittpunkte bei ω_{s3} und ω_{s5} sind nicht zu zählen, weil für sie $A_R < 1/A_S$ ist, was Übergängen der Ortskurve F_0 innerhalb des Einheitskreises entspricht. Für das gewählte Beispiel ist daher $(n^+ - n^-) = 3/2$, und $P_0 = 2$. Liegen nun zwei Pole in der positiven s-Halbebene, dann ist das geschlossene System nach Gl. (5.17) stabil, anderenfalls ist es instabil.

Zusammenfassend wollen wir das Kriterium so formulieren:

Es werden die Kennlinien des Reglers und die negativ inversen Kennlinien der Strecke gezeichnet und jene Schnittpunkte der Phasenkennlinien bestimmt, für welche $A_R > 1/A_S$ ist. Gilt für einen Schnittpunkt die Gl. (5.18), dann ist dieser als positiv, im anderen Fall als negativ zu zählen. Der Fall eines nur halb gezählten Schnittpunktes ist ebenfalls schon oben definiert. Ist n^+ die Zahl der positiven und n^- die Zahl der negativen Schnittpunkte, dann ist das geschlossene

System stabil, wenn die Gln. (5.17) erfüllt sind:

$$\text{für } P_0 \leqq 1 : (n^+ - n^-) = P/2,$$

$$\text{für } P_0 = 2 : (n^+ - n^-) = (P + 1)/2, \tag{5.17}$$

und wenn für keinen der Schnittpunkte $A_R(\omega_{s\nu}) = 1/A_S(\omega_{s\nu})$ ist.

Abschließend soll abermals darauf verwiesen werden, daß zwar für die Erklärung der Zwei-Ortskurven-Methode die geläufigen Bezeichnungen „Regler" und „Strecke" verwendet wurden, daß es sich bei den beiden Ortskurven bzw. Kennlinien aber auch um eine beliebige Aufspaltung der Übertragungsfunktion

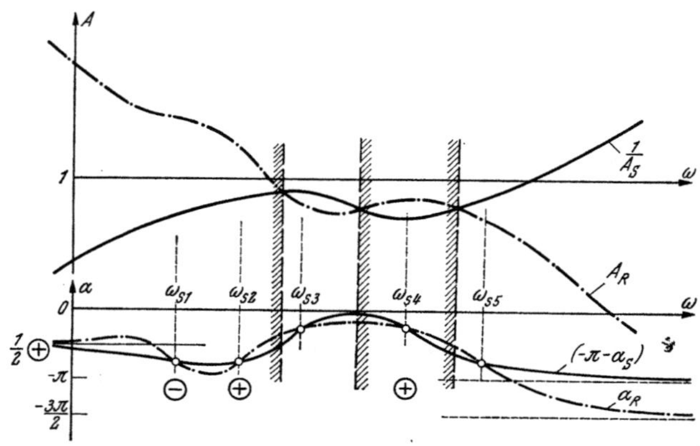

Abb. 5.10. Zwei-Ortskurven-Methode der allgemeinen Fassung des Nyquist-Kriteriums im Frequenzkennlinien-Verfahren

$W_0(s)$ in zwei Teil-Übertragungsfunktionen handeln kann. Besonders für die allgemeine Fassung des Kriteriums, die ja in erster Linie die mehrschleifigen Systeme betrifft, wird dies von Bedeutung sein. Aber auch bei einschleifigen Systemen kann eine der beiden Ortskurven bzw. Kennlinien einem festliegenden Teil des Systems zugehören, während durch die andere Ortskurve bzw. durch die anderen Kennlinien z. B. ein Korrekturglied beschrieben wird. Es ist dies für die Synthese der Regelungssysteme (s. Abschnitt 7) von Bedeutung.

5.3 Übungsaufgaben

(Lösungen ab S. 228)

Aufgabe 5.1:

Für die Übertragungsfunktion

$$W_0(s) = \frac{V_0(1{,}25s^{-1} + 1)}{(1 + 2s)(0{,}5 + 2{,}5s + 2s^2)}$$

eines einschleifigen offenen Systems zeichne man die Frequenzkennlinien. Die Amplitudenkennlinie nähere man dabei durch ihre Asymptoten an, für die Phasenkennlinie verwende man die Geraden-Näherung nach Abschnitt 2.2.3.1

bzw. 2.2.4.1. Man stelle sodann mit Hilfe des vereinfachten Nyquist-Kriteriums jene Verstärkung V_0 fest, bei welcher die Stabilitätsgrenze erreicht wird.
Hinweis: Man zeichne zunächst die Kennlinien für eine Verstärkung $V_0 = 1$ und bestimme den Amplitudenrand. Die gefragte kritische Verstärkung erhält man als Kehrwert dieses Amplitudenrandes.

Aufgabe 5.2:

Die Übertragungsfunktion der Aufgabe 2.5 (S. 39) sei die Übertragungsfunktion eines einschleifigen offenen Regelungssystems:

$$W_0(s) = \frac{(0{,}11 + 1{,}1s)}{(s + 5s^2)(1 + 2{,}4s + 9s^2)}.$$

Die Frequenzkennlinien für diese Übertragungsfunktion wurden bereits konstruiert (s. Lösung der Aufgabe 2.5 auf S. 219).
Man wende das vereinfachte Nyquist-Kriterium an und mache eine Aussage über die Stabilität des geschlossenen Systems. Sodann stelle man wie bei der Aufgabe 5.1 jene Verstärkung fest, bei welcher die Stabilitätsgrenze erreicht wird.
Als weitere Aufgabe berechne man den Phasenrand mit Hilfe der in Abschnitt 2.2.3.2 bzw. 2.2.4.2 besprochenen Hyperbel-Näherung und vergleiche das Ergebnis mit dem graphisch ermittelten Phasenrand.

Aufgabe 5.3:

Für die Übertragungsfunktion

$$W_0(s) = \frac{1{,}2(0{,}25s^{-1} + 1 + 1{,}562s) \cdot e^{-0{,}6s}}{s(1{,}5 + 3s)(1 + 0{,}8s)}$$

zeichne man die Amplitudenkennlinie. Man entnehme die Durchtrittsfrequenz $\omega_{\alpha r}$ sowohl der exakten Kennlinie als auch der durch ihre Asymptoten angenäherten Amplitudenkennlinie. Mit beiden Werten berechne man den Phasenrand mit Hilfe der Hyperbel-Näherung, vergleiche die Ergebnisse und mache eine Aussage über die Stabilität des geschlossenen Systems.

Aufgabe 5.4:

Man betrachte die durch ihre Asymptoten angenäherte Amplitudenkennlinie der Aufgabe 5.2. Mit Hilfe der in Abschnitt 3.2.1 besprochenen graphischen Näherungsmethode ermittle man den Phasenrand und vergleiche das Ergebnis mit jenem der Aufgabe 5.2.

Aufgabe 5.5:

Für die Übertragungsfunktion

$$W_0(s) = \frac{0{,}654(1 + 4s + 6{,}25s^2)}{s^2(1 + 2s)(1 + 0{,}8s)}$$

zeichne man die durch ihre Asymptoten angenäherte Amplitudenkennlinie. Mit Hilfe der in Abschnitt 3.2.1 besprochenen graphischen Näherungsmethode ermittle man den Phasenrand und mache eine Aussage über die Stabilität des geschlossenen Systems.

Aufgabe 5.6:

Es werde angenommen, die Amplitudenkennlinie eines offenen Systems mit der Übertragungsfunktion der Aufgabe 5.5 sei experimentell ermittelt und nach Abb. 5.11 durch Geradenstücke angenähert worden. Die Knickfrequenzen, die

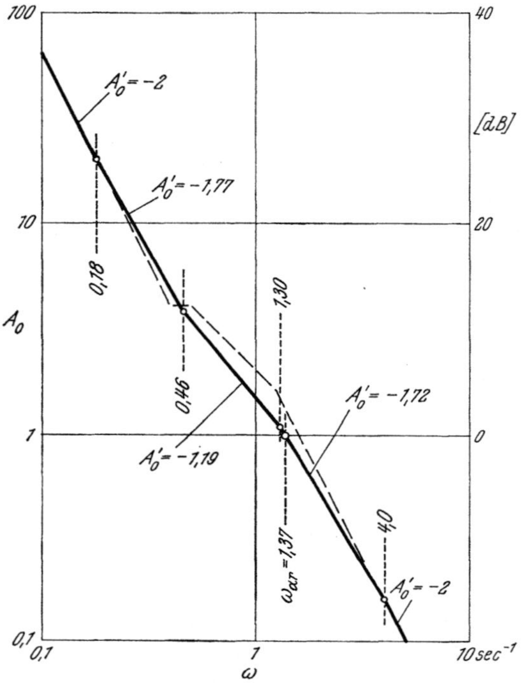

Abb. 5.11. Zu Aufgabe 5.6

Neigungen der Geraden und die Durchtrittsfrequenz sind in Abb. 5.11 eingetragen. Man bestimme mit Hilfe der in Abschnitt 3.2.2 besprochenen rechnerischen Näherungsmethode den Phasenrand und vergleiche das Ergebnis mit jenem der Aufgabe 5.5.

Bei den folgenden Aufgaben nähere man die Amplitudenkennlinien immer durch ihre Asymptoten und die Phasenkennlinien durch Geradenstücke an.

Aufgabe 5.7:

Für die Übertragungsfunktionen

$$W_S(s) = \frac{1}{3s + 2s^2}, \qquad W_R(s) = \frac{V_R}{1 + 1,25s}$$

zeichne man die Frequenzkennlinien und stelle mit Hilfe der Zwei-Ortskurven-Methode jene Verstärkung V_R fest, bei welcher die Stabilitätsgrenze erreicht wird.

Aufgabe 5.8:

Für die Übertragungsfunktion

$$W_0(s) = V_0 \cdot \frac{(1 + 10s)^2(1 - 0{,}1s)^2}{s^2(1 + 85s)(1 - 0{,}002s)^2}$$

eines mehrschleifigen im aufgeschnittenen Zustand instabilen Systems zeichne man die Frequenzkennlinien.
Mit Hilfe der allgemeinen Fassung des Nyquist-Kriteriums bestimme man jenen Bereich der Verstärkung V_0, für welchen das geschlossene System stabil wird.

Aufgabe 5.9:

Wie Aufgabe 5.8, jedoch für die Übertragungsfunktion

$$W_0(s) = V_0 \cdot \frac{(1 - 180s)(1 - 20s)(1 + 0{,}25s)^2}{(1 + 180s)^2(1 - 0{,}02s)^2(1 + 0{,}003s)}.$$

Aufgabe 5.10:

Für die Übertragungsfunktionen

$$W_S(s) = \frac{1}{s(1 + 10s)}, \qquad W_R(s) = V_R \frac{(1 + 0{,}45s + 0{,}0625s^2)}{(1 + 10s)(1 + 0{,}01s)^2}$$

zeichne man die Frequenzkennlinien. Mit Hilfe der Zwei-Ortskurven-Methode der allgemeinen Fassung des Nyquist-Kriteriums bestimme man jene Bereiche der Verstärkung V_R, für welche das geschlossene System stabil wird.

6. Analyse der Stabilitätsgüte

Als Vorbereitung auf die Methoden der Regelkreissynthese haben wir eben die Stabilitätsanalyse besprochen. Es ist leicht einzusehen, daß es für die Beurteilung eines Systems nicht genügt, lediglich seine Stabilität nachzuweisen. Ein sehr langsam abklingender Vorgang ist wohl asymptotisch stabil, als Regelvorgang jedoch unbrauchbar. Man wird also auch eine gewisse Güte der Stabilität vorschreiben, was auf eine Verschärfung der Stabilitätskriterien hinausläuft. Man kann wohl schon bei Anwendung des Nyquist-Kriteriums aus der Entfernung in welcher die Ortskurve $F_0(i\omega)$ am kritischen Punkt vorbeiläuft, bzw. aus den Werten von Amplituden- und Phasenrand auf die Stabilitätsgüte schließen. Ihre exakte Definition erfolgt aber durch Vorschreiben eines bestimmten Gebietes der linken s-Halbebene, innerhalb dessen die Wurzeln der charakteristischen Gleichung des geschlossenen Systems liegen müssen. Da es sich bei den Grenzen dieses Wurzelgebietes vorwiegend um Gerade oder sonst um einfache Kurven handelt, kann durch entsprechende Transformation die Güteuntersuchung wieder auf eine einfache Stabilitätsprüfung zurückgeführt werden. In den beiden wichtigsten Fällen, die wir anschließend besprechen, ist dies auch im Frequenzkennlinien-Verfahren möglich.

Wird die Einschränkung gemacht, daß alle Wurzeln links von der Geraden $s = -k + i\omega$ oder höchstens darauf liegen (Abb. 6.1), dann bedeutet dies, daß alle Teilvorgänge schneller oder mindestens gleich schnell wie $x(t) = e^{-kt}$ abklingen. Nach der Zeit $\tau = 1/k$ sind demnach alle Teilvorgänge mindestens auf den e-ten Teil ihrer ursprünglichen Amplitude abgeklungen. Die Abklingzeit ist also festgelegt bzw. es ist eine „absolute Mindestdämpfung" vorgeschrieben. Man spricht deshalb meist auch von „absoluter Stabilitätsgüte"; für den minimalen Realteil k ist auch die Bezeichnung „Stabilitätsgrad" üblich.

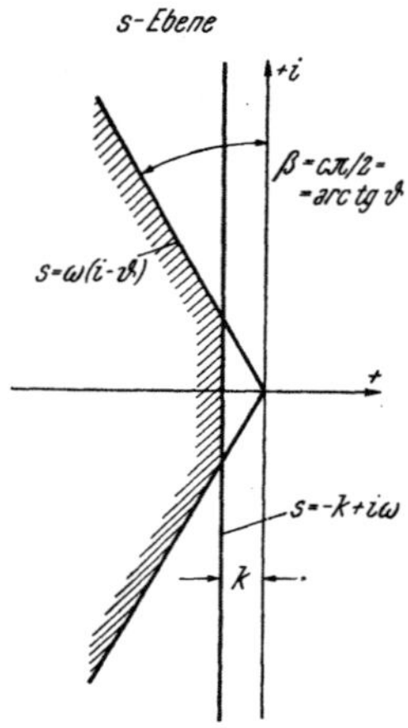

Abb. 6.1.
Begrenzung des Wurzelgebietes bei absoluter und relativer Stabilitätsgüte

Stellt man hingegen die Forderung, daß alle Wurzeln innerhalb eines Sektors in der linken s-Halbebene oder mindestens auf der Begrenzung dieses Sektors liegen, die mit der imaginären Achse den Winkel $\beta = c\pi/2 = \text{arc tg}\,\vartheta$ einschließt (Abb. 6.1), so ist damit festgelegt, daß für jeden Teilvorgang das Verhältnis zweier aufeinanderfolgender gleichsinniger Amplituden durch $e^{-2\pi\vartheta}$ gegeben ist. Damit ist die Bezeichnung „relative Stabilitätsgüte" begründet. Der Wert ϑ als zugelassenes Verhältnis von Real- zu Imaginärteil der Wurzeln wird als „relative Mindestdämpfung" oder manchmal auch als „Schwingfähigkeit" bezeichnet.

Unter gewissen Umständen wird es zwar notwendig sein, sowohl die Einhaltung einer Mindest-Absolutdämpfung als auch die Einhaltung einer Mindest-Relativdämpfung gleichzeitig zu verlangen. Im allgemeinen genügt es aber, lediglich eine gewisse relative Stabilitätsgüte vorzuschreiben. Bei numerischen Verfahren gestaltet sich die absolute Güteprüfung einfacher, im Frequenzkennlinien-Verfahren ist jedoch — was man zunächst nicht erwarten würde — die Prüfung der relativen Stabilitätsgüte einfacher durchzuführen. Auch aus diesem Grunde werden wir ihr später noch mehr Aufmerksamkeit widmen.

Bei der nachfolgenden Besprechung der Verfahren zur Prüfung der Stabilitätsgüte wollen wir uns auf Systeme erster Art (s. S. 70) beschränken, auf welche das vereinfachte Nyquisit-Kriterium anzuwenden ist.

6.1 Absolute Stabilitätsgüte

Wir machen dieselbe Überlegung wie auf S. 61ff. zur Erklärung des vereinfachten Nyquisit-Kriteriums und denken uns den offenen Regelkreis nach Abb. 5.2 durch eine gedämpfte Schwingung erregt, welche die geforderte Mindest-Absolutdämpfung aufweist. Das Ausgangssignal wird dann ebenfalls eine Schwingung gleicher Frequenz und gleicher Dämpfung ausführen. Liegt jetzt zufällig ein Wurzelpaar der charakteristischen Gleichung des geschlossenen Systems auf der vorgeschriebenen Grenze des Wurzelgebietes, dann könnte wieder die Erregung plötzlich abgeschaltet und das System im gleichen Augenblick geschlossen werden. Die erzwungene gedämpfte Schwingung ginge dadurch in eine Eigenschwingung gleicher Dämpfung über. Aus dieser Überlegung resultiert, daß zum

Nachweis der geforderten Dämpfung eine „Güte-Ortskurve“ $F_{0G}(k, i\omega)$ als Abbild der Geraden $s = -k + i\omega$ wieder durch den kritischen Punkt $(-1, \pm i0)$ gehen muß. Man erhält diese Ortskurve dadurch, daß man in der Übertragungsfunktion $W_0(s)$ des offenen Systems bzw. schon in den Grundformen, aus denen sich letztere zusammensetzt, für $s = -k + i\omega$ einsetzt. Es kommt dies auch auf eine Koordinatentransformation in der s-Ebene hinaus, wodurch das vorgeschriebene Wurzelgebiet auf die linke s-Halbebene abgebildet wird. Man erhält somit Güte-Kennlinien der Frequenzgang-Grundformen, die zu Gütekennlinien $F_{0G}(k, i\omega)$ des offenen Systems überlagert werden. Auf letztere wird dann das vereinfachte Nyquist-Kriterium angewendet. Ergibt sich für die Güte-Kennlinien ein auf S. 63 definierter positiver Phasenrand und ein negativer Amplitudenrand, dann ist die Dämpfung des geschlossenen Systems größer als gefordert. Ergibt sich als Grenzfall ein Verschwinden von Amplituden- und Phasenrand, dann ist die geforderte Dämpfung gerade eingehalten.

Anschließend sollen für die absolute Stabilitätsgüte die Grundformen der Kennlinien zusammengestellt werden, wobei der Einfachheit halber nur die regulären Glieder und das Totzeitglied berücksichtigt werden.

6.1.1 Grundformen der Güte-Kennlinien

D-Glied und I-Glied:

Durch Einsetzen der Geraden $s = -k + i\omega$ erhält man aus den Gln. (1.20) und (1.25) die transformierten Frequenzgänge

$$F_G(k, i\omega) = [T(-k + i\omega)]^{\pm 1} \tag{6.1}$$

mit den Amplitudenkennlinien

$$G(k, \omega) = \left[T\overline{\omega}_E \sqrt{1 + \left(\frac{\omega}{\overline{\omega}_E}\right)^2}\right]^{\pm 1} \tag{6.2}$$

und den Phasenkennlinien

$$\varphi(k, \omega) = \pm \operatorname{arc\,tg}\left(-\frac{\omega}{\overline{\omega}_E}\right), \tag{6.3}$$

wobei sich für die Eckfrequenz

$$\overline{\omega}_E = k \tag{6.4}$$

ergibt. Wenn man von der jetzt auftretenden „Verstärkung“ $(T\overline{\omega}_E)^{\pm 1}$ absieht, dann stimmen die Güte-Kennlinien mit den Kennlinien eines negativen nichtregulären Gliedes erster Ordnung (ND1-, NT1-Glied; s. Abschnitt 1.3.2.1) überein. In Abb. 6.2 sind diese Güte-Kennlinien den normalen Frequenzkennlinien gegenübergestellt.

PD1- und PT1-Glied:

Aus den Gln. (1.31) und (1.37) erhält man die transformierten Frequenzgänge:

$$F_G(k, i\omega) = [(1 - Tk) + iT\omega]^{\pm 1}, \tag{6.5}$$

wobei jetzt zwischen drei Möglichkeiten zu unterscheiden ist:

Für den Sonderfall $k = 1/T$ arten die Güte-Kennlinien in die Kennlinien des einfachen D- bzw. I-Gliedes (Abschnitt 2.2.2) aus.

Für $k \neq 1/T$ ergeben sich die Amplitudenkennlinien

$$G(k, \omega) = \left[T \cdot \overline{\omega}_E \sqrt{1 + \left(\frac{\omega}{\overline{\omega}_E}\right)^2}\right]^{\pm 1}, \tag{6.6}$$

wobei die Phasenkennlinien für $k < 1/T$

$$\varphi(k, \omega) = \pm \operatorname{arc\,tg}\left(\frac{\omega}{\overline{\omega}_E}\right), \tag{6.7}$$

und für $k > 1/T$

$$\varphi(k, \omega) = \pm \operatorname{arc\,tg}\left(-\frac{\omega}{\overline{\omega}_E}\right) \tag{6.8}$$

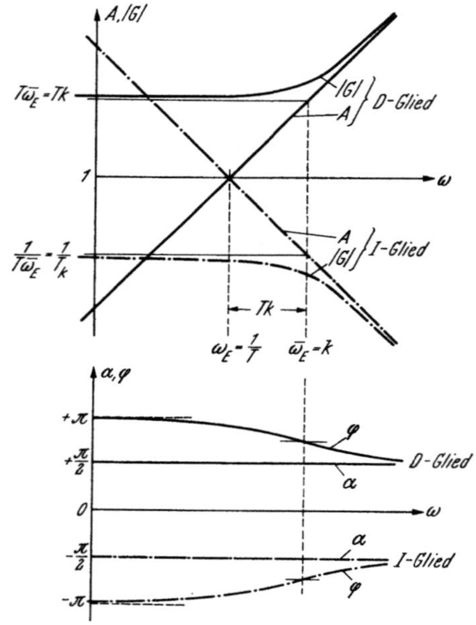

Abb. 6.2. Güte-Kennlinien für absolute Stabilitätsgüte. D-Glied und I-Glied

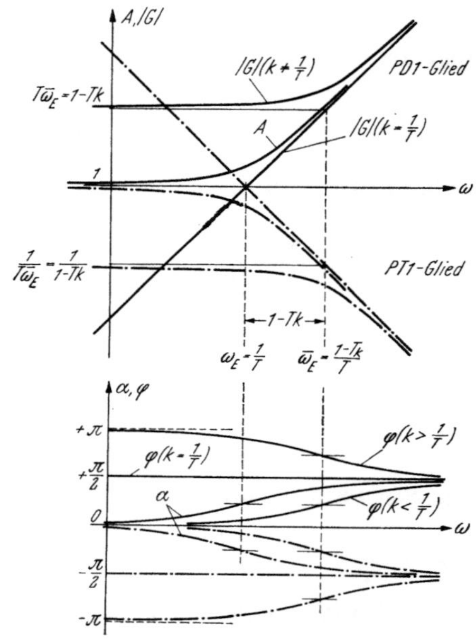

Abb. 6.3. Güte-Kennlinien für absolute Stabilitätsgüte. PD1-Glied und PT1-Glied

lauten. Im ersten Fall sind dies die unveränderten Kennlinien der regulären Glieder erster Ordnung (Abschnitt 2.2.3), bei denen lediglich die Verstärkung und die Eckfrequenz geändert sind. Im zweiten Fall ergeben sich wieder die Kennlinien eines negativen nichtregulären Gliedes erster Ordnung. Die Eckfrequenz lautet nunmehr

$$\overline{\omega}_E = \frac{1 - Tk}{T}. \tag{6.9}$$

Abb. 6.3 zeigt wieder die möglichen Fälle dieser Kennlinien.

PD 2- und PT 2-Glied:

Aus den Gln. (1.44) und (1.49) ergeben sich jetzt die transformierten Frequenzgänge

$$F_G(k, i\omega) = \left[\left(1 - 2DTk + T^2(k^2 - \omega^2)\right) + i(2DT\omega - 2T^2k\omega)\right]^{\pm 1}, \quad (6.10)$$

woraus man für $D \neq Tk$ die Amplitudenkennlinien

$$G(k, \omega) = \left[T^2\overline{\omega}_E^2 \sqrt{\left(1 - \left(\frac{\omega}{\overline{\omega}_E}\right)^2\right)^2 + \left(2\overline{D}\,\frac{\omega}{\overline{\omega}_E}\right)^2}\,\right] \quad (6.11)$$

erhält. Darin ist jetzt die Eckfrequenz durch

$$\overline{\omega}_E = \frac{\sqrt{1 - 2DTk + T^2k^2}}{T} \quad (6.12)$$

und der Dämpfungsgrad durch

$$\overline{D} = \frac{D - Tk}{T \cdot \overline{\omega}_E} \quad (6.13)$$

gegeben. Die Phasenkennlinien lauten im Falle $D > Tk$

$$\varphi(k, \omega) = \pm \operatorname{arc\,tg} \frac{2\overline{D}\,\frac{\omega}{\overline{\omega}_E}}{1 - \left(\frac{\omega}{\overline{\omega}_E}\right)^2}, \quad (6.14)$$

während sie für den Fall $D < Tk$ lediglich das Vorzeichen wechseln. Abgesehen von der jetzt auftretenden Verstärkung $T^2\overline{\omega}_E^2$ erhält man formal wieder die Kennlinien der regulären bzw. nichtregulären Glieder zweiter Ordnung (Abschnitt 2.2.5). Die Gütekennlinien unterscheiden sich jetzt von den normalen Frequenzkennlinien weiter durch eine Änderung der Eckfrequenz sowie des Dämpfungsgrades (Abb. 6.4). Tritt der Sonderfall $D = Tk$ ein, dann ergeben sich im transformierten Koordinatensystem der s-Ebene Singularitäten auf der imaginären Achse, was dem Resonanzfall des offenen Systems entspricht und die Anwendung des vereinfachten Nyquist-Kriteriums auf die Frequenzkennlinien unmöglich macht. Bei Anwendung des Kriteriums darf also das offene System nicht die für das geschlossene System geforderte absolute Dämpfung aufweisen.

Totzeit:

Man erhält den transformierten Frequenzgang

$$F_G(k, i\omega) = e^{-(-k + i\omega)T_t}, \quad (6.15)$$

dem man die Amplitudenkennlinie

$$G(k) = e^{kT_t} \quad (6.16)$$

und die Phasenkennlinie

$$\varphi(k, \omega) = -\omega T_t \quad (6.17)$$

entnimmt. Die Gütekennlinien des Totzeit-Gliedes unterscheiden sich also von den Kennlinien des Abschnittes 2.2.5 nur durch eine jetzt auftretende Verstärkung Gl. (6.16).

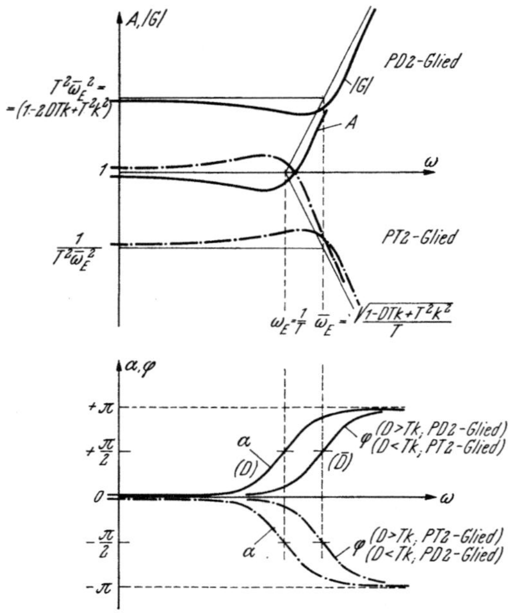

Abb. 6.4. Güte-Kennlinien für absolute Stabilitätsgüte. PD2-Glied und PT2-Glied

6.1.2 Diskussion des Verfahrens

Wir haben gesehen, daß die Grundformen der Güte-Kennlinien formal mit jenen der normalen Frequenzkennlinien übereinstimmen und sich von jenen nur durch Änderung der Verstärkungen und der Eckfrequenzen unterscheiden, wobei beim Glied 2. Ordnung noch eine Änderung des Dämpfungsgrades hinzukommt. Gerade diese bei den einzelnen Gliedern leider verschiedenen Eigenheiten verhindern es aber doch, daß man auch nicht unter Anwendung der sonst so angenehmen Möglichkeit des Parallelverschiebens aus einer gegebenen normalen Frequenzkennlinie F_0 des offenen Systems auf die absolute Stabilitätsgüte des geschlossenen Systems exakt schließen kann. Bei Entwurfsarbeiten wäre in jedem Falle ein Umzeichnen der Kennlinien notwendig, was zwar wegen des einfachen Zusammenhanges zwischen den normalen Frequenzkennlinien und den Gütekennlinien der Grundformen nicht schwierig ist, aber doch einen gewissen Aufwand erfordert. Wird die Kennlinie eines offenen Systems experimentell bestimmt, dann ist ein Umzeichnen dieser Kennlinien kaum möglich.

Werden die absoluten Gütekennlinien bei Entwurfsarbeiten doch gezeichnet, dann genügt in manchen Fällen lediglich die Verwendung der Amplitudenkennlinie für sich allein und es kann — natürlich nur wenn die notwendigen Voraussetzungen eines regulären Systems zutreffen — eine der im Abschnitt 5.1.1 besprochenen Näherungsmethoden unverändert angewendet werden.

6.2 Relative Stabilitätsgüte

Von größerer Bedeutung und bei regulären Systemen auch viel einfacher durchzuführen ist die Prüfung der relativen Stabilitätsgüte. Auch hier denken wir uns das offene System wieder mit gedämpften Schwingungen erregt, welche jetzt für alle Frequenzen dieselbe relative Dämpfung aufweisen. In der Übertragungsfunktion $W_0(s)$ setzen wir jetzt $s = -\vartheta\omega + i\omega$ (s. Abb. 6.1), und erhalten dadurch eine „Güte-Ortskurve“ $F_{0G}(\vartheta, i\omega)$ auf die wieder das vereinfachte Nyquist-Kriterium angewendet wird. Auf diese Möglichkeit der relativen Stabilitätsgüte-Analyse wurde von A. LEONHARD [200, 201] hingewiesen. Die exakte Konstruktion dieser Gütekennlinien, vor allem die der Phasenverläufe ist jetzt wohl noch etwas aufwendiger als vorher. Gewisse Eigenheiten der Kennlinien ermöglichen aber die im nächsten Abschnitt besprochene äußerst einfache Näherungsmethode. Da wir uns auf diese praktischen Möglichkeiten konzentrieren wollen, soll bei der nachfolgenden Zusammenstellung der Grundformen der Kennlinien für relative Stabilitätsgüte nicht allzusehr ins Detail gegangen werden.

6.2.1 Grundformen der Güte-Kennlinien

Durch Einsetzen von $s = -\vartheta\omega + i\omega = \omega(i - \vartheta)$ erhält man aus den Übertragungsfunktionen der Grundformen wieder deren transformierte Frequenzgänge, für die wir im folgenden gleich die Amplituden- und Phasenkennlinien anschreiben wollen:

D-Glied und I-Glied:

Diese Glieder bleiben auch in der transformierten Form regulär und haben die Amplitudenkennlinien

$$G(\vartheta, \omega) = \left(\frac{\omega}{\overline{\omega}_E}\right)^{\pm 1} \tag{6.18}$$

und die Phasenkennlinien

$$\varphi(\vartheta, \omega) = \pm\left(\frac{\pi}{2} + \beta\right); \tag{6.19}$$

mit $\beta = \operatorname{arc\,tg} \vartheta$ (s. Abb. 6.1). Die Eckfrequenz ergibt sich so wie bei allen folgenden Gliedern mit

$$\overline{\omega}_E = \frac{1}{T\sqrt{1 + \vartheta^2}}. \tag{6.20}$$

Es ist wohl nicht notwendig, diese Kennlinien in einem Bild darzustellen.

PD1-Glied und PT1-Glied:

Auch diese Glieder bleiben immer regulär und man erhält die Amplitudenkennlinien

$$G(\vartheta, \omega) = \left[\sqrt{1 + \left(\frac{\omega}{\overline{\omega}_E}\right)^2 - \frac{2\vartheta}{\sqrt{1 + \vartheta^2}}\left(\frac{\omega}{\overline{\omega}_E}\right)}\right]^{\pm 1} \tag{6.21}$$

und die Phasenkennlinien

$$\varphi(\vartheta, \omega) = \pm \operatorname{arc\,tg} \frac{\left(\frac{\omega}{\overline{\omega}_E}\right)}{\sqrt{1 + \vartheta^2} - \vartheta \left(\frac{\omega}{\overline{\omega}_E}\right)}. \tag{6.22}$$

Für die Eckfrequenz gilt wieder die Gl. (6.20).

Aus Gl. (6.21) ist zu erkennen, daß die Asymptoten der Amplitudenkennlinien gegenüber den normalen Frequenzkennlinien unverändert sind. Ebenso wie in Abschnitt 2.2.3 kann man auch hier leicht nachweisen, daß die Abweichungen sowohl der Amplituden- als auch der Phasenkennlinien von ihren Asymptoten zur Eckfrequenz $\overline{\omega}_E$ symmetrisch liegen. Der Verlauf der Amplitudenkennlinien Gl. (6.21) ist jetzt wohl eine Funktion des Parameters ϑ, die Amplitudenkorrekturen sind jedoch bei den üblichen Dämpfungen im Durchschnitt kleiner, als bei den normalen Kennlinien der Glieder erster Ordnung ($\vartheta = 0$), weshalb man mit guter Näherung den Einfluß der Dämpfung ϑ auf die Amplitude vernachlässigen und einfach die Asymptoten der Kennlinien verwenden kann. Anders verhält es sich mit den Phasenkennlinien. Diese haben jetzt für $\omega \to \infty$ die Grenzwerte $\pm\left(\frac{\pi}{2} + \beta\right)$ und ihre Konstruktion erfordert einen gewissen Aufwand.

PD 2-Glied und PT 2-Glied:

Auf gleiche Weise wie früher erhält man mit unveränderter Eckfrequenz Gl. (6.20) und unveränderten Asymptoten die Amplitudenkennlinien:

$$G(\vartheta, \omega) = \left[\sqrt{(1 - w^2)^2 + (2Dw)^2 - \frac{4\vartheta}{d}\left(Dw - \frac{\vartheta}{d}\,w^2 + w^3\right)}\right]^{\pm 1}, \tag{6.23}$$

wobei zur Abkürzung $\omega/\overline{\omega}_E = w$ und $\sqrt{1 + \vartheta^2} = d$ gesetzt wurde. Die Phasenkennlinien lauten mit denselben Abkürzungen für den praktisch meist zutreffenden Fall $\left(D/\sqrt{1 - D^2}\right) > \vartheta$:

$$\varphi(\vartheta, \omega) = \pm \operatorname{arc\,tg} \frac{2Ddw - 2\vartheta w^2}{1 - w^2 + \vartheta^2(1 + w^2) - 2Dd\vartheta w}; \tag{6.24}$$

für den nichtregulären Fall wechseln sie wieder das Vorzeichen. Der Sonderfall $\left(D/\sqrt{1 - D^2}\right) = \vartheta$ macht die Anwendung des Verfahrens wieder unmöglich, weshalb dann der Parameter ϑ geringfügig geändert werden müßte. Bezüglich der Eigenschaften der Kennlinien gilt das gleiche, was über die Kennlinien erster Ordnung gesagt wurde.

Zusammenfassend ist festzustellen, daß sich die Amplitudenkennlinien $G(\vartheta, \omega)$ der Glieder erster und zweiter Ordnung zwar von den betreffenden Kennlinien $A(\omega)$ unterscheiden, daß sie aber ebenso wie jene durch ihre Asymptoten gut anzunähern sind, welche wiederum die gewohnten Eigenschaften aufweisen. Die Konstruktion der Phasenkennlinien, deren Grenzwerte jetzt bei erster Ordnung um β und bei zweiter Ordnung um 2β erhöht sind, gestaltet sich aber wesentlich schwieriger. Eine Näherung durch Hyperbeln erscheint nicht mehr gut möglich, auch würde das Tabellieren oder die Anfertigung von Schablonen wegen der mannigfaltigen Kombinationsmöglichkeiten von D und ϑ zu aufwendig sein.

Totzeit:

Für die Amplitudenkennlinie erhalten wir jetzt

$$G(\vartheta, \omega) = e^{\vartheta \omega T_t}, \tag{6.25}$$

während die Güte-Phasenkennlinien gegenüber der normalen Phasenkennlinie mit

$$\varphi(\vartheta, \omega) = -\omega T_t \tag{6.26}$$

unverändert bleibt.

6.2.2 Zusammenhang zwischen Amplituden- und Phasenkennlinie; Verallgemeinerung des Gesetzes von Bode

Wenn es gelingt, auch für die Güte-Kennlinien einen gesetzmäßigen Zusammenhang zwischen Amplituden- und Phasenkennlinie abzuleiten (der doch offensichtlich bestehen muß), dann muß es für reguläre Systeme auch möglich sein, das eben besprochene Verfahren analog der im Abschnitt 3.2 dargestellten Methoden zu vereinfachen. Dieser Zusammenhang kann unschwer gefunden werden [95].

Man denkt sich zunächst die s-Ebene längs der negativen reellen Achse aufgeschnitten und bildet die s-Ebene mittels der Abbildungsfunktion

$$q = s^{1/(1+c)} \tag{6.27}$$

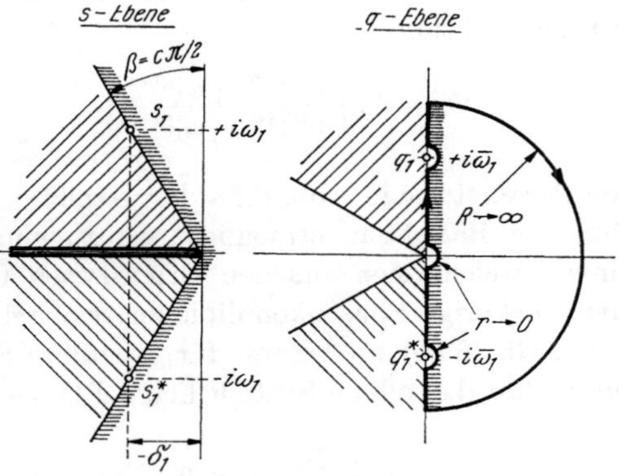

Abb. 6.5. Zur Ableitung des Zusammenhanges zwischen Amplituden- und Phasenkennlinie für gedämpfte Schwingungen

auf eine q-Ebene ab. Abb. 6.5 veranschaulicht diese Operation. Der außerhalb des vorgeschriebenen Sektors der s-Ebene liegende Bereich, in dem voraussetzungsgemäß keine Singularitäten liegen sollen, wird auf die rechte Halbebene der q-Ebene abgebildet. Einem Punkt $s_1 = \omega_1(i - \vartheta)$ der s-Ebene entspricht ein Punkt $q_1 = i \cdot \overline{\omega}_1$ der q-Ebene. Die Frequenzteilung der q-Ebene ergibt sich durch die Transformation zu

$$\overline{\omega} = \left(\omega \sqrt{1 + \vartheta^2}\right)^{1/(1+c)}. \tag{6.28}$$

Nimmt man in der $W(s)$-Ebene eine Güte-Ortskurve des offenen Systems mit den Kennlinien $G(\vartheta, \omega)$ und $\varphi(\vartheta, \omega)$ als gegeben an, die man durch Abbildung der Geraden $s = \omega(i - \vartheta)$ erhalten hat, so muß es auch eine Abbildungsfunktion $\Gamma(q)$ geben, welche die imaginäre Achse der q-Ebene auf die $W(s)$-Ebene so abbildet, daß dieses Bild mit der vorgegebenen Ortskurve übereinstimmt. Es ist dabei nicht notwendig, diese Funktion $\Gamma(q)$ zu kennen. Mit der Frequenz $\overline{\omega}$ als unabhängige Variable hat diese Funktion die Frequenzkennlinien $\overline{G}(\vartheta, \overline{\omega})$ und $\overline{\varphi}(\vartheta, \overline{\omega})$. Wählt man in der q-Ebene den in Abb. 6.5 eingetragenen Integrationsweg, so erhält man wieder das erste Gesetz von Bode Gl. (3.9) als Zusammenhang zwischen dieser Amplituden- und Phasenkennlinie des nun mit gedämpften Schwingungen erregt gedachten Systems:

$$\overline{\varphi}(\vartheta, \overline{\omega}_1) = \frac{1}{\pi} \int\limits_{-\infty}^{+\infty} \frac{d(\ln \overline{G}(\overline{u}))}{d\overline{u}} \ln \left| \frac{\overline{\omega} + \overline{\omega}_1}{\overline{\omega} - \overline{\omega}_1} \right| d\overline{u}; \tag{6.29}$$

mit $\overline{u} = \ln(\overline{\omega}/\overline{\omega}_1)$.

Berücksichtigt man in Gl. (6.29) den durch Gl. (6.28) gegebenen Zusammenhang, dann erhält man schließlich

$$\varphi(\vartheta, \omega_1) = \frac{1}{\pi} \int\limits_{-\infty}^{+\infty} G' \ln \left| \frac{\omega^{1/(1+c)} + \omega_1^{1/(1+c)}}{\omega^{1/(1+c)} - \omega_1^{1/(1+c)}} \right| d\left(\ln \frac{\omega}{\omega_1}\right), \tag{6.30}$$

worin G' die Neigung der Güte-Amplitudenkennlinie bedeutet. Die in Gl. (6.30) auftretende Bewertungsfunktion

$$\Phi_c = \ln \left| \frac{\omega^{1/(1+c)} + \omega_1^{1/(1+c)}}{\omega^{1/(1+c)} - \omega_1^{1/(1+c)}} \right| \tag{6.31}$$

ist für verschiedene Parameter c in Abb. 6.6a dargestellt.

Die somit gefundene Beziehung ermöglicht es, zu einer gegebenen „Güte-Amplitudenkennlinie", welche sich aus den Grundtypen Gln. (6.18) bis (6.24) zusammensetzt, die zugehörige Phasenkennlinie zu ermitteln. Es ist dabei lediglich zu beachten, daß Gl. (6.30) wieder nur für „reguläre Systeme" gilt, was in diesem Fall bedeutet, daß das offene System keine PD2- oder PT2-Glieder mit

$$\frac{D}{\sqrt{1 - D^2}} < \vartheta$$

enthalten darf. Man wird aber feststellen, daß diese Einschränkung für den praktischen Gebrauch nicht sehr einschneidend ist. Es ist augenscheinlich, daß der abgeleitete Zusammenhang Gl. (6.30) eine Verallgemeinerung des Gesetzes von Bode bedeutet, welches für $c = 0$ einen Sonderfall der Gl. (6.30) darstellt.

6.2.2.1 Vereinfachtes Kriterium für relative Stabilitätsgüte

Nähert man die „Güte-Amplitudenkennlinie" $G(\vartheta, \omega)$ entsprechend den Ausführungen des Abschnittes 3.2.1 wieder durch Gerade an, so erhält man analog den Gln. (3.11) und (3.13)

$$\varphi(\vartheta, \omega_1) = \frac{1}{\pi} \sum G'_{jk} \int\limits_{\omega/\omega_1 = \omega_{Ej}/\omega_1}^{\omega_{Ek}/\omega_1} \Phi_c \, d\left(\ln \frac{\omega}{\omega_1}\right) = \sum G'_{jk} \Delta S_{cjk}. \tag{6.32}$$

Das Integral

$$S_c = \frac{1}{\pi} \int\limits_{\omega/\omega_1 = 0}^{\omega/\omega_1} \Phi_c \, d\left(\ln \frac{\omega}{\omega_1}\right) \tag{6.33}$$

kann aus dem tabellierten Integral Gl. (3.12) und natürlich auch direkt berechnet werden und ist in Abb. 6.6 b für einige Parameterwerte c eingetragen. Zahlenwerte für diese Kurven sind in der Tabelle 6.1 zusammengestellt. Damit kann nach den

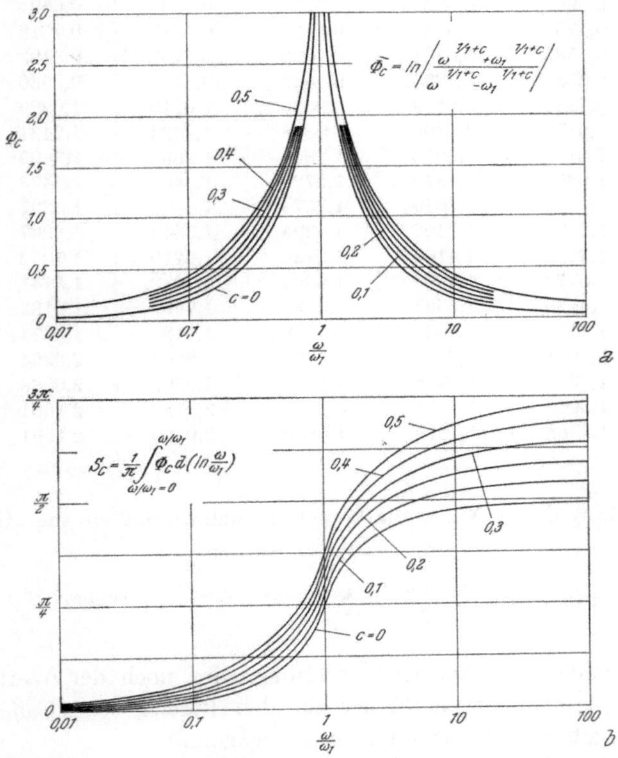

Abb. 6.6. Zur Verallgemeinerung des Gesetzes von BODE. *a* Bewertungsfunktionen, *b* Integrale der Bewertungsfunktionen

Ausführungen des Abschnittes 3.2.1 der „Güte-Phasenrand" ermittelt und so die relative Stabilitätsgüte aus der Amplitudenkennlinie allein beurteilt werden.

Es ist jetzt naheliegend, auf Gl. (6.33) wieder eine Näherung analog der Gl. (3.14) anzuwenden, die nunmehr lautet:

$$S_c \approx \frac{(1 + c)\pi}{2} \left(1 - e^{-a\omega/\omega_1}\right). \tag{6.34}$$

Tabelle 6.1. *Werte des Integrals* $S_c = \frac{1}{\pi} \int\limits_{\omega/\omega_1=0}^{\omega/\omega_1} \ln \left| \frac{\omega^{1/(1+c)} + \omega_1^{1/(1+c)}}{\omega^{1/(1+c)} - \omega_1^{1/(1+c)}} \right| d \left(\ln \frac{\omega}{\omega_1} \right)$

ω/ω_1	$c = 0$	$c = 0{,}1$	$c = 0{,}2$	$c = 0{,}3$	$c = 0{,}4$	$c = 0{,}5$
0,01	0,0064	0,0105	0,0164	0,0240	0,0330	0,0444
0,05	0,0318	0,0462	0,0635	0,0828	0,1053	0,1301
0,10	0,0637	0,0866	0,1126	0,1412	0,1727	0,2069
0,15	0,0957	0,1244	0,1581	0,1932	0,2317	0,2717
0,20	0,1279	0,1631	0,2013	0,2410	0,2858	0,3310
0,30	0,1930	0,2373	0,2848	0,3338	0,3850	0,4381
0,40	0,2595	0,3115	0,3654	0,4210	0,4790	0,5377
0,50	0,3281	0,3861	0,4465	0,5072	0,5694	0,6330
0,60	0,3997	0,4629	0,5272	0,5931	0,6594	0,7267
0,70	0,4757	0,5435	0,6124	0,6817	0,7518	0,8221
0,80	0,5585	0,6304	0,7023	0,7752	0,8493	0,9228
0,90	0,6531	0,7283	0,8042	0,8797	0,9560	1,0320
1,00	0,7854	0,8639	0,9425	1,0210	1,0996	1,1781
1,11	0,9177	0,9996	1,0808	1,1623	1,2431	1,3242
1,25	1,0123	1,0975	1,1826	1,2668	1,3499	1,4334
1,43	1,0951	1,1845	1,2726	1,3604	1,4473	1,5341
1,67	1,1711	1,2649	1,3578	1,4490	1,5397	1,6295
2,00	1,2427	1,3402	1,4394	1,5348	1,6297	1,7232
2,50	1,3113	1,4164	1,5196	1,6210	1,7202	1,8185
3,33	1,3778	1,4906	1,6002	1,7082	1,8141	1,9181
5,00	1,4429	1,5593	1,6836	1,7997	1,9133	2,0252
6,67	1,4751	1,6028	1,7268	1,8488	1,9674	2,0844
10	1,5071	1,6413	1,7724	1,9009	2,0264	2,1493
20	1,5390	1,6816	1,8223	1,9592	2,0938	2,2261
100	1,5644	1,7174	1,8685	2,0180	2,1661	2,3118
∞	1,5708	1,7279	1,8850	2,0420	2,1991	2,3562

Unter Verwendung dieser Näherung berechnet sich schließlich die „Güte-Phasenkennlinie" aus

$$\varphi(\vartheta, \omega_1) = \frac{(1+c)\pi}{2} \cdot \sum G'_{jk} \left(e^{-a\omega_{Ej}/\omega_1} - e^{-a\omega_{Ek}/\omega_1} \right). \tag{6.35}$$

Nach den Methoden der Ausgleichsrechnung wird noch der Wert a und der durchschnittliche quadratische Fehler für den Bereich $0{,}1 \leqq \omega/\omega_1 \leqq 10$ bestimmt. Das Ergebnis ist in Abb. 6.7 zusammengefaßt.

Für die praktische Anwendung von der Gl. (6.32) oder (6.35) zur Untersuchung der relativen Stabilitätsgüte ist nun folgende Tatsache von Bedeutung: Die Asymptoten der Amplituden-Kennlinie $G(\omega)$ unterscheiden sich von den Asymptoten der Kennlinie $A(\omega)$ lediglich durch eine Parallelverschiebung längs der Frequenzachse um den Betrag $\sqrt{1 + \vartheta^2}$. Dadurch ändert sich einerseits nichts an der Größe der Exponenten in Gl. (6.35), anderseits kann G' gleich A' gesetzt werden. Daraus resultiert der Vorteil, daß die näherungsweise Prüfung der Stabilitätsgüte, genauso wie auf S. 64 erwähnt, allein unter Verwendung der durch ihre Asymptoten angenäherten Amplitudencharakteristik $A(\omega)$ möglich ist. Der Fehler des Verfahrens ist praktisch nur durch die Abweichung des tatsächlichen Verlaufes der „Güte-Amplitudenkennlinie" $G(\omega)$ von ihren Asymptoten gegeben. Bei Verwendung der Gl. (6.35) kommt dazu noch die durch diese Näherung bedingte Ungenauigkeit. Der Fehler bleibt aber auch in der selben Größenordnung, wenn man der Stabilitätsprüfung nicht die Asymptoten, sondern die z. B. experimentell bestimmte Charakteristik $A(\omega)$ selbst zugrundelegt, indem man letztere wieder durch einzelne Gerade annähert.

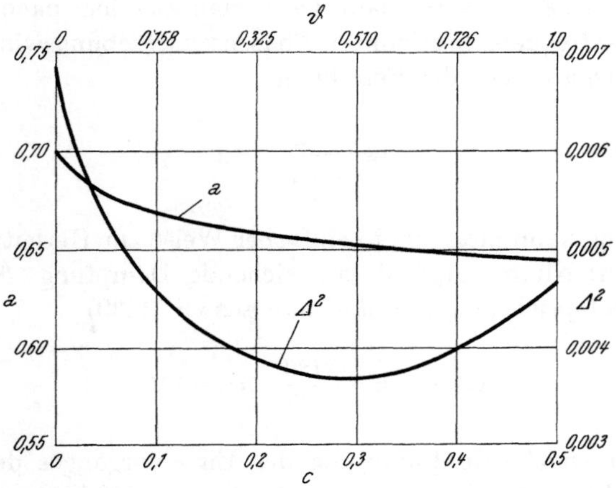

Abb. 6.7. Durchschnittliche quadratische Fehler der Näherung Gl. (6.34) und Wert des Faktors a dieser Gleichung

Bei der näherungsweisen Prüfung der Stabilitätsgüte geht man also auf folgende Art vor:

Der gegebenen Amplitudenkennlinie entnimmt man die Durchtrittsfrequenz $\omega_{\alpha r}$, die man an Stelle von ω_1 in Gl. (6.32) oder Gl. (6.35) einsetzt. Die Werte c und a ergeben sich aus der vorgeschriebenen Mindestdämpfung ϑ. Die Berechnung liefert dann den Winkel $\varphi(\vartheta, \omega_{\alpha r})$ und den „Güte-Phasenrand"

$$\varphi_r = \pi + \varphi(\vartheta, \omega_{\alpha r}). \tag{6.36}$$

Das System genügt dem Kriterium, wenn sich $\varphi \gtreqq 0$ bzw. $\varphi(\omega_{\alpha r}) \gtreqq -\pi$ ergibt. Um noch eine gewisse Sicherheit einzubauen, bzw. um günstige dynamische Eigenschaften des geschlossenen Systems zu erreichen (s. Abschnitt 7), wird man zusätzlich vorschreiben, daß in genügend großer Umgebung der Durchtrittsfrequenz $\omega_{\alpha r}$ die Neigung der Amplitudenkennlinie -1 bzw. -20 dB/Dekade betragen soll.

Abschließend sei noch darauf hingewiesen, daß man durch wiederholtes Anwenden des Stabilitätsgüte-Kriteriums unter Variation von ϑ die tatsächliche Dämpfung des geschlossenen Systems auf relativ kurzem Wege bestimmen kann. Diese Aufgabe ist sonst nur unter größtem Aufwand zu lösen. Auf noch einfachere Weise kann man die relative Dämpfung durch eine noch weiter gehende Näherung aus dem Verlauf der Amplitudenkennlinie abschätzen: Vernachlässigt man nämlich in Gl. (6.35) die Abhängigkeit des Wertes a von ϑ und setzt $a \approx \text{const} \approx$ $\approx 0{,}7$, dann erhält man aus den Gln. (6.35) und (3.16) den näherungsweisen

Zusammenhang

$$\varphi(\vartheta, \omega_{\alpha r}) \approx (1 + c) \cdot \alpha_0(\omega_{\alpha r}). \tag{6.37}$$

Für den „Güte-Phasenrand" erhält man somit

$$\varphi_r = \pi + (1 + c)\alpha_0(\omega_{\alpha r}). \tag{6.38}$$

Setzt man in Gl. (6.38) $\varphi_r = 0$, dann kann man aus dem nach Abschnitt 3.2.1 für die Durchtrittsfrequenz bestimmten Phasenverschiebungswinkel $\alpha_0(\omega_{\alpha r})$ die relative Stabilitätsgüte nach der Beziehung

$$c \approx \frac{-\pi}{\alpha_0(\omega_{\alpha r})} - 1 \tag{6.39}$$

abschätzen.

Diese Gleichung kann man nun in einfacher Weise zur Herleitung einer Faustformel verwenden: Nimmt man als ausreichende Dämpfung $\vartheta \approx 0{,}5$ an, was etwa $c = 0{,}29$ entspricht, dann erhält man aus Gl. (6.39)

$$\alpha_0(\omega_{\alpha r}) \approx \frac{-180^\circ}{1{,}29} \approx -140^\circ. \tag{6.40}$$

Daß heißt, für ausreichende Dämpfung des Eigenvorganges des geschlossenen Systems soll der Phasenrand $\alpha_r = \pi + \alpha_0\,(\omega_{\alpha r})$ etwa 40° betragen.

6.2.3 Zwei-Ortskurven-Methode

Denken wir uns das offene System in zwei Teil-Übertragungsglieder, z. B. in Regelstrecke und Regler aufgeteilt und jeden Teil für sich durch gedämpfte Schwingungen mit einer bestimmten relativen Dämpfung ϑ erregt. Wir können dann sowohl für die Strecke als auch für den Regler Güte-Ortskurven bzw. Güte-Kennlinien zeichnen und formell nach der Zwei-Ortskurven-Methode vorgehen. In beiden Übertragungsfunktionen setzen wir wieder $s = -\vartheta\omega + i\omega$ und erhalten die Kennlinien $G_R(\vartheta, \omega)$, $\varphi_R(\vartheta, \omega)$ und die negativ inversen Kennlinien $1/G_s(\vartheta, \omega)$, $\bigl(-\pi - \varphi_S(\vartheta, \omega)\bigr)$. Soll der Eigenvorgang des geschlossenen Systems mit einer durch ϑ gegebenen relativen Mindestdämpfung verlaufen, dann müssen diese Kennlinien dem in Abschnitt 5.1.2 auf S. 66 aufgestellten Kriterium genügen.

Handelt es sich um abfallende Kennlinien regulärer Systeme, dann kann man auch die Zwei-Ortskurven-Methode wesentlich vereinfachen. Man betrachtet wiederum lediglich die normalen Amplitudenkennlinien $A_R(\omega)$ und $1/A_S(\omega)$, deren Asymptoten mit jenen der betreffenden Güte-Kennlinien übereinstimmen, wenn man eine Verschiebung längs der Frequenzachse um $\sqrt{1 - \vartheta^2}$ vornimmt. Wie aber schon auf S. 88 gezeigt, kann man bei Anwendung der Methode diese Verschiebung unterlassen und man kann auch die Unterschiede in den Kurvenverläufen vernachlässigen. Der Schnitt der beiden Amplitudenkennlinien erfolgt bei der Durchtrittsfrequenz $\omega_{\alpha r}$, für welche nach den in Abschnitt 6.2.2.1 angegebenen Möglichkeiten die Phasenwerte der Gütekennlinien bestimmt werden. Diese Phasenwerte ermöglichen dann sofort die Kontrolle der Einhaltung des Zwei-Ortskurven-Kriteriums.

6.3 Übungsaufgaben

(Lösungen ab S. 236)

Aufgabe 6.1:

Für die Übertragungsfunktion

$$W_0(s) = \frac{(0{,}11 + 1{,}1s)}{(s + 5s^2)(1 + 2{,}4s + 9s^2)}$$

eines einschleifigen offenen Systems zeichne man die Amplitudenkennlinie (s. Lösung der Aufgabe 2.5 auf S. 218) und nähere sie durch einen Geradenzug an. Mit Hilfe der in Abschnitt 6.2.2.1 besprochenen graphischen Näherungsmethode Gl. (6.32) stelle man fest, ob das geschlossene System der Forderung nach einer relativen Mindestdämpfung $\vartheta = 0{,}325$ $(\beta = 18°, c = 0{,}2)$ genügt.

Aufgabe 6.2:

Wie Aufgabe 6.1, jedoch für die Übertragungsfunktion

$$W_0(s) = \frac{5(0{,}667s^{-1} + 1)}{1 + 3{,}5s + 1{,}5s^2}$$

und eine relative Mindestdämpfung $\vartheta = 0{,}577$ $(\beta = 30°, c = 0{,}3)$.

Aufgabe 6.3:

Man betrachte die durch ihre Asymptoten angenäherte Amplitudenkennlinie der Aufgabe 5.5 (s. Lösung dieser Aufgabe auf S. 232). Mit Hilfe der in Abschnitt 6.2.2.1 besprochenen rechnerischen Näherungsmethode Gl. (6.35) stelle man fest, ob das geschlossene System der Forderung nach einer relativen Mindestdämpfung $\vartheta = 0{,}3$ genügt. Sodann bestimme man näherungsweise die tatsächliche Dämpfung durch mehrmaliges Anwenden des Güte-Kriteriums.

Aufgabe 6.4:

Wie Aufgabe 6.3, jedoch für die Übertragungsfunktion und die relative Mindestdämpfung der Aufgabe 6.2. Man vergleiche die Ergebnisse.

Aufgabe 6.5:

Für die Übertragungsfunktionen

$$W_S(s) = \frac{1}{2s + s^2},$$

$$W_R(s) = \frac{V_R}{1 + 0{,}25s}$$

zeichne man die durch ihre Asymptoten angenäherten Amplitudenkennlinien. Man stelle mit Hilfe der Zwei-Ortskurven-Methode fest, bei welcher Verstärkung V_R das geschlossene System der Forderung nach einer relativen Mindestdämpfung $\vartheta = 0{,}3$ genügt. Die Phasenwerte der Güte-Kennlinien berechne man dabei mit der rechnerischen Näherungsmethode Gl. (6.35).

7. Synthese des Regelkreises

Die Analyse eines Regelungssystems untersuchte bei vollständig gegebenem System und bei gegebener Eingangsfunktion den Verlauf der Ausgangsgröße dieses Systems. Die Aufgabenstellung wird ingenieurmäßiger, wenn man nicht das System selbst, sondern die Funktionsverläufe vorgibt und den Entwurf eines Systems derart verlangt, daß eine gegebene Eingangsfunktion in eine „optimal" vorgegebene Ausgangsfunktion übergeführt wird. Diese Aufgabe des Entwurfes wird als Synthese bezeichnet; ihren Methoden liegen natürlich die Methoden der Analyse zugrunde. Schon relativ früh wurde auf diesem Gebiet gearbeitet [u. a. 136] und die Literatur kennt ausführliche Zusammenstellungen dieses Themenkreises [u. a. 11, 56, 228, 286, 287, 314, 367].

Wir wollen uns wieder auf das Frequenzkennlinien-Verfahren beschränken und in diesem Abschnitt besprechen, wie man das statische und dynamische Verhalten der Regelungssysteme, also ihre Übertragungsfunktion bzw. ihre Frequenzkennlinien in gewünschtem Sinne verändern bzw. verbessern kann. Ein Regelungssystem wird nämlich nie vollkommen neu zu entwerfen, sondern immer in gewissen unveränderbaren Teilen gegeben sein. Die Frequenzkennlinien dieser Teile, meist der Regelstrecke, und des etwa auf mittlere Parameter eingestellten Reglers (wobei man sich auf dessen Typ schon festgelegt hat), müssen dann so verändert werden, daß die Kennlinien des gesamten Systems den gestellten Anforderungen genügen. Es geschieht dies durch Einfügen sogenannter Korrekturglieder, die geeignet gewählt und dimensioniert werden müssen. Wegen der Verschiedenheit der Regelungssysteme und der an sie gestellten Anforderungen gibt es natürlich auch die unterschiedlichsten Ausführungen dieser Korrekturglieder, wobei die elektrischen Netzwerke überwiegen. Es sind aber auch mechanische und pneumatische Ausführungen in Anwendung. Zunächst wollen wir einmal eine Einteilung der Korrekturglieder vornehmen, was nach verschiedensten Gesichtspunkten erfolgen kann.

Man unterscheidet prinzipiell zwischen aktiven und passiven Korrekturgliedern bzw. -netzwerken, wobei erstere immer Verstärker enthalten. Den passiven Gliedern steht keine Hilfsenergie zur Verfügung, weshalb das Ausgangssignal stets schwächer als das Eingangssignal ist.

Bei elektrischen korrigierenden Netzwerken unterscheidet man weiter zwischen Gleichstrom- und Wechselstrom-Korrekturgliedern. Beim Gleichstromsignal sind Spannung oder Strom sowohl Informationsparameter als auch gleichzeitig das Signal. Beim Wechselstromsignal dient im Falle der Amplitudenmodulation die veränderliche Spannung nur als Trägerschwingung, während die Einhüllende jetzt das Signal darstellt. Die Verwendung von Wechselstromsignalen hat gewisse Vorteile, für ihre Umformung sind aber wiederum eigens ausgebildete Netzwerke notwendig, weil ein Gleichstrom-Korrekturnetzwerk die Trägerschwingung umformen würde. Wir wollen uns später nur mit passiven Gleichstrom-Netzwerken beschäftigen.

Je nach der Einbauweise der Korrekturglieder im Regelkreis unterscheidet man verschiedene Korrekturarten: Die Serienkorrektur, bei der das Korrekturglied in Serie mit den anderen Regelkreisgliedern geschaltet ist und die Parallelkorrektur, bei der das Korrekturglied dem übrigen Teil parallel geschaltet ist oder häufiger eine lokale Rückführung zu einem bestimmten Glied oder zu einer Gruppe mehrerer Übertragungsglieder darstellt.

Schließlich können wir als wichtigsten Gesichtspunkt die Korrekturglieder noch nach der Art ihrer Einwirkung auf das zu korrigierende System unterscheiden. Ein ungünstiger Verlauf der Frequenzkennlinien eines offenen Regelkreises kann nämlich einmal durch Phasenvoreilung im Bereich hoher Frequenzen und zum anderen Mal durch Phasennacheilung bei niedrigen Frequenzen korrigiert werden. Man unterscheidet demnach zwischen Korrekturgliedern, die eine Phasenvoreilung und solchen, die eine Phasennacheilung erzeugen. Welche Wirkung diese beiden Kompensationsmethoden haben, soll anschließend kurz besprochen werden.

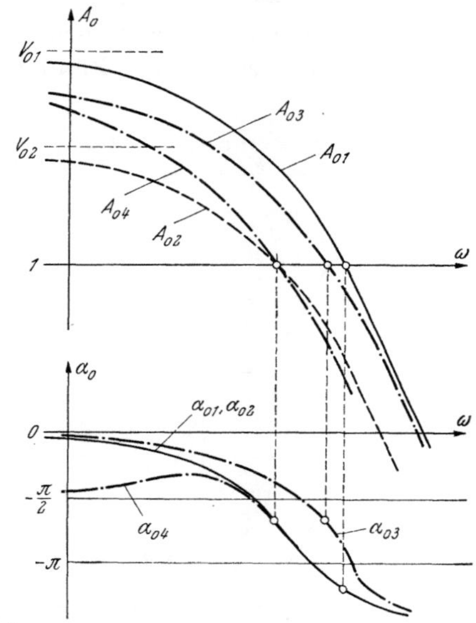

Abb. 7.1. Möglichkeiten der Korrektur der Frequenzkennlinien

Ein offener Regelkreis möge die Frequenzkennlinien $A_{01}(\omega)$ und $\alpha_{01}(\omega)$ (Abb. 7.1) aufweisen. Dieser Kurvenverlauf besagt aber nach Abschnitt 5, daß das geschlossene System instabil ist. Eine mögliche Abhilfe wäre das Verringern der Verstärkung von V_{01} auf V_{02}. Obwohl der Eigenvorgang des geschlossenen Regelkreises durch diese Maßnahme mit genügender Güte stabil wird (s. Abschnitt 6), ist der eingeschlagene Weg deshalb nicht befriedigend, weil jetzt für $\omega \to 0$ nur eine kleine Verstärkung vorhanden ist, was im Beharrungszustand eine große bleibende Regelabweichung zur Folge hat. Durch Hinzufügen eines Phasenvoreilung erzeugenden Korrekturgliedes kann man etwa den Verlauf A_{03}, α_{03} erreichen, wobei im wesentlichen durch die Phasenanhebung im Bereich höherer Frequenzen eine ausreichende Stabilitätsgüte erreicht wird, die Verstärkung für $\omega \to 0$ aber noch genügend groß bleibt. Das Ausmaß der Phasenvoreilung ist eine Funktion der Kreisfrequenz und der Bemessung des Korrekturgliedes. Durch Hinzufügen eines Phasennacheilung erzeugenden Korrekturgliedes hingegen kann man etwa den prinzipiellen Verlauf A_{04}, α_{04} erzielen, der ebenfalls die gewünschten Eigenschaften aufweist. Um das gänzliche Verschwinden der bleibenden Regelabweichung zu erreichen, müßte für $\omega \to 0$ die Verstärkung unendlich groß werden, es müßte also ein integrierendes Korrekturglied in den Regelkreis eingefügt werden. Dieses Verfahren würde man dann als Korrektur durch reine Integration bezeichnen. Da aber das Einfügen eines phasennacheilenden Systems eine ganz ähnliche Auswirkung hat, bezeichnet man diese Art der Korrektur meist ebenfalls als Korrektur durch Integration und ein phasenabsenkendes Korrekturglied auch als integrierendes Glied. Umgekehrt wird ein phasenanhebendes Netzwerk meist auch als differenzierendes Netzwerk bezeichnet.

Die beiden Frequenzbereiche, die durch die Phasenvoreilung bzw. Phasennacheilung beeinflußt werden, liegen weit auseinander. Es ist daher möglich, beide Korrekturarten gleichzeitig zu verwirklichen und auch in einem einzigen Korrekturglied zusammenzufassen. Man spricht dann von Korrekturgliedern mit Phasenvor- und Phasennacheilung, bzw. von „integrodifferenzierenden" Korrekturgliedern.

Nach dieser Einführung wollen wir uns zunächst einmal ausführlich damit beschäftigen, wie die Frequenzkennlinien des offenen Systems im günstigsten Fall verlaufen sollen. Denn es ist selbstverständlich, daß zwischen dem Zeitbereich (gewünschter optimaler Verlauf z. B. der Führungs-Übergangsfunktion) und dem Frequenzbereich (dementsprechend angestrebter Verlauf der Frequenzkennlinien) ein eindeutiger Zusammenhang besteht. Um den Fragenkomplex nicht zu sehr auszudehnen, beschränkt man sich dabei im allgemeinen auf reguläre Systeme, weshalb die Betrachtung der Amplitudenkennlinie allein genügt.

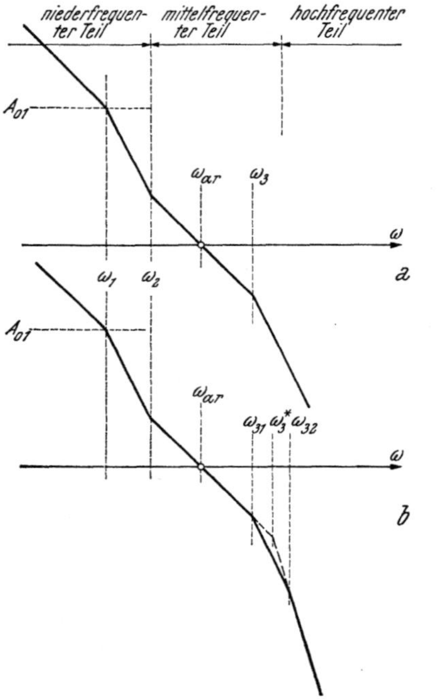

Abb. 7.2. Anzustrebende Amplitudenkennlinien des offenen Systems

7.1 Die anzustrebende Amplitudenkennlinie des offenen Systems

Zur Besprechung des anzustrebenden Verlaufes der Amplitudenkennlinie nähern wir diese grundsätzlich durch ihre Asymptoten an und wir beschränken uns im Sinne des vorher Gesagten auch auf ein System, das eine Integration erster Ordnung enthält [176, 177, 287]. Die typischen Verläufe derartiger Kennlinien sind in Abb. 7.2 dargestellt. Die Kenngrößen Verstärkung V_0, Knickfrequenz ω_1, ω_2 und ω_3, Durchtrittsfrequenz ω_{ar} und die einzelnen Neigungen bestimmen die Kennlinie und es soll festgestellt werden, welche Werte für diese einzelnen Kenngrößen anzustreben sind. Im wesentlichen gliedert man die Kennlinie Abb. 7.2a in drei Abschnitte: 1. den „niederfrequenten Teil" mit der „niederfrequenten Asymptote" von den tiefsten Frequenzen bis ω_1, 2. den „mittelfrequenten Teil" mit der „mittelfrequenten Asymptote" von ω_2 bis ω_3 (bzw. bis ω_{31} in Abb. 7.2b), 3. den „hochfrequenten Teil" mit der „hochfrequenten Asymptote" von ω_3 bis $\omega \to \infty$ (bzw. in Abb. 7.2b von ω_{32} bis $\omega \to \infty$). Die Asymptote zwischen ω_1 und ω_2 stellt den Übergang vom niederfrequenten zum mittelfrequenten Teil dar. Dementsprechend stellt die Asymptote zwischen ω_{31} und ω_{32} (Abb. 7.2b) den Übergang vom mittelfrequenten zum hochfrequenten Teil dar. Liegt eine derartige Amplitudenkennlinie vor, dann wird für die Zwecke des späteren Abschnittes 7.1.5 der Mittelwert

$$\omega_3^* = \sqrt{\omega_{31} \cdot \omega_{32}} \tag{7.1}$$

mit genügender Genauigkeit an Stelle der Knickfrequenz ω_3 verwendet. Wir nehmen weiter auch an, daß die mittelfrequente Asymptote stets die gleiche Steigung wie die niederfrequente Asymptote (also -1 bzw. -20 dB/Dek) haben soll.

Bevor wir die einzelnen Abschnitte der Kennlinien Abb. 7.2 besprechen, müssen wir noch einige wichtige Begriffe wiedergeben. Es sind dies im Zeitbereich zunächst die Überschwingweite x_m und die Ausregelzeit T_r der Übergangsfunktion Abb. 7.3 des geschlossenen Regelkreises. Für die Überschwingweite gilt die Definition

$$x_m = \frac{x_{\max} - x_k}{x_k}, \tag{7.2}$$

während als Ausregelzeit jene Zeit T_r bezeichnet wird, nach deren Ablauf die Regelabweichung innerhalb eines vorgegebenen Toleranzbereiches Δ bleibt. Für Zeiten $t \geqq T_r$ muß also gelten:

$$|x(t) - x_k| \leqq \Delta. \tag{7.3}$$

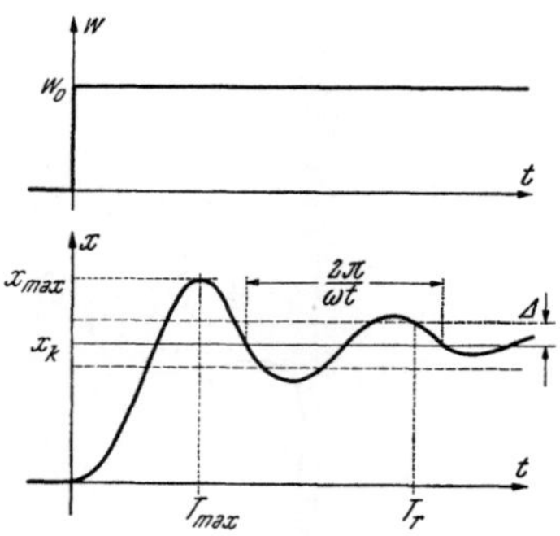

Abb. 7.3. Führungs-Sprungantwort des geschlossenen Systems

Üblicherweise wählt man für Δ drei bis fünf Prozent des Sollwertes x_k. In Abb. 7.3 wurde eine sprungförmige Änderung w_0 der Führungsgröße angenommen. Für diesen Grenzfall wollen wir dann die maximal zulässigen Werte von Überschwingweite x_m, Ausregelzeit T_r und Beschleunigung $\ddot{x}(t)$ der Regelgröße vorgeben.

Schließlich soll noch der Begriff der Stabilitätsreserve in der $W(s)$-Ebene dargestellt werden: Man spricht dann von einer gewissen Stabilitätsreserve, wenn das System die Stabilitätsbedingung erfüllt und wenn die Ortskurve des aufgeschnittenen Regelkreises ein vorgegebenes Gebiet um den kritischen Punkt $(-1, \pm i \cdot 0)$ meidet. Um das Rechnen nicht unnötig zu komplizieren, wird ein möglichst einfaches Gebiet gewählt, oft ein Kreis mit dem Mittelpunkt im kritischen Punkt. Bei Verwendung der Frequenzkennlinien ist es aber zweckmäßiger, ein Gebiet entsprechend der Abb. 7.4 zu wählen. Unter Zugrundelegung dieses doppelt-schraffierten Gebietes soll die Stabilitätsreserve wie folgt definiert werden:

Ein Regelkreis besitzt die geforderte Stabilitätsreserve $\bar{A}$ bezüglich der Amplitude und $\bar{\alpha}$ bezüglich der Phase, wenn die Stabilitätsbedingung erfüllt ist und wenn für alle jene Frequenzen ω bei denen für die Phasenfunktion $\alpha_0(\omega)$ des offenen Systems die Bedingung

$$-\bar{\alpha} \leqq \pi + \alpha_0(\omega) \leqq +\bar{\alpha} \tag{7.4a}$$

erfüllt ist, die Amplitudenfunktion $A_0(\omega)$ auch der Bedingung

$$(1 + \bar{A}) \leqq A_0(\omega) \leqq (1 - \bar{A}) \tag{7.4b}$$

gehorcht. Umgekehrt muß für alle jene Frequenzen ω für welche die Amplitudenfunktion innerhalb des Bandes

$$(1 - \bar{A}) \leqq A_0(\omega) \leqq (1 + \bar{A}) \tag{7.5a}$$

verläuft, die Phasenfunktion $\alpha_0(\omega)$ auch der Bedingung

$$+ \bar{\alpha} \leqq \pi + \alpha_0(\omega) \leqq - \bar{\alpha} \tag{7.5b}$$

genügen. (Die Frequenzkennlinien in Abb. 7.4 entsprechen diesen Bedingungen.) Es muß aber sofort gesagt werden, daß die Gln. (7.4) und (7.5) einander gleichwertige mathematische Aussagen machen. Diese Darstellung wurde nur deshalb

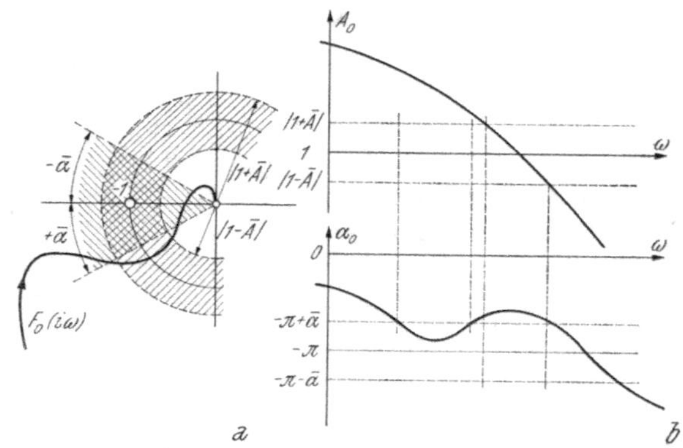

Abb. 7.4. Zum Begriff der Stabilitätsreserve. *a* Ortskurve, *b* Frequenzkennlinien

gewählt, um besonders deutlich zu zeigen, wie günstig diese Definition im Frequenzkennlinien-Verfahren angewendet werden kann. Was im Abschnitt 5 bzw. 6 über Phasen- und Amplitudenrand gesagt wurde, findet hier eine präzisere Darstellung.

Wir wollen uns nun der schrittweisen Bestimmung jener Werte zuwenden, die den Verlauf der anzustrebenden Amplitudenkennlinie bestimmen.

7.1.1 Die mittelfrequente Asymptote

Für die Durchtrittsfrequenz $\omega_{\alpha r}$, also jene Frequenz, bei welcher die mittelfrequente Asymptote die Frequenzachse schneidet, läßt sich ein Optimalwert

$$(\omega_{\alpha r})_{\text{opt}} \approx \frac{2}{T_{r\,\min}} \tag{7.6}$$

angeben [287]. Dabei stellt die Zeit $T_{r\,\min}$ jenen kleinsten Wert der Ausregelzeit dar, der mit der Beschränkung verträglich ist, welche dem Höchstwert $\ddot{x}(t)_{\max}$ der Beschleunigung auferlegt wird. Zwischen den beiden Größen besteht dabei der Zusammenhang

$$T_{r\,\min} = 2\sqrt{\frac{w_0}{\ddot{x}(t)_{\max}}}, \tag{7.7}$$

wobei w_0 die sprungförmige Änderung der Führungsgröße ist (Abb. 7.3). Für die Durchtrittsfrequenz gilt nun die folgende Abgrenzung:

$$(\omega_{\alpha r})_{T_{r\max}} \leqq \omega_{\alpha r} \leqq (\omega_{\alpha r})_{\text{opt}}. \tag{7.8}$$

Die Durchtrittsfrequenz darf deshalb nicht größer als $(\omega_{\alpha r})_{\text{opt}}$ gewählt werden, weil man wegen der Beschränkung der Beschleunigung den Wert $(\omega_{\alpha r})_{\text{opt}}$ ohnehin schon schwer realisieren kann und weil die Korrekturglieder mit größer werdendem $\omega_{\alpha r}$ meist komplizierter werden. Die Frequenz $(\omega_{\alpha r})_{T_{r\max}}$ in Gl. (7.8) stellt die der maximal zulässigen Ausregelzeit entsprechende Durchtrittsfrequenz dar, für welche gilt

$$(\omega_{\alpha r})_{T_{r\max}} = \frac{k\pi}{T_{r\max}}. \tag{7.9}$$

Die Größe k kann der Abb. 7.5 [287] entnommen werden, so daß bei vorgegebenem $T_{r\max}$ die Frequenz $(\omega_{\alpha r})_{T_{r\max}}$ aus Gl. (7.9) bestimmt werden kann.

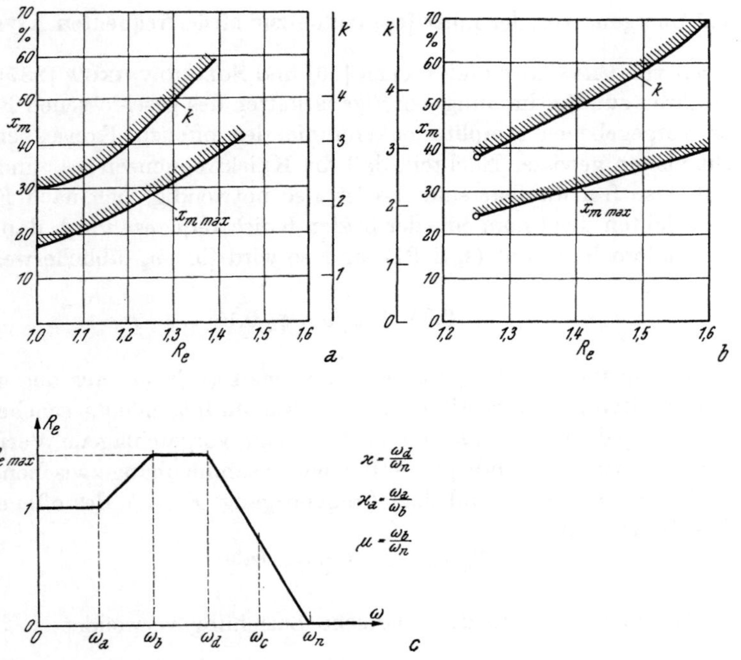

Abb. 7.5. Kurven $x_{m\max}(Re)$ und $k(Re)$ (aus [287]). a $\varkappa \leqq 0{,}8$; $\mu \geqq 0{,}5$; $\varkappa_a \geqq 0{,}4$; b $\varkappa \leqq 0{,}8$; $0{,}1 \leqq \mu \leqq 0{,}5$; $\varkappa_a \leqq 0{,}4$; c typischer Verlauf $Re(\omega)$

Auf den Abszissen der Abb. 7.5a und b ist der Realteil $Re\{F_w(i\omega)\}$ des Führungs-Frequenzganges aufgetragen, den wir der Einfachheit halber im folgenden kurz „Re" nennen wollen. Da wir reguläre Systeme betrachten, ist das Verhalten des Systems ebenso wie durch die Amplitudenfunktion für sich allein auch durch die Funktion $Re(\omega)$ allein bestimmt. Die Kurven $x_{m\max}(Re)$ und $k(Re)$ ergeben sich aus jenen Übergangsfunktionen, die solchen typischen Funktionen $Re(\omega)$ entsprechen, wie sie Abb. 7.5c zeigt. Die Kurve $x_{m\max}(Re)$ in Abb. 7.5 wird so verwendet, daß man einen Wert $x_{m\,\max}$ vorgibt und $Re_{\max}$ so bestimmt, daß $x_{m\,\max}$ garantiert nicht überschritten wird. Der so bestimmte Wert von $Re_{\max}$ dient nun dazu, über die Kurve $k(Re)$ den Wert k zu ermitteln. Dies ist der Wert mit dem man dann in Gl. (7.9) eingeht. Es kann dabei unter Umständen vorkommen, daß $(\omega_{\alpha r})_{T_{r\max}}$ größer als $(\omega_{\alpha r})_{\text{opt}}$ ausfällt. In diesem Fall muß $\omega_{\alpha r}$ trotzdem kleiner bzw. gleich $(\omega_{\alpha r})_{\text{opt}}$ ausgelegt werden, wobei in Kauf genommen werden muß, daß die maximale Ausregelzeit $T_{r\,\max}$ dann eben größer wird als ursprünglich gefordert.

Hinsichtlich der Steigung der mittelfrequenten Asymptote haben Überlegungen unter Verwendung des Begriffes der Stabilitätsgüte ergeben, daß etwa die Neigung -1 bzw. -20 dB/Dekade den Optimalwert darstellt. Übrigens haben wir diese Steigung ja auch schon früher vorausgesetzt. Wir haben nun die mittelfrequente Asymptote festgelegt; als nächste Schritte haben wir sie durch die Frequenzen ω_2 und ω_3 (s. Abb. 7.2) zu begrenzen.

7.1.2 Übergang von der mittelfrequenten zur niederfrequenten Asymptote

Bei den von Chestnut und Mayer [56] und Solodownikow [287] angegebenen Verfahren zur Bestimmung der Eigenschaften des geschlossenen Regelkreises aus der vorgegebenen Amplitudenkennlinie des offenen Kreises erscheint es vielleicht als ein gewisser Nachteil, daß die Knickfrequenzen ω_1 und ω_2 nicht bestimmt, also frei wählbar sind. Es ist also notwendig, sich nach Erfahrungswerten zu richten. Legt man eine der beiden Knickfrequenzen fest, dann ist damit auch die andere bestimmt (s. S. 94), und so wird für ω_2 üblicherweise der Bereich

$$0{,}05 \leqq \omega_2/\omega_{\alpha r} \leqq 0{,}1 \tag{7.10}$$

angegeben. Günstiger allerdings ist es, wenn man auch ω_2 aus den geforderten Güteeigenschaften heraus bestimmen kann, was im folgenden geschehen soll.

Bevor wir jedoch auf das von Zaidenberg vorgeschlagene Verfahren eingehen, müssen wir als Grundlage hierfür den Zusammenhang zwischen der Funktion $Re\{F_w(i\omega)\} = Re(\omega)$ und dem Frequenzgang $F_0(i\omega)$ des offenen Systems herstellen: Setzt man

$$F_0(i\omega) = A_0(\omega) \cdot e^{i\alpha_0(\omega)} \qquad \text{lt. (2.1)}$$

in Gl. (4.4) ein, wobei man die Eulersche Beziehung verwendet, so erhält man

$$F_w(i\omega) = \frac{A_0(\omega)\cos\alpha_0(\omega) + i A_0(\omega)\sin\alpha_0(\omega)}{A_0(\omega)\cos\alpha_0(\omega) + 1 + i A_0(\omega)\sin\alpha_0(\omega)} \tag{7.11}$$

mit dem für unsere Zwecke benötigten Realteil

$$Re(\omega) = \frac{A_0(\omega)^2 + A_0(\omega)\cos\alpha_0(\omega)}{A_0(\omega)^2 + 2A_0(\omega)\cos\alpha_0(\omega) + 1}. \tag{7.12}$$

Wird nun wie beim Nichols-Diagramm in einem rechtwinkeligen Koordinatensystem auf der Abszisse der Phasenwinkel α_0 und auf der Ordinate der Logarithmus von A_0 aufgetragen, dann entsteht für festgehaltene Werte der Funktion

$Re(\omega)$ als Parameter das Nomogramm Abb. 7.6. Man entnimmt den Frequenzkennlinien des offenen Systems für eine bestimmte Frequenz ω_ν die Werte $A_0(\omega_\nu)$ und $\alpha_0(\omega_\nu)$ und kann zu diesem Wertepaar in Abb. 7.6 den zugehörigen Wert des Realteiles $Re(\omega_\nu)$ des Führungsfrequenzganges des geschlossenen Systems ablesen. Umgekehrt kann Abb. 7.6 natürlich dazu verwendet werden, bei vorgegebenem $Re_{\max}$ die Mindest-Stabilitätsreserve $\bar{A}$ bezüglich der Amplitude und

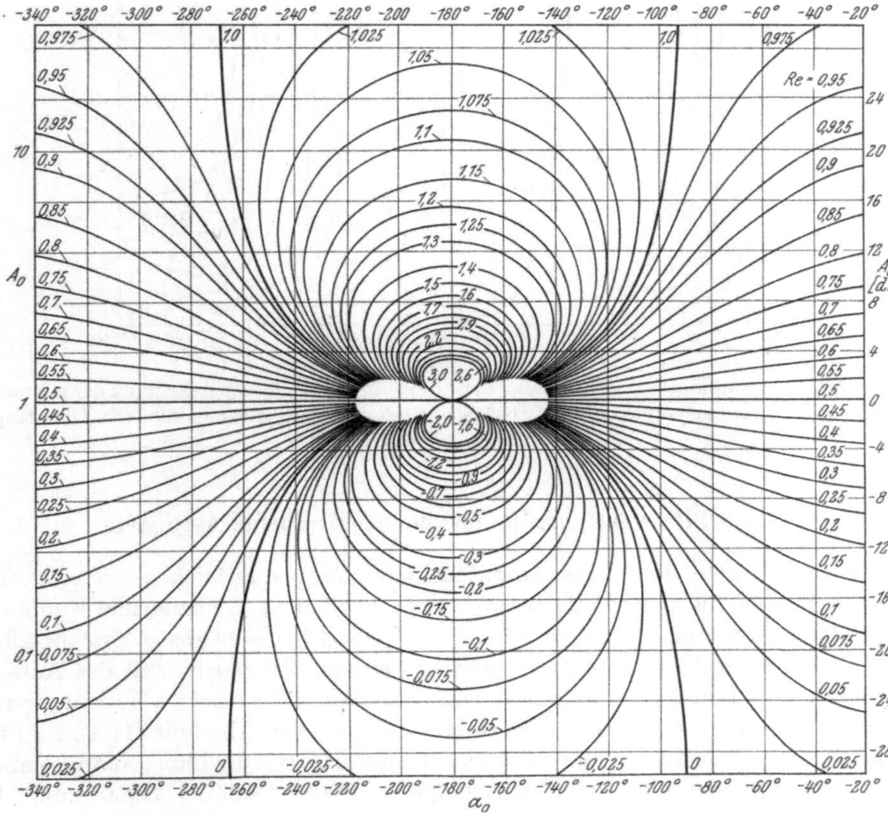

Abb. 7.6. Nomogramm zur Bestimmung der Funktion $Re(\omega)$ des Führungsfrequenzganges des geschlossenen Systems aus den Frequenzkennlinien des offenen Systems (aus [287])

ebenso die Mindest-Stabilitätsreserve $\bar{\alpha}$ bezüglich der Phase (s. S. 95) festzulegen. Man braucht zu diesem Zweck nur an jene Kurven, die dem gewünschten $Re_{\max}$ entsprechen, die horizontalen und vertikalen Tangenten zu legen.

Um nun die Knickfrequenz ω_2 zu bestimmen, berechnet man nach ZAIDENBERG [338] den Wert $V_0/\omega_{\alpha r}$, geht mit diesem z. B. in das Nomogramm Abb. 7.7a und liest den zu der betreffenden Stabilitätsreserve $\bar{\alpha}$ gehörenden Abszissenwert ω_2' ab. Daraus errechnet sich dann die Frequenz ω_2 nach der Beziehung

$$\omega_2 = \omega_2' \cdot \omega_{\alpha r}/\bar{A}\,. \tag{7.13}$$

Die Werte $\bar{A}$ und $\bar{\alpha}$ müssen vorher nach Abb. 7.6 bestimmt worden sein.

Es verbleibt schließlich noch die Wahl der Neigung der von ω_2 nach ω_1 überleitenden Asymptote. Sie wird mit -3 bzw. -60 dB/Dekade, oder häufiger jedoch mit -2 bzw. -40 dB/Dekade festgelegt. Für die geringere Neigung lassen sich die Korrekturnetzwerke leichter realisieren.

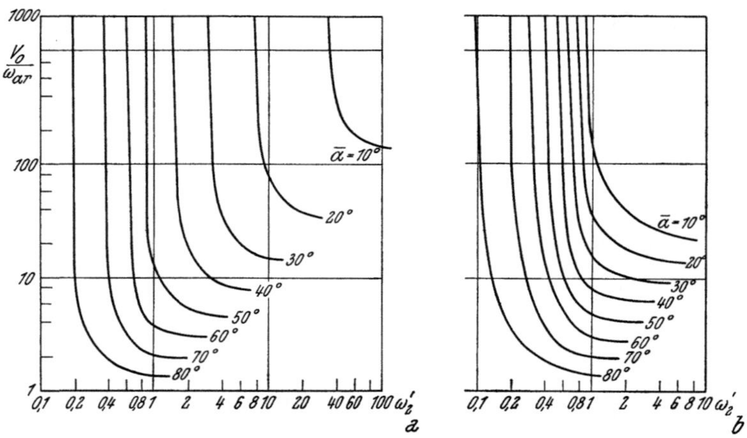

Abb. 7.7. Nomogramme zur Bestimmung der Frequenz ω_2 (aus [338]). *a* Neigung der mittelfr./niederfr. Übergangsasymptote: -40 dB/Dekade, *b* Neigung der mittelfr./niederfr. Übergangsasymptote: -60 dB/Dekade

7.1.3 Die niederfrequente und die hochfrequente Asymptote

Will man eine bestimmte Amplitudenkennlinie verwirklichen, so heißt das doch, daß eine als gegeben zu betrachtende, aber nicht befriedigende Kennlinie des offenen Systems so zu verformen ist, daß das geschlossene System allen Wünschen weitgehend gerecht zu werden vermag. Bei jenem Teil der Anlage, dessen Übertragungsverhalten zwar gegeben, aber nicht direkt veränderbar ist, wird es sich meist um die Regelstrecke handeln (s. auch Abschnitt 11.4). Ist dies eine Strecke ohne Ausgleich, d. h. mit Integration erster Ordnung, dann stimmt der Verlauf ihrer niederfrequenten Asymptote entsprechend der Verstärkung V_0 mit dem laut Abb. 7.2 angestrebten Verlauf bereits überein. Diese niederfrequente Asymptote des unveränderbaren Teils der Regelstrecke, wird als Anfangsverlauf der anzustrebenden Amplitudenkennlinie beibehalten. Sie führt nach Abb. 7.2 bis zur ersten Knickfrequenz ω_1, also jener Frequenz, bei der der niederfrequente Teil in den mittelfrequenten Teil überzugehen beginnt.

Damit ist der Kennlinienverlauf unterhalb der Durchtrittsfrequenz bereits vollständig festgelegt, was wir vielleicht kurz zusammenfassen wollen: Im Abschnitt 7.1.1 haben wir die Durchtrittsfrequenz ω_{ar} bestimmt und für die mittelfrequente Asymptote die Steigung -1 bzw. -20 dB/Dekade vorgeschrieben. Im darauf folgenden Abschnitt haben wir dann diese Asymptote durch die Frequenz ω_2 begrenzt und für den Übergang zur niederfrequenten Asymptote eine Neigung von vorzugsweise -2 bzw. -40 dB/Dekade festgelegt. Diese Übergangsasymptote schneidet dann die schon gegebene niederfrequente Asymptote bei der dadurch bestimmten Knickfrequenz ω_1. Das zu ω_1 gehörende Amplitudenverhältnis des offenen Systems, das wir später als weiteren Parameter der Kennlinien noch benötigen werden, soll mit A_{01} bezeichnet werden (s. Abb. 7.2).

Bezüglich der hochfrequenten Asymptote sei nur erwähnt, daß eine zur Bestimmung von ω_2 analoge Methode auch zur Bestimmung von ω_3 angegeben werden kann [338]; also eine Methode, die auf der Stabilitätsreserve $\bar{A}$ bezüglich der Amplitude und auf $\bar{\alpha}$ bezüglich der Phase beruht. Dies scheint aber wenig zweckmäßig, weil der hochfrequente Verlauf der Frequenzkennlinien weder auf das statische noch auf das dynamische Verhalten von großem Einfluß ist. Bestimmend für die Wahl von ω_3 und die Neigung der hochfrequenten Asymptote wird also in erster Linie die Bequemlichkeit der Zuordnung der angestrebten Amplitudenkennlinie zu jener der unveränderbaren Strecke sein.

7.1.4 Nomogramme zur Bestimmung der Kenngrößen des geschlossenen Systems

Wir haben nun unter Zugrundelegen verschiedener vorgeschriebener Eigenschaften des geschlossenen Systems die anzustrebende Amplitudenkennlinie des offenen Systems festgelegt. Bei jeder Synthese eines Regelungssystems ist es nun doch sicher von Interesse, sich in umgekehrter Richtung davon zu überzeugen, wie die Übergangsfunktion des entworfenen bzw. korrigierten Systems tatsächlich verläuft. Mit der durch die entworfene Amplitudenkennlinie festgelegten Übertragungsfunktion des offenen Systems ist auch jene des geschlossenen Systems gegeben und es ist dann möglich, die Übergangsfunktion des geschlossenen Systems zu berechnen. Wir wollen also hier — was wir im Verlauf dieses Buches sonst selten tun — den Zusammenhang zwischen Frequenzbereich und Zeitbereich herstellen. Da wir uns mit der Amplitudenkennlinie Abb. 7.2 auf eine bestimmte Struktur der Übertragungsfunktion festgelegt haben, läßt sich diese lediglich durch Angabe der eingangs besprochenen Parameter kennzeichnen. Anderseits genügt es, auch die Übergangsfunktion des geschlossenen Systems durch einige Kennwerte zu charakterisieren, was in Abb. 7.3 bereits geschehen ist. Ohne auf Einzelheiten ihres Entstehens einzugehen, wollen wir im folgenden die von Chestnut und Mayer [56] angegebenen Nomogramme wiedergeben, die u. a. den Zusammenhang zwischen diesen dynamischen Kennwerten der Führungs-Übergangsfunktion und den Parametern der Amplitudenkennlinie des offenen Systems herstellen.

Wir können der Abb. 7.2a leicht entnehmen, daß zu der anzustrebenden Amplitudenkennlinie eine Übertragungsfunktion

$$W_0(s) = \frac{V_0\,(1 + T_2 s)^{\lambda}}{s(1 + T_1 s)^{\lambda}\,(1 + T_3 s)^{\nu}} \tag{7.14}$$

gehört. Es wird wieder daran erinnert, daß sowohl die nieder- als auch die mittelfrequente Asymptote eine Steigung von -1 bzw. -20 dB/Dekade aufweisen. Der Exponent λ bestimmt damit die Steigung der Übergangsasymptote zwischen ω_1 und ω_2, während der Exponent ν die Steigung der hochfrequenten Asymptote festlegt; und zwar entspricht $\lambda = 1$ bzw. $\nu = 1$ eine Neigung von -2 bzw. -40 dB/Dekade, und $\lambda = 2$ bzw. $\nu = 2$ eine Neigung von -3 bzw. -60 dB/

Dekade. Die Übertragungsfunktion Gl. (7.14) ist dann durch die Kennwerte A_{01}, ω_1, $\omega_{\alpha r}$, ω_3, λ und ν der Amplitudenkennlinie (Abb. 7.2) bestimmt. Die auf den folgenden Seiten wiedergegebenen Nomogramme Abb. 7.8 bis 7.24 stellen nun den Zusammenhang her zwischen den Parametern A_{01}, $\omega_1/\omega_{\alpha r}$, $\omega_3/\omega_{\alpha r}$, λ, ν einerseits und folgenden Kenngrößen des geschlossenen Regelkreises anderseits (s. Abb. 7.3):

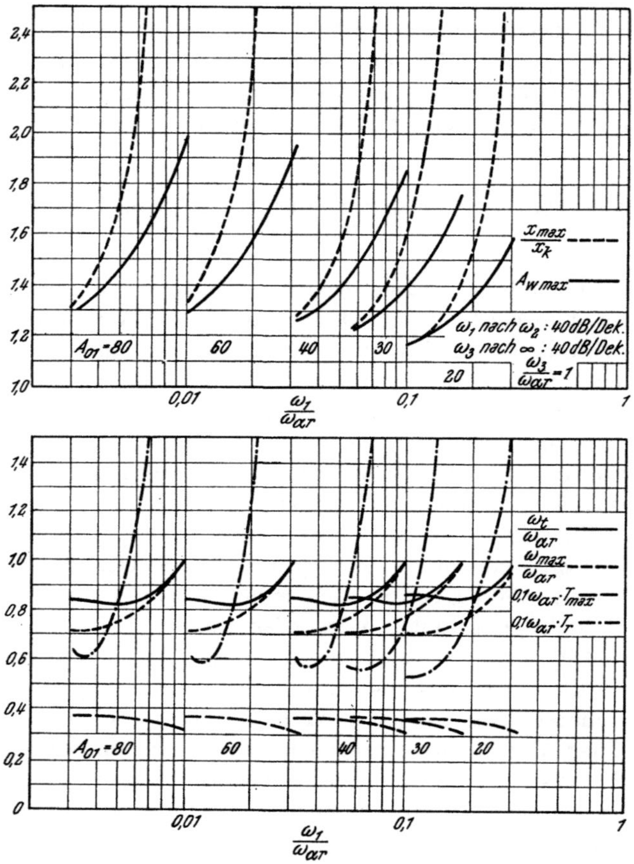

Abb. 7.8 bis Abb. 7.24. Nomogramme zur Bestimmung der Kenngrößen des geschlossenen Systems (aus [56])

$A_{w\,max} = |F_w(i\,\omega)|_{max}$,

x_{max}/x_k, der maximalen Auslenkung der Regelgröße, wobei der Zusammenhang mit der Überschwingweite durch Gl. (7.2) gegeben ist,

$\omega_t/\omega_{\alpha r}$, mit ω_t als Kreisfrequenz des Einschwingens der Übergangsfunktion,

$\omega_{max}/\omega_{\alpha r}$, wobei ω_{max} jene Kreisfrequenz ist, bei welcher die Amplitudenkennlinie den Wert $A_{w\,max}$ annimmt,

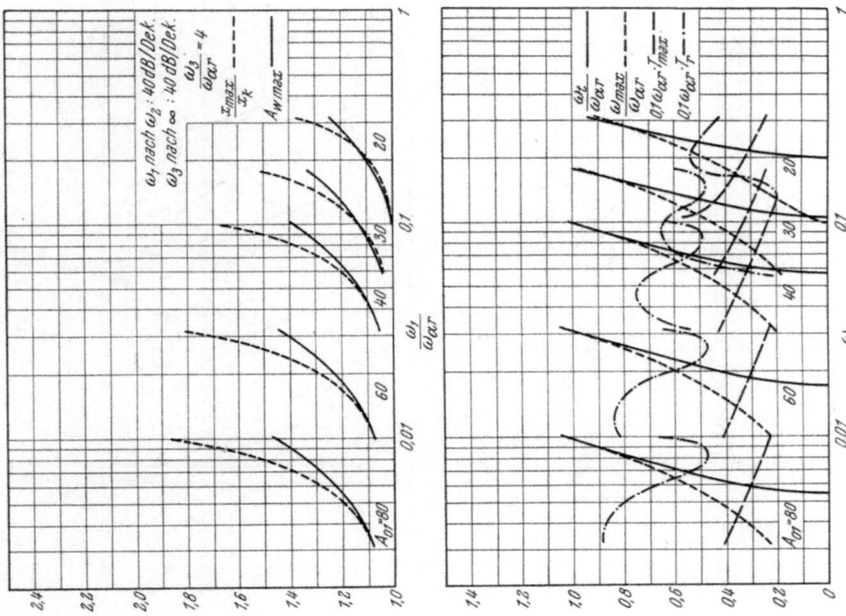

Abb. 7.10

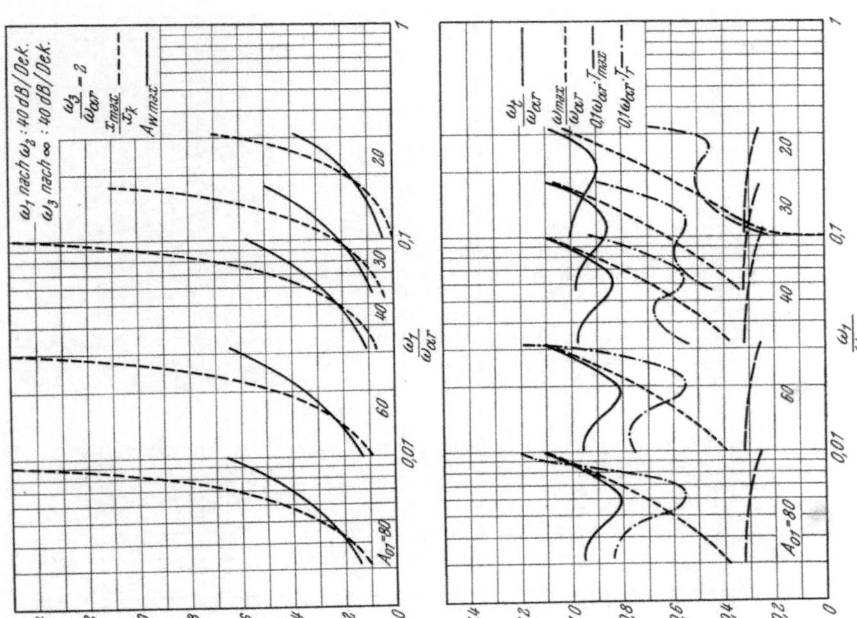

Abb. 7.9

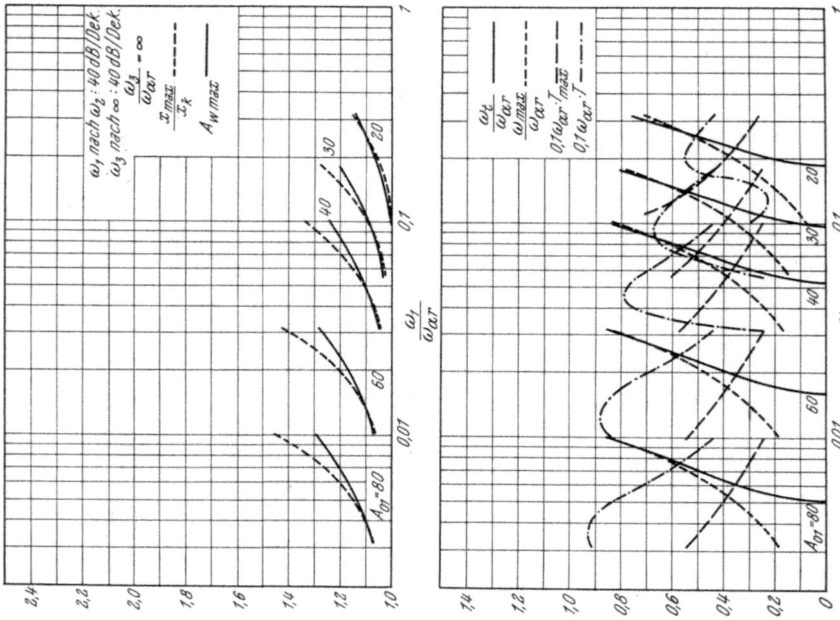

Abb. 7.12

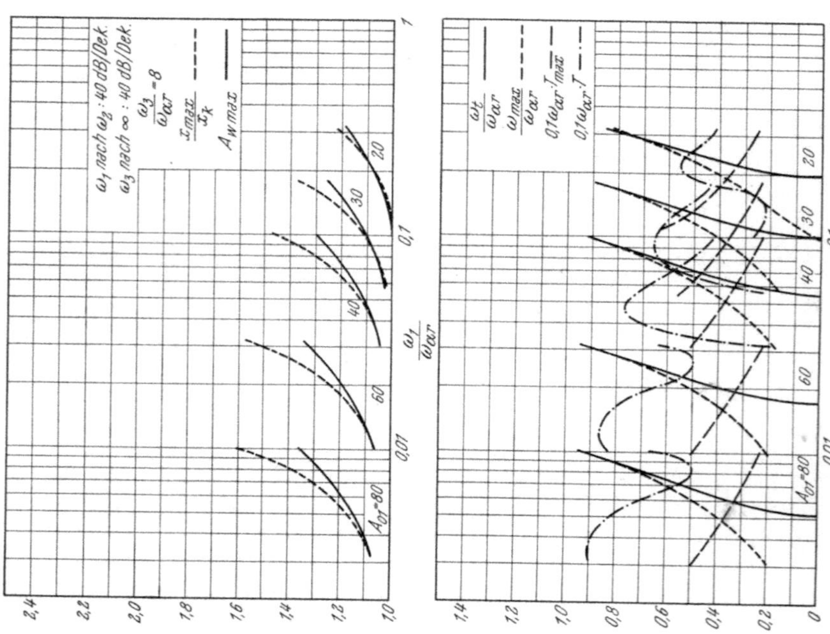

Abb. 7.11

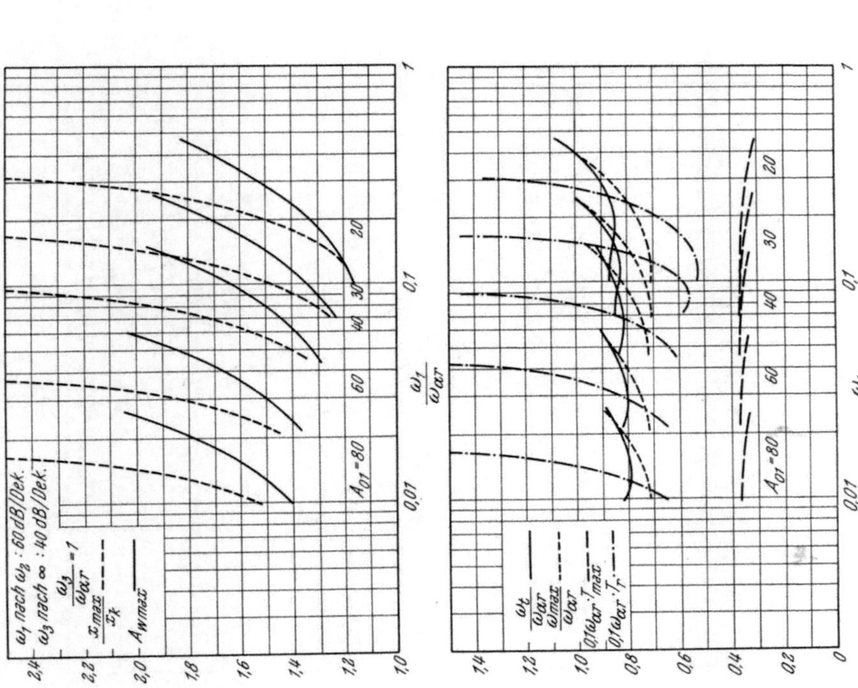

Abb. 7.13

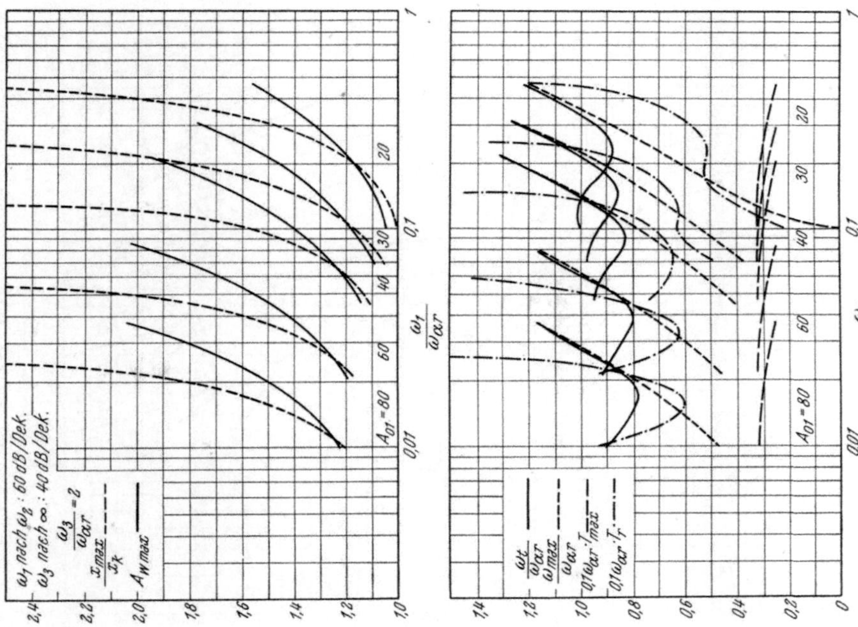

Abb. 7.14

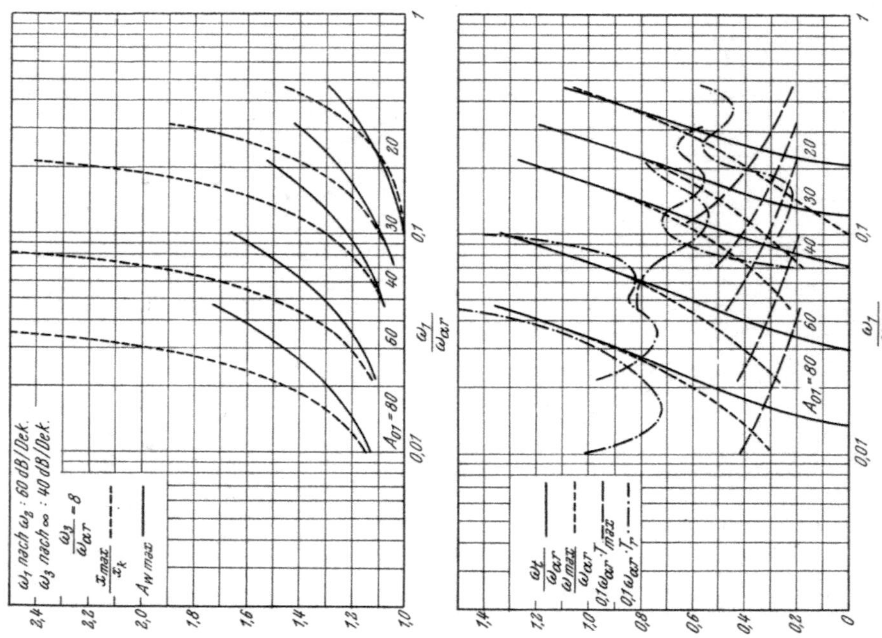

Abb. 7.16

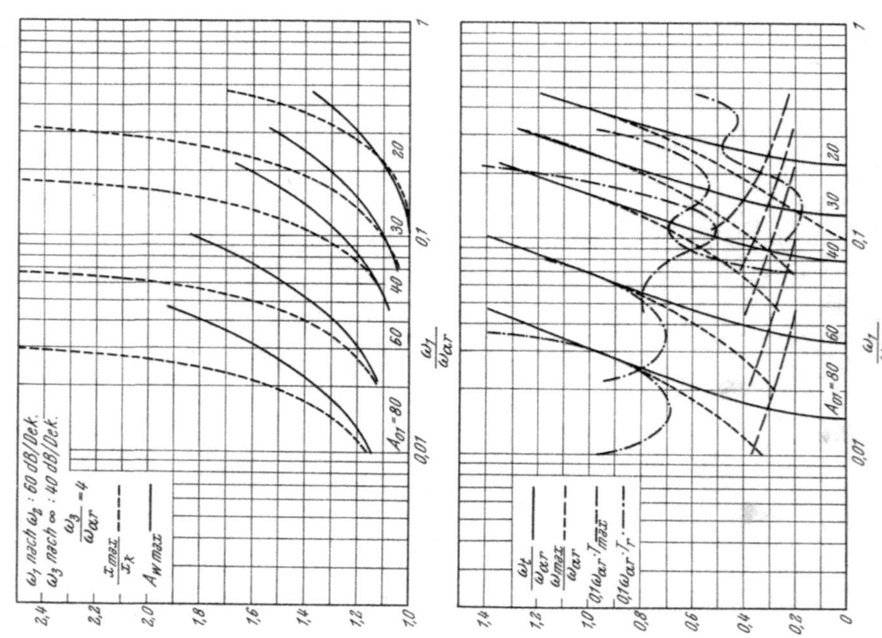

Abb. 7.15

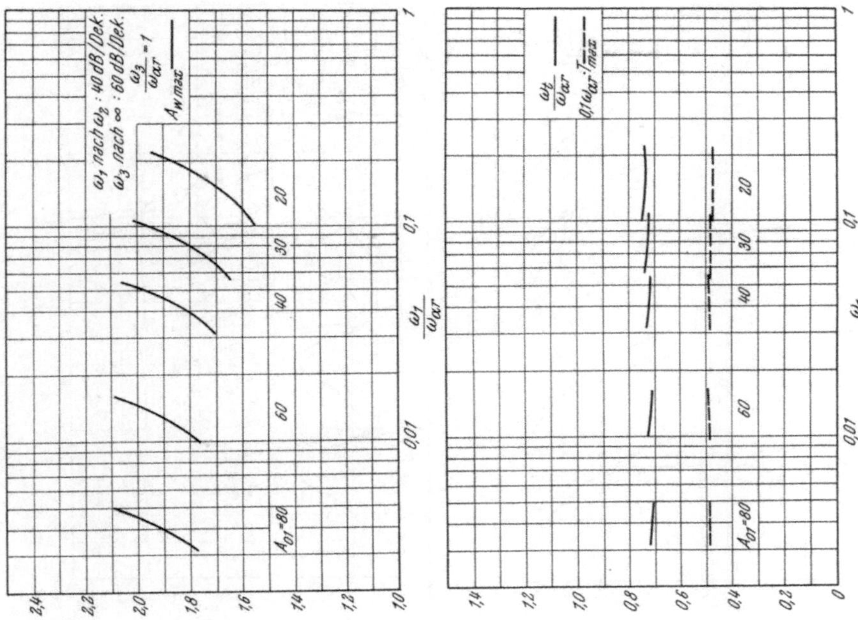

Abb. 7.18

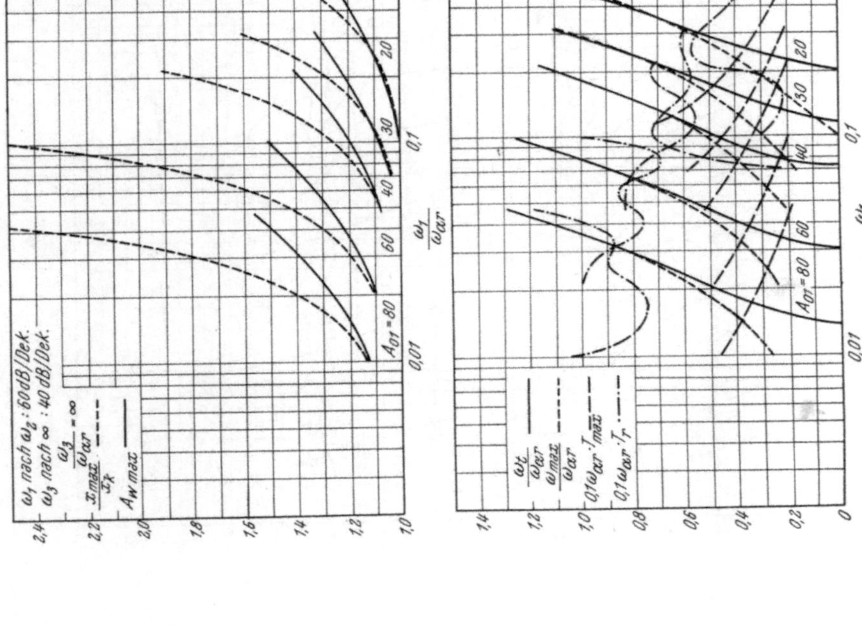

Abb. 7.17

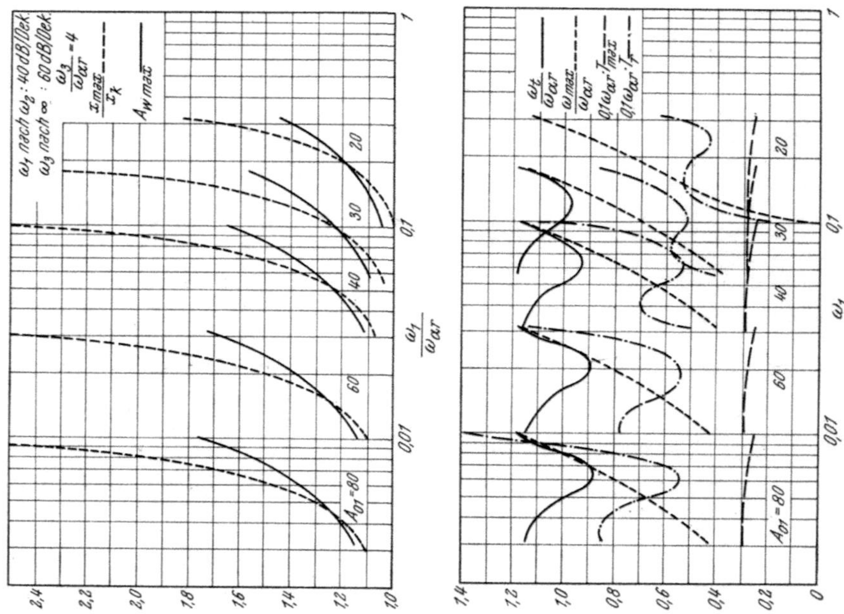

Abb. 7.20

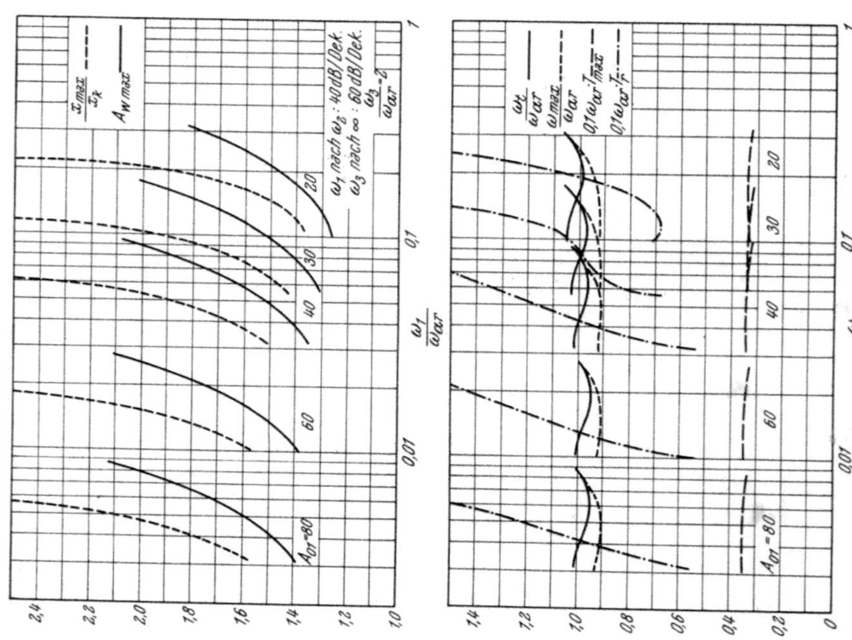

Abb. 7.19

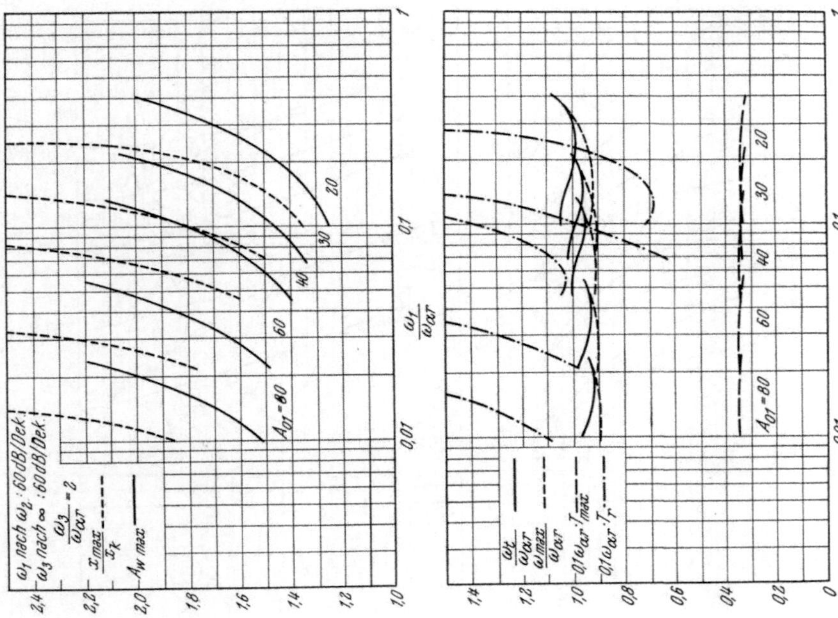

Abb. 7.22

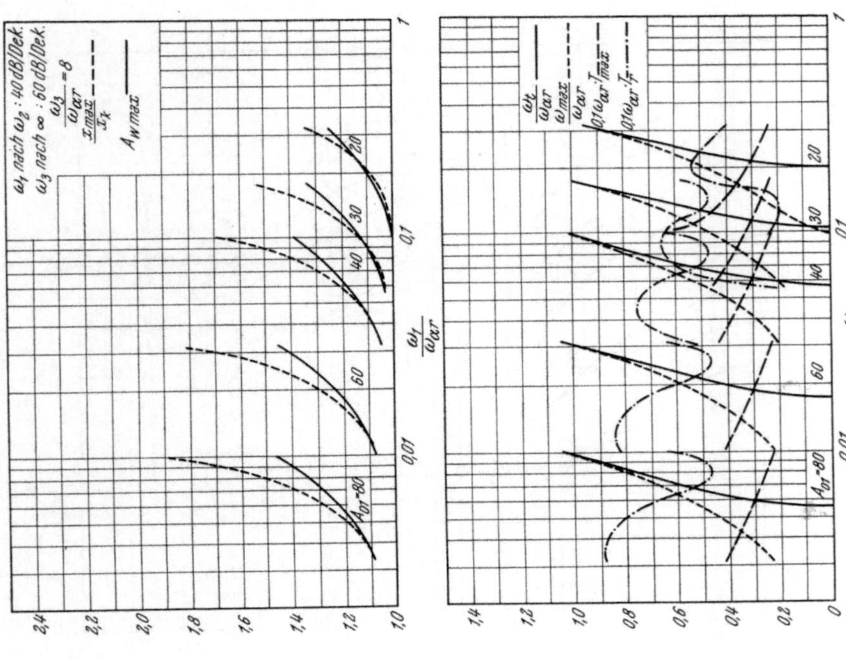

Abb. 7.21

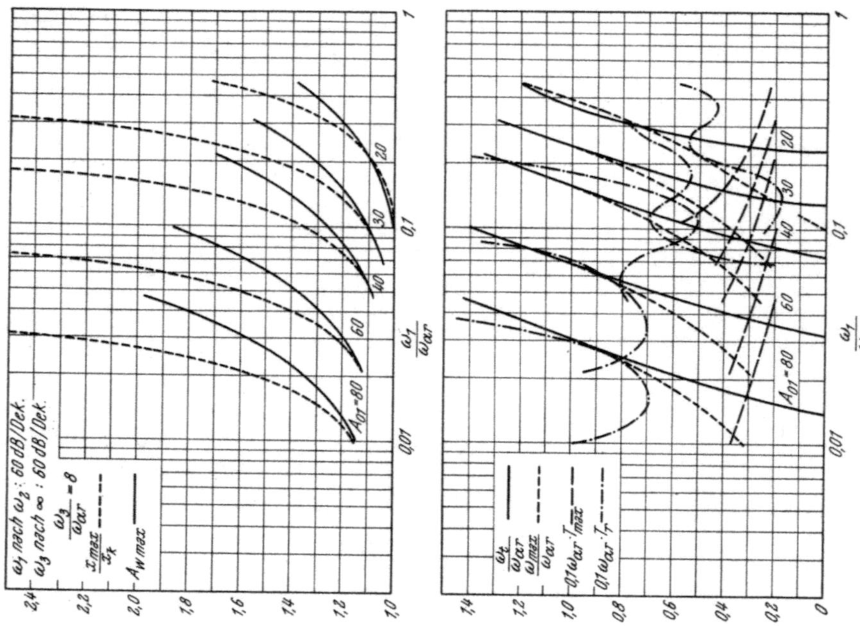

Abb. 7.24

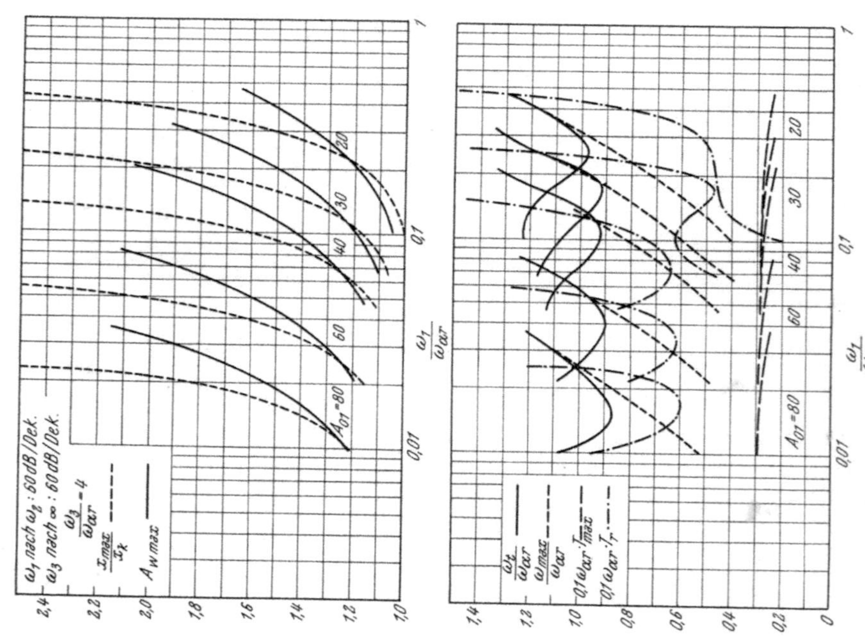

Abb. 7.23

$0{,}1 \cdot \omega_{\alpha r} \cdot T_{\max}$, wobei $T_{\max}$ jene Zeit ist, bei der das maximale Überschwingen auftritt,

$0{,}1 \cdot \omega_{\alpha r} \cdot T_r$, wobei ein zulässiger Toleranzstreifen $\Delta = 5\%$ zugrundegelegt wurde.

Die Nomogramme sind für Werte von 20, 30, 40, 60 und 80 dB für A_{01} angegeben. Um die Schaubilder in unveränderter Form anwenden zu können, ist die Durchtrittsfrequenz innerhalb der durch Gl. (7.8) gegebenen Grenzen so zu wählen, daß die durch den bei ω_2 gelegenen „niederfrequenten Endpunkt" gelegte Übergangsasymptote die niederfrequente Asymptote in einem Punkt schneidet, dessen Ordinate A_{01} den höchstmöglichen Wert 20, 30, 40, 60 oder 80 dB ergibt, der mit Gl. (7.8) noch verträglich ist.

Schließlich soll noch bemerkt werden, daß die Nomogramme auch dann noch mit hinlänglicher Genauigkeit gelten, wenn die Neigung der niederfrequenten Asymptote nicht wie vorausgesetzt -1, sondern 0 oder -2 bzw. -40 dB/Dekade beträgt. Der niederfrequente Verlauf bestimmt nämlich im wesentlichen nur das statische, weniger jedoch das dynamische Verhalten. Liegen zwei Knickfrequenzen ω_{31} und ω_{32} vor, dann gelten die Nomogramme ebenfalls noch genau genug, wenn Gl. (7.1) verwendet wird.

7.2 Korrigierende Netzwerke

Unter einem Netzwerk stellt man sich normalerweise ein spezielles vor: nämlich ein elektrisches. Es soll aber gleich festgestellt werden, daß dem nicht notwendigerweise so sein muß, sondern daß ein Netzwerk auch ebenso ein mechanisches, hydraulisches oder pneumatisches sein kann. Zur Veranschaulichung werden wir im folgenden einige einfache Beispiele für nichtelektrische Korrekturglieder anführen und wir werden die wichtigsten passiven Gleichstrom-Netzwerke besprechen. Da wir uns ja in erster Linie mit den Methoden, weniger aber mit den Bauelementen beschäftigen, werden wir uns dabei sehr kurz halten und hauptsächlich auf die Literatur verweisen [32, 121, 162, 287, 289, 314, 315]. Um den Überblick zu behalten, soll an die Einteilung der Netzwerke erinnert werden, die wir am Beginn dieses Abschnittes vorgenommen haben. Eine Möglichkeit bestand darin, die Korrekturnetzwerke nach ihrem Verhalten zu klassifizieren. Man unterscheidet dann zwischen differenzierenden und integrierenden Gliedern. Da sich in diese Kategorie nur relativ einfache Netzwerke einreihen lassen (s. Abschnitt 7.2.1), ist es zweckmäßiger, sie wie in Tabelle 7.1 nach dem Verlauf ihrer Amplitudenkennlinie einzuteilen. Dabei haben wir von vornherein eine Vereinfachung vorgenommen: Wir haben Phasenminimumsysteme vorausgesetzt, bei denen es genügt, die Amplitudenkennlinie anzugeben. Es ist nämlich zu bedenken, daß es eine sehr große Vielfalt von möglichen Netzwerken gibt, weil durch Hinzufügen von Bauelementen die Möglichkeiten rasch zunehmen. Daher ist es nur für reguläre Systeme möglich, eine einigermaßen repräsentative Auswahl von Schaltungen zu treffen. Nach oben hin ist eine natürlich Schranke dadurch gegeben, daß zu elementreiche Netzwerke aus Wirtschaftlichkeits- und nicht selten aus Verläßlichkeitsgründen nicht in Betracht kommen.

Bevor wir ins Detail gehen, sollen noch die grundsätzlichen Formen der Übertragungsfunktionen der korrigierenden Netzwerke angegeben werden.

Die Übertragungsfunktion

$$W(s) = Ts \tag{7.15}$$

eines idealen differenzierenden Gliedes läßt sich mit einem passiven Netzwerk nicht realisieren, sondern nur die Form

$$W(s) = \frac{T_1 s}{1 + T_2 s}, \tag{7.16}$$

wobei $T_1 \gg T_2$ sein muß. Ebensowenig läßt sich durch ein passives Netzwerk das ideale integrierende Verhalten

$$W(s) = \frac{1}{Ts} \tag{7.17}$$

erreichen. Die zu Gl. (7.16) inverse Übertragungsfunktion lautet

$$W(s) = \frac{1 + T_1 s}{T_2 s}, \tag{7.18}$$

wobei $T_1 \ll T_2$ sein muß.

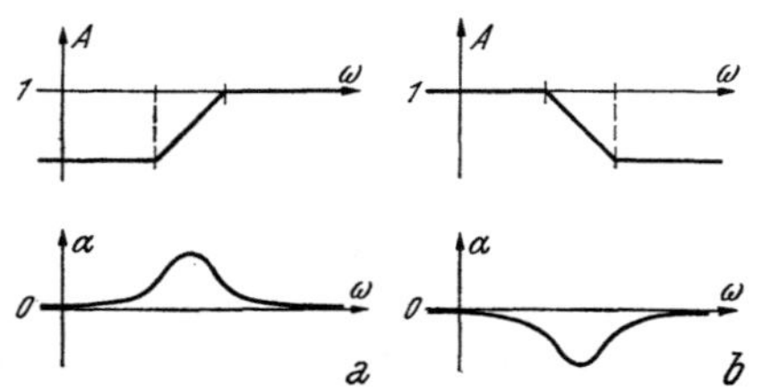

Abb. 7.25. *a* Frequenzkennlinien eines phasenanhebenden Korrektur-Netzwerkes, *b* Frequenzkennlinien eines phasenabsenkenden Korrektur-Netzwerkes

Die allgemeine Grundform der Korrekturglieder hat schließlich die Übertragungsfunktion

$$W(s) = V\,\frac{1 + T_1 s}{1 + T_2 s}. \tag{7.19}$$

Für $T_1 > T_2$ handelt es sich um ein phasenanhebendes bzw. differenzierendes Netzwerk, dessen Frequenzkennlinien in Abb. 7.25a skizziert sind. Beim phasenabsenkenden bzw. integrierenden Netzwerk ist $T_1 < T_2$; die Frequenzkennlinien sind in Abb. 7.25b gezeichnet.

7.2.1 Mechanische, hydraulische und pneumatische Netzwerke

Mechanische Rechenglieder bzw. Korrekturglieder werden manchmal besonders dort angewendet, wo die Eingangsgröße des mechanischen „Netzwerkes“ ein Drehwinkel oder ein Weg ist. Als Beispiel für ein mechanisches Integrier- bzw. Differenzierglied wird in [289] u. a. der Reibradintegrator Abb. 7.26a angeführt. Eine Drehung der Scheibe (Drehwinkel α) ruft eine Drehung der Reibrolle (Drehwinkel φ) hervor. Der Drehwinkel φ hängt nicht nur von α, sondern auch vom Abstand der Reibrolle von der Achse der Scheibe ab, der durch den Drehwinkel γ der Leitspindel ausgedrückt werden kann. Bezeichnen h die Steigung der Leitspindel und r den Radius der Reibrolle, so kann schließlich geschrieben werden

$$\varphi - \varphi_0 = \frac{h}{2\pi r}\int_{\alpha_0}^{\alpha} \gamma\, d\alpha\,. \tag{7.20}$$

Zur Verwirklichung der Umkehrung dieser Operation wird das Getriebe nach Abb. 7.26b betrieben. Es soll mit ψ die zu differenzierende Funktion bezeichnet

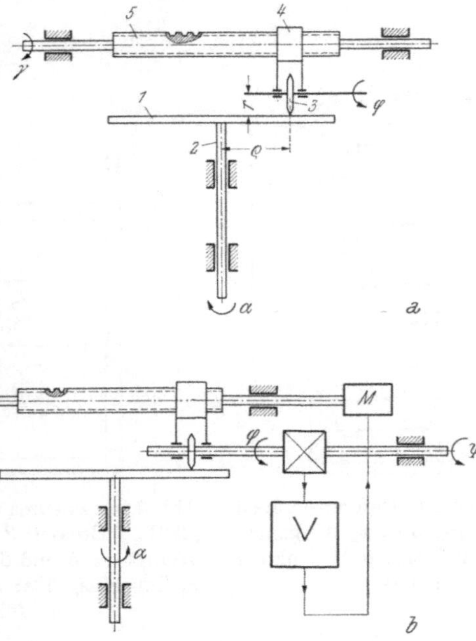

Abb. 7.26. Beispiel für ein mechanisches Rechenglied (aus [289]). *a* Reibradintegrator. *1* Scheibe; *2* Achse; *3* Reibrolle; *4* Schlitten; *5* Spindel. *b* Reibraddifferentiator mit Folgeregler. *V* Folgeregler, *M* Stellmotor

werden; diese wird als Führungsgröße einem Folgeregler zugeführt, der die Abweichung $(\psi - \varphi)$ über einen Stellmotor zum Verschwinden bringt. Dadurch erhält man, wenn man ebenso wie bei Gl. (7.20) Schlupffreiheit voraussetzt, für die Augenblickswerte der Geschwindigkeiten:

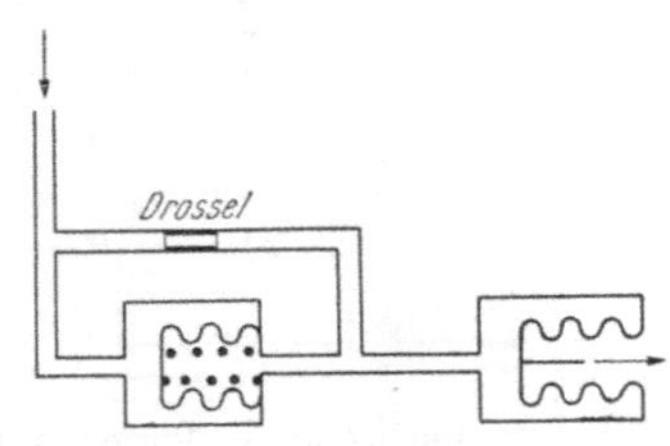

$$\frac{d\psi}{dt} = \frac{d\varphi}{dt} = \frac{h}{2\pi r}\,\gamma(t)\,\frac{d\alpha}{dt}. \qquad (7.21)$$

Das am häufigsten anzutreffende und daher bekannteste hydraulische integrierende aktive Bauelement ist wohl der hydraulische Verstärker, bestehend aus Vorsteuerventil und Stellmotor (s. Abbildung 11.18 auf S. 207). Praktisch fehlerfrei lautet seine Übertragungsfunktion

$$W(s) = \frac{1}{Ts}. \qquad (7.22)$$

Die geläufige Konstruktion eines passiven differenzierenden Gliedes ist in Abb. 7.27 gezeigt, während Abb. 7.28 das Schema eines aktiven differenzierenden Netzwerkes wiedergibt. Die Übertragungsfunktion läßt sich mit

$$W(s) = \frac{T_1 s}{1 + T_2 s} \tag{7.23}$$

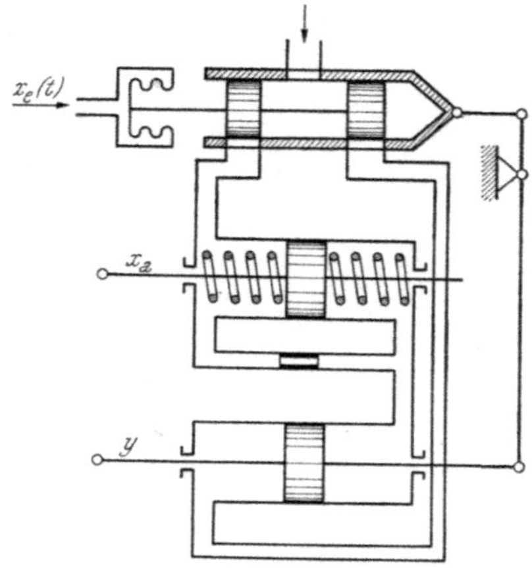

Abb. 7.28. Hydraulisches Differenzierglied (aus [289]). x_e Eingangsgröße, x_a Ausgangsgröße des Differenzierkolbens, y Auslenkung des Stellkolbens

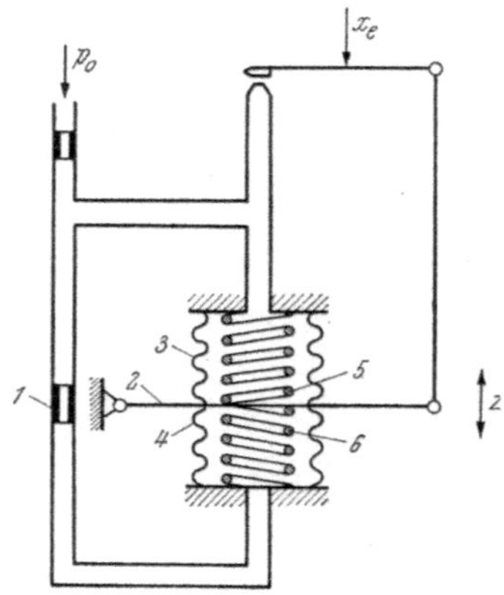

Abb. 7.29. Pneumatisches Integrierglied (aus [289]). *1* Drossel; *2* Rückführhebel; *3* und *4* Wellrohre; *5* und *6* Federn; p_0 Speisedruck; x_e Eingangsgröße; z Auslenkung des Rückführhebels

ableiten, wobei die Zeitkonstanten im wesentlichen von der Dimensionierung des Gliedes abhängen.

Abb. 7.29 zeigt ein pneumatisches Integrierglied, für welches man die Übertragungsfunktion

$$W(s) = k\,\frac{1 + Ts}{s} \tag{7.24}$$

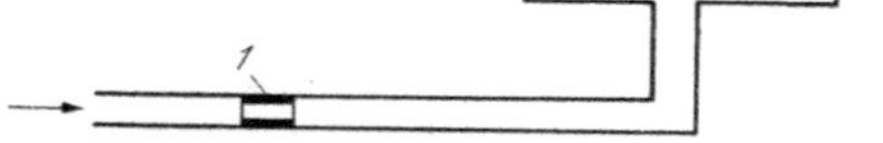

Abb. 7.30. Pneumatisches Differenzierglied (aus [289]). *1* Drossel; *2* Speicher; *3* Wellrohr; *4* Feder

ableitet. Die Konstante k und die Zeitkonstante sind durch die Konstruktion und durch die Zustandsgrößen der Luft bestimmt. Aus Gl. (7.24) erkennt man, daß die Zeitkonstante T möglichst klein gehalten werden muß, was durch entsprechende Ausbildung des Wellrohres erreicht wird. Abb. 7.30 schließlich zeigt den Aufbau eines differenzierenden oder phasenanhebenden Gliedes, wie es in der Rückführung pneumatischer Regler vielfach Anwendung findet. Seine Übertragungsfunktion lautet

$$W(s) = \frac{1 + T_1 s}{1 + T_2 s}, \tag{7.25}$$

wobei die Zeitkonstanten wieder durch die Konstruktion und die Zustandsgrößen der Luft bestimmt sind.

7.2.2 Passive Gleichstrom-Netzwerke

Passive Gleichstromnetzwerke werden, wie schon erwähnt, in differenzierende, integrierende und integrodifferenzierende Netzwerke eingeteilt oder aber auch nach ihrer Amplitudenkennlinie klassifiziert. Wir wollen zuerst zwei der einfachsten Beispiele besprechen und dann eine Auswahl von Netzwerken tabellarisch zusammenstellen.

Das einfachste differenzierende Netzwerk besteht in der Serienschaltung eines Widerstandes und einer Kapazität nach Abb. 7.31a. Man erhält dafür aus der Eingangsspannung

$$u_e = R \cdot i + \frac{1}{C}\int i\, dt$$

und der Ausgangsspannung

$$u_a = R \cdot i$$

die Differentialgleichung

$$R \cdot C \cdot \dot{u}_a + u_a = R \cdot C \cdot \dot{u}_e$$

bzw. die Übertragungsfunktion

$$W(s) = \frac{RCs}{1 + RCs} = \frac{Ts}{1 + Ts}. \tag{7.26}$$

Da hier im Gegensatz zu Gl. (7.16) die Zeitkonstanten im Zähler und Nenner gleich groß sind, weist dieses Glied allerdings einen entsprechenden Fehler auf.

Das zu Abb. 7.31a äquivalente integrierende Netzwerk entsteht durch Vertauschen von Widerstand und Kapazität nach Abb. 7.31b. Auf analoge Weise wie oben leitet sich dafür die Übertragungsfunktion

$$W(s) = \frac{1}{1 + RCs} = \frac{1}{1 + Ts} \tag{7.27}$$

ab. Dem Leser wird sofort auffallen, daß es sich dabei ja um die Übertragungsfunktion eines PT1-Gliedes handelt; bei großer Zeitkonstante bleibt aber der Fehler gegenüber Gl. (7.17) erträglich. Wie leicht einzusehen, wirkt dieses Netzwerk bei entsprechender Verstärkung für Frequenzen oberhalb der Eckfrequenz dann tatsächlich integrierend.

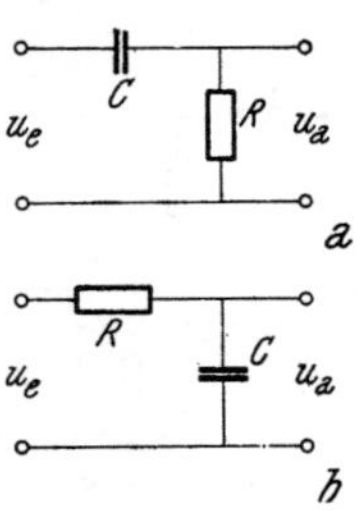

Abb. 7.31. *a* Differenzierendes Netzwerk, *b* integrierendes Netzwerk

In der Tabelle 7.1 ist eine Auswahl passiver Gleichstrom-Netzwerke nach den Verläufen ihrer Amplitudenkennlinien zusammengestellt [56, 177, 289]. Mit Ausnahme von Tachogeneratoren sind Schaltungen mit Induktivitäten weggelassen, weil Spulen für niedere Frequenzen unvertretbar groß werden. Es soll an dieser Stelle darauf verwiesen werden, daß sich Gesetze angeben lassen, welche die unmittelbare Dimensionierung von RC-Vierpolen gestatten [314].

Tabelle 7.1. *Passive*

1. Netzwerke mit Phasenanhebung

Schaltung	Übertragungsfunktion	$V = A\,(\omega \to 0)$
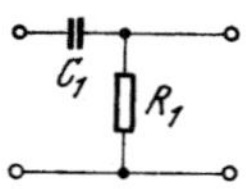	$\dfrac{T_1 s}{T_1 s + 1}$	0
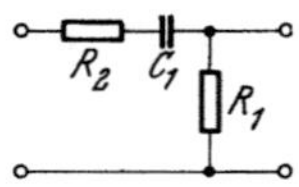	$\dfrac{T_1 s}{T_2 s + 1}$	0
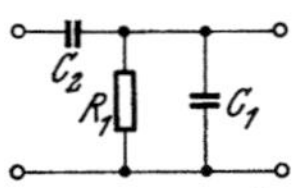	$\dfrac{T_1 s}{T_2 s + 1}$	0
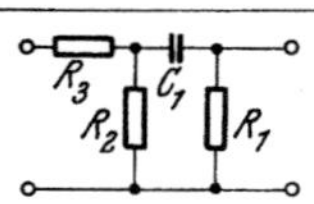	$\dfrac{T_1 s}{T_2 s + 1}$	0
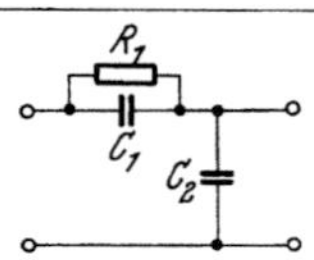	$\dfrac{T_1 s}{T_2 s + 1}$	0
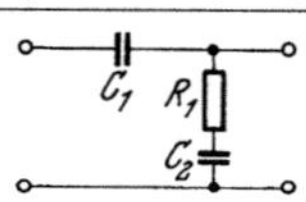	$V\,\dfrac{T_1 s + 1}{T_2 s + 1}$	$\dfrac{1}{1 + \dfrac{C_2}{C_1}}$
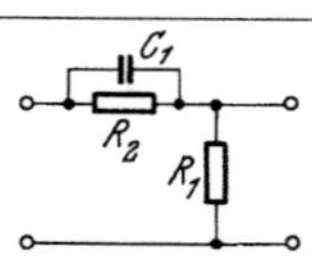	$V\,\dfrac{T_1 s + 1}{T_2 s + 1}$	$\dfrac{1}{1 + \dfrac{R_2}{R_1}}$
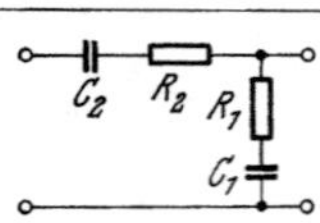	$V\,\dfrac{T_1 s + 1}{T_2 s + 1}$	$\dfrac{1}{1 + \dfrac{C_1}{C_2}}$
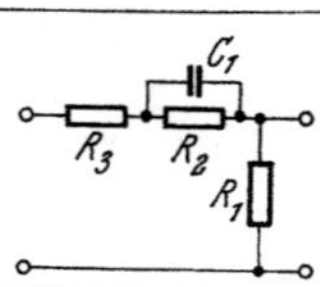	$V\,\dfrac{T_1 s + 1}{T_2 s + 1}$	$\dfrac{1}{1 + \dfrac{R_2}{R_1} + \dfrac{R_3}{R_1}}$
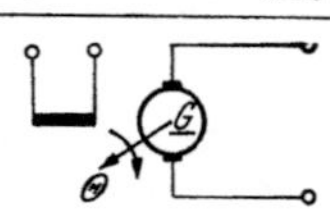	$\dfrac{E_2(s)}{\Theta(s)} = K_G s$ K_G Übertragungsfaktor des Tachogenerators	0
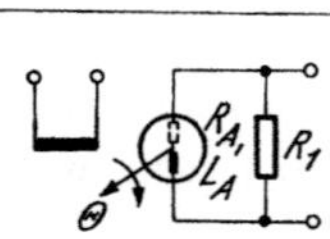	$\dfrac{E_2(s)}{\Theta(s)} = \dfrac{K_G s}{T_2 s + 1}$	0

Gleichstrom-Korrekturnetzwerke

und einer Steigung von +20 dB/Dekade

$A\,(\omega \to \infty)$	T_1	T_2	Amplitudenkennlinie
1	$R_1 C_1$	—	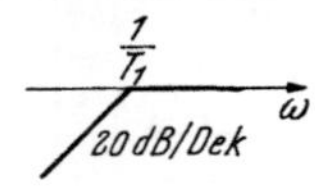
$\dfrac{1}{1 + \dfrac{R_2}{R_1}}$	$R_1 C_1$	$\left(1 + \dfrac{R_2}{R_1}\right) T_1$	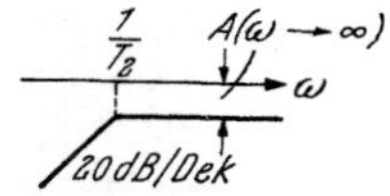
$\dfrac{1}{1 + \dfrac{C_2}{C_1}}$	$R_1 C_2$	$R_1(C_1 + C_2)$	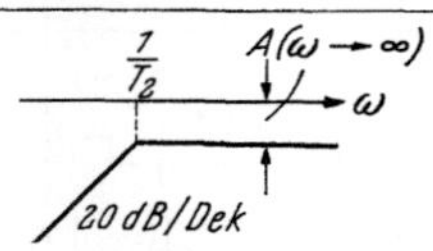
$\dfrac{1}{1 + \dfrac{R_3}{R_2} + \dfrac{R_3}{R_1}}$	$\dfrac{R_1 R_2}{R_2 + R_3}\, C_1$	$\left(R_1 + \dfrac{R_2 R_3}{R_2 + R_3}\right) C_1$	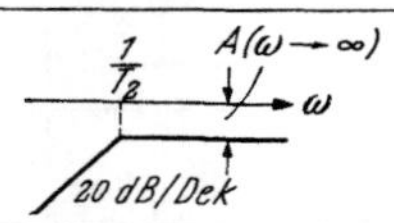
$\dfrac{1}{1 + \dfrac{C_2}{C_1}}$	$R_1 C_1$	$\left(1 + \dfrac{C_2}{C_1}\right) T_1$	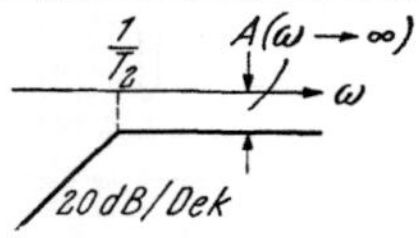
1	$R_1 C_2$	$\dfrac{1}{1 + \dfrac{C_2}{C_1}}\, T_1$	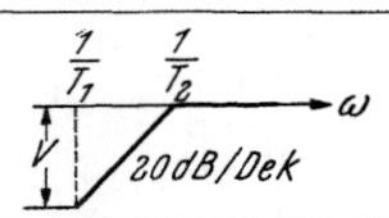
1	$R_2 C_1$	$\dfrac{1}{1 + \dfrac{R_2}{R_1}}\, T_1$	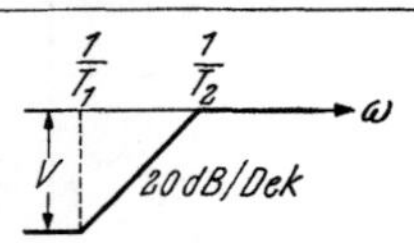
$\dfrac{1}{1 + \dfrac{R_2}{R_1}}$	$R_1 C_1 V$	$\left(1 + \dfrac{R_2}{R_1}\right) T_1$	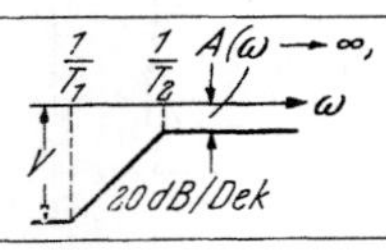
$\dfrac{1}{1 + \dfrac{R_3}{R_1}}$	$R_2 C_1$	$\dfrac{R_1 + R_3}{R_1 + R_2 + R_3}\, T_1$	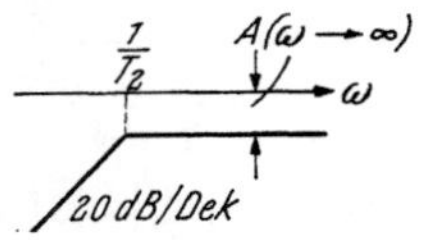
∞	—	—	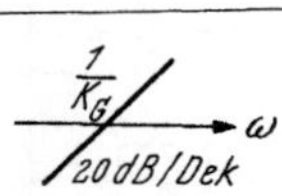
$\dfrac{K_2 R_1}{L_A}$	$\dfrac{L_A}{R_1 + R_A}$	—	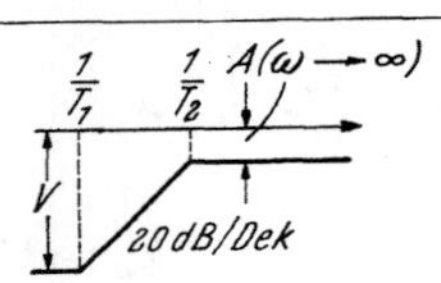

Tabelle 7.1 (Fortsetzung) 2. Netzwerke mit Phasenanhebung und

Schaltung	Übertragungsfunktion
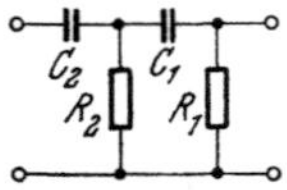	$\dfrac{T_1T_2s^2}{T_1T_2s^2+\left[T_1\left(1+\dfrac{R_2}{R_1}\right)+T_2\right]s+1}$
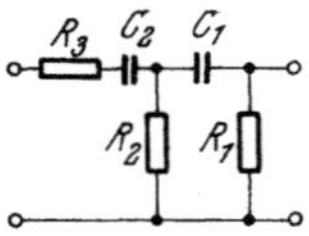	$\dfrac{T_1T_2s^2}{T_1T_2s^2\left[1+\dfrac{R_3(R_1+R_2)}{R_1+R_1}\right]+\left[T_1\left(1+\dfrac{R_2}{R_1}\right)+T_2\left(1+\dfrac{R_3}{R_2}\right)\right]s+1}$
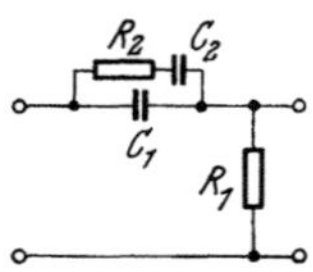	$\dfrac{T_1\dfrac{C_2}{C_1}s\left(T_2\dfrac{C_1}{C_2}s+1\right)}{T_1T_2s^2+\left(T_1\dfrac{C_2}{C_1}+T_2\right)s+1}$
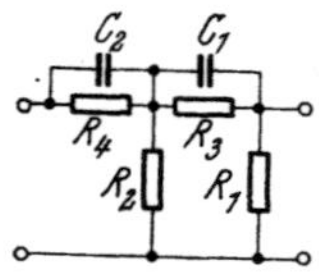	$\dfrac{(T_1s+1)\,(T_2s+1)}{T_1T_2s^2+\left\{T_1\left(1+\dfrac{R_3}{R_1}\right)+T_2\left[1+\dfrac{R_4(R_1+R_2)}{R_1R_2}\right]\right\}s+\dfrac{1}{V}}$
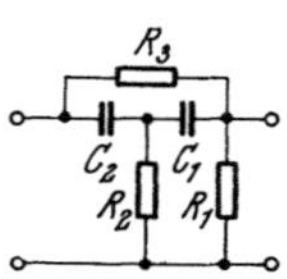	$\dfrac{T_1T_2s^2+\left(T_1\dfrac{R_2}{R_3}+T_2\dfrac{R_1}{R_1+R_3}\right)s+V}{T_1T_2s^2+\left[T_1+T_2\left(1+\dfrac{C_1}{C_2}\right)\right]s+1}$
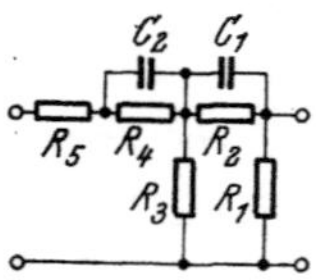	$(T_1s+1)\,(T_2s+1):\left\{T_1T_2\left[1+\dfrac{(R_1+R_2)R_3}{R_1R_2}\right]s^2+\right.$ $+\left(T_1\left[1+\dfrac{R_2}{R_1}+\dfrac{(R_1+R_2+R_3)R_5}{R_1R_5}\right]+\right.$ $\left.\left.+T_2\left[1+\dfrac{(R_1+R_3)\,(R_4+R_5)}{R_3R_5}\right]\right)s+\dfrac{1}{V}\right\}$
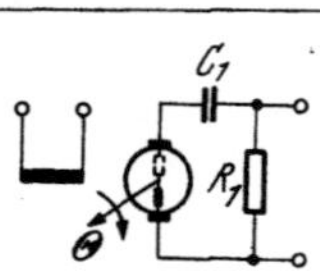	$\dfrac{T_2K_Gs^2}{T_2T_3s^2+(T_1+T_2)\,s+1}$
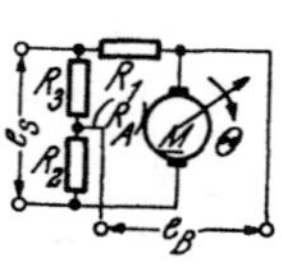	$\dfrac{E_B(s)}{\Theta(s)}=K_\mu(T_1s+1)\,s,$ mit $K_\mu=\dfrac{K_eR_3}{R_2+R_3}$

[1] T_a und T_b sind die Wurzeln des Nennerpolynoms der Übertragungsfunktion

einer größten Steigung von + 40 dB/Dekade

$V = A(\omega \to 0)$	$A(\omega \to \infty)$	T_1	T_2	T_3	Amplitudenkennlinie
0	1	R_1C_1	R_2C_2	—	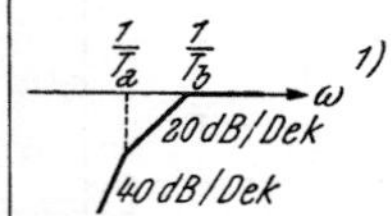
0	$\frac{1}{1+\frac{R_3(R_1+R_2)}{R_1R_2}}$	R_1C_1	R_2C_2	—	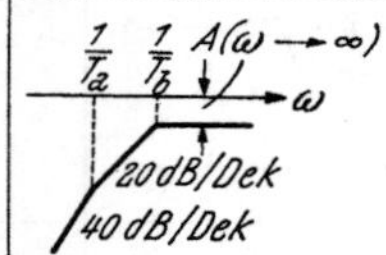
0	1	R_1C_1	R_2C_2	—	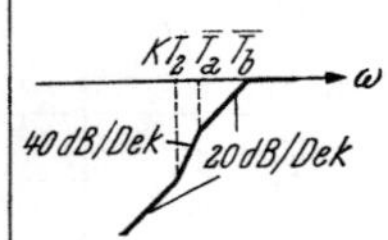
$1 : \left[1 + \frac{R_3}{R_1} + \frac{R_4(R_1+R_2+R_3)}{R_1R_2}\right]$	1	R_4C_2	R_3C_1	—	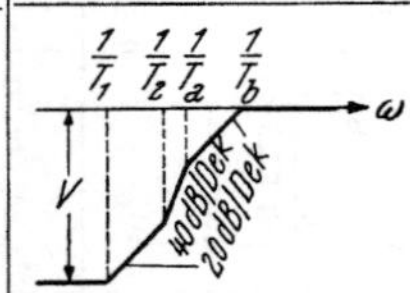
$\frac{1}{1+\frac{R_3}{R_1}}$	1	$\frac{R_1R_3}{R_1+R_2}C_1$	R_3C_2	—	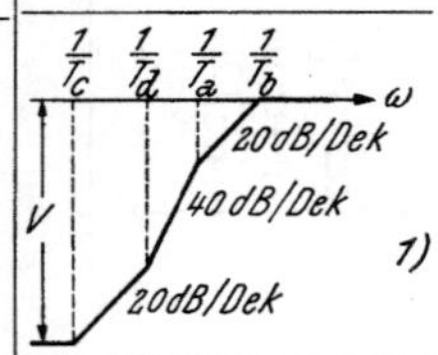
$1 : \left[1 + \frac{R_2}{R_1} + \frac{(R_1+R_2+R_3)(R_4+R_5)}{R_1R_3}\right]$	$\frac{1}{1+\frac{(R_1+R_3)R_5}{R_1R_3}}$	R_4C_2	R_2C_1	—	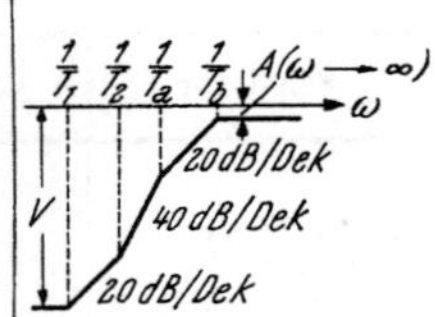
0	$\frac{K_GR_1}{L_1}$	R_AC_1	R_1C_1	$\frac{L_A}{R_1}$	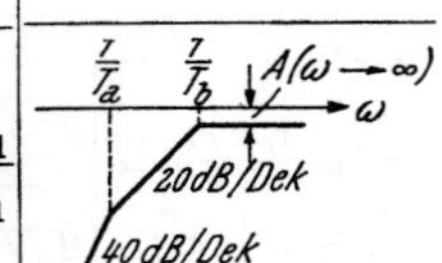
0	∞	$\frac{1-\frac{R_1R_2}{R_3R_A}}{1+\frac{R_1}{R_A}}T_A$	—	—	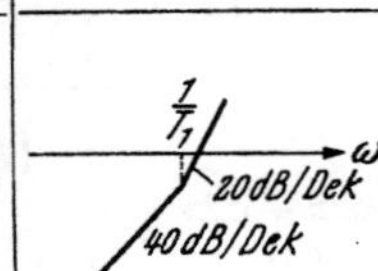

T_c und T_d sind die Wurzeln des Zählerpolynoms der Übertragungsfunktion

Tabelle 7.1 (Fortsetzung)

3. Netzwerke mit Phasenabsenkung

Schaltung	Übertragungsfunktion	$V = A\,(\omega \to 0)$
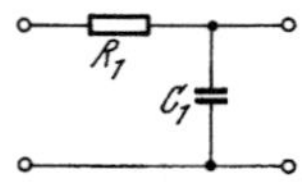	$\dfrac{1}{T_1 s + 1}$	1
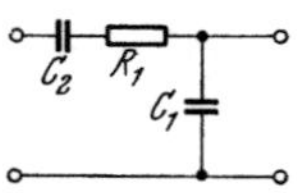	$\dfrac{V}{T_1 s + 1}$	$\dfrac{1}{1 + \dfrac{C_1}{C_2}}$
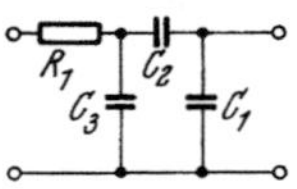	$\dfrac{V}{T_1 s + 1}$	$\dfrac{1}{1 + \dfrac{C_1}{C_2}}$
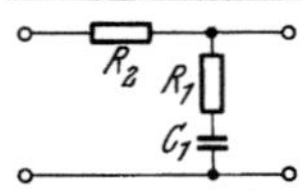	$\dfrac{T_1 s + 1}{T_2 s + 1}$	1
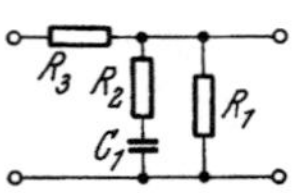	$V \dfrac{T_1 s + 1}{T_2 s + 1}$	$\dfrac{1}{1 + \dfrac{R_3}{R_1}}$
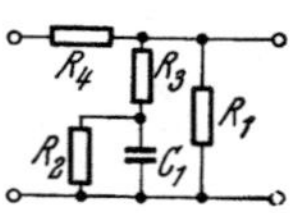	$V \dfrac{T_1 s + 1}{T_2 s + 1}$	$\dfrac{1}{1 + \dfrac{R_4}{R_1} + \dfrac{R_4}{R_2 + R_3}}$

4. Netzwerke mit Phasenabsenkung und

Schaltung	Übertragungsfunktion	$V = A\,(\omega \to 0)$
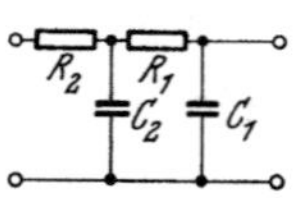	$\dfrac{1}{T_1 T_2 s^2 + \left[T_1\left(1 + \dfrac{R_2}{R_1}\right) + T_2\right] s + 1}$	1
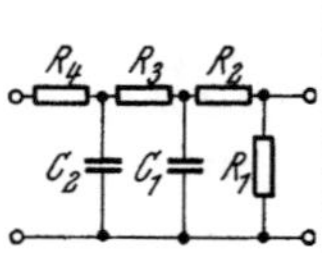	$\dfrac{1}{T_1 T_2 s^2 + \left[T_1\left(1 + \dfrac{R_4}{R_3}\right) + T_2\left(\dfrac{R_1 + R_2 + R_3}{R_1}\right)\right] s + \dfrac{1}{V}}$	$\dfrac{R_1}{R_1 + R_2 + R_3 + R_4}$
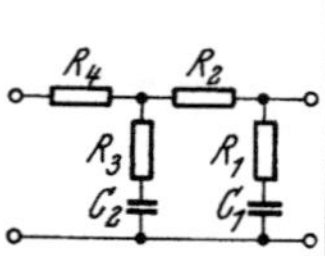	$(T_1 s + 1)(T_2 s + 1) : \left\{T_1 T_2 \left[\left(1 + \dfrac{R_4}{R_3}\right)\left(1 + \dfrac{R_2}{R_1}\right) + \dfrac{R_4}{R_1}\right] s^2 + T_1\left(1 + \dfrac{R_4}{R_1} + \dfrac{R_2}{R_1}\right) + T_2\left(1 + \dfrac{R_4}{R_3}\right)\right\} s + 1$	1

und einem Abfall von -20 dB/Dekade

$A\ (\omega \to \infty)$	T_1	T_2	Amplitudenkennlinie
0	$R_1 C_1$	—	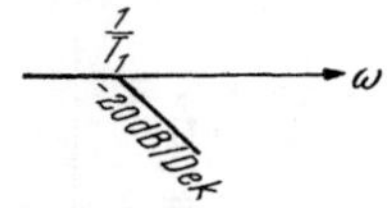
0	$R_1 \dfrac{C_1 C_2}{C_1 + C_2}$	—	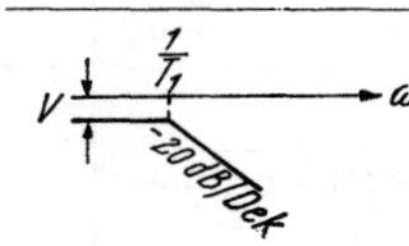
0	$R_1 \left(C_3 + \dfrac{C_1 C_2}{C_1 + C_2}\right)$	—	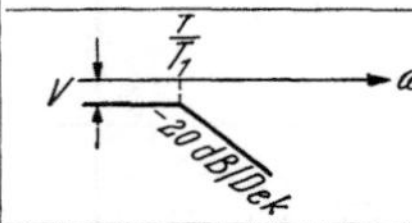
$\dfrac{1}{1 + \dfrac{R_2}{R_1}}$	$R_1 C_1$	$\left(1 + \dfrac{R_2}{R_1}\right) T_1$	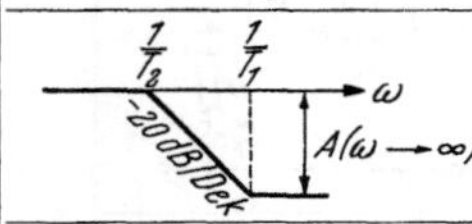
$\dfrac{1}{1 + \dfrac{R_3}{R_1} + \dfrac{R_3}{R_2}}$	$C_1 R_2$	$\left[1 + \dfrac{R_2 (R_1 + R_3)}{R_1 R_3}\right] T_1$	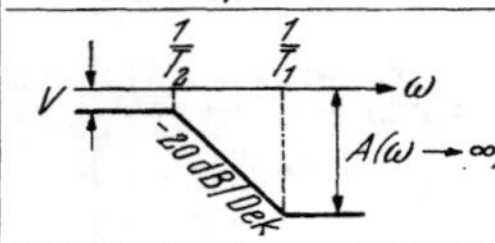
$\dfrac{1}{1 + \dfrac{R_4}{R_3} + \dfrac{R_1}{R_1}}$	$\dfrac{R_2 R_3}{R_2 + R_3} C_1$	$\dfrac{1 + \dfrac{R_4}{R_1} + \dfrac{R_4}{R_2 + R_3}}{1 + \dfrac{R_4}{R_2} + \dfrac{R_4}{R_1}} T_1$	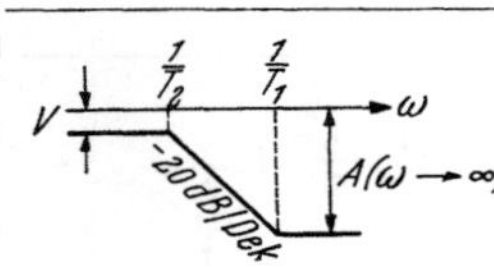

einem größten Abfall von -40 dB/Dekade

$A\ (\omega \to \infty)$	T_1	T_2	Amplitudenkennlinie
0	$R_1 C_1$	$R_2 C_2$	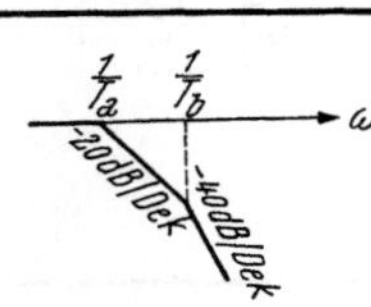
0	$\dfrac{R_1 + R_2}{R_1} R_3 C_1$	$R_4 C_2$	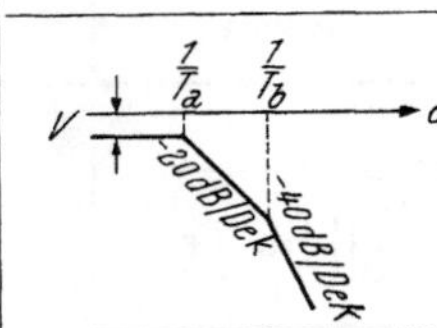
$\dfrac{1}{\left(1 + \dfrac{R_4}{R_3}\right)\left(1 + \dfrac{R_2}{R_1}\right) + \dfrac{R_4}{R_1}}$	$R_1 C_1$	$R_3 C_3$	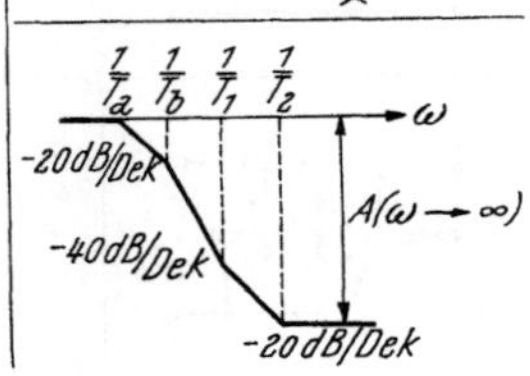

Tabelle 7.1 (Fortsetzung) 5. Netzwerke mit

Schaltung	Übertragungsfunktion
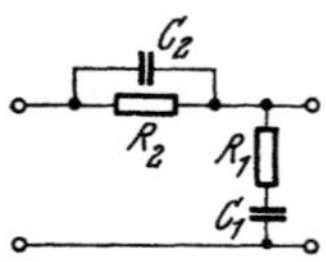	$\dfrac{(T_1 s + 1)(T_2 s + 1)}{T_1 T_2 s^2 + \left[T_1\left(1 + \frac{R_2}{R_1}\right) + T_2\right] s + 1}$
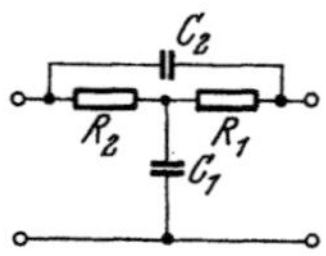	$\dfrac{T_1 T_2 s^2 + T_2 s + 1}{T_1 T_2 s^2 + \left[T_1\left(1 + \frac{R_2}{R_1}\right) + T_2\right] s + 1}$
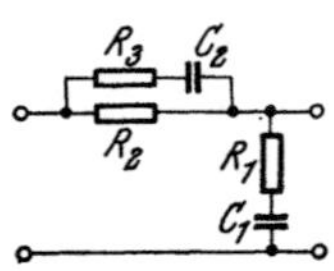	$(T_1 s + 1)(T_2 s + 1) : \left\{T_1 T_2 \left(1 + \frac{R_2 R_3}{R_1 (R_2 + R_3)}\right) s^2 + \right.$ $\left. + \left[T_1\left(1 + \frac{R_3}{R_1}\right) + T_2\right] s + 1\right\}$
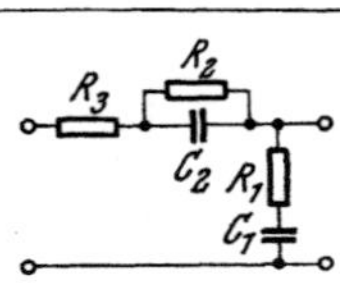	$(T_1 s + 1)(T_2 s + 1) : \left\{T_1 T_2 \left(1 + \frac{R_3}{R_1}\right) s^2 + \right.$ $\left. + \left[T_2 + T_1\left(1 + \frac{R_2}{R_1} + \frac{R_3}{R_1}\right)\right] s + 1\right\}$
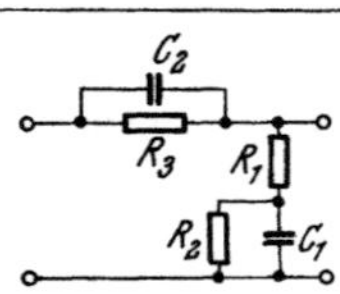	$\dfrac{(T_1 s + 1)(T_2 s + 1)}{T_1 T_2 s^2 + \left[T_1\left(1 + \frac{R_3}{R_1}\right) + T_2\right] s + \frac{1}{V}}$
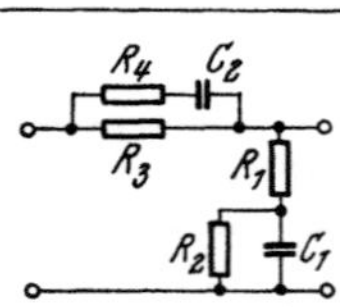	$(T_1 s + 1)(T_2 s + 1) : \left\{T_1 T_2 \left[1 + \frac{R_3 R_4}{R_1 (R_3 + R_4)}\right] s^2 + \right.$ $\left. + \left[T_1\left(1 + \frac{R_3}{R_1}\right) + T_2\left(1 + \frac{R_2 R_4}{(R_1 + R_2)(R_3 + R_4)}\right)\right] s + \frac{1}{V}\right\}$

Schaltung	Übertragungsfunktion
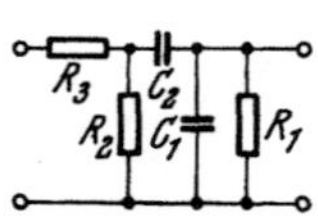	$\dfrac{T_1 s}{T_1 T_2 s^2 + T_1 \left[\left(1 + \frac{R_3}{R_2}\right)\left(1 + \frac{C_1}{C_1}\right) + \frac{R_3}{R_1}\right] s + 1}$
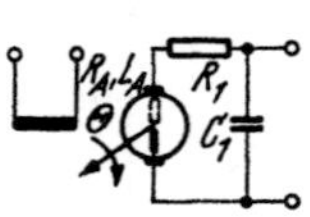	$\dfrac{E_2(s)}{\Theta(s)} = \dfrac{K_G s}{T_1 T_3 s^2 + (T_1 + T_2) s + 1}$

Phasenanhebung und -absenkung

$V = A(\omega \to 0)$	$A(\omega \to \infty)$	T_1	T_2	Amplitudenkennlinie
1	1	$R_1 C_1$	$R_2 C_2$	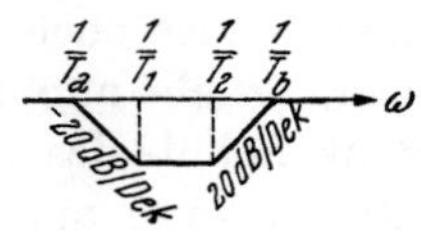
1	1	$\frac{R_1 R_2}{R_1 + R_2} C_1$	$(R_1 + R_2) C_2$	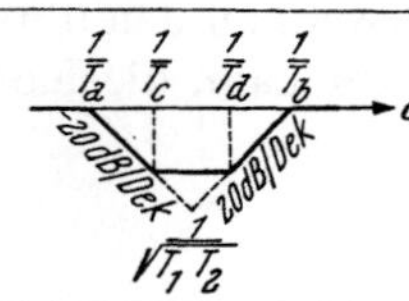
1	$\frac{1}{1 + \frac{R_2 R_3}{R_1(R_2 + R_3)}}$	$R_1 C_1$	$(R_2 + R_3) C_2$	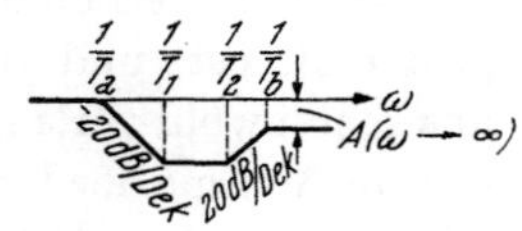
1	$\frac{1}{1 + \frac{R_3}{R_1}}$	$R_1 C_1$	$R_2 C_2$	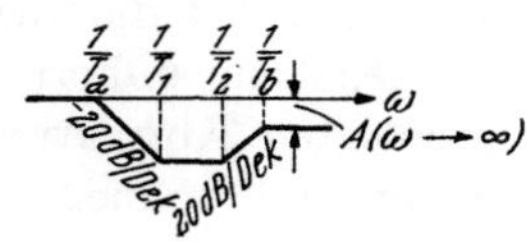
$\frac{1}{1 + \frac{R_3}{R_1 + R_2}}$	1	$\frac{R_1 R_2}{R_1 + R_2} C_1$	$R_3 C_2$	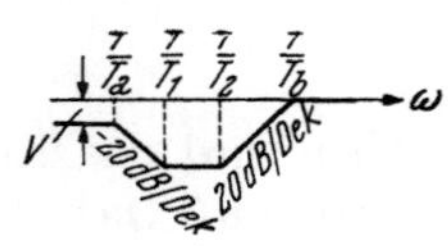
$\frac{1}{1 + \frac{R_3}{R_1 + R_2}}$	$\frac{1}{1 + \frac{R_3 R_4}{R_1(R_3 + R_4)}}$	$\frac{R_1 R_2}{R_1 + R_2} C_1$	$(R_3 + R_4) C_2$	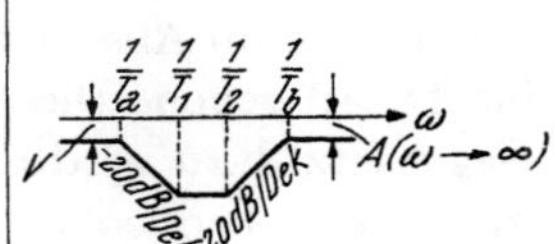

$V = A(\omega \to 0)$	$A(\omega \to \infty)$	T_1	T_2	T_3	Amplitudenkennlinie
0	0	$\frac{R_1 R_2}{R_2 + R_3} C_2$	$R_3 C_1$	—	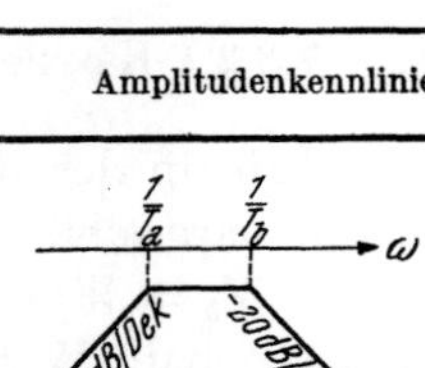
0	0	$R_1 C_1$	$R_A C$	$\frac{L_A}{R_A}$	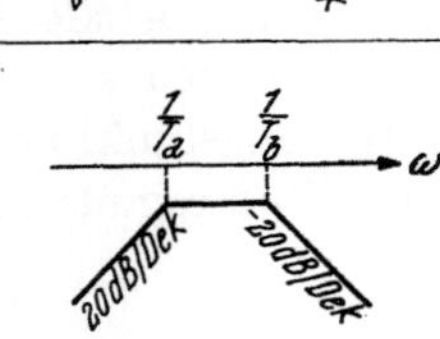

7.3 Das Einfügen der korrigierenden Netzwerke

Nachdem wir uns über den Verlauf der anzustrebenden Amplitudenkennlinie und eben auch noch ganz kurz über Ausführung der Korrekturglieder unterhalten haben, besteht nun die Aufgabe darin, durch Einfügen der Netzwerke die Amplitudenkennlinie des offenen Regelkreises in die gewünschte Form zu bringen. Das Einfügen kann auf verschiedene Weise geschehen; man kann das Korrekturnetzwerk zu den übrigen Gliedern des Regelkreises in Serie oder parallel schalten. Weiter kann die Korrektur auch durch Gegenkopplung (Rückführung) erfolgen.

7.3.1 Serienkorrektur

Bei der Serienkorrektur ist die Einbauart des Korrekturnetzwerkes die problemloseste und auch deren Behandlung im Frequenzkennlinien-Verfahren ist uns schon wohl vertraut. Die Amplitudenkennlinie des korrigierten Systems ergibt sich als Summe der Kennlinie des unkorrigierten Systems und jener des Korrekturgliedes. Bei Durchführung einer Syntheseaufgabe wird man so vorgehen, daß man zunächst die anzustrebende Amplitudenkennlinie ermittelt und von dieser die gegebene unkorrigierte Kennlinie abzieht, wodurch man die Kennlinie des benötigten Korrekturgliedes erhält. Natürlich wird man dabei einen gewissen Kompromiß schließen müssen.

7.3.2 Parallelkorrektur

Hier wird das Korrekturglied dem unkorrigierten System parallelgeschaltet (s. Abb. 4.8). Diese Schaltungsart ist nicht sehr gut geeignet, im Frequenzkennlinien-Verfahren dargestellt zu werden. Wir haben uns mit ihr aber schon ziemlich ausführlich im Abschnitt 4.2 beschäftigt und müssen auch hier nicht mehr weiter ins Detail gehen. Diese Art der Korrektur ist nur gelegentlich anzutreffen. Im Gegensatz dazu wird die Korrektur durch Rückführung häufiger verwendet als die an sich bequemer zu handhabende Serienkorrektur. Oft wird die Korrektur durch Rückführung auch unter die Schaltungsart der Parallelkorrektur eingereiht, wir wollen sie aber in einem eigenen Abschnitt besprechen.

7.3.2.1 Korrektur durch Gegenkopplung (Rückführung)

Das Prinzip der Korrektur durch Gegenkopplung oder Rückführung ist in Abb. 7.32 dargestellt [176]. Es soll angenommen werden, daß die Übertragungsfunktion $W_0 = W_1 \cdot W_2 \ldots W_r$ des unkorrigierten offenen Systems gegeben ist und daß schon die Wahl getroffen wurde, über welche Glieder $W_{m+1} \cdot W_{m+2} \ldots W_{m+n}$ das gegenkoppelnde Korrekturglied mit der Übertragungsfunktion W_{korr} geschaltet werden soll. Die Wirkung des Korrekturgliedes wird dann durch die Übertragungsfunktion W_k des inneren Kreises bestimmt. Bezeichnet man mit W_s die Übertragungsfunktion der Vorwärtsglieder der inneren Schleife:

$$W_s(s) = W_{m+1}(s) \cdot W_{m+2}(s) \ldots W_{m+n}(s), \tag{7.28}$$

dann kann die Übertragungsfunktion der geschlossenen inneren Schleife geschrieben werden

$$W_k(s) = \frac{W_s(s)}{1 + W_s(s)\, W_{\text{korr}}(s)}. \tag{7.29}$$

Mit diesen Gleichungen erhält man die Übertragungsfunktion des offenen korrigierten Systems zu

$$W_{0\,\text{korr}}(s) = \frac{W_0(s)}{W_s(s)} \cdot W_k(s) = W_0(s)\, \frac{1}{1 + W_s(s)\, W_{\text{korr}}(s)} = W_0(s) \cdot K(s). \tag{7.30}$$

Es muß demnach die Übertragungsfunktion $W_0(s)$ des unkorrigierten offenen Systems mit der Korrekturfunktion $K(s)$ multipliziert werden, um die Übertragungsfunktion des korrigierten offenen Systems zu erhalten. Es muß also die

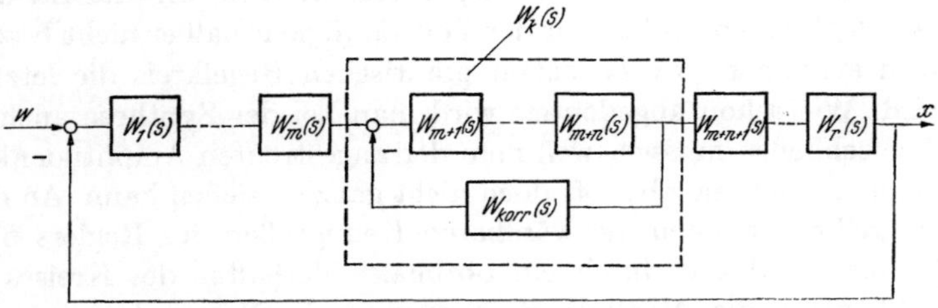

Abb. 7.32. Korrektur durch Rückführung

Amplitudenkennlinie von $W_0(s)$ mit jener der Korrekturfunktion überlagert werden. Letztere erhält man ganz analog den Ausführungen der Abschnitte 4.1.1 und 4.1.2 aus einer Abschätzung des Kennlinienverlaufes und unter Verwendung des Nichols-Diagrammes, was folgendermaßen geschieht:

Zunächst zeichnet man die Amplitudenkennlinie $A_s A_{\text{korr}}$ und betrachte deren Bereiche $A_s A_{\text{korr}} \gg 1$ und $A_s A_{\text{korr}} \ll 1$. Im ersteren Fall erhält man aus Gl. (7.30)

$$|K(\omega)| \approx \frac{1}{A_s A_{\text{korr}}(\omega)}; \tag{7.31 a}$$

die Amplitudenkennlinie $|K(\omega)|$ kann hier durch die Inversion der gezeichneten Kennlinie angenähert werden. Im Bereich $A_s A_{\text{korr}} \ll 1$ erkennt man aus Gl. (7.30) die Näherung

$$|K(\omega)| \approx 1. \tag{7.31 b}$$

Zusammenfassend formulieren wir diese Abschätzung: Für große Beträge der gezeichneten Amplitudenkennlinie $A_s A_{\text{korr}}$ ersetzen wir diese durch ihre inverse Kennlinie, für kleine Beträge ersetzen wir die Kennlinie durch die Frequenzachse. Im mittleren Bereich werden dann einige Punkte unter Verwendung des Nichols-Diagrammes bestimmt, wobei man wegen

$$K = \frac{1}{1 + W_s W_{\text{korr}}} = \frac{\dfrac{1}{W_s W_{\text{korr}}}}{\dfrac{1}{W_s W_{\text{korr}}} + 1} \tag{7.32}$$

mit den invertierten Werten der gezeichneten Kennlinie in das Nichols-Diagramm eingeht.

Bei der Durchführung einer praktischen Syntheseaufgabe wird man meist die Kennlinie des Korrekturgliedes vorgeben und durch Variation der in die Rückführung einbezogenen Glieder einzeln für sich untersuchen, welche der dabei erhaltenen korrigierten Kennlinien der anzustrebenden Amplitudenkennlinie am nächsten kommt. Man kann aber auch aus einer bestimmten Amplitudenkennlinie $|K(\omega)|$ die Kennlinie des Korrekturgliedes bestimmen, wobei man die Methoden der Abschnitte 4.1 und 4.2 verwendet.

7.4 Optimale Reglereinstellung

Den Abschnitt über die Regelkreissynthese, in dem wir die Struktur der Systeme festgelegt haben, wollen wir der Vollständigkeit halber nicht beschließen, ohne noch zu erwähnen, wie an einem praktischen Regelkreis die letzte Hand angelegt wird. Wie schon angedeutet, wird man bei der Synthese auch gewisse Kompromisse schließen müssen, weil man der angestrebten Amplitudenkennlinie zwar sehr nahe kommt, sie aber oft doch nicht ganz erreichen kann. An dem vorhandenen Regelkreis können die wählbaren Kenngrößen des Reglers nun noch so verstellt werden, daß dadurch ein optimales Verhalten des Kreises erreicht wird. Besteht nicht die Möglichkeit, korrigierende Netzwerke einzuschalten, dann ist dies der einzige Weg, ein optimales Verhalten des durch Strecke und Regler gegebenen Systems zu erzielen. Natürlich muß der Begriff „optimal" in jedem Fall festgelegt werden.

Auf dem Gebiet der sogenannten Bemessens-Optimierung wird vielfach im Zeitbereich gearbeitet; hauptsächlich aus Gründen der Anschaulichkeit, wahrscheinlich auch aus Gründen der Konvention. Den üblichen Kriterien, über die man sich in allen Lehrbüchern eingehend informieren kann, liegt jeweils ein bestimmter zeitlicher Verlauf einer Sprungantwort zugrunde, der durch Minimierung eines Integrals erreicht wird. Betrachtet man das Führungsverhalten, dann wird der Verlauf der Regelabweichung herangezogen, ansonsten jener der Regelgröße selbst. Einige der bekanntesten Integralkriterien lauten:

Lineares Optimum:

$$\int_0^\infty x(t) \cdot dt \to \text{Min}, \tag{7.33}$$

Betragslineares Optimum:

$$\int_0^\infty |x(t)|\, dt \to \text{Min}, \tag{7.34}$$

ITAE-Kriterium (integral of time multiplied with absolute value of error):

$$\int_0^\infty t \cdot |x(t)|\, dt \to \text{Min}, \tag{7.35}$$

Quadratisches Optimum:

$$\int_0^\infty \big(x(t)\big)^2 \cdot dt \to \text{Min}. \tag{7.36}$$

Diesen Integralkriterien ist gemeinsam, daß sie nur die Regelgröße bzw. die Regelabweichung selbst berücksichtigen, nicht aber deren Ableitungen. Dies ist immer dann sinnvoll und notwendig, wenn aus bestimmten Gründen schnelle Änderungen von $x(t)$ bzw. $x_w(t)$ nicht zugelassen werden. Ohne näher darauf einzugehen, sollen hier zwei Kriterien angeführt werden, über die ausführlich in [176] nachgelesen werden kann:

Mandelstam-Kriterium:

$$\int_0^\infty [x^2(t) + \tau^2 \cdot \dot{x}^2(t)]\, dt \to \mathrm{Min}, \tag{7.37}$$

Feldbaum-Kriterium:

$$\int_0^\infty V \cdot dt \to \mathrm{Min}, \tag{7.38}$$

wobei V eine positiv definite, quadratische Form der Variablen $x_1 = x(t)$, $x_2 = \dot{x}(t), \ldots x_n = \overset{(n-1)}{x}(t)$ ist:

$$V = \sum_{j,k=1}^{n} a_{jk} \cdot x_j \cdot x_k, \quad \text{mit} \quad a_{jk} = a_{kj}.$$

Die Integralkriterien kann man in verschiedener Weise miteinander vergleichen: Man kann für besonders einfache Regelungssysteme die Koeffizienten der Systemgleichung errechnen und z. B. die zugehörigen Übergangsfunktionen miteinander vergleichen. Ebenso könnte man, nach Ermittlung der Systemgleichungen die Wurzelverteilungen der charakteristischen Gleichungen einander gegenüber stellen. Des weiteren kann man auch die Ortskurven bzw. Frequenzkennlinien, welche die einzelnen Kriterien für optimale Systeme liefern, zum Vergleich heranziehen.

Die angeführten Kriterien bilden die Grundlage für eine unübersehbare Fülle von Publikationen, wovon lediglich [9, 10, 30, 61, 84, 109, 163, 173, 174, 232, 258, 294, 322, 345, 367] zitiert werden sollen. Von verschiedenen Autoren sind auch praktische Einstellregeln ausgearbeitet worden, die häufig benutzt werden [30, 61, 243, 251, 318, 346].

Aus dem quadratischen Optimum Gl. (7.36) haben Oldenbourg und Sartorius ein im Frequenzbereich arbeitendes ,,Praktisches Optimum'' angegeben [234], dessen Grundgedanke noch kurz dargestellt werden soll: Mit der Parsevalschen Gleichung für die Fourier-Transformation [348] kann das Integral des quadratischen Optimums wie folgt geschrieben werden:

$$\int_0^\infty \big(x(t)\big)^2 \cdot dt = \frac{1}{\pi}\int_0^\infty |X(i\omega)|^2\, \mathrm{d}\omega, \tag{7.39}$$

wobei $X(i\omega)$ die Fourier-Transformierte von $x(t)$ ist:

$$X(i\omega) = \int_{-\infty}^{+\infty} x(t) \cdot e^{-i\omega t}\, dt; \tag{7.40}$$

weil $x(t) = 0$ für $t < 0$ gilt.

Da der Integrand in Gl. (7.39) eine gebrochene rationale Funktion in ω ist, läßt sich das Integral nach dem Residuensatz [73] auswerten. Die Forderung

$$\frac{1}{\pi}\int_0^\infty |X(i\omega)|^2\, d\omega \to \text{Min} \tag{7.41}$$

ist gleichbedeutend damit, daß die Fläche unter der Kurve $J(\omega) = |X(i\omega)|^2$ zu einem Minimum gemacht werden soll. Diesem Streben entspricht die Forderung nach dem Verschwinden der geraden Ableitungen von $J(\omega)$ an der Stelle $\omega = 0$.

$$\left.\frac{d^2 J(\omega)}{(d\omega)^2}\right|_{\omega=0} = \left.\frac{d^4 J(\omega)}{(d\omega)^4}\right|_{\omega=0} = \cdots = \left.\frac{d^{2k} J(\omega)}{(d\omega)^{2k}}\right|_{\omega=0} = 0\,. \tag{7.42}$$

Die ungeraden Ableitungen von $J(\omega)$ verschwinden an der Stelle $\omega = 0$ von vornherein, weil $J(\omega)$ eine gerade Funktion ist. Die Größe k der Gl. (7.42) stellt die Anzahl der frei verfügbaren Parameter des Regelungssystems dar und die Gl. (7.42) ist die notwendige Bedingung dafür, daß ein System nach dem praktischen Optimum als optimal eingestellt gilt. Die Koeffizienten von $J(\omega)$ sind durch einfache Beziehungen mit den Koeffizienten von $X(i\omega)$ verknüpft. Es ergibt sich also ein System von k Bestimmungsgleichungen zur Bestimmung der k freien Parameter von $X(i\omega)$.

7.5 Übungsaufgaben

(Lösungen ab S. 239)

Aufgabe 7.1:

Die Übertragungsfunktion eines offenen unkorrigierten Regelungssystems laute

$$W_0(s) = \frac{200}{s(1 + 0{,}1s)(1 + 0{,}02s)(1 + 0{,}01s)}.$$

Man zeichne zunächst die durch ihre Asymptoten angenäherte Amplitudenkennlinie.

Für die Führungs-Sprungantwort des geschlossenen Systems bei einem Sollwertsprung $w_0 = 0{,}55$ werde eine Überschwingweite $x_{m\,\max} = 0{,}3$, eine Beschleunigung der Regelgröße $\ddot{x}(t)_{\max} = 200\,\text{sec}^{-2}$ und eine Ausregelzeit $T_{r\,\max} = 0{,}8\,\text{sec}$ zugelassen. Man bestimme die anzustrebende Amplitudenkennlinie und sodann die Amplitudenkennlinie bzw. die Übertragungsfunktion des zu verwendenden korrigierenden Netzwerkes, wenn dieses dem gegebenem System in Serie geschaltet werden soll.

Aufgabe 7.2:

Wie Aufgabe 7.1, jedoch für die Übertragungsfunktion

$$W_0(s) = \frac{56}{s(1 + 0{,}05s)(1 + 0{,}0125s)}$$

und die zulässigen Kennwerte:

$$x_{m\,\max} = 0{,}2\,, \quad \ddot{x}(t)_{\max} = 120\ \mathrm{sec}^{-2}, \quad T_{r\,\max} = 1{,}0\ \mathrm{sec}$$

bei einem Sollwertsprung $w_0 = 0{,}8$.

Nach Festlegen der korrigierten Amplitudenkennlinie des offenen Systems ermittle man unter Verwendung der Nomogramme Abb. 7.8 bis 7.24 die tatsächlichen Kenngrößen des geschlossenen Systems.

Aufgabe 7.3:

Es sei ein Regelungssystem nach Abbildung 7.33a mit der Übertragungsfunktion des offenen Systems

$$W_0(s) = \frac{V_0}{s(1 + 0{,}05s)(1 + 0{,}0125s)}$$

gegeben (Übertragungsfunktion der Aufgabe 7.2, jedoch mit wählbarer Verstärkung). Nach Abb. 7.33a ergibt sich für die Verstärkung $V_0 = 20 \cdot V_1$. Nach Abb. 7.33b soll das erste PT1-Glied durch eine nachgiebige Rückführung mit der Übertragungsfunktion

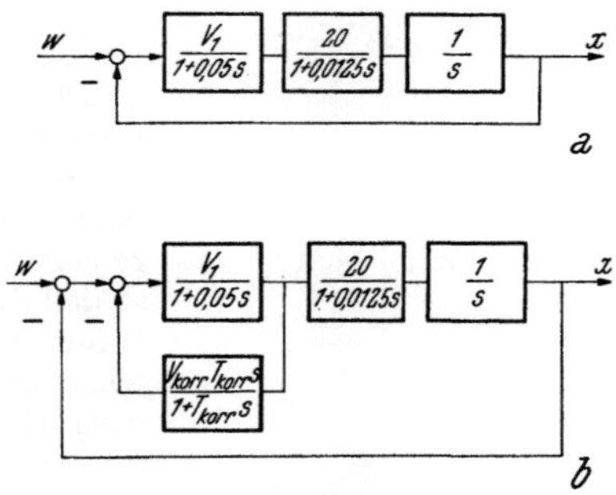

Abb. 7.33. Zu Aufgabe 7.3. *a* Unkorrigiertes System, *b* korrigiertes System

$$W_{\mathrm{korr}}(s) = V_{\mathrm{korr}} \frac{T_{\mathrm{korr}}s}{1 + T_{\mathrm{korr}}s}$$

überbrückt werden. Man bestimme die zulässige Verstärkung V_0 sowie die Kennwerte V_{korr} und T_{korr} des Korrekturgliedes so, daß sich ein günstiges dynamisches Verhalten des korrigierten Systems ergibt.

Hinweis: Man bestimme zunächst die Amplitudenkennlinie der Korrekturfunktion Gl. (7.30) derart, daß sich für das korrigierte System eine mittelfrequente Asymptote mit der Steigung -1 bzw. -20 dB/Dek. ergibt. Die Kennlinie des unkorrigierten Systems zeichne man dazu zunächst für willkürliche Verstärkung V_0.

B. Nichtlineare und nichtstetige Systeme

„Die Notwendigkeit der Anwendung von Näherungsmethoden ergibt sich daraus, daß man die Aufgabe der Bestimmung der periodischen Vorgänge nur in den einfachsten Fällen exakt lösen kann. Sogar dann ist die Konstruktion der genauen Lösungen mit umfangreichen Rechnungen verbunden, so daß die Behandlung jeder neuen Aufgabe eine selbständige Untersuchung erfordert, die weit über die Grenzen der üblichen technischen Berechnungen hinausgeht. Eine Ausnahme bilden lediglich die Relaissysteme, für die sich die genauen Methoden sehr vereinfachen."

W. W. Solodownikow

8. Die Beschreibungsfunktion zur Analyse nichtlinearer Systeme

8.1 Grundlagen

In den bisherigen Abschnitten haben wir uns ausschließlich mit linearen Vorgängen beschäftigt, d. h. mit Vorgängen, die noch durch lineare Differentialgleichungen dargestellt werden können. Alle Regelungsvorgänge sind jedoch ihrem Wesen nach nichtlinear, d. h., sie werden durch nichtlineare Differentialgleichungen beschrieben. Solange man nur kleine Amplituden betrachtet und gewisse Fehler zuläßt, kann man die Kennlinien in ihrem Arbeitspunkt linearisieren und so die Voraussetzung für die Anwendung der linearen Theorie schaffen. Diese wurde wegen der kleinen Amplituden früher auch als die „Methode der kleinen Schwingungen" bezeichnet. Für große Amplituden ist diese Art der Linearisierung nicht mehr zulässig und das nichtlineare Verhalten muß entsprechend berücksichtigt werden. Nichtlinearitäten entstehen im Regelkreis entweder durch die physikalischen Eigenschaften einzelner Übertragungsglieder, wobei der Einfluß dieser unvermeidbaren Nichtlinearitäten festgestellt werden muß, oder sie werden zur Verbesserung der dynamischen Eigenschaften bewußt eingeführt. Schließlich kann auch das Prinzip der Regelung an sich ein nichtlineares sein, wie es z. B. bei der Zweipunktregelung der Fall ist.

Bei der Analyse eines nichtlinearen Systems ist die Feststellung der Existenz von stabilen Grenzzyklen im allgemeinen die wichtigste Aufgabe. Die exakte Kenntnis von Amplitude und Frequenz der Grenzschwingung ist zwar wichtig, tritt aber für den Fall daß einmal die Existenz eines Grenzzyklus nachgewiesen ist, etwas in den Hintergrund. Teils aus diesem Grunde, vor allem aber deshalb, weil die exakte Bestimmung der Vorgänge im allgemeinen sehr schwierig und aufwendig ist, werden in der nichtlinearen Theorie vorwiegend Näherungsmethoden verwendet.

Die Vereinfachung beginnt damit, daß man alle Nichtlinearitäten eines Systems zu wenigen oder gar zu einem einzigen nichtlinearen Übertragungsglied zusammenfaßt. Dies ist bei den meisten praktisch vorkommenden Systemen im allgemeinen möglich. Das Verhalten dieses nichtlinearen Gliedes wird — wenn es ein energiespeicherndes Element enthält — durch die beliebige nichtlineare Funktion

$$x_a = f(x_e, \dot{x}_e)$$

beschrieben, wobei x_e und $\dot{x}_e$ in einer nichtlinearen oder in einer linearen Kombination vorkommen. Im ersten Fall ist das Verhalten der Nichtlinearität zeit- bzw. frequenzabhängig. Der bei den praktisch vorkommenden Regelungssystemen häufige zweite Fall gestattet es, die Nichtlinearität weiter zu unterteilen in einen linearen frequenzabhängigen Anteil (der dem linearen Teil des Systems zugezählt wird) und in einen nichtlinearen frequenzunabhängigen Anteil. Dieser Sonderfall der frequenzunabhängigen Nichtlinearität (Nichtlinearität nullter Ordnung) wird zu einem wichtigen Fall der praktischen Regelungstechnik. Das nichtlineare Übertragungsglied ist jetzt nur mehr durch seine für den Beharrungszustand geltende Kennlinie

$$x_a = f(x_e)$$

festgelegt. Diese Kennlinie wird, soweit sie nicht durch eine einfache analytische Beziehung gegeben ist, durch stückweise lineare Verläufe angenähert, worin ein weiterer Schritt der Näherung liegt. Alle häufig vorkommenden Kennlinien sind solche stückweise definierten Funktionen (s. Abschnitt 8.2).

Die im folgenden besprochene Methode ist sowohl auf frequenzabhängige als auch auf frequenzunabhängige Nichtlinearitäten in gleicher Weise anwendbar.

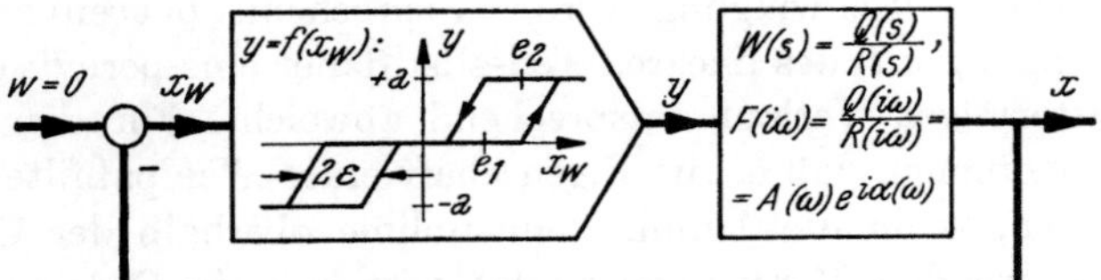

Abb. 8.1. Regelungssystem mit einem nichtlinearen Übertragungsglied

Der Einfachheit halber wollen wir uns aber weiterhin ausschließlich mit Systemen befassen, die aus einem linearen Teil und aus einer einzigen Nichtlinearität nullter Ordnung bestehen (Abb. 8.1).

Es wurde schon relativ früh versucht, das Prinzip der Übertragungsfunktion bzw. des Frequenzganges auch auf nichtlineare Systeme anzuwenden, was schließlich zur Entwicklung der Methode der Beschreibungsfunktion führte. Diese Methode benutzt Konstruktionen, die den linearen Verfahren analog sind und ermöglicht mit kleinstem Aufwand die Stabilitätsanalyse sowie die Bestimmung von Amplitude und Frequenz möglicher Dauerschwingungen, wobei keine Beschränkung bezüglich der Art der Nichtlinearität gegeben ist. Die Methode wird den Autoren GOLDFARB [128] und KOCHENBURGER [180] zugeschrieben. Dem Verfahren liegen die Arbeiten von KRYLOW und BOGOLJUBOW [186] über die „äquivalente Linearisierung“ oder „harmonische Balance“ zu Grunde. Die Methode der Beschreibungsfunktion gehört heute zu den Standardverfahren der Regelungstheorie und ist an zahlreichen Stellen ausführlich behandelt [u. a. 118, 121, 211, 243, 249...251, 287]. Es liegt nun der Gedanke nahe, die Vorteile des Frequenzkennlinien-Verfahrens auch zur Analyse nichtlinearer Systeme zu nützen und dieses Verfahren mit der Methode der Beschreibungsfunktion zu kombinieren. Diese Möglichkeit wurde bereits angedeutet [96, 341] und wir wollen sie hier weiter verfolgen. Zunächst müssen wir uns aber mit den Grundlagen der Beschreibungsfunktion vertraut machen.

Wir setzen voraus, daß die Ausgangsgröße des Regelungssystems Abb. 8.1 stabile, näherungsweise als harmonisch angenommene Dauerschwingungen ausführt oder wir denken das offene System wie bei der Frequenzgangmethode harmonisch erregt. Dann ist

$$-x(t) = x_w(t) = \overline{X}_w \cdot \sin \omega t, \tag{8.1}$$

und das Ausgangssignal $y(t)$ des nicht linearen Übertragungsgliedes ist ebenfalls eine periodische Funktion mit der Periode $T = 2\pi/\omega$. Diese Funktion können wir durch eine Fourier-Entwicklung annähern. Betrachten wir zunächst nur ungerade Kennlinien, dann ergibt sich für den Ausgang des nichtlinearen Teiles:

$$y(t) = \sum_{n=1}^{\infty} a_n \cos n\omega t + \sum_{n=1}^{\infty} b_n \sin n\omega t. \tag{8.2}$$

Dieses Schwingungsspektrum durchläuft nun den linearen Teil des Systems, für welchen das Superpositionstheorem gilt. Die Amplitude jeder Teilschwingung wird mit dem zur jeweiligen Frequenz gehörenden Amplitudenverhältnis multipliziert und jede Teilschwingung wird entsprechend phasenverschoben. Die Ausgangsschwingung $x(t)$ des linearen Teiles ist daher eine periodische Funktion, die vom sinusförmigen Verlauf entsprechend abweicht. Für den linearen Teil wird aber angenommen, daß er die Eigenschaft eines „Tiefpaßfilters“ hat. Diese ist dann gegeben, wenn die Amplitudenkennlinie oberhalb der Grundfrequenz abfällt. Eine notwendige Voraussetzung dafür ist, daß die Ordnung des Nennerpolynoms der Übertragungsfunktion zumindest um eins höher ist als die Ordnung des Zählerpolynoms. Dadurch werden die an sich schon kleineren Amplituden der Oberschwingungen noch wesentlich kleiner als die Amplitude der Grundschwingung und der Verlauf $x(t)$ weicht nur mehr geringfügig von der Sinuskurve ab. Die Anteile der höheren Harmonischen können wir dann mit Berechtigung vernachlässigen und den Verlauf $x(t)$ mit guter Näherung wieder als reine Sinusschwingung nach Gl. (8.1) annehmen. Zum selben Resultat gelangen wir natürlich durch Vernachlässigen der Oberschwingungen in Gl. (8.2) und wir schreiben für den Ausgang des nichtlinearen Elementes den linearen Ersatzausdruck

$$y(t) = a \cos \omega t + b \sin \omega t, \tag{8.3}$$

bzw. unter Verwendung von Gl. (8.1):

$$y(t) = \frac{a}{\overline{X}\omega_w}\,\dot{x}_w(t) + \frac{b}{\overline{X}_w}\,x_w(t). \tag{8.4}$$

Ebenfalls unter Verwendung der Gl. (8.1) erhalten wir für die Fourier-Koeffizienten in den obigen Gleichungen:

$$a = \frac{1}{\pi}\int\limits_0^{2\pi} f(\overline{X}_w \sin \omega t)\cos \omega t\; d(\omega t), \tag{8.5a}$$

bzw.

$$b = \frac{1}{\pi}\int\limits_0^{2\pi} f(\overline{X}_w \sin \omega t)\sin \omega t\; d(\omega t). \tag{8.5b}$$

Es wird nun analog der Übertragungsfunktion für Gl. (8.4) im Bildbereich die komplexe Funktion

$$N(s) = \frac{Y(s)}{X_w(s)} = \frac{a}{\overline{X}_w}\cdot\frac{s}{\omega} + \frac{b}{\overline{X}_w} \tag{8.6}$$

gebildet, in der wegen des harmonischen Einganges Gl. (8.1) $s = i\omega$ gesetzt wird. Damit erhalten wir schließlich im Frequenzbereich äquivalent dem Frequenzgang die (bei Nichtlinearitäten nullter Ordnung allerdings frequenzunabhängige) komplexe Beschreibungsfunktion

$$N(\overline{X}_w) = \frac{Y(i\omega)}{X(i\omega)} = \frac{b}{\overline{X}_w} + i\,\frac{a}{\overline{X}_w} = |N(\overline{X}_w)|\cdot e^{i\arg N(\overline{X}_W)}. \tag{8.7}$$

Sie ist eine Funktion der Kennlinienform und der Erregungsamplitude. Diese durch die harmonische Linearisierung gefundene Beschreibungsfunktion wird wie die Ortskurve in der komplexen Ebene dargestellt und beschreibt wie jene das Übertragungsverhalten der linearisierten Nichtlinearität.

Betrachtet man mit Gl. (8.5a) den Imaginärteil der Beschreibungsfunktion:

$$\frac{a}{\overline{X}_w} = \frac{1}{\pi\,\overline{X}_w}\int\limits_0^{2\pi} f(\overline{X}_w \sin \omega t)\cos \omega t\, d(\omega t), \tag{8.8}$$

und formt diesen um zu

$$\frac{a}{\overline{X}_w} = \frac{1}{\pi\overline{X}_w^2}\int\limits_0^{2\pi} f(\overline{X}_w \sin \omega t)\, d(\overline{X}_w \sin \omega t) =$$

$$= \frac{1}{\pi\overline{X}_w^2}\int\limits_0^{2\pi} f(x_w)\, dx_w, \tag{8.9}$$

dann erkennt man, daß es sich bei dem Integral um die bei einer Kennlinie mit Hysterese (Abb. 8.1) insgesamt umfahrene Fläche F handelt. Diese ist negativ zu zählen, wenn sie im mathematisch positiven Sinne umfahren wird, was praktisch immer der Fall ist. Wir erhalten also für Kennlinien mit Hysterese die Beschreibungsfunktion

$$N(\overline{X}_w) = \frac{b}{\overline{X}_w} - i\,\frac{F}{\pi \overline{X}_w^2} \tag{8.10}$$

mit dem Betrag

$$|N(\overline{X}_w)| = \frac{1}{\overline{X}_w}\sqrt{b^2 + \frac{F^2}{\pi^2 \overline{X}_w^2}} \tag{8.11a}$$

und dem Argument

$$\arg N(\overline{X}_w) = -\operatorname{arctg} \frac{F}{\pi \overline{X}_w b}. \tag{8.11b}$$

Die Gln. (8.11) erweisen sich für die Berechnung der Beschreibungsfunktionen als sehr nützlich, weil nur ein Fourier-Koeffizient berechnet werden muß. Man erkennt schließlich, daß bei eindeutigen Kennlinien der Imaginärteil verschwindet und daß dann der Ausgang $y(t)$ gegenüber dem Eingang $x_w(t)$ nicht mehr phasenverschoben ist.

Die Methode der Beschreibungsfunktion gestattet neben der Stabilitätsanalyse die qualitative Beurteilung des Verhaltens eines gegebenen Systems und erlaubt es wie keine andere Methode, den Einfluß der Parameter auf das Systemverhalten anschaulich zu machen. Diesem großen Vorteil stehen zwei wesentliche Nachteile gegenüber. Einerseits ist es bisher nicht gelungen und wird wahrscheinlich auch nicht gelingen, generelle Richtlinien über die Anwendungsgrenzen der Methode aufzustellen; es wird in der Literatur lediglich bisweilen auf spezielle Fälle verwiesen, bei denen die Methode der Beschreibungsfunktion z. B. wegen unzureichender Tiefpaßeigenschaft versagt. Anderseits erfordert eine Fehlerrechnung [165, 263, 314, 335] — soweit überhaupt möglich — einen sehr großen Aufwand, weshalb man bei der jeweils zu lösenden Aufgabe über die Genauigkeit der Methode im Unklaren ist. Diese Unklarheit wird aber dadurch erträglich gemacht, daß bei den für zahlreiche praktische Anwendungsfälle vorgenommenen Fehlerrechnungen bzw. Experimenten am Analogrechner die Fehler der Beschreibungsfunktion meist in der Größenordnung von einigen Prozenten geblieben sind [121, 165, 249, 263, 287, 314], wobei der Frequenzfehler in der Regel kleiner als der Amplitudenfehler war. Schließlich kann auch noch darauf hingewiesen werden, daß bei ausreichender Tiefpaßeigenschaft durch die Vernachlässigung der höheren Harmonischen in vielen Fällen wahrscheinlich kein größerer Fehler gemacht wird, als bei der Annahme einer stückweise linearen Kennlinie. Es ist also weniger dem Nachteil der fehlenden Genauigkeitsangaben für Amplitude und Frequenz Bedeutung beizumessen, als jenen Fällen, in denen das Verfahren unter Umständen falsche Aussagen machen kann. In manchen, allerdings seltenen Fällen ändert sich die Aussage des Verfahrens durch Berücksichtigen der ersten Oberschwingung [249, 250], wobei die Methode aber für die praktische Verwendung wieder sehr aufwendig wird.

8.2 Kennlinien und Beschreibungsfunktionen

Mit Hilfe der Gln. (8.5), (8.10) oder (8.11) kann für jede beliebige Kennlinie die Beschreibungsfunktion berechnet werden. Für häufig vorkommende Kennlinien liegen ausführliche tabellarische Übersichten vor [u. a. 118, 121, 211, 287] wobei es zweckmäßig ist, eine Klassifizierung der Kennlinien vorzunehmen. Alle jene Arten von Kennlinien, die als Sonderfälle aus einer bestimmten Form hervorgehen, werden dann zu einer Klasse zusammengefaßt. Für die Zwecke dieses Buches genügt es aber, wenn wir uns nur mit einer einzigen Klasse von Kenn-

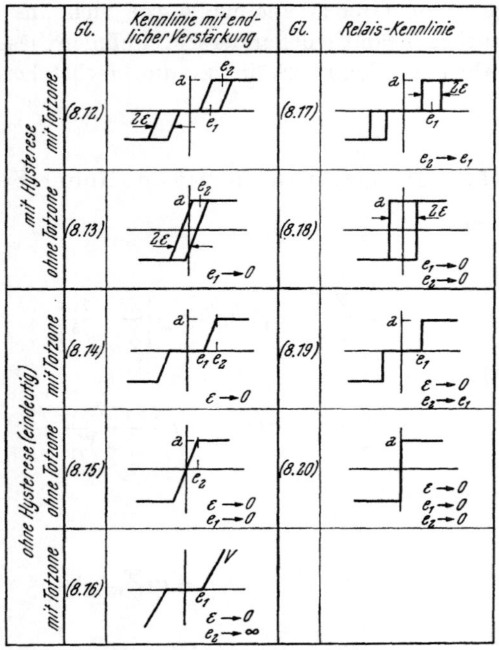

Abb. 8.2. Nichtlineare Kennlinien mit Begrenzung (Sättigung)

linien beschäftigen. Wir wählen dazu die für die praktische Regelungstechnik wichtigsten stückweise linearen Standardtypen, die in Abb. 8.2 zusammengestellt sind. Die allgemeine Form dieser Klasse wurde bereits in Abb. 8.1 verwendet; es ist die Kennlinie mit endlicher Verstärkung, Sättigung, Totzone und Hysterese, für die man mit den Bezeichnungen der Abb. 8.1 die folgende Beschreibungsfunktion ableitet:

$\overline{X}_w > (e_2 + \varepsilon)$:

$$N = \frac{V}{2}\left([k(\alpha_1) + k(\alpha_2) - k(\alpha_3) - k(\alpha_4)] - i\,\frac{4a\varepsilon}{\pi \overline{X}_w^2}\right), \tag{8.12}$$

$(e_1 + \varepsilon) < \overline{X}_w \leqq (e_2 + \varepsilon)$:

$$N = \frac{V}{2}\,[1 - k(\alpha_3) - k(\alpha_4) + k(\alpha_5)] - i\,\frac{4a\varepsilon}{\pi \overline{X}_w^2}\,\frac{\overline{X}_w - e_1 - \varepsilon}{e_2 - e_1}; \tag{8.12a}$$

mit den Abkürzungen

$$V = a/(e_2 - e_1), \qquad \alpha_2 = \overline{X}_w/(e_2 - \varepsilon), \qquad \alpha_4 = \overline{X}_w/(e_1 - \varepsilon),$$
$$\alpha_1 = \overline{X}_w/(e_2 + \varepsilon), \qquad \alpha_3 = \overline{X}_w/(e_1 + \varepsilon), \qquad \alpha_5 = \overline{X}_w/(\overline{X}_w - 2\varepsilon),$$

und der von MAGNUS eingeführten und in [211] tabellierten Funktion

$$k(\alpha_\nu) = \frac{2}{\pi}\left(\arc\sin\frac{1}{\alpha_\nu} + \frac{1}{\alpha_\nu}\sqrt{1-\frac{1}{\alpha_\nu^2}}\right).$$

Durch entsprechende Grenzübergänge lassen sich aus den Gln. (8.12) die Beschreibungsfunktionen sämtlicher anderer Kennlinien dieser Klasse (s. Abb. 8.2) als Sonderfälle ableiten. Man erhält so die nachstehenden Beschreibungsfunktionen:

Sonderfälle der Kennlinien mit endlicher Verstärkung

$e_1 \to 0$:

$\overline{X}_w > (e_2 + \varepsilon)$:

$$N = \frac{V}{2}\left[k(\alpha_1) + k(\alpha_2)\right] - i\,\frac{4a\varepsilon}{\pi \overline{X}_w^2}, \tag{8.13}$$

$\varepsilon < \overline{X}_w \leqq (e_2 + \varepsilon)$:

$$N = \frac{V}{2}\left[1 + k(\alpha_5)\right] - i\,\frac{4V\varepsilon(\overline{X}_w - \varepsilon)}{\pi \overline{X}_w^2}, \tag{8.13a}$$

$\varepsilon \to 0$ (*und* $\varepsilon \to 0$, $e_2 \to \infty$):

$\overline{X}_w > e_2$:

$$N = V[k(\overline{X}_w/e_2) - k(\overline{X}_w/e_1)], \tag{8.14}$$

$e_1 < \overline{X}_w \leqq e_2$:

$$N = V[1 - k(\overline{X}_w/e_1)], \tag{8.14a}$$

identisch mit (8.16)

$\varepsilon \to 0$, $e_1 \to 0$:

$$N = V \cdot k(\overline{X}_w/e_2). \tag{8.15}$$

Die Funktion $k(\alpha_\nu)$ kann für $\alpha_\nu \gtrsim 3$ durch den einfachen Zusammenhang

$$k(\alpha_\nu) \approx 1{,}265/\alpha_\nu$$

sehr gut angenähert werden. Damit vereinfacht sich die Berechnung der Gln. (8.12) und damit ergeben sich auch für die eindeutigen Kennlinien die folgenden Näherungen:

Gl. (8.14): $N \approx V \cdot 1{,}265\,\frac{e_2 - e_1}{\overline{X}_w} = 1{,}265\,\frac{a}{\overline{X}_w}$; (für $\overline{X}_w/e_2 \gtrsim 2$),

Gl. (8.14a) und *Gl. (8.16)*: $N \approx V\left(1 - 1{,}265\frac{e_1}{\overline{X}_w}\right)$; (für $\overline{X}_w/e_1 \gtrsim 3$),

Gl. (8.15): $N \approx V \cdot 1{,}265\,\frac{e_2}{\overline{X}_w} = 1{,}265\,\frac{a}{\overline{X}_w}$; (für $\overline{X}_w/e_2 \gtrsim 3$).

Da diese Näherungen für große Amplituden sehr genau sind, ist dort ihre Anwendung zu empfehlen.

Relaiskennlinien:

$e_2 \to e_1$ (Relais mit Totzone und Hysterese; Dreipunktregler mit Hysterese):

$$N = \frac{2a}{\pi \overline{X}_w}\left[\sqrt{1 - \frac{1}{\alpha_3^2}} + \sqrt{1 - \frac{1}{\alpha_4^2}}\right] - i\,\frac{4a\varepsilon}{\pi \overline{X}_w^2}, \tag{8.17}$$

$e_2 \to 0$, $e_1 \to 0$ (Relais ohne Totzone mit Hysterese; Zweipunktregler mit Hysterese):

$$N = \frac{4a}{\pi \overline{X}_w}\sqrt{1 - \left(\frac{\varepsilon}{\overline{X}_w}\right)^2} - i\,\frac{4a\varepsilon}{\pi \overline{X}_w^2}, \tag{8.18}$$

$\varepsilon \to 0$, $e_2 \to e_1$ (Relais mit Totzone; Dreipunktregler):

$$N = \frac{4a}{\pi \overline{X}_w}\sqrt{1 - \left(\frac{e_1}{\overline{X}_w}\right)^2}, \tag{8.19}$$

$\varepsilon \to 0$, $e_1 \to 0$, $e_2 \to 0$ (ideales Relais; Zweipunktregler):

$$N = \frac{4a}{\pi \overline{X}_w}. \tag{8.20}$$

8.2.1 Betrags- und Argumenten-Diagramme

In den meisten Lehrbüchern sind die wichtigsten Beschreibungsfunktionen in Diagrammform zusammengestellt, wobei vorwiegend in gesonderten Schaubildern Real- und Imaginärteil als Funktionen der Amplitude aufgetragen sind.

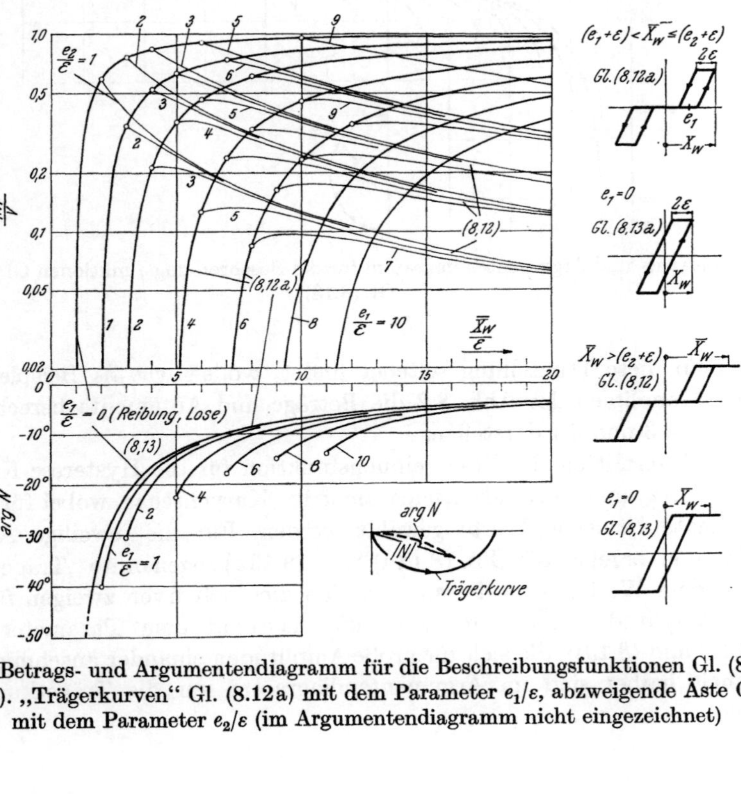

Abb. 8.3. Betrags- und Argumentendiagramm für die Beschreibungsfunktionen Gl. (8.12) und Gl. (8.12a). „Trägerkurven" Gl. (8.12a) mit dem Parameter e_1/ε, abzweigende Äste Gl. (8.12) mit dem Parameter e_2/ε (im Argumentendiagramm nicht eingezeichnet)

Für die Anwendung der Beschreibungsfunktions-Analyse im Frequenzkennlinien-Verfahren benötigt man aber Diagramme für Betrag und Argument nach Gln. (8.11), wobei der Betrag im logarithmischen Maßstab aufzutragen ist [96]. Für die Amplitude kann entweder die lineare oder die logarithmische Skala verwendet werden, wobei letztere in manchen Fällen (z. B. bei Relais) vielleicht zweckmäßiger

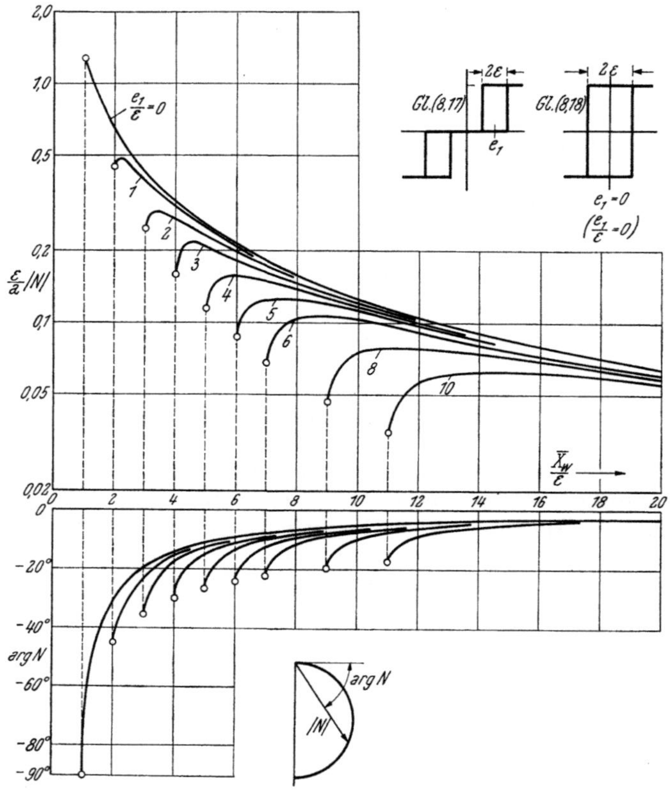

Abb. 8.4. Betrags- und Argumentendiagramm für die Beschreibungsfunktionen Gl. (8.17) und Gl. (8.18)

ist. Da man diese Darstellung seltener findet, wollen wir als Beispiel für die Hysterese-Kennlinien der Abb. 8.2 die Beträge und Argumente berechnen und in den Abb. 8.3 und 8.4 darstellen.

Abb. 8.3 vermittelt die Beschreibungsfunktion für die Hysterese-Kennlinien nach Gln. (8.12) und (8.13) als zweiparametrige Kurvenschar, wobei für Abszisse und Ordinate bezogene Werte gewählt werden. Für die jeweilige Amplitude $\overline{X}_w < (e_2 + \varepsilon)$ ergeben die Gln. (8.12a) bzw. (8.13a) sogenannte „Trägerkurven" [211] mit dem Wert e_1/ε als Parameter. Von diesen Kurven zweigen für die jeweiligen Amplituden $\overline{X}_w > (e_2 + \varepsilon)$ die Äste mit dem Parameter e_2/ε ab (Gln. (8.12) und (8.13)), die sich für große Amplituden einander anschmiegen. Der Einfachheit halber sind im Argumentendiagramm nur die Trägerkurven eingezeichnet.

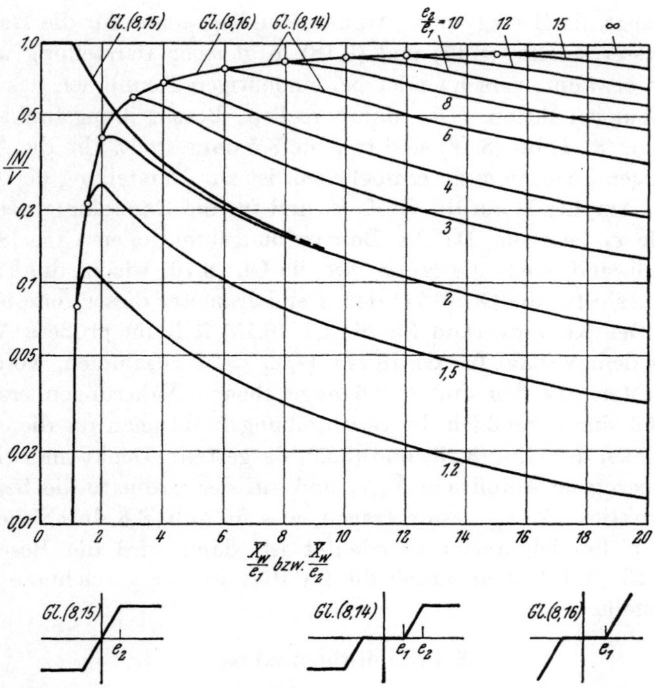

Abb. 8.5. Beschreibungsfunktionen Gln. (8.14), (8.15) und (8.16)

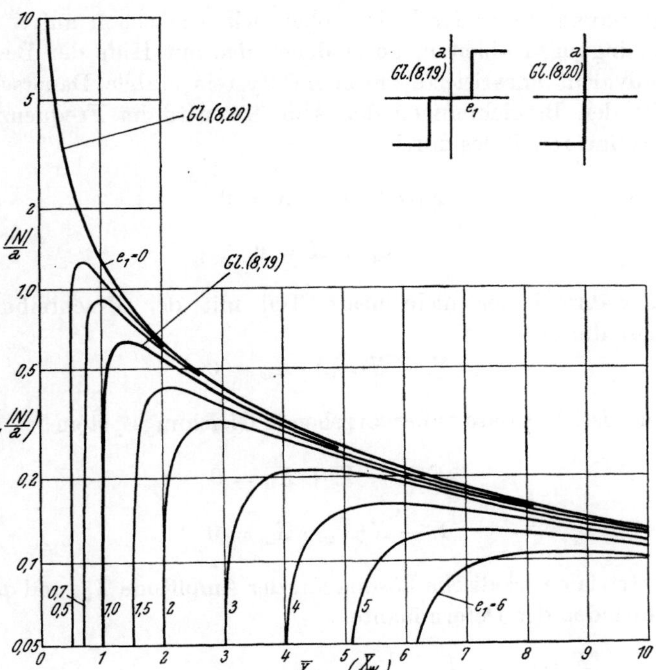

Abb. 8.6. Beschreibungsfunktionen Gln. (8.19) und (8.20)

Abb. 8.4 zeigt die Betrags- und Argumentendiagramme für die Relais-Kennlinien mit Hysterese Gln. (8.17) und (8.18) in gleicher Darstellung wie vorher.

Wie schon erwähnt, verschwindet bei eindeutigen Kennlinien das Argument der Beschreibungsfunktion. Die dann reellen Beschreibungsfunktionen der Kennlinien Gln. (8.14) bis (8.16) sind in Abb. 8.5 dargestellt. Um die Auftragung in einem einzigen Diagramm zu ermöglichen, ist zur Darstellung der Gln. (8.14) und (8.16) die Amplitude auf die Größe e_1 und für die Darstellung der Gl. (8.15) auf die Größe e_2 bezogen. Da die Beschreibungsfunktionen Gln. (8.14a) und (8.16) identisch sind, stellt die Kurve für die Gl. (8.16) wieder die Trägerkurve der einzelnen Äste für die Gl. (8.14) dar. Der Parameter dieser Äste ist das Verhältnis e_2/e_1. Der Kurvenverlauf für die Gl. (8.15) fällt für größere Amplituden praktisch mit dem Verlauf für Gl. (8.14) ($e_2/e_1 = 2$) zusammen, wofür sich der Grund am besten aus den auf S. 136 angegebenen Näherungen ersehen läßt.

In Abb. 8.6 sind schließlich die Beschreibungsfunktionen für die eindeutigen Relais-Kennlinien der Gln. (8.19) und (8.20) dargestellt. Denkt man sich auf der Abszisse die bezogene Amplitude $\overline{X}_w/e_1$ und auf der Ordinate die bezogene Beschreibungsfunktion $N \cdot e_1/a$ aufgetragen, was in Abb. 8.6 durch die in Klammern gesetzten Bezeichnungen angedeutet ist, dann wird die Beschreibungsfunktion der Gl. (8.19) allein durch die im Bild stärker gezeichnete Kurve für $e_1 = 1$ dargestellt.

8.3 Stabilitätsanalyse

8.3.1 Zwei-Ortskurven-Methode

Zur Begründung dieser Methode wollen wir wie schon auf S. 62 die notwendigen Bedingungen ableiten, unter denen das mit Hilfe der Beschreibungsfunktion äquivalent linearisierte autonome System stabile Dauerschwingungen ausführt. Mit den Bezeichnungen der Abb. 8.1 wird im Frequenzbereich das Verhalten des linearen Teiles durch

$$\begin{aligned} F(i\omega) \cdot Y - X &= 0 \\ X_w + X &= 0 \end{aligned} \tag{8.21}$$

beschrieben, während der nichtlineare Teil mit der Beschreibungsfunktion näherungsweise durch

$$Y - N(\overline{X}_w) \cdot X_w = 0 \tag{8.22}$$

gekennzeichnet ist. Das daraus hervorgehende Gleichungssystem

$$\begin{aligned} F(i\omega) \cdot Y + X_w &= 0 \\ Y - N(\overline{X}_w) \cdot X_w &= 0 \end{aligned} \tag{8.23}$$

hat eine nichttriviale periodische Lösung mit der Amplitude $\overline{X}_{ws}$ und der Frequenz ω_s für Verschwinden der Determinante

$$\begin{vmatrix} F(i\omega) & 1 \\ 1 & -N(\overline{X}_w) \end{vmatrix} = F(i\omega) \cdot N(\overline{X}_w) + 1 = 0. \tag{8.24}$$

In Analogie zur linearen Theorie wird der Ausdruck $F(i\omega)N(\overline{X}_w)$ als Frequenzgang des offenen Systems mit einem nichtlinearen Element aufgefaßt. Nach dem vereinfachten Nyquist-Kriterium (s. Abschnitt 5.1) wird die Gl. (8.24) identisch befriedigt, wenn die Ortskurve des offenen Systems durch den kritischen Punkt $(-1, \pm i0)$ hindurchgeht. Nach der im Abschnitt 5.1.2 besprochenen Zwei Ortskurven-Methode gilt dann bei gleicher Phasenlage der Schwingungsvektoren für deren Beträge:

$$\left|F(i\omega_s)\right| = \left|-\frac{1}{N\overline{X}(_{ws})}\right|. \tag{8.25}$$

Für Abklingen muß

$$\left|F(i\omega)\right| < \left|-\frac{1}{N(\overline{X}_w)}\right| \tag{8.25a}$$

sein, während für

$$\left|F(i\omega)\right| > \left|-\frac{1}{N(\overline{X}_w)}\right| \tag{8.25b}$$

das geschlossene System instabil ist.

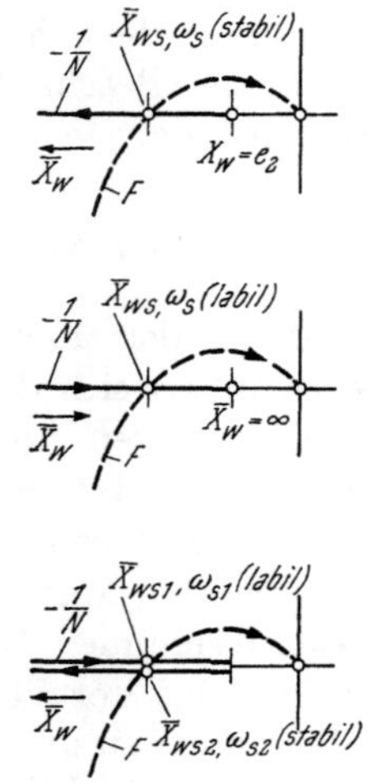

Abb. 8.7. Beispiele zur Zwei-Ortskurven-Methode

Es werden also die Ortskurve $F(i\omega)$ des linearen Teiles und die Ortskurve der negativ inversen Beschreibungsfunktion gezeichnet. Schneiden sich diese Kurven nicht, dann ist eine Grenzschwingung nicht möglich und das System ist immer asymptotisch stabil. Schneiden sich hingegen die beiden Ortskurven, so bedeutet dies eine notwendige (jedoch nicht hinreichende) Bedingung für eine mögliche Grenzschwingung, deren Bestimmungswerte $\overline{X}_{ws}$ und ω_s an der Schnittstelle abzulesen sind. Ob nun auch tatsächlich eine stabile Dauerschwingung auftritt, hängt von dem Verlauf des Parameterwertes $\overline{X}_w$ in der Umgebung des Schnittpunktes ab. Es ergeben sich grundsätzlich drei verschiedene Möglichkeiten, die in Abb. 8.7 gezeigt sind.

In der oberen Skizze des Bildes, wo eine negativ inverse Beschreibungsfunktion z. B. für Gl. (8.15) eingezeichnet ist, ergibt sich ein stabiler Grenzzyklus. Wird das System mit einer kleinen Amplitude $\overline{X}_w < \overline{X}_{ws}$ angeregt, dann klingt nach Gl. (8.25b) die Schwingung auf, jedoch nur bis zur Amplitude $\overline{X}_{ws}$. Wird das System mit einer großen Amplitude $\overline{X}_w > \overline{X}_{ws}$ angeregt, dann klingt nach Gl. (8.25a) die Schwingung bis zu der Amplitude $\overline{X}_{ws}$ ab. Es stellt sich also immer eine stabile Eigenschwingung ein. Ein derartiges Verhalten wird als „Stabilität im Großen" bezeichnet.

Im mittleren Bild (Beschreibungsfunktion z. B. nach Gl. (8.16)) tritt eine gegenteilige Erscheinung auf. Bei Anregung mit kleiner Amplitude klingt die Schwingung vollständig ab, es herrscht „Stabilität im Kleinen", während bei Anregung mit großer Amplitude die Schwingung zu unendlich großen Amplituden aufklingt. Der Schnittpunkt der Ortskurven ergibt einen labilen Grenzwert $\overline{X}_{ws}$. Eine stabile Dauerschwingung ist nicht möglich.

In der unteren Skizze von Abb. 8.7 treten beide Erscheinungen gleichzeitig auf, was z. B. durch einen Beschreibungsfunktions-Verlauf nach Gl. (8.14) verursacht wird. Bei Anregung mit Amplituden $\bar{X}_w < \bar{X}_{ws1}$ bleibt das System asymptotisch stabil und die Schwingung klingt vollständig ab. $\bar{X}_{ws1}$ ist ein labiler Grenzwert der Amplitude, oberhalb dessen die Schwingung bis zur stabilen Grenzschwingung mit $\bar{X}_{ws2}$ und ω_{s2} aufklingt. Bei Anregung mit großen Amplituden klingt die Schwingung zur stabilen Eigenschwingung ab.

Für die Beschreibungsfunktion der Hysterese-Kennlinien gelten dieselben Überlegungen.

8.3.1.1 Anwendung im Frequenzkennlinien-Verfahren

Infolge der äquivalenten Linearisierung des nichtlinearen Übertragungsgliedes äußert sich dessen Serienschaltung mit dem linearen Teil in einer amplitudenabhängigen Änderung des Verstärkungsfaktors des offenen Systems. Bei Verwendung des Frequenzkennlinienverfahrens bedeutet dies lediglich ein Parallelverschieben der Amplitudenkennlinie des linearen Teiles. Bei Kennlinien mit Hysterese kommt dazu noch eine amplitudenabhängige Verschiebung der Phasen-Kennlinie. Das Frequenzkennlinien-Verfahren bietet also auch hier deutlich seine Vorteile an.

Benutzt man die Diagramme für Betrag und Argument der negativ inversen Beschreibungsfunktion mit gleichem Ordinatenmaßstab neben den Frequenzkennlinien des linearen Teiles, so kann man die Zwei-Ortskurven-Methode im

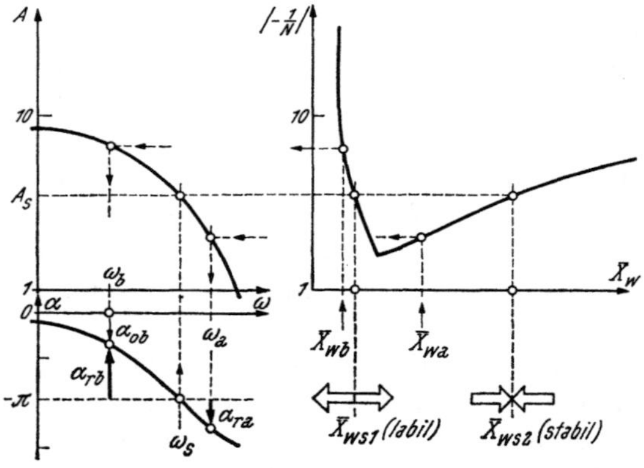

Abb. 8.8. Stabilitätsanalyse im Frequenzkennlinien-Verfahren. Eindeutige Kennlinie

Frequenzkennlinienverfahren direkt anwenden [96] (Abb. 8.8). Der Betrag der negativ-inversen Beschreibungsfunktion ergibt sich aus einem Diagramm nach Abb. 8.3 bis 8.6 einfach durch Spiegelung um den Betrag eins, während man das Argumentendiagramm durch Spiegelung um $-\pi/2$ erhält. In diesen Diagrammen ist der Betrag auf gewisse Parameter (V, a, ε) der nichtlinearen Kennlinie bezogen, die im folgenden der Einfachheit halber mit eins angenommen werden. Bei der Stabilitätsanalyse kann man dies leicht dadurch berücksichtigen, daß man entweder das Beschreibungsfunktions-Diagramm um den jeweiligen Wert des Bezugsparameters parallel verschiebt oder zweckmäßiger den Verstärkungsfaktor des linearen Teiles entsprechend ändert.

Bei eindeutigen Kennlinien (Abb. 8.8) ist das Argument der negativ-inversen Beschreibungsfunktion gleichbleibend $-\pi$. Der Schnitt der Phasenkennlinie mit diesem Wert liefert also die Frequenz ω_s der möglichen Eigenschwingung, während das dazugehörige Amplitudenverhältnis A_s nach dem Kriterium Gl. (8.25) mit dem jeweiligen Betrag der negativ-inversen Beschreibungsfunktion verglichen wird, was in Abb. 8.8 veranschaulicht ist. Da die Zwei-Ortskurven-Methode aus dem Nyquist-Kriterium hervorgeht, kann man auch nach diesem Kriterium wie folgt verfahren (Abb. 8.8; s. auch Abb. 8.10): Geht man mit einer bestimmten

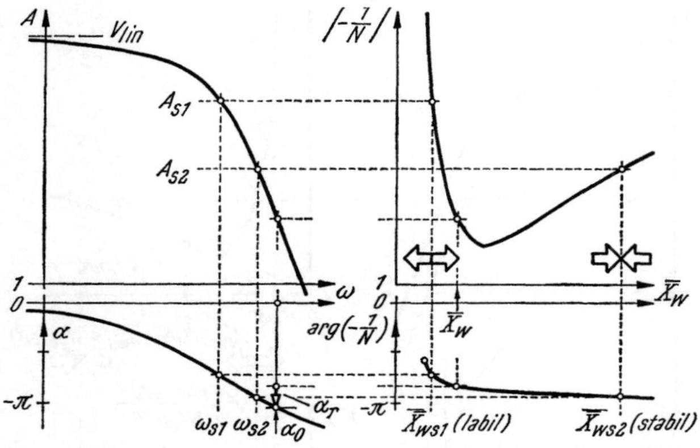

Abb. 8.9. Stabilitätsanalyse im Frequenzkennlinien-Verfahren. Kennlinie mit Hysterese

Amplitude in das Schaubild, dann bedeutet der zugehörige Betrag der negativ-inversen Beschreibungsfunktion für das offene System den Verstärkungsfaktor eins. Ist für die entsprechende Durchtrittsfrequenz der Phasenrand α_r negativ, dann ist das System instabil, während bei positivem Phasenrand Stabilität herrscht. Für Amplituden $\overline{X}_{ws1} < \overline{X}_{wa} < \overline{X}_{ws2}$ erhält man auf diese Weise einen negativen Phasenrand α_{ra} und damit Aufklingen, während sich für Amplituden $\overline{X}_{wb} < \overline{X}_{ws1}$ ein positiver Phasenrand α_{rb} ergibt. Hier herrscht „Stabilität im Kleinen", wogegen bei Amplituden $\overline{X}_w > \overline{X}_{ws2}$ „Stabilität im Großen" anzutreffen ist. Für die betrachtete Kennlinie ist $\overline{X}_{ws1}$ ein labiler und $\overline{X}_{ws2}$ ein stabiler Grenzwert.

Hat das nichtlineare Element eine Kennlinie mit Hysterese, dann wird bei der Stabilitätsanalyse in analoger Weise verfahren. Dabei ist es aber notwendig, auch das Argumentendiagramm der negativ inversen Beschreibungsfunktion zu verwenden. Dieses Diagramm erhält man aus den Abb. 8.3 bzw. 8.4 durch Spiegelung der Argumente um den Wert $-\pi/2$. Dem Schnittpunkt der beiden Ortskurven entspricht in Abb. 8.9 ein „Grenzzyklus", der durch „Einschneiden" gefunden wird.

8.3.2 Stabilitätsdiagramme

Durch Variation der Parameter sowohl des linearen als auch des nichtlinearen Teiles des untersuchten Systems konstruiert man Diagramme, welche über die Stabilitätsverhältnisse in Abhängigkeit von den Parameterwerten Auskunft geben [96]. Die Parametervariation der nichtlinearen Kennlinien ist bereits in den Diagrammen nach Art der Abb. 8.3 bis 8.6 enthalten. Man verwendet also diese Abb. bzw. die durch Spiegelung erhaltenen Schaubilder der negativ-inversen Beschreibungsfunktion und betrachtet den dem jeweiligen Parameterwert entsprechenden Kurvenzug. Die Variation des linearen Teiles berücksichtigt man durch entsprechende Änderung der Frequenzkennlinien.

Am einfachen Beispiel der eindeutigen Kennlinien ist in Abb. 8.10 das Konstruktionsprinzip eines Stabilitätsdiagrammes erläutert. Für den linearen Teil

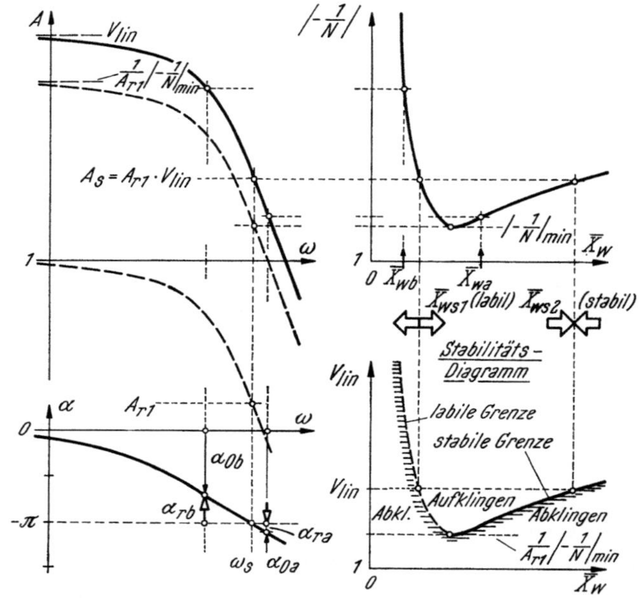

Abb. 8.10. Konstruktion eines Stabilitätsdiagrammes für eine eindeutige Kennlinie. Variation der Verstärkung des linearen Teiles

werde dessen Verstärkung variiert und zunächst mit $V_{\text{lin}} = 1$ angenommen, wodurch man den Amplitudenrand A_{r1} erhält. Für $V_{\text{lin}} < \frac{1}{A_{r1}} \left| -\frac{1}{N} \right|_{\min}$ findet kein Schnitt der Ortskurven statt und das System ist immer stabil. Für Verstärkungen $V_{\text{lin}} \geqq \frac{1}{A_{r1}} \left| -\frac{1}{N} \right|_{\min}$ erhält man Schnittpunkte, welche für die betrachtete Kennlinie die Grenzkurve des Stabilitätsdiagrammes ergeben. Für andere Parameterwerte der nichtlinearen Kennlinie erhält man ähnliche Grenzkurven. Man erkennt aber sofort, daß man das Betragsdiagramm der negativ-inversen Beschreibungsfunktion selbst als Stabilitätsdiagramm ansehen kann, wenn man nur die Ordinate als $V_{\text{lin}} \cdot A_{r1}$-Achse bzw. als $\left| -\frac{1}{N} \right| \cdot \frac{1}{A_{r1}}$-Achse auffaßt.

Bei der Konstruktion von Stabilitätsdiagrammen für Kennlinien mit Hysterese gelten die gleichen Überlegungen wie vorher. Das Schaubild für $|-1/N|$ kann wieder unverändert als Stabilitätsdiagramm verwendet werden, wenn die Ordinate nach $V_{\text{lin}} \cdot A_{r1}$ beziffert gedacht wird. Zur Bestimmung dieser Größe müssen jetzt die Argumentendiagramme mit herangezogen werden, wobei man so vorgeht, wie es an Hand von Abb. 8.9 beschrieben wurde.

In vielen Fällen hat der lineare Teil z. B. den Frequenzgang

$$F(i\omega) = \frac{V_{\text{lin}}}{(i\omega)^{\varkappa}(1 + i\omega T)^{n}}, \tag{8.26}$$

oder er kann mit guter Näherung durch diesen oder ähnliche Frequenzgänge beschrieben werden. In diesen Fällen müssen die Frequenzkennlinien erst gar nicht gezeichnet werden, weil die Werte ω_s und A_{r1} auf einfache Weise berechnet werden können. Man kann dann Stabilitäts-Nomogramme ausarbeiten, die alle Parameterwerte eines linearen Teiles z. B. nach Gl. (8.26) und die Parameterwerte einer bestimmten nichtlinearen Kennlinienform enthalten [96].

8.4 Übungsaufgaben

(Lösungen ab S. 242)

Aufgabe 8.1:

Ein nichtlineares Regelungssystem nach Abb. 8.1 bestehe aus einem linearen Teil mit der Übertragungsfunktion

$$W(s) = \frac{25}{(1 + 7s)(1 + 2s)^2}$$

und einem nichtlinearen Teil, der durch die Werte $a = 1{,}5$, $e_1 = 0{,}5$ und $e_2 = 2$ seiner Kennlinie (eindeutige Kennlinie mit Totzone und Begrenzung) gegeben ist. Man zeichne die Frequenzkennlinien des linearen Teiles sowie die negativ inverse Beschreibungsfunktion des nichtlinearen Teiles und führe eine Stabilitätsanalyse nach Art der Abb. 8.8 durch. Weiter beurteile man den Einfluß der Änderung der Verstärkung des linearen Teiles.
Hinweis: Man entnehme die entsprechende Beschreibungsfunktion der Abb. 8.5 und erhält die negativ inverse Beschreibungsfunktion durch Spiegeln um den Betrag eins.

Aufgabe 8.2:

Wie Aufgabe 8.1, jedoch für die Übertragungsfunktion

$$W(s) = \frac{1{,}15}{s(1 + 3{,}2s + 4s^2)}$$

und ein Relais (ohne Totzone, ohne Hysterese) mit der Stellgröße $a = 2$.

Aufgabe 8.3:

Wie Aufgabe 8.1, jedoch für die Übertragungsfunktion

$$W(s) = \frac{1}{0{,}3s(1 + s)(1 + 0{,}5s)}$$

und ein Relais (mit Totzone und Hysterese) mit den Kennwerten $a = 3$, $e_1 = 2$, $\varepsilon = 1$.

9. Die Relais-Charakteristiken zur Analyse von Relaissystemen

Eine sehr wichtige Stelle nehmen solche nichtlineare Systeme ein, die wenigstens ein Relaisglied enthalten und die daher als Relais-System bezeichnet werden. Die Systeme, mit denen wir uns in diesem Abschnitt beschäftigen wollen, bestehen wie in Abb. 8.1 wieder aus einem linearen Teil, der vorwiegend Tiefpaß-Eigenschaften hat, und einem nichtlinearen Teil, der jetzt eine Kennlinie vom Relais-Typ (s. z. B. Abb. 9.1) aufweist. Den Relaisteil dieses Systems wollen wir als Regler betrachten. Handelt es sich um ein Relais mit Totzone, dann spricht

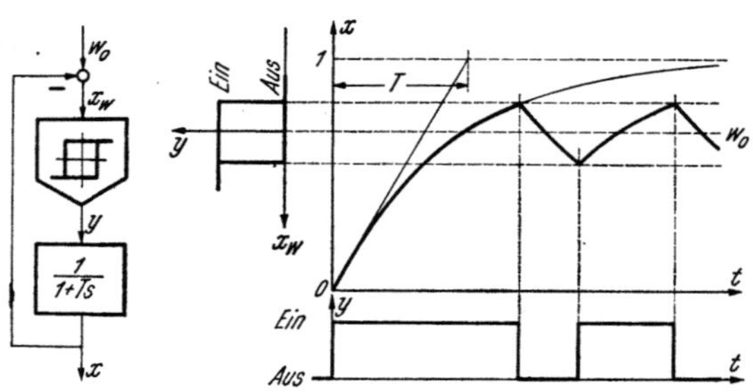

Abb. 9.1. Zweipunktregelung einer linearen Regelstrecke erster Ordnung mit Ausgleich

man von einem Dreipunktregler, während man das Relais ohne Totzone als Zweipunktregler bezeichnet. Dieser Ausdruck ist deshalb üblich, weil als Folge des grundsätzlich oszillierenden Verlaufes der Regelgröße die Stellgröße periodisch nur die eine oder andere Endlage einnehmen kann. Ein Hauptanwendungsgebiet der Zweipunktregelung ist die Temperaturregelung, wo man es vorwiegend mit sehr trägen Regelstrecken zu tun hat. Aus diesem Grund ist die Frequenz der vom System ausgeführten Kippschwingung ziemlich klein, so daß die Vorteile der Zweipunktregelung, nämlich einfache Ausführung und daher Billigkeit, überwiegen.

Den Relais-Systemen soll deshalb ein eigener Abschnitt gewidmet sein, weil sie nicht nur mit der Methode der Beschreibungsfunktion, sondern infolge ihrer besonderen Eigenschaften auch mit anderen genaueren Methoden untersucht werden können. Die Besonderheiten der Relaissysteme besteht nämlich darin, daß die Form der Ausgangsgröße des Relais immer eine Rechteckschwingung ist. Die Untersuchung wird dadurch mit verhältnismäßig einfachen Mitteln möglich und ist am einfachsten für ein System mit einem Zweipunktrelais und einem linearen Teil mit Verzögerung erster Ordnung durchzuführen. Der Verlauf der Regelgröße folgt dort direkt aus der Anschauung (Abb. 9.1). In den meisten Lehrbüchern, die in die Regelungstechnik einführen, findet man daher die Berechnung von Frequenz und Amplitude dieser Kippschwingungen. Für Systeme beliebiger Ordnung lassen sich wie bei der Methode der Beschreibungsfunktion Verfahren entwickeln, die jenen für lineare Systeme wieder sehr ähnlich sind. Deshalb kann auch hier wieder das Frequenzkennlinien-Verfahren angewendet werden. Im

Gegensatz zur Beschreibungsfunktion ist es aber hier möglich, durch Berücksichtigung der Oberschwingungen zu genaueren Verfahren zu kommen.

Als wesentliche Problemstellungen der Analyse von Relais-Systemen sind, wie auch sonst bei nichtlinearen Systemen der Nachweis der erzwungenen sowie der freien Schwingungen [u. a. 34, 98, 138, 139, 226, 293, 349...357], die Untersuchung von sogenannter subharmonischer Resonanz [u. a. 98, 104, 120, 122, 236, 264, 293] und die Ermittlung von Amplitude und Phasenlage des Ausgangssignals [98, 293, 317, 358] zu nennen. Wie bei der Besprechung der Beschreibungsfunktion wollen wir uns aber auf die Stabilitätsanalyse, d. h. auf den Nachweis der freien bzw. Eigenschwingungen konzentrieren. Bei dieser Aufgabe tritt die Kreisfrequenz ω als unabhängige Variable auf und wir können wieder im Frequenzkennlinien-Verfahren arbeiten. Bezüglich der anderen oben erwähnten Aufgaben sei der Leser auf die Literatur verwiesen.

Bei den vorzunehmenden Untersuchungen müssen wir noch unterscheiden, ob die Kennlinie des Relais so wie bisher vorausgesetzt ungerade ist — man spricht dann von einem sogenannten symmetrischen Relais — oder ob es sich um ein sogenanntes unsymmetrisches Relais handelt, bei dem der Mittelwert der Stellgröße von null verschieden ist (s. Abb. 9.14 und 9.15). Manchmal müssen wir bei den anzuwendenden Methoden auch die Art der Übertragungsfunktion des linearen Teiles berücksichtigen. Einige dieser Möglichkeiten sollen nachfolgend besprochen werden.

9.1 Die Methode von Zypkin zur Analyse der Eigenschwingungen eines Relaissystems

9.1.1 Symmetrisches Schalten eines Relaissystems ohne Totzone

Zur Herleitung der Methode [357] betrachten wir das Relaissystem Abb. 9.2 und die in dessen eingeschwungenem Zustand herrschenden Verläufe der Systemgrößen, die ebenfalls im Bild dargestellt sind. Das Relais ist durch seine Kennwerte a und ε und der lineare Teil durch seinen Frequenzgang gegeben. Da das Relais ohne Hysterese einen Sonderfall desjenigen mit Hysterese darstellt, wird das Verfahren gleich für den allgemeineren Fall angegeben. Es sollen aber das Relaisglied und die Übertragungsfunktion des linearen Teiles so beschaffen sein, daß sich zunächst folgende einschränkende Voraussetzungen ergeben: Die Regelgröße $x(t)$ und ihre zeitliche Ableitung $\dot{x}(t)$ sind überall stetig. Das Relais ist „symmetrisch". Die Stellgröße $y(t)$ hat den im Bild eingetragenen Verlauf einer Rechteckschwingung, deren Mittelwert mit der Zeitachse zusammenfällt. Man spricht dann von einem „symmetrischen Schalten" des Relais-Systems.

Eine Fourierentwicklung des Verlaufes der Stellgröße lautet:

$$y(t) = \frac{4\,a}{\pi} \sum_{n=1,3\ldots}^{\infty} \frac{1}{n} \sin n\,\omega t\,, \tag{9.1}$$

wobei die Summe über alle positiven ungeraden n zu erstrecken ist. Entsprechend dem für den linearen Teil geltenden Superpositionstheorem lautet mit dem Frequenzgang

$$F(i\omega) = \frac{Q(i\omega)}{R(i\omega)} = A(\omega) \cdot e^{i\alpha(\omega)} \tag{9.2}$$

die Antwort des linearen Teiles:

$$x(t) = \frac{4a}{\pi} \sum_{n=1,3\ldots} \frac{1}{n} A(n\omega) \cdot \sin[n\omega t + \alpha(n\omega)], \tag{9.3}$$

und ihre zeitliche Ableitung:

$$\dot{x}(t) = \frac{4a}{\pi} \cdot \omega \sum_{n=1,3\ldots} A(n\omega) \cos[n\omega t + \alpha(n\omega)]. \tag{9.4}$$

Für die Existenz stabiler Eigenschwingungen müssen nach Abb. 9.2 folgende notwendige Bedingungen erfüllt sein:

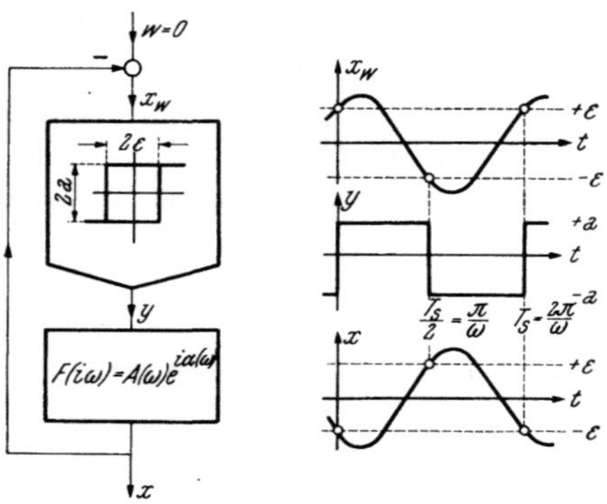

Abb. 9.2. Relaissystem (symmetrisches Relais ohne Totzone) und Verlauf der Systemgrößen

$$t = 0: \qquad x_w(0) = +\varepsilon,$$

$$\dot{x}_w(0) > 0,$$

$$t = \frac{T_s}{2} = \frac{\pi}{\omega}: \qquad x_w \frac{\pi}{\omega} = -\varepsilon,$$

$$\dot{x}_w \frac{\pi}{\omega} < 0, \tag{9.5}$$

und

$$0 \leqq t < \frac{\pi}{\omega}: \qquad x_w(t) > -\varepsilon. \tag{9.5a}$$

Diese letzte „Bedingung für das Ausbleiben zusätzlicher Schaltpunkte" wird im folgenden immer als erfüllt betrachtet und nicht mehr besonders erwähnt. Wegen $w = 0$ ist $x_w(t) = -x(t)$ und die Bedingungen Gln. (9.5) werden mit den Gln. (9.3) und (9.4) als sogenannte Schaltbedingungen in der Form

$$x(0) = -x\left(\frac{\pi}{\omega}\right) = \frac{4a}{\pi} \sum_{n=1,3\ldots} \frac{1}{n} A(n\omega) \sin\alpha(n\omega) = -\varepsilon, \tag{9.6a}$$

$$\dot{x}(0) = -\dot{x}\left(\frac{\pi}{\omega}\right) = \frac{4a}{\pi} \omega \sum_{n=1,3\ldots} A(n\omega) \cos\alpha(n\omega) < 0, \tag{9.6b}$$

oder

$$\sum_{n=1,3\ldots} \frac{1}{n} A(n\omega) \sin\alpha(n\omega) = -\frac{\pi\varepsilon}{4a}, \tag{9.7a}$$

$$\sum_{n=1,3\ldots} A(n\omega) \cos\alpha(n\omega) < 0 \tag{9.7b}$$

geschrieben.

Definiert man eine komplexe Funktion

$$\Phi(i\omega) = \frac{1}{\omega} \cdot \frac{\pi}{4a} \cdot \dot{x}(0) + i\frac{\pi}{4a} \cdot x(0),$$

bzw.

$$\Phi(i\omega) = -\frac{1}{\omega}\frac{\pi}{4a}\dot{x}\left(\frac{\pi}{\omega}\right) - i\frac{\pi}{4a}x\left(\frac{\pi}{\omega}\right), \tag{9.8}$$

die als „Zypkin-Ort“[1], „Zypkin-Hodograph“ oder vorwiegend als „Relais-Charakteristik“ bezeichnet wird, dann sind die notwendigen Schaltbedingungen erfüllt, wenn diese Charakteristik die „Schaltgerade“

$$g = -i\frac{\pi\,\varepsilon}{4\,a} \tag{9.9}$$

in der linken Halbebene schneidet (Abb. 9.3). Am Schnittpunkt wird an der Frequenzteilung der Relaischarakteristik die Frequenz ω_s der Eigenschwingungen abgelesen. Die abgeleiteten Schaltbedingungen sind, wie schon festgestellt,

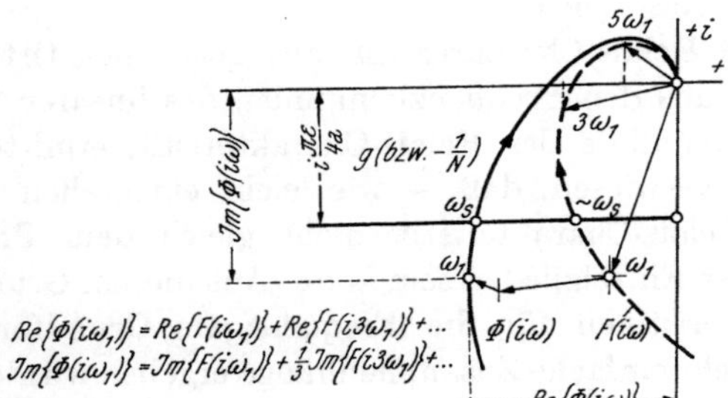

Abb. 9.3. Konstruktion der Relais-Charakteristik aus Ortskurve

notwendige jedoch nicht hinreichende Bedingungen. Die Lösung wäre deshalb noch hinsichtlich ihrer Stabilität zu untersuchen, wofür wir aber auf die Literatur [34, 226, 320, 349, 352, 356, 357] verweisen wollen.

Mit Gl. (9.2) erkennt man den Zusammenhang von Gln. (9.7) mit der Ortskurve des Frequenzganges und schreibt für Real- und Imaginärteil der Relaischarakteristik:

$$Re\,\{\Phi(i\omega)\} = \sum_{n=1,3\ldots} Re\,\{F(in\omega)\}, \tag{9.10a}$$

$$Im\,\{\Phi(i\omega)\} = \sum_{n=1,3\ldots} \frac{1}{n} Im\,\{F(in\omega)\}. \tag{9.10b}$$

Die Relais-Charakteristik kann also unter noch erträglichem Aufwand aus einer gegebenen Ortskurve konstruiert werden. Die Konstruktion ist aus Abb. 9.3

---

[1] Es sei vermerkt, daß Zypkin die Schaltbedingungen in Form der Gln. (9.6) angibt. Die Gln. (9.7) erscheinen vielleicht etwas zweckmäßiger, weil die Relais-Charakteristik einfacher und auch der Anschluß an die Beschreibungsfunktions-Analyse anschaulicher wird (s. S. 150)

zu ersehen; im allgemeinen verwendet man die dritte und fünfte Harmonische und vernachlässigt die höheren Oberschwingungen.

Das Zypkin-Verfahren ist im Gegensatz zur Methode der Beschreibungsfunktion bei Zutreffen der angenommenen Voraussetzungen „exakt", (soweit man eben bei einer Reihenentwicklung von „exakt" sprechen kann), weist das Einhalten der für eine Grenzschwingung notwendigen Bedingungen nach und liefert deren Frequenz ω_s. Die Amplitude und Phasenlage der Schwingung kann durch eine auf S. 152 angedeutete Erweiterung des Verfahrens ermittelt werden. Es ist aber bei Relais ohne Totzone in manchen Fällen naheliegend, die Beschreibungsfunktion und das Zypkin-Verfahren zu kombinieren und an der als negativinverse Beschreibungsfunktion aufgefaßten Schaltgeraden einen Näherungswert für die Amplitude abzulesen. Es ist dies aber nur so lange zulässig, wie der lineare Teil von höherer Ordnung ist (Abb. 9.5).

Bei Vernachlässigen der Oberschwingungen in den Gln. (9.6) vereinfachen sich diese zu der Grundschwingung und die Relais-Charakteristik $\Phi(i\omega)$ fällt mit der Ortskurve $F(i\omega)$ zusammen. Das Verfahren geht dann in die Zwei-Ortskurven-Methode der Beschreibungsfunktions-Analyse über. Aus diesem Grund wurde die Definition der Relais-Charakteristik nach Gl. (9.7) bzw. (9.8) jener nach Gl. (9.6) vorgezogen.

Ebenso wie die Relais-Charakteristik aus gegebener Ortskurve konstruiert wird, können auch aus den Frequenzkennlinien des linearen Teiles die Betrags- und Argumenten-Kennlinie der Relais-Charakteristik ermittelt werden. Es sei aber gleich darauf verwiesen, daß — wie leicht einzusehen — für eine Serienschaltung deren Relais-Charakteristik nicht gleich dem Produkt der Relais-Charakteristiken der Einzelglieder sein kann. Aus diesem Grunde hat die Angabe der Relais-Charakteristiken für die Frequenzgang-Grundformen keinen Sinn, obwohl sich dafür sehr einfache Zusammenhänge ergeben würden. Es hat zunächst den Anschein, als könnten die Vorteile des Frequenzkennlinien-Verfahrens hier nicht voll ausgenützt werden. Man kommt aber zu dem Schluß, daß diese Methode doch den geringsten Aufwand erfordert und am zweckmäßigsten ist. Man ermittelt zunächst auf gewohnte Weise die Frequenzkennlinien des linearen Teiles und bestimmt sodann daraus die Frequenzkennlinien der Relaischarakteristik, was allerdings rechnerisch zu geschehen hat. Man erhält für einen Wert ω_ν der Kreisfrequenz:

$$Re\,\{\Phi(i\omega_\nu)\} = \sum_{n=1,3\ldots} A(n\omega_\nu)\cos\alpha(n\omega_\nu) = Re_\nu,$$

$$Im\,\{\Phi(i\omega_\nu)\} = \sum_{n=1,3\ldots} A(n\omega_\nu)\sin\alpha(n\omega_\nu) = Im_\nu,$$

$$|\Phi(i\omega_\nu)| = \sqrt{Re_\nu^2 + Im_\nu^2}, \quad \arg\Phi(i\omega_\nu) = \operatorname{arc\,tg}\frac{Im_\nu}{Re_\nu}. \tag{9.11}$$

Die Rechnung nach Gl. (9.11) ist in Tabellenform aber doch verhältnismäßig rasch durchgeführt, weil einerseits wegen der Tiefpaßeigenschaft die Berücksichtigung der dritten und fünften (allenfalls noch der siebenten) Harmonischen genügt und weil anderseits nicht die ganze Relais-Charakteristik konstruiert werden muß. Es brauchen in der Regel im interessierenden Bereich nur zwei

Punkte gerechnet werden, die man dann mit guter Näherung durch eine Gerade verbindet. Zur Erleichterung der Berechnung nach Gl. (9.11) kann man sich eventuell auch einen transparenten Raster nach Abb. 9.4 anfertigen.

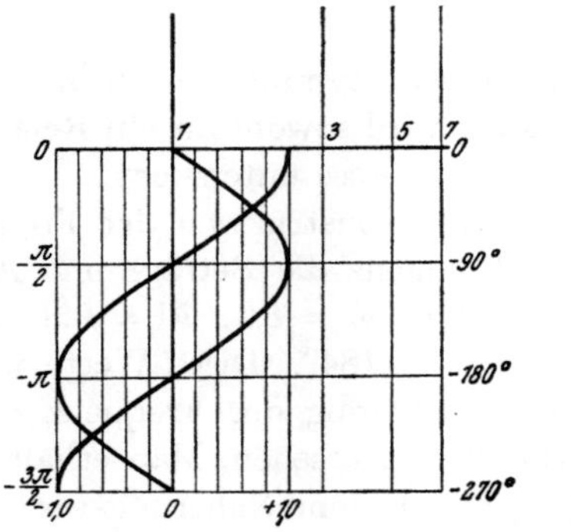

Abb. 9.4. Raster zur Berechnung der Frequenzkennlinien der Relais-Charakteristik

Den Schnittpunkt der Relais-Charakteristik mit der Schaltgeraden kann man unter Verwendung des Betrags- und Argumenten-Diagrammes für die negativ inverse Beschreibungsfunktion des Zweipunkt-Relais (s. Abschnitt 8.2.1) bestimmen. Man geht dabei auf gleiche Weise vor wie bei der Beschreibungsfunktions-Analyse (s. Abschnitt 8.3.1.1). Ebenso wie dort hat man — wie schon erwähnt — die sich ergebende Amplitude als groben Näherungswert zu betrachten.

Bei einem System mit Zweipunkt-Relais ohne Hysterese gestaltet sich die Ermittlung der Schwingungsfrequenz ω_s besonders einfach, weil man nur jene Frequenz aufsuchen muß, für welche das Argument der Relais-Charakteristik den Wert $-\pi$ annimmt. Das Verfahren besteht dann lediglich im Aufsuchen

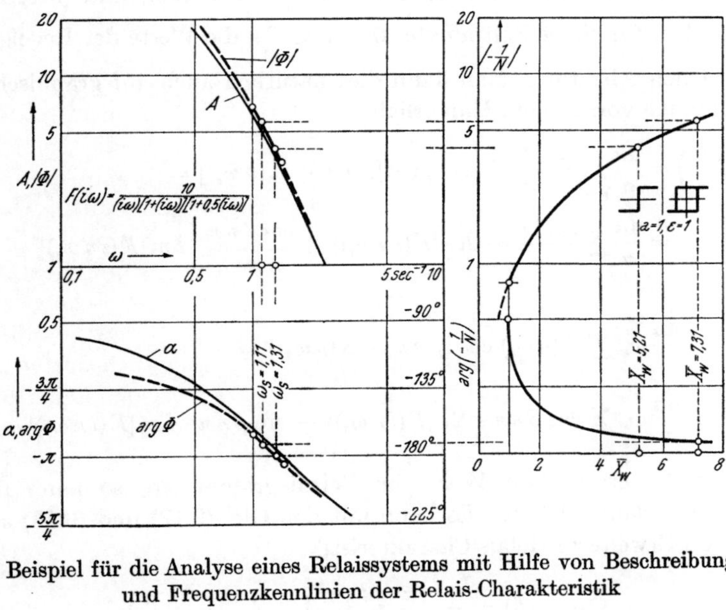

Abb. 9.5. Beispiel für die Analyse eines Relaissystems mit Hilfe von Beschreibungsfunktion und Frequenzkennlinien der Relais-Charakteristik

dieser Frequenz im Argumentendiagramm, wenn man auf einen Näherungswert für die Amplitude verzichtet.

In Abb. 9.5 ist die Anwendung der Zypkin-Methode im Frequenzkennlinien-Verfahren an einem einfachen Beispiel demonstriert. Das System besteht aus einem linearen Teil mit dem Frequenzgang

$$F(i\omega) = \frac{10}{(i\omega)\,[1 + (i\omega)]\,[1 + 0{,}5\,(i\omega)]}$$

und einem symmetrischen Zweipunkt-Relais mit der Stellgröße $a = 1$. Das System wird sowohl für ein Relais mit Hysterese ($\varepsilon = 1$) als auch für ein Relais ohne Hysterese untersucht.

Nach Konstruktion der Frequenzkennlinien berechnet man für zwei Werte der Frequenz die Beträge und Argumente der Relaischarakteristik. Man erhält z. B. für $\omega = 1{,}0 : |\Phi| = 6{,}8$, $\arg\Phi = -164°$ und für $\omega = 1{,}4 : |\Phi| = 3{,}5$, $\arg\Phi = -184°$. Diese Werte werden im Diagramm durch Gerade verbunden. Die Ermittlung der Frequenz ω_s für die beiden angenommenen Fälle ist aus Abb. 9.5 zu ersehen. Man erhält für das Relais ohne Hysterese $\omega_s = 1{,}31\ \mathrm{sec}^{-1}$ (gegenüber dem Näherungswert $\omega_s = 1{,}41\ \mathrm{sec}^{-1}$ der Beschreibungsfunktions-Analyse). Für das Relais mit Hysterese erhält man $\omega_s = 1{,}11\ \mathrm{sec}^{-1}$ (gegenüber dem Näherungswert $\omega_s \doteq 1{,}19\ \mathrm{sec}^{-1}$).

Hat man mit Hilfe des Verfahrens von Zypkin die Frequenz ω_s der Dauerschwingung ermittelt, dann ist es unter relativ geringem Aufwand möglich, den tatsächlichen Schwingungsverlauf und damit auch Amplitude und Phasenlage zu ermitteln. Der Schnittpunkt der Relais-Charakteristik mit der Schaltgeraden (Abb. 9.3) hat nicht nur die Frequenz ω_s sondern auch einen Wert $Re\{\Phi(i\omega_s)\}$ des Realteiles und damit $\dot{x}(0)$ ergeben. Mit den Gln. (9.3) und (9.4) berechnet man außerdem für einige Zeitpunkte $0 < t < \frac{\pi}{\omega}$ die Werte der Regelgröße und ihrer zeitlichen Ableitung. Man kann dies natürlich auch auf graphischem Weg analog Abb. 9.3 vornehmen. Man erhält:

$$x\left(\beta\frac{\pi}{\omega_s}\right) = \frac{4a}{\pi} \sum_{n=1,3\ldots} \frac{1}{n} A(n\omega_s) \sin[\beta n\pi + \alpha(n\omega_s)] =$$

$$= \frac{4a}{\pi} \sum \frac{\sin\beta n\pi}{n} \cdot Re\{F(in\omega_s)\} + \frac{\cos\beta n\pi}{n} \cdot Im\{F(in\omega_s)\} \tag{9.12}$$

und

$$\dot{x}\left(\beta\frac{\pi}{\omega_s}\right) = \frac{4a}{\pi}\,\omega_s \sum A(n\omega_s) \cos[\beta n\pi + \alpha(n\omega_s)] =$$

$$= \frac{4a}{\pi}\,\omega_s \sum \cos\beta n\pi \cdot Re\{F(in\omega_s)\} - \sin\beta n\pi \cdot Im\{F(in\omega_s)\}. \tag{9.13}$$

Trägt man die ermittelten Werte im Zeitdiagramm ein, so kann man den Schwingungsverlauf zeichnen. Es kann mit den Gln. (9.12) und (9.13) auch eine sogenannte ,,Erweiterte Relais-Charakteristik"

$$\Phi(i\omega_s, \beta) = \frac{1}{\omega} \cdot \frac{\pi}{4a}\,\dot{x}\left(\beta\frac{\pi}{\omega_s}\right) + i\,\frac{\pi}{4a}\,x\left(\beta\frac{\pi}{\omega_s}\right) \tag{9.14}$$

definiert werden, die dann dem Phasenbild der Schwingung entspricht [98, 293, 317, 358]. Da wir uns aber auf die Anwendung der Frequenzkennlinien beschränken wollen, möge sich der Leser mit dieser Andeutung begnügen bzw. Näheres in der zitierten Literatur nachlesen.

9.1.2 Symmetrisches Schalten eines Relaissystems mit Totzone

Das Relaisglied weist jetzt eine Kennlinie mit Totzone und Hysterese auf. In Abweichung von Abb. 8.2 werden in diesem Abschnitt zweckmäßig die Bezeichnungen $(e_1 + \varepsilon) = e$, $(e_1 - \varepsilon) = \lambda \cdot e$ eingeführt. Das Relais ist dann durch die Kennwerte a, e und λ gegeben. Das System ist in Abb. 9.6 gemeinsam mit den im eingeschwungenen Zustand herrschenden Verläufen der Systemgrößen dargestellt. Wieder wird zunächst angenommen, daß $x(t)$ und $\dot{x}(t)$ überall stetig sind. Als neue Unbekannte tritt jetzt neben der Eigenfrequenz ω_s die bezogene Schaltbreite γ hinzu (Abb. 9.6).

Die Fourier-Reihe für das Ausgangssignal des Relais lautet:

$$y(t) = \frac{4a}{\pi} \sum_{n=1,3\ldots}^{\infty} \frac{1}{n} \sin n\gamma \frac{\pi}{2} \cdot \cos\left(n\omega t - n\gamma \frac{\pi}{2}\right), \quad (9.15)$$

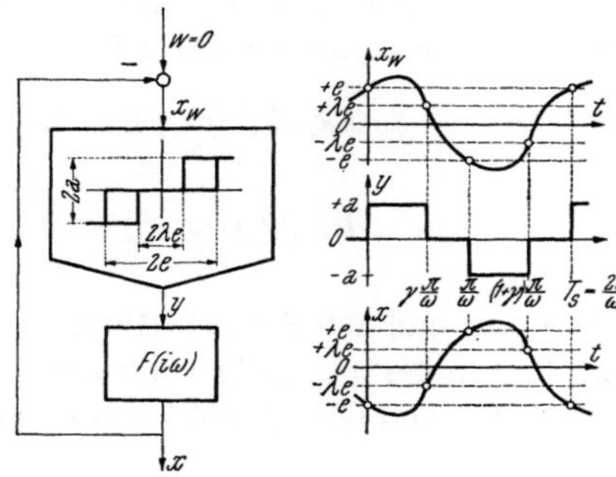

Abb. 9.6. Relaissystem (symmetrisches Relais mit Totzone) und Verlauf der Systemgrößen

womit unter Berücksichtigung des Frequenzganges die Antwort des linearen Teiles durch

$$x(t) = \frac{4a}{\pi} \sum_{n=1,3\ldots}^{\infty} \frac{1}{n} A(n\omega) \sin n\gamma \frac{\pi}{2} \cdot \cos\left[n\omega t - n\gamma \frac{\pi}{2} + \alpha(n\omega)\right] \quad (9.16)$$

und durch

$$\dot{x}(t) = -\frac{4a}{\pi} \omega \sum_{n=1,3\ldots}^{\infty} A(n\omega) \sin n\gamma \frac{\pi}{2} \cdot \sin\left[n\omega t - n\gamma \frac{\pi}{2} + \alpha(n\omega)\right] \quad (9.17)$$

beschrieben wird.

Der Abb. 9.6 entnehmen wir die für die Existenz der stabilen Eigenschwingungen notwendigen Bedingungen:

$$x_w(0) = -x_w\left(\frac{\pi}{\omega}\right) = e,$$

$$\dot{x}_w(0) = -\dot{x}_w\left(\frac{\pi}{\omega}\right) > 0,$$

$$x_w\left(\gamma \frac{\pi}{\omega}\right) = \lambda e,$$

$$\dot{x}_w\left(\gamma \frac{\pi}{\omega}\right) < 0. \quad (9.18)$$

Wegen $w = 0$ ist wieder $x_w(t) = -x(t)$ und mit den Gln. (9.16) und (9.17) definieren wir entsprechend den beiden Schaltpunkten $t = \pi/\omega$ und $t = \gamma\pi/\omega$

die beiden Relais-Charakteristiken

$$\Phi_1(i\omega, \gamma) = -\frac{1}{\omega}\frac{\pi}{4a}\dot{x}\left(\frac{\pi}{\omega}\right) - i\frac{\pi}{4a}x\left(\frac{\pi}{\omega}\right), \tag{9.19a}$$

$$\Phi_\gamma(i\omega, \gamma) = -\frac{1}{\omega}\frac{\pi}{4a}\dot{x}\left(\gamma\frac{\pi}{\omega}\right) - i\frac{\pi}{4a}x\left(\gamma\frac{\pi}{\omega}\right). \tag{9.19b}$$

Aus den Gln. (9.16) bis (9.19) erhalten wir wieder unter Verwendung des Frequenzganges die Real- und Imaginärteile der Relaischarakteristiken, die man in Form der Schaltbedingungen anschreiben kann (die Formeln für die Real- und Imaginärteile kann der Leser leicht herleiten):

$$Re\{\Phi_1(i\omega, \gamma)\} < 0, \qquad Im\{\Phi_1(i\omega, \gamma)\} = -\frac{\pi e}{4a}, \tag{9.20a}$$

$$Re\{\Phi_\gamma(i\omega, \gamma)\} < 0, \qquad Im\{\Phi_\gamma(i\omega, \gamma)\} = \lambda\frac{\pi e}{4a}. \tag{9.20b}$$

Diese notwendigen Schaltbedingungen sind dann erfüllt, wenn für einen bestimmten Parameter γ_s beide Charakteristiken im Punkt der Eigenfrequenz ω_s die beiden aus den Gln. (9.20) hervorgehenden Schaltgeraden

$$g_1 = -i\frac{\pi e}{4a}, \qquad g_\gamma = i\lambda\frac{\pi e}{4a} \tag{9.21}$$

in der linken Halbebene schneiden.

Diese Methode kann natürlich auch im Frequenzkennlinien-Verfahren angewendet werden, doch scheint der Aufwand für die Konstruktion der Relais-Charakteristiken zu groß. Wir wollen daher eine wesentliche Vereinfachung des Verfahrens zeigen und die Methode gleich in dieser Form näher besprechen.

9.1.2.1 Näherung mit Hilfe der „vereinfachten Relais-Charakteristiken“

Eine radikale Vereinfachung erzielt man, wenn man wie bei der Beschreibungsfunktion in den für $x(t)$ und $\dot{x}(t)$ geltenden Reihen Gln. (9.16) und (9.17) die höheren Harmonischen vernachlässigt. Unter Beibehaltung der Definitionen für die Relais-Charakteristiken gelangt man auf diese Weise zu den „vereinfachten Relais-Charakteristiken“ [93, 98, 293], die sich als sehr vorteilhaft erweisen. Die Real- und Imaginärteile der vereinfachten Charakteristiken können dann wie folgt angeschrieben werden:

$$Re\{\Phi_1(i\omega, \gamma)\} = \frac{1}{2}\left[(1-\cos\gamma\pi)Re\{F(i\omega)\} - \sin\gamma\pi\cdot Im\{F(i\omega)\}\right],$$

$$Im\{\Phi_1(i\omega, \gamma)\} = \frac{1}{2}\left[\sin\gamma\pi\cdot Re\{F(i\omega)\} + (1-\cos\gamma\pi)Im\{F(i\omega)\}\right], \tag{9.22a}$$

$$Re\{\Phi_\gamma(i\omega, \gamma)\} = \frac{1}{2}\left[(1-\cos\gamma\pi)Re\{F(i\omega)\} + \sin\gamma\pi\cdot Im\{F(i\omega)\}\right],$$

$$Im\{\Phi_\gamma(i\omega, \gamma)\} = \frac{1}{2}\left[(-\sin\gamma\pi)Re\{F(i\omega)\} + (1-\cos\gamma\pi)Im\{F(i\omega)\}\right]. \tag{9.22b}$$

Man berechnet für einige Werte des Parameters γ jeweils die Charakteristiken und bringt sie mit den zugehörigen Schaltgeraden zum Schnitt. Die dadurch erhaltenen Werte der Frequenz ermöglichen es, entsprechend den beiden Scharen der Charakteristiken zwei Kurven $\gamma_1(\omega)$ und $\gamma_\gamma(\omega)$ zu zeichnen, deren Schnitt die gesuchten Größen γ_s und ω_s liefert.

Wie bei der Beschreibungsfunktions-Analyse lassen sich auch hier keine generellen Angaben über die Größe des Fehlers machen, er liegt aber sicher in derselben Größenordnung wie dort. Vergleicht man die Formeln für die exakten und für die vereinfachten Relais-Charakteristiken (Gln. (9.20) und (9.22)), dann erkennt man, daß bei ausreichender Tiefpaß-Eigenschaft des linearen Teiles nur der Fehler des Imaginärteiles sehr klein bleibt, während der Fehler des Realteiles unter Umständen wesentlich größer werden kann. Diese Tatsache ist aber für das Verfahren ohne Bedeutung, weil es ja für den Schnitt mit der Schaltgeraden nur auf die Größe des Imaginärteiles ankommt. Es kann also ohne weiteres geschehen, daß auch bei höherer Ordnung des Tiefpasses der Schnittpunkt von $\Phi_\gamma(i\omega)$ mit g_γ in die rechte Halbebene zu liegen kommt. In so einem Fall könnte man sich allerdings durch exaktes Berechnen eines einzigen Schnittpunktes von dessen tatsächlicher Lage überzeugen.

Der große Vorteil dieser Näherungsmethode kommt aus den Gln. (9.22) noch nicht zum Ausdruck, zeigt sich aber bei den im folgenden besprochenen Möglichkeiten.

Berechnet man nämlich aus den Gln. (9.22) die Beträge der Relais-Charakteristiken, so erhält man für beide Fälle die Form:

$$|\Phi_1| = \sqrt{Re^2\{\Phi_1\} + Im^2\{\Phi_1\}} = \ldots = A(\omega)\,\frac{1}{2}\sqrt{(1-\cos\gamma\pi)^2 + \sin^2\gamma\pi} =$$
$$= A(\omega)\sin\gamma\,\frac{\pi}{2} = |\Phi_\gamma|. \tag{9.23}$$

Die Berechnung der Argumente führt auf die Beziehungen:

$$\arg\Phi_1 = \operatorname{arc\,tg}\frac{Im\{\Phi_1\}}{Re\{\Phi_1\}} = \ldots = \operatorname{arc\,tg}\frac{1 + \operatorname{tg}\gamma\,\frac{\pi}{2}\cdot\operatorname{tg}\alpha(\omega)}{\operatorname{tg}\gamma\,\frac{\pi}{2} - \operatorname{tg}\alpha(\omega)} =$$
$$= \operatorname{arc\,tg}\left[\operatorname{cotg}\left(\gamma\,\frac{\pi}{2} - \alpha\right)\right] = \alpha(\omega) + \frac{\pi}{2}(1-\gamma), \tag{9.24a}$$

$$\arg\Phi_\gamma = \operatorname{arc\,tg}\frac{Im\{\Phi_\gamma\}}{Re\{\Phi_\gamma\}} = \ldots = \operatorname{arc\,tg}\frac{-1 + \operatorname{tg}\gamma\,\frac{\pi}{2}\cdot\operatorname{tg}\alpha(\omega)}{\operatorname{tg}\gamma\,\frac{\pi}{2} + \operatorname{tg}\alpha(\omega)} =$$
$$= \operatorname{arc\,tg}\left[-\operatorname{cotg}\left(\gamma\,\frac{\pi}{2} + \alpha\right)\right] = \alpha(\omega) - \frac{\pi}{2}(1-\gamma). \tag{9.24b}$$

Die Beträge beider Charakteristiken Φ_1 und Φ_γ sind gleich und gehen aus dem Betrag $A(\omega)$ des Frequenzganges durch Multiplikation mit einem von γ abhängigen Faktor hervor. Die Argumente ergeben sich aus dem Argument $\alpha(\omega)$ des Frequenzganges durch Subtraktion bzw. Addition eines gleichbleibenden Winkels. Die somit sehr einfache Konstruktion der Relais-Charakteristiken ist in Abb. 9.7

angedeutet. Für $\gamma = 1$ fallen die beiden Charakteristiken Φ_1 und Φ_γ mit der Ortskurve des linearen Teiles zusammen und die Methode geht dann wieder in die Zwei-Ortskurven-Methode der Beschreibungsfunktions-Analyse über. Durchläuft man die Ortskurve im Sinne zunehmender Frequenzen ω, so liegen die Charakteristikenscharen Φ_1 rechts und die Charakteristikenscharen Φ_γ links der Ortskurve $F(i\omega)$.

Der durch die Gln. (9.23) und (9.24) gegebene einfache Zusammenhang bietet sich vor allem für die Verwendung im Frequenzkennlinien-Verfahren an. Die Relais-Charakteristiken ergeben sich hier einfach durch Parallelverschieben der

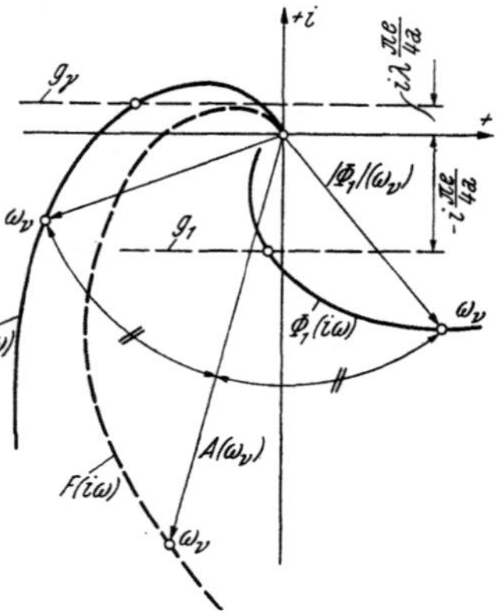

Abb. 9.7. Konstruktion der vereinfachten Relais-Charakteristiken

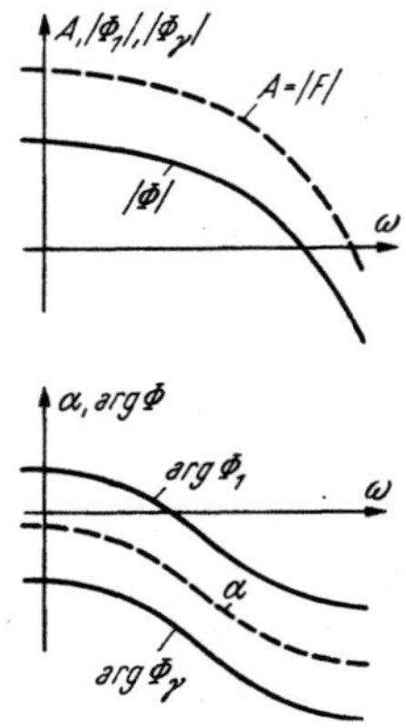

Abb. 9.8. Frequenzkennlinien der vereinfachten Relais-Charakteristiken

Frequenzkennlinien des linearen Teiles (Abb. 9.8). Man kann auf diese Weise, bedingt durch die logarithmische Darstellung der Frequenzkennlinien, die Vorteile des vereinfachten Verfahrens am besten ausnützen. Wie später in Abb. 9.9 zu sehen, ist es dabei nicht einmal notwendig, die Betragskennlinie von Φ_1 bzw. Φ_γ zu zeichnen; man bedient sich nämlich eines Hilfsdiagrammes für die Schaltgeraden, das wir aus den etwas variierten Schaltbedingungen ableiten. Für den Schnitt der Charakteristiken mit den Schaltgeraden gilt unter Benützung der Gl. (9.23):

$$A(\omega)\sin\gamma\frac{\pi}{2} = -\frac{\pi e}{4a}\frac{1}{\sin(\arg\Phi_1)}, \tag{9.25a}$$

$$A(\omega)\sin\gamma\frac{\pi}{2} = \lambda\frac{\pi e}{4a}\frac{1}{\sin(\arg\Phi_\gamma)}, \tag{9.25b}$$

bzw.

$$\log A(\omega) = \log\left[\frac{\pi e}{4a}\frac{1}{\sin\gamma\frac{\pi}{2}}\right] + \log\frac{1}{-\sin(\arg\Phi_1)} = \log C_1(\gamma) + \log\frac{1}{-\sin(\arg\Phi_1)}, \tag{9.26a}$$

$$\log A(\omega) = \log\left[\lambda\frac{\pi e}{4a}\frac{1}{\sin\gamma\frac{\pi}{2}}\right] + \log\frac{1}{\sin(\arg\Phi_\gamma)} = \log C_\gamma(\gamma) + \log\frac{1}{\sin(\arg\Phi_\gamma)}, \tag{9.26b}$$

$(\log C_\gamma(\gamma) = \log C_1(\gamma) + \log\lambda)$.

Die Verwendung dieser Beziehungen ist in dem Hilfsdiagramm in Abb. 9.9 zu erkennen. Es ist angebracht, dieses Hilfsdiagramm zwecks mehrmaliger Verwendung auf gesondertem transparenten Papier herzustellen, wobei jeweils nur die Geradenscharen g nach den Daten des Relais einzutragen sind.

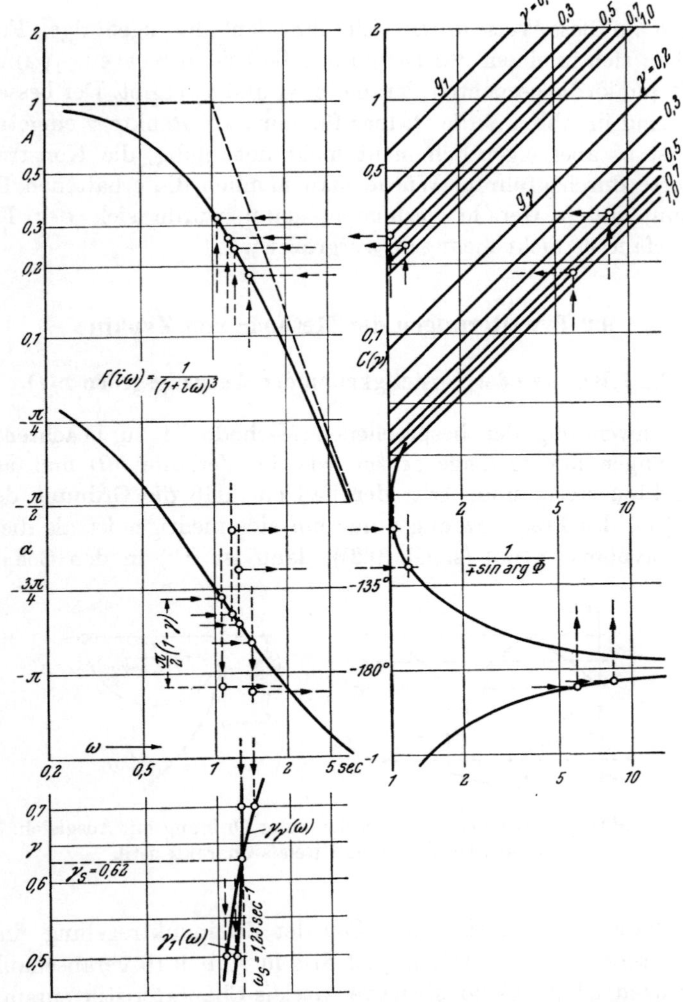

Abb. 9.9. Beispiel für die vereinfachte Analyse eines Relaissystems mit Hilfe der Frequenzkennlinien. Symmetrisches Relais mit Totzone ($a = 1$, $\varepsilon = 0{,}23$, $\lambda = 0{,}15$). Mit den eingetragenen Frequenzkennlinien ergibt sich eine stabile Eigenschwingung mit $\omega_s = 1{,}23\ \text{sec}^{-1}$ und $\gamma_s = 0{,}62$

In Abb. 9.9 sind die Frequenzkennlinien für einen linearen Teil mit dem Frequenzgang

$$F(i\omega) = \frac{1}{(1 + i\omega)^3}$$

dargestellt. Die Daten des Relais sind mit $a = 1{,}0$, $e = 0{,}23$ und $\lambda = 0{,}15$ angenommen. Das Bild zeigt auch, daß es ebenso wenig notwendig ist, die Argumenten-Kennlinien von Φ_1 und Φ_γ gesondert zu zeichnen. Man geht beim „Einschneiden" eben nicht mit dem betreffenden Argument α sondern mit den Argumenten $\alpha \pm \frac{\pi}{2}(1-\gamma)$ in das Diagramm. Für einige Werte des Schaltparameters γ ermittelt man auf diese Weise durch „Einschneiden" die zugehörigen Frequenzen. Damit ergeben sich in einem γ/ω-Diagramm die beiden Kurven $\gamma_1(\omega)$ und $\gamma_\gamma(\omega)$, deren Schnittpunkt die gesuchten Parameter γ_s und ω_s ergibt. Der besseren Übersicht halber sind in Abb. 9.9 die Ordner für nur zwei Punkte γ eingetragen; wie man sieht, ist es aber eigentlich nicht mehr notwendig, die Konstruktion für mehrere Werte durchzuführen. Würde man nämlich die erhaltenen Punkte im γ/ω-Diagramm durch Gerade verbinden, dann würde sich der Fehler des Näherungsverfahrens nicht mehr sehr vergrößern.

9.2 Erweiterungen der Methode von Zypkin

9.2.1 Knicke oder Unstetigkeiten der Ausgangsgröße $x(t)$

Bei der Anwendung der besprochenen Methode ist zu beachten, daß die Schaltbedingungen nur so lange gelten, wie die Verläufe $x(t)$ und $\dot{x}(t)$ in den Umschaltpunkten stetig sind. Tritt der Fall ein, daß die Ordnung des Zählerpolynoms $Q(i\omega)$ des Frequenzganges nur um eins niedriger ist als die Ordnung des Nennerpolynoms $R(i\omega)$ (s. Gl. (9.2)), dann ist $\dot{x}(t)$ in den Schaltpunkten

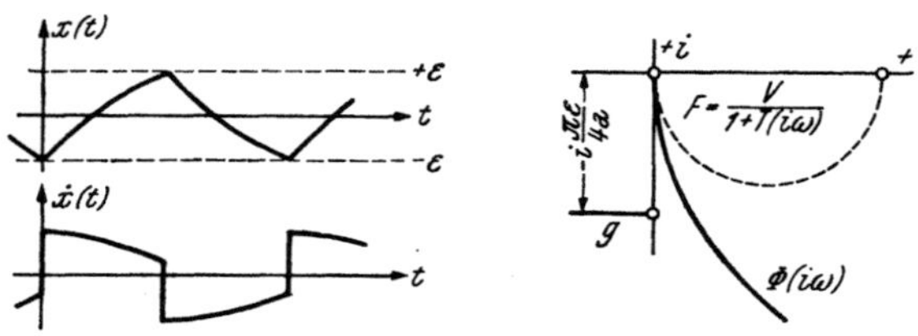

Abb. 9.10. Zweipunktregelung einer Regelstrecke erster Ordnung mit Ausgleich. Verlauf der Regelgröße, Ortskurve und Relais-Charakteristik

nicht mehr stetig. Für den einfachen Fall der Zweipunktregelung einer Regelstrecke mit Ausgleich erster Ordnung ist dies in Abb. 9.10 veranschaulicht. Der Realteil der nach Gl. (9.10) konstruierten Relais-Charakteristik entspricht jetzt nicht mehr seiner ursprünglichen Definition und die Schaltbedingung Gl. (9.6b) ist nicht mehr anwendbar. Die Charakteristik verläuft so wie die Ortskurve zur Gänze im vierten Quadranten und kann daher die Schaltgerade g in der linken Halbebene nicht schneiden. In der konventionellen Fassung macht das Verfahren also die Aussage, daß keine Eigenschwingung existiert, was natürlich unrichtig ist. Sind die Ordnungen von Zähler- und Nennerpolynom des Frequenzganges gleich, dann ist in den Umschaltpunkten auch $x(t)$ unstetig (s. Abb. 9.11). Jetzt ist auch die Schaltbedingung Gl. (9.6a) nicht mehr anwendbar und das Verfahren macht aus analogem Grund eine falsche Aussage.

Es läßt sich zeigen, daß bei einem Relaissystem ohne Totzone für beide Fälle die Schaltbedingungen bzw. die Relais-Charakteristiken entsprechend korrigiert werden können [253] und daß mit diesen korrigierten Charakteristiken in gleicher Weise wie bisher gearbeitet werden kann.

Wir wollen aber auf Einzelheiten nicht näher eingehen, sondern nur zeigen, daß man bei der praktischen Anwendung auf diese korrigierte Charakteristik auch verzichten kann. Im Fall daß die Ordnungsdifferenz der Polynome des Frequenzganges eins beträgt (man erkennt dies daran, daß die Amplitudenkennlinie für hohe Frequenzen die Neigung —1 bzw. —20 dB/Dekade hat), betrifft nämlich die Korrektur der Relais-Charakteristik nach [253] nur deren

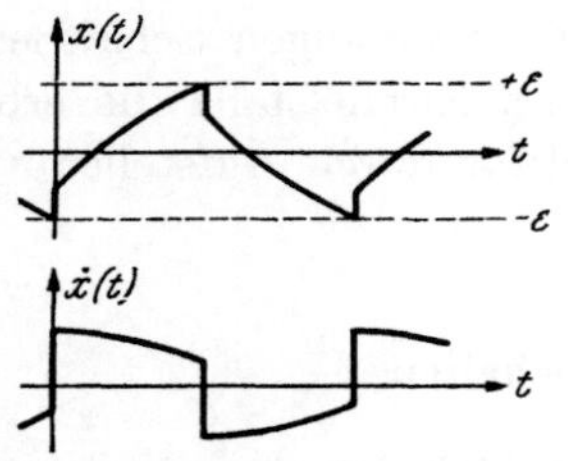

Abb. 9.11. Verlauf der Regelgröße einer Zweipunktregelung bei Ordnungsgleichheit der Frequenzgang-Polynome

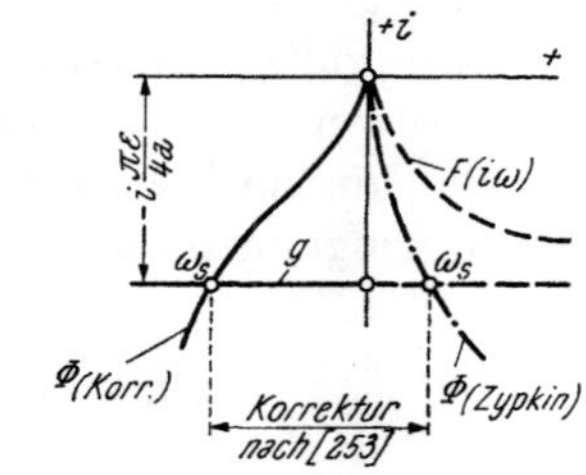

Abb. 9.12. Relais-Charakteristiken bei Ordnungsdifferenz eins der Frequenzgang-Polynome

Realteil. Die Charakteristik schiebt sich in den dritten Quadranten, wodurch der Schnitt mit der Schaltgeraden in der linken Halbebene möglich wird (Abb. 9.12). Man kann also die Frequenz ω_s der Eigenschwingung auch dadurch bestimmen, daß man die Schaltgerade in die rechte Halbebene verlängert. Eine andere

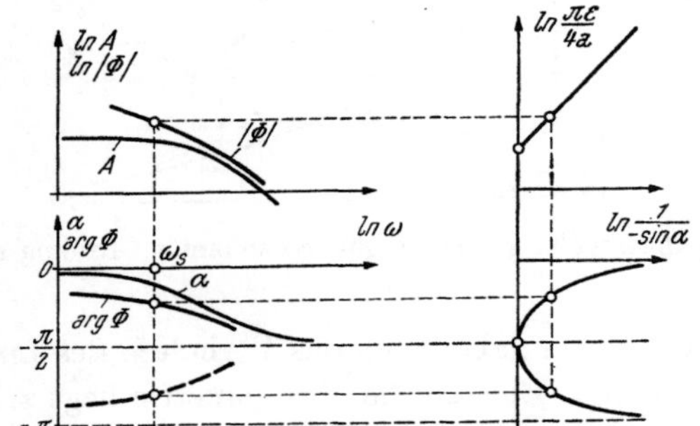

Abb. 9.13. Analyse eines Relaissystems mit Hilfe der Frequenzkennlinien. Ordnungsdifferenz eins der Frequenzgangpolynome

Möglichkeit wäre, die Charakteristik Φ um die imaginäre Achse zu spiegeln. Im Frequenzkennlinien-Diagramm bedeutet dies bei unveränderter Relais-Betragskennlinie eine Spiegelung um $-\pi/2$ der Relais-Argumentenkennlinie. Die Frequenz erhält man in gewohnter Weise durch „Einschneiden" mit einem Hilfsdiagramm für die Schaltgerade g (Abb. 9.13) für das analog den Gln. (9.26) gilt:

$$\ln |g| = \ln \frac{\pi \varepsilon}{4a} + \ln \frac{1}{-\sin(\arg \Phi)} = \ln |\Phi| . \tag{9.27}$$

Den Fall, daß die Ordnungen von Zähler- und Nennerpolynom des Frequenzganges gleich sind (man erkennt dies daran, daß die Amplitudenkennlinie für hohe Frequenzen eine zur Frequenzachse parallele Asymptote hat) wollen wir nicht näher besprechen, sondern auf [253] verweisen. Dieser Fall ist nämlich weniger von Bedeutung, weil bei den praktischen Anwendungen die linearen Systeme mit Tiefpaßeigenschaften überwiegen.

Für das Auftreten von Knicken des Verlaufs $x(t)$ in den Schaltpunkten, also für eine Ordnungsdifferenz eins haben die obigen Ausführungen, insbesondere die Abb. 9.13, gezeigt, daß das Frequenzkennlinien-Verfahren auch in diesem Fall noch eine gültige Aussage hinsichtlich der notwendigen Schaltbedingung macht. Wie schon einmal festgestellt, müssen im Zweifelsfalle die erhaltenen Lösungen ohnehin noch hinsichtlich ihrer Stabilität durch Aufstellen von hinreichenden Bedingungen untersucht werden.

9.2.2 Unsymmetrisches Schalten

Wir haben bisher Systeme betrachtet, deren Relaisglieder eine sogenannte symmetrische Kennlinie aufwiesen. Auch das Übertragungsverhalten des linearen Teiles war unabhängig von der Stellung des Relais. Die Schaltfolge des Relaissystems war daher „symmetrisch", d. h. es mußten die Systemgrößen nur innerhalb einer Halbperiode betrachtet werden. Wird jedoch ein sogenanntes „unsymmetrisches" Relais verwendet (Abb. 9.14), dann spricht man von einer

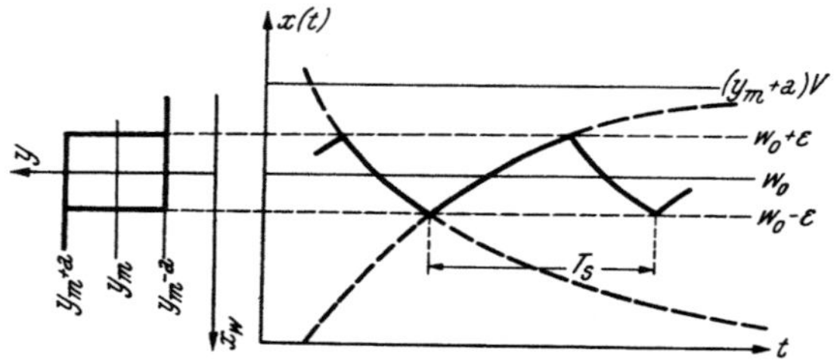

Abb. 9.14. Zweipunktregelung einer Regelstrecke erster Ordnung mit Ausgleich

„echten Unsymmetrie", wenn dabei auch das Verhalten des Linearteiles von der Stellung des Relais abhängt. Eine solche Unsymmetrie liegt z. B. vor, wenn der lineare Teil Totzeiten aufweist, die beim Ein- und Ausschalten verschieden sind. Der Einfachheit halber wollen wir uns im folgenden aber nur mit „unechtem" unsymmetrischen Schalten beschäftigen, das durch Verwendung eines unsymmetrischen Relais und durch einen von Null verschiedenen konstanten Anteil der Führungsgröße zustande kommt.

Ein derartiges unsymmetrisches Schalten liegt z. B. immer im allgemeinen Fall der Zweipunktregelung einer Strecke mit Ausgleich (z. B. Temperaturregelstrecke) vor, bei dem die Systemgrößen innerhalb einer ganzen Periode betrachtet werden müssen. Im nachfolgenden einfachen Beispiel soll gezeigt werden, daß auch bei „normalen" Linearteilen das System nur in Sonderfällen symmetrisch schaltet. Der Sollwert w_0 tritt neben den Daten des Relais als zusätzlicher Parameter auf und muß berücksichtigt werden.

Der lineare Teil des Systems habe den Frequenzgang

$$F(i\omega) = \frac{V}{1 + T(i\omega)} = \frac{V}{1 + (T\omega)^2} - i\,\frac{V(T\omega)}{1 + (T\omega)^2}, \tag{9.28}$$

das Relais werde durch die im Abschnitt 9.2.1 besprochene Charakteristik

$$\Phi(i\omega) = V \sum_{n=1,3\ldots} \frac{1}{1 + (nT\omega)^2} - i\,V(T\omega) \sum_{n=1,3\ldots} \frac{1}{1 + (nT\omega)^2} \tag{9.29}$$

beschrieben. Nach Abschnitt 9.2.1 erhält man die Frequenz ω_s, wenn man mit der in die rechte Halbebene verlängerten Schaltgeraden schneidet. Betrachtet man nur den Imaginärteil, dann gilt für den Schnittpunkt (s. Abb. 9.12)

$$VT\omega_s \sum_{n=1,3\ldots} \frac{1}{1 + (T\omega_s)^2 n^2} = V\,\frac{\pi}{4} \tanh \frac{\pi}{2T\omega_s} = V\,\frac{\pi}{4}\,\frac{e^{\pi/2T\omega_s} - e^{-\pi/2T\omega_s}}{e^{\pi/2T\omega_s} + e^{-\pi/2T\omega_s}} = \frac{\pi\varepsilon}{4a}, \tag{9.30}$$

woraus folgt:

$$e^{\pi/T\omega_s} = \frac{aV + \varepsilon}{aV - \varepsilon}, \tag{9.31}$$

bzw. für die Periode

$$T_s = \frac{2\pi}{\omega_s} = 2T \ln \frac{aV + \varepsilon}{aV - \varepsilon}. \tag{9.32}$$

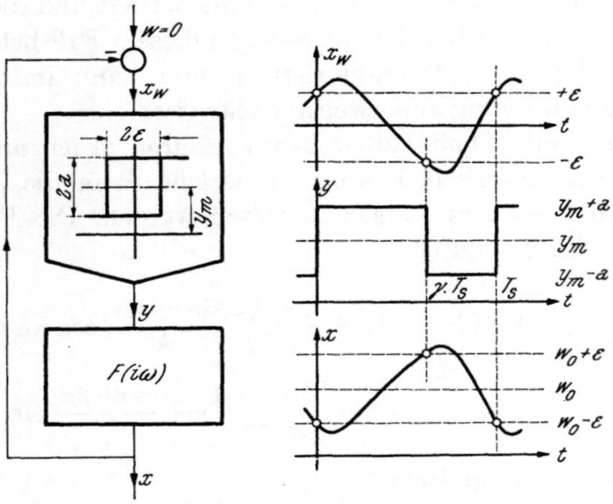

Abb. 9.15. Relaissystem (unsymmetrisches Relais ohne Totzone) und Verlauf der Systemgrößen

Berechnet man anderseits die Periode direkt aus Abb. 9.14, so erhält man

$$T_s = T \cdot \ln \frac{[(a - y_m)V + w_0 + \varepsilon][(a + y_m)V - w_0 + \varepsilon]}{[(a - y_m)V + w_0 - \varepsilon][(a + y_m)V - w_0 - \varepsilon]}, \tag{9.33}$$

woraus man erkennt, daß nur für den Wert

$$w_0 = y_m V \tag{9.34}$$

der Führungsgröße die Gl. (9.33) in Gl. (9.32) übergeht, d. h., nur für diesen Fall liefert die in Abschnitt 9.1.1 besprochene Methode für symmetrisches Schalten die richtige Frequenz ω_s, weil nur dann die Voraussetzung der symmetrischen Rechteckwelle von $y(t)$ zutrifft. Auf den allgemeinen Fall nach Abb. 9.14 kann die Zypkin-Methode in ihrer konventionellen Fassung und natürlich auch die Beschreibungsfunktions-Analyse nicht angewendet werden. In den folgenden Abschnitten wollen wir aber eine Erweiterung der Methode kennenlernen, die ganz ähnlich wie in Abschnitt 9.1.2 zu handhaben ist und die eine einfache Analyse des Relaissystems Abb. 9.15 gestattet [93, 98, 293]. Dabei ist aber zwischen Linearteilen ohne und solchen mit einer Integration zu unterscheiden.

9.2.2.1 Unsymmetrisches Schalten eines Relaissystems ohne Totzone. Linearteil ohne Integration

Zur Herleitung des Verfahrens werden das Relaissystem Abb. 9.15 und die im eingeschwungenen Zustand herrschenden Verläufe der Systemgrößen betrachtet. Das Relais ist durch seine Kennwerte y_m, a und ε gekennzeichnet, während der lineare Tiefpaß durch seinen Frequenzgang gegeben ist. Die Schaltfolge des Relais ist nicht mehr symmetrisch, sondern durch den Parameter γ bestimmt. Es wird zunächst die Voraussetzung getroffen, daß $x(t)$ und $\dot{x}(t)$ überall stetig sind. Das im folgenden beschriebene Verfahren kann aber nach Abschnitt 9.2.1 auch dann noch angewendet werden, wenn die Ordnungsdifferenz der Polynome des Frequenzganges nur mehr eins beträgt und die Ausgangsgröße daher in den Schaltpunkten Knicke aufweist. In diesem Fall betrachtet man nur die Imaginärteile der Relais-Charakteristiken und kann im Zweifelsfalle die Existenz der Kippschwingung anderweitig nachweisen.

Wir wollen der Einfachheit halber das Verfahren gleich an Hand der vereinfachten Relais-Charakteristiken ableiten, welche dann die Verwendung der Frequenzkennlinien besonders einfach gestalten werden. Die Fourier-Reihe für den Verlauf der Stellgröße lautet

$$y(t) = y_m + a(2\gamma - 1) + \frac{2a}{\pi} \sum_n \frac{\sin n\gamma\, 2\pi}{n} \cos n\omega t + \\ + \frac{2a}{\pi} \sum_n \frac{1 - \cos n\gamma\, 2\pi}{n} \sin n\omega t, \tag{9.35}$$

wovon wir nur mehr die Grundschwingung

$$y(t) = y_m + a(2\gamma - 1) + \frac{2a}{\pi} [\sin \gamma\, 2\pi \cdot \cos \omega t + (1 - \cos \gamma\, 2\pi) \sin \omega t] \tag{9.36}$$

betrachten wollen. Damit wird die Antwort des linearen Teiles mit dem Verstärkungsfaktor $V = \lim\limits_{\omega \to 0} F(i\omega)$ durch

$$x(t) = V[y_m + a(2\gamma - 1)] + \frac{2a}{\pi} \Big[\sin \gamma\, 2\pi \cdot A(\omega) \cos\big(\omega t + \alpha(\omega)\big) + \\ + (1 - \cos \gamma 2\pi)\, A(\omega) \sin\big(\omega t + \alpha(\omega)\big)\Big] \tag{9.37}$$

beschrieben. Für die zeitliche Ableitung der Ausgangsgröße des Systems erhält man aus Gl. (9.37)

$$\dot{x}(t) = \omega \frac{2a}{\pi} \Big[(1 - \cos\gamma\, 2\pi)\, A(\omega) \cos\big(\omega t + \alpha(\omega)\big) - \\ - \sin\gamma\, 2\pi \cdot A(\omega) \sin\big(\omega t + \alpha(\omega)\big)\Big]. \tag{9.38}$$

Mit den aus Abb. 9.15 erkennbaren notwendigen Bedingungen für die Existenz stabiler Eigenschwingungen: $x_w(2\pi/\omega) = \varepsilon$, $\dot{x}_w(2\pi/\omega) > 0$, $x_w(\gamma\, 2\pi/\omega) = -\varepsilon$, $\dot{x}_w(\gamma\, 2\pi/\omega) < 0$ und den jetzt mit

$$\Phi_1(i\omega, \gamma) = \frac{\pi}{4a}\left[\frac{1}{\omega}\,\dot{x}\left(\frac{2\pi}{\omega}\right) + i x\left(\frac{2\pi}{\omega}\right) - i V\big(y_m + a(2\gamma - 1)\big)\right] \tag{9.39}$$

und

$$\Phi_\gamma(i\omega, \gamma) = -\frac{\pi}{4a}\left[\frac{1}{\omega}\,\dot{x}\left(\gamma\frac{2\pi}{\omega}\right) + i x\left(\gamma\frac{2\pi}{\omega}\right) - i V\big(y_m + a(2\gamma - 1)\big)\right] \tag{9.39}$$

definierten Relais-Charakteristiken kommt man zu den Schaltgeraden

$$g_1 = -i\frac{\pi}{4a}\big[\varepsilon - w_0 + V\big(y_m + a(2\gamma - 1)\big)\big] = -i\frac{\pi\overline{\varepsilon_1}}{4a} \tag{9.40a}$$

und

$$g_\gamma = -i\frac{\pi}{4a}\big[\varepsilon + w_0 - V\big(y_m + a(2\gamma - 1)\big)\big] = -i\frac{\pi\overline{\varepsilon_\gamma}}{4a}, \tag{9.40b}$$

welche von den Relais-Charakteristiken in der linken Halbebene geschnitten werden müssen. Mit den Real- und Imaginärteilen der Charakteristiken lauten schließlich unter Verwendung des Frequenzganges die notwendigen Schaltbedingungen (analog den Gln. (9.22)):

$$Re\{\Phi_1(i\omega, \gamma)\} = \frac{1}{2}\,[(1 - \cos\gamma\, 2\pi)\, Re\{F(i\omega)\} - \sin\gamma\, 2\pi \cdot Im\{F(i\omega)\}] < 0,$$

$$Im\{\Phi_1(i\omega, \gamma)\} = \frac{1}{2}\,[\sin\gamma\, 2\pi \cdot Re\{F(i\omega)\} + (1 - \cos\gamma\, 2\pi)\, Im\{F(i\omega)\}] = -\frac{\pi\overline{\varepsilon_1}}{4a}, \tag{9.41a}$$

$$Re\{\Phi_\gamma(i\omega, \gamma)\} = \frac{1}{2}\,[(1 - \cos\gamma\, 2\pi)\, Re\{F(i\omega)\} + \sin\gamma\, 2\pi \cdot Im\{F(i\omega)\}] < 0,$$

$$Im\{\Phi_\gamma(i\omega, \gamma)\} = \frac{1}{2}\,[(-\sin\gamma\, 2\pi)\, Re\{F(i\omega)\} + (1 - \cos\gamma\, 2\pi)\, Im\{F(i\omega)\}] = -\frac{\pi\overline{\varepsilon_\gamma}}{4a}. \tag{9.41b}$$

Aus den Gln. (9.41) berechnet man wie auf S. 155 wieder Beträge und Argumente der Charakteristiken und erhält jetzt

$$|\Phi_1(i\omega, \gamma)| = |\Phi_\gamma(i\omega, \gamma)| = A(\omega) \sin\gamma\pi,$$

$$\arg\Phi_1(i\omega, \gamma) = \alpha(\omega) - \frac{\pi}{2}\,(2\gamma - 1),$$

$$\arg\Phi_\gamma(i\omega, \gamma) = \alpha(\omega) + \frac{\pi}{2}\,(2\gamma - 1). \tag{9.42}$$

Die Betrags- und Argumentenkennlinien der Relais-Charakteristiken lassen sich also wieder auf einfachste Weise aus den Frequenzkennlinien des linearen Teiles ermitteln, wie wir es schon im Abschnitt 9.1.2.1 auf S. 156 gesehen haben. Um

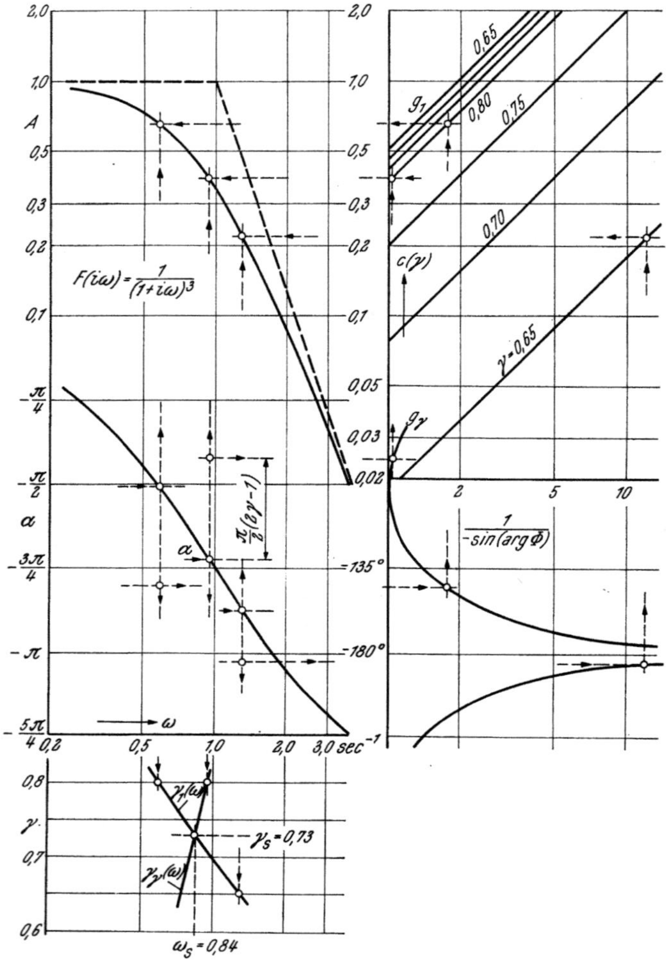

Abb. 9.16. Beispiel für die vereinfachte Analyse eines Relaissystems mit Hilfe der Frequenzkennlinien. Unsymmetrisches Schalten eines Relais ohne Totzone ($a = 1$, $\varepsilon = 0{,}28$, $y_m = 0$, $w_0 = 0{,}6$). Mit den eingetragenen Frequenzkennlinien ergibt sich eine stabile Eigenschwingung mit $\omega_s = 0{,}84$ sec^{-1} und $\gamma_s = 0{,}73$

die Schaltbreite γ_s und die Eigenfrequenz ω_s zu bestimmen, müssen eben jene Werte gesucht werden, für welche die Schaltbedingungen Gln. (9.41) für die Charakteristiken Φ_1 und Φ_γ gleichzeitig erfüllt sind. Man berechnet für einige Werte des Parameters γ die Charakteristiken und bringt sie mit den zugehörigen Schaltgeraden zum Schnitt. Im Frequenzkennlinien-Diagramm geht man wieder so vor, wie es schon in Abb. 9.9 gezeigt wurde. Für den Schnitt mit den Schaltgeraden verwendet man wieder ein Hilfsdiagramm für das jetzt mit $|\Phi| = |g|$ gilt:

$$\log A = \log\left[\frac{\pi\bar{\varepsilon}}{4a}\,\frac{1}{\sin\gamma\pi}\right] + \log\frac{1}{-\sin(\arg\Phi)} = \log C(\gamma) + \log\frac{1}{-\sin(\arg\Phi)}. \tag{9.43}$$

In Abb. 9.16 ist die Methode wieder an Hand eines Beispieles vorgeführt. Es sind wieder die Kennlinien für einen linearen Teil mit dem Frequenzgang

$$F(i\omega) = \frac{1}{(1+i\omega)^3}$$

eingetragen. Die Daten des Relais sind mit $a = 1{,}0$, $\varepsilon = 0{,}28$, $y_m = 0$ und der Sollwert mit $w_0 = 0{,}6$ angenommen. Die Vorgangsweise ist nun wohl ausreichend durch die Abb. dargestellt. Als Ergebnis erhält man die Näherungswerte $\gamma_s = 0{,}73$ und $\omega_s = 0{,}84$, die verglichen mit den exakten Werten $\gamma_s = 0{,}733$ und $\omega_s = 0{,}830$ als sehr genau bezeichnet werden müssen.

9.2.2.2 Unsymmetrisches Schalten eines Relaissystems ohne Totzone. Linearteil mit Integration

Wir betrachten wieder das stabile Eigenschwingungen ausführende System Abb. 9.15, dessen Linearteil jetzt eine Integration enthalten soll. Die Übertragungsfunktion hat einen Pol im Nullpunkt und hat die Form

$$W(s) = \frac{Q(s)}{R(s)} = \frac{Q(s)}{s\cdot R_1(s)}.$$

Damit die Eigenschwingungen bestehen können, darf nun im Gegensatz zu einem linearen Teil ohne integralen Anteil das Ausgangssignal $y(t)$ des Relais keinen konstanten Anteil aufweisen, weil die Regelgröße $x(t)$ sonst eine mit der Zeit ständig anwachsende Funktion ergäbe und kein stationärer Schwingungszustand mehr möglich wäre. Durch Nullsetzen des konstanten Anteiles in Gl. (9.35) oder direkt aus Abb. 9.15 erhält man daher die Beziehung:

$$\gamma = \frac{a - y_m}{2a}, \tag{9.44}$$

nach der die Schaltbreite von vornherein durch die Daten des Relais bestimmt ist, sobald diese die Bedingung $y_m < |a|$ erfüllen. Wegen der Gl. (9.44) und der bei integralem Verhalten unendlich großen Verstärkung V ist jetzt in Gl. (9.37) der Mittelwert

$$x_0 = V[y_m + a(2\gamma - 1)] \tag{9.45}$$

der Regelgröße ein unbestimmter Wert. In den für die Systemgrößen geltenden Gln. (9.37) und (9.38) müssen jetzt die Gln. (9.44) und (9.45) berücksichtigt werden. Es gelten unverändert die Relais-Charakteristiken Gln. (9.39) und die Schaltgeraden Gln. (9.40). Man kommt dadurch formal unverändert zu den notwendigen Bedingungen Gln. (9.41), in denen jedoch die Schaltbreite γ nach

Gl. (9.44) schon bekannt, die Größe x_0 hingegen zu bestimmen ist. Die Gln. (9.41) dienen also jetzt der Ermittlung der Parameter x_0 und ω_s, die sich aber wesentlich einfacher als früher gestaltet. Addiert man nämlich in den Gln. (9.41) jeweils die Real- und Imaginärteile der Schaltbedingungen, dann erhält man unter Berücksichtigung der Gln. (9.40) schließlich die Bedingung

$$Re\{\bar{\Phi}(i\omega, \gamma)\} = \frac{1}{2}(1 - \cos\gamma\, 2\pi) \cdot Re\{F(i\omega)\} < 0,$$

$$Im\{\bar{\Phi}(i\omega, \gamma)\} = \frac{1}{2}(1 - \cos\gamma\, 2\pi) \cdot Im\{F(i\omega)\} = -\frac{\pi\varepsilon}{4a}. \qquad (9.46)$$

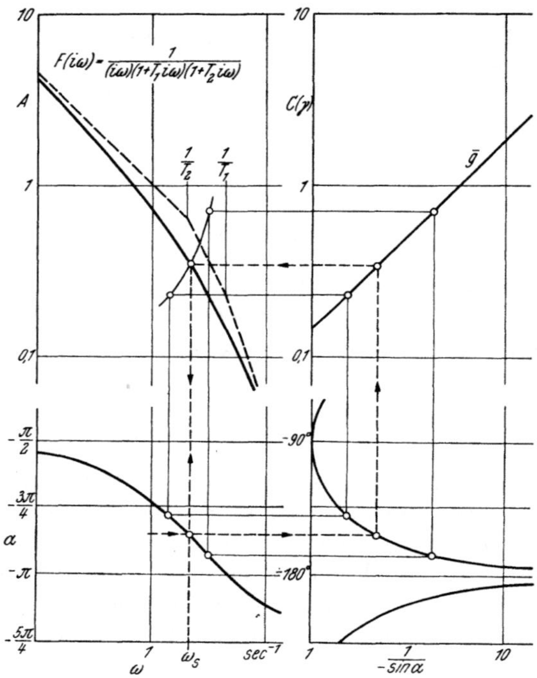

Abb. 9.17. Vereinfachte Analyse eines Relaissystems mit Hilfe der Frequenzkennlinien. Unsymmetrisches Schalten eines Relais ohne Totzone, Linearteil mit Integration

Für die in den Gln. (9.46) neu eingeführte Relais-Charakteristik

$$\bar{\Phi}(i\omega, \gamma) = \frac{1}{2}[\Phi_1(i\omega, \gamma) + \Phi_\gamma(i\omega, \gamma)] \qquad (9.47)$$

erhält man den einfachen Zusammenhang

$$\bar{\Phi}(i\omega, \gamma) = \frac{1}{2}(1 - \cos\gamma\, 2\pi) \cdot F(i\omega) = \sin^2\left(\frac{a - y_m}{2a}\pi\right) \cdot F(i\omega). \qquad (9.48)$$

Die Charakteristik $\overline{\Phi}$ geht also aus dem Frequenzgang einfach durch Änderung seiner Verstärkung hervor. Im Frequenzkennlinien-Verfahren wird daher lediglich die Amplitudenkennlinie des linearen Teiles parallel verschoben.

Da jetzt nur mehr eine einzige Charakteristik vorliegt, verläuft das Verfahren formal wie bei symmetrischem Schalten eines Relais ohne Totzone (Abschnitt 9.1.1) und unterscheidet sich wegen Verwendung der vereinfachten Charakteristiken formal auch nicht mehr von der Zwei-Ortskurven-Methode der Beschreibungsfunktionsanalyse. Für das symmetrische Relais ($y_m = 0$) geht das Verfahren auch tatsächlich in die Methode der Beschreibungsfunktion über. Man kann nun gemeinsam mit den Kennlinien der Charakteristik $\overline{\Phi}$ das Betrags- und Argumentendiagramm der negativ inversen Beschreibungsfunktion des Relais als Hilfsdiagramm verwenden und wie in Abb. 9.5 vorgehen. Besser jedoch benutzt man direkt die Frequenzkennlinien des linearen Teiles gemeinsam mit einem Hilfsdiagramm nach Art der Abb. 9.13, für das jetzt gilt:

$$\log A(\omega) = \log \left(\frac{\pi \varepsilon}{4a} \frac{1}{\sin^2 \frac{a - y_m}{2a} \pi} \right) + \log \frac{1}{-\sin \alpha(\omega)} = \log C(\gamma) + \log \frac{1}{-\sin \alpha(\omega)}. \tag{9.49}$$

Diese Beziehung ist auch im Hilfsdiagramm der Abb. 9.17 verwendet. Die Abb. zeigt die nun schon in gewohnter Weise erfolgende Bestimmung der Eigenfrequenz ω_s mit Hilfe der Frequenzkennlinien. Der jetzt noch unbekannte Mittelwert x_0 kann dann etwa nach der aus den Gln. (9.40a), (9.41a) und (9.45) abgeleiteten Beziehung

$$x_0 = w_0 - \varepsilon - \frac{4a}{\pi} Im\{\Phi_1(i\omega_s, \gamma)\} \tag{9.50}$$

berechnet werden.

9.3 Übungsaufgaben

(Lösungen ab S. 245)

Aufgabe 9.1:

Ein Relaissystem bestehe aus einem linearen Teil mit der Übertragungsfunktion

$$W(s) = \frac{1}{0{,}3s(1+s)(1+0{,}5s)}$$

und einem Relais (mit Totzone und Hysterese) mit den Parametern $a = 3$, $e_1 = 2$, $\varepsilon = 1$; woraus folgt: $e = 3$, $\lambda = 1/3$ (siehe Aufgabe 8.3).
Man verwende die Methode der vereinfachten Relais-Charakteristiken und führe eine Stabilitätsanalyse nach Abschnitt 9.1.2.1 (s. Abb. 9.9) durch. Man vergleiche das Ergebnis mit jenem der Aufgabe 8.3 (s. S. 243).

Aufgabe 9.2:

Ein Relaissystem bestehe aus einem linearen Teil mit der Übertragungsfunktion

$$W(s) = \frac{0{,}8}{(1+2s)(1+0{,}8s)^2}$$

und einem unsymmetrischen Relais (ohne Totzone, mit Hysterese) mit den Parametern $y_m = 0{,}5$, $a = 0{,}6$, $\varepsilon = 0{,}1$. Der Sollwert betrage $w_0 = 0{,}6$.
Man verwende die Methode der vereinfachten Relais-Charakteristiken und führe eine Stabilitätsanalyse nach Abschnitt 9.2.2.1 (s. Abb. 9.16) durch.

Aufgabe 9.3:

Ein Relaissystem bestehe aus einem linearen Teil mit der Übertragungsfunktion

$$W(s) = \frac{1{,}2}{s(1 + 2{,}5s)(1 + 1{,}25s)}$$

und einem unsymmetrischen Relais mit den Parametern $y_m = 0{,}12$, $a = 0{,}8$, $\varepsilon = 0{,}8$; Der Sollwert betrage $w_0 = 2{,}0$.
Man verwende die Methode der vereinfachten Relais-Charakteristiken und führe eine Stabilitätsanalyse nach Abschnitt 9.2.2.2 (s. Abb. 9.17) durch.

10. Näherungsweise Stabilitätsanalyse linearer Abtastsysteme

Die bisher behandelten linearen und nichtlinearen Regelungssysteme waren als Hauptanwendungsgebiet des Frequenzkennlinien-Verfahrens stetige Systeme. Der Signalfluß eines solchen Systems ist in keinem Zeitpunkt unterbrochen. Wird hingegen z. B. der Sollwert-Istwert-Vergleich nicht permanent, sondern nur fallweise für jeweils einen sehr kurzen Augenblick durchgeführt, wie man sich dies etwa bei der einfachsten Form eines Fallbügelreglers vorstellen kann, dann erhält der sonst stetige Teil des Systems diskrete Informationen in Form einer Impulsfolge. Erfolgt das Schließen des Systems — das „Abtasten" — in gleichen Zeitabständen, was durch ein Tor mit der Abtast-Kreisfrequenz ω_A dargestellt wird (Abb. 10.1a), dann spricht man von einer Abtastregelung. Die Abtastung ist nicht nur durch das Prinzip eines Reglers bedingt, sondern es kann auch das Eingangssignal überhaupt nur periodisch für jeweils kurze Momente anfallen. Das Hauptanwendungsgebiet ist aber die digitale Einfach- oder auch Vielfachregelung, wo in den Zwischenzeiten andere Regelkreise abgetastet und Rechenoperationen durchgeführt werden. Durch die Abtastung wird die Zeitfunktion $x_w(t)$ durch eine modulierende Impulsfolge ($\delta_a(t)$ in Abb. 10.3) zu einer abgetasteten Funktion $x_w^*(t)$ umgewandelt, die in Abb. 10.1 dargestellt ist. Werden die mit der Abtast-Kreisfrequenz $\omega_A = 2\pi/T$ eintretenden Signale noch mit einer sogenannten Abtastfunktion moduliert, dann wirkt auf den nachfolgenden stetigen Teil des Systems eine Folge $x_a(t)$ von Abtastfunktionen (Abb. 10.2b), die zumindest in

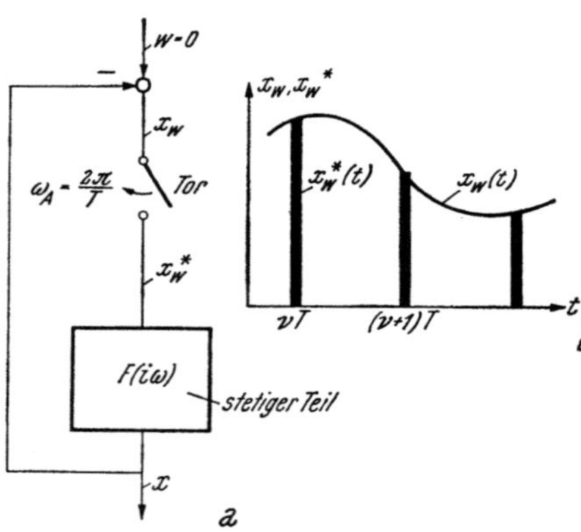

Abb. 10.1. *a* Abtastsystem, *b* abgetastete Funktion x_w^*

den Abtastzeitpunkten Sprünge aufweisen. Die Abtastfunktion wird in einem „Formierungsglied" (Abb. 10.2a) gebildet. Artet die Folge der Abtastfunktionen zu der häufig verwendeten Treppenkurve aus (Abb. 10.2b), dann spricht man von dem Formierungsglied als „Halteglied", weil es das diskrete Signal längstens bis zum nächsten Abtastzeitpunkt festhält. Kann man den stetigen Teil des Regelungssystems als linear betrachten, dann liegt ein lineares Abtastsystem vor.

Diese kurze Einführung soll zur Vorbereitung unseres Problems genügen; ansonsten sei der Leser auf das Buch von TSCHAUNER [316] und auf andere Literatur [u. a. 166, 249, 255, 287, 314] verwiesen.

Die mathematische Behandlung der Vorgänge in einem linearen Abtastsystem erfordert meist ziemliche Arbeit. Im allgemeinen wendet man die Methoden der diskreten Laplace-Transformation [72] (bzw. z-Transformation [106, 166,

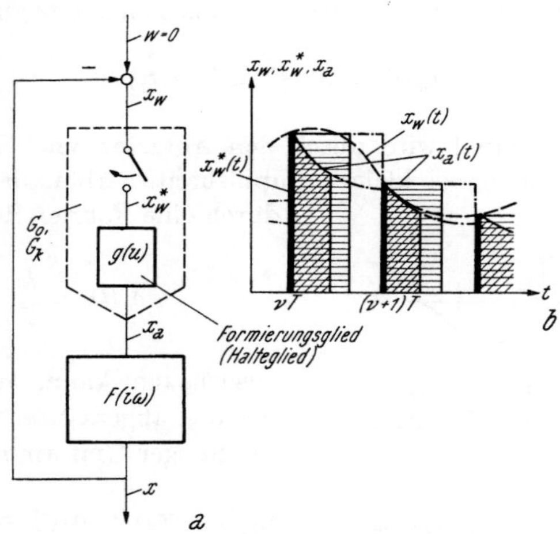

Abb. 10.2. *a* Abtastsystem mit Formierungsglied, *b* Verlauf der nichtstetigen Systemgrößen

255, 359] oder ζ-Transformation [316]) an, und kann an Hand der diskreten Übertragungsfunktion des geschlossenen Abtastsystems u. a. auch eine exakte Stabilitätsaussage genau so wie bei einem stetigen linearen System machen. Die Ermittlung der diskreten Übertragungsfunktion ist aber oft mit einigem rechnerischen Aufwand verbunden, so daß in vielen Fällen eine Näherungsmethode für die Stabilitätsprüfung erwünscht sein kann, die das Verfahren wesentlich vereinfacht. In diesem kurzen Abschnitt soll eine derartige Anwendungsmöglichkeit der Methode der Beschreibungsfunktion im Frequenzkennlinien-Verfahren gezeigt werden.

Es wurden mehrmals Näherungsmethoden vorgeschlagen, die auf der Methode der Beschreibungsfunktion beruhen [41, 132, 183, 207, 255], wobei natürlich wieder vorauszusetzen ist, daß der stetige lineare Teil des Systems die Eigenschaften eines Tiefpasses hat und daher die höheren Harmonischen im wesentlichen ausfiltert. Am zweckmäßigsten dürfte der Vorschlag von OPPELT sein, für den Abtaster und das Formierungsglied eine Beschreibungsfunktion abzuleiten und die Stabilitätsanalyse nach der Zwei-Ortskurven-Methode durchzuführen [242, 243]. Diese Möglichkeit wurde in einigen Arbeiten weiter ausgebaut und auch auf nichtlineare Systeme ausgedehnt [1, 2, 17]. Wir wollen hier die in [1] abgeleitete Beschreibungsfunktion etwas verallgemeinert darstellen und in Einklang mit Abschnitt 8 bei der Zwei-Ortskurven-Methode die negativ inverse Beschreibungsfunktion verwenden. Für diese können auch noch einfache Näherungsformeln angegeben werden.

10.1 Beschreibungsfunktion für Abtaster und Formierungsglied

Wir denken uns das aus Tor und Formierungsglied gebildete nichtlineare Übertragungsglied durch eine harmonische Schwingung erregt. Weil anzunehmen ist, daß die Phasenlage der Abtastimpulse eine Rolle spielt, müssen wir sie in die Überlegung einbeziehen und schreiben für das Eingangssignal nach Abb. 10.3

$$x_w(t) = \overline{X}_w \sin \omega (t - t_1). \tag{10.1}$$

Mit diesem stetigen Signal wird durch den Abtaster eine Einheits-Impulsfolge $\delta_a(t)$ moduliert, die man bei kleiner Impulsbreite (Abtastdauer) h (Abb. 10.3) durch eine Fourier-Reihe

$$\delta_a(t) = \frac{h}{T} \sum_{k=-\infty}^{+\infty} e^{ik\omega_A t} \tag{10.2}$$

ausdrücken kann. Wir erhalten damit für die abgetastete Funktion nach geringfügiger Umformung

$$x_w^*(t) = x_w(t) \cdot \delta_a(t) =$$
$$= \overline{X}_w \frac{h}{T} \sum_{k=-\infty}^{+\infty} \sin\big((\omega + k\omega_A)\, t - \omega t_1\big). \tag{10.3}$$

Entsprechend diesem modulierten Puls erhalten wir nach Abb. 10.3 mit der Zeitvariablen u unter Modulation mit der Abtastfunktion

$$g(u) = e^{\alpha u/T} \tag{10.4}$$

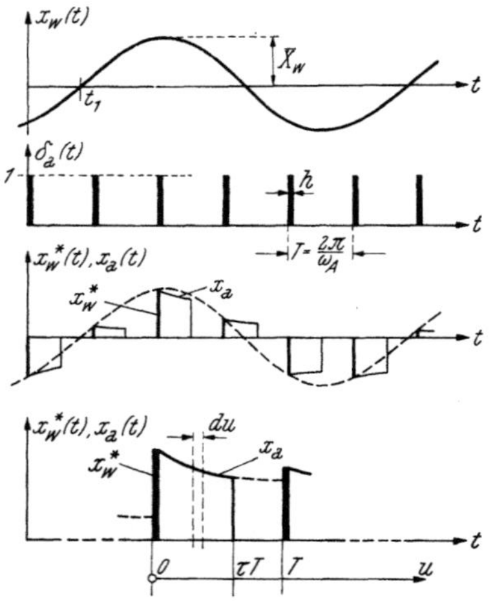

Abb. 10.3. Zur Ableitung der Beschreibungsfunktion für Abtaster und Formierungsglied

für ein Element mit der Breite du der Ausgangsfunktion $x_a(t)$ den modulierten Puls

$$dx_a(t) = \overline{X}_w \frac{du}{T} \sum_{k=-\infty}^{+\infty} e^{\alpha u/T} \sin\big((\omega + k\omega_A)(t-u) - \omega t_1\big). \tag{10.5}$$

Man kann Integration und Summation vertauschen und erhält mit dem Frequenzverhältnis (oder „Tastverhältnis")

$$n = \omega_A/\omega \tag{10.6}$$

für die Ausgangsfunktion

$$x_a(t) = \overline{X}_w \frac{1}{T} \sum_{k=-\infty}^{+\infty} \int_0^{\tau T} e^{\alpha u/T} \sin\big(\omega(1+kn)(t-u) - \omega t_1\big)\, du. \quad (10.7)$$

$(0 < \tau \leqq 1)$

Ein Vergleich der Gln. (10.7) und (10.1) zeigt, daß die Amplitude der Eingangsschwingung herausfällt und daher im folgenden $\overline{X}_w = 1$ gesetzt werden kann. Wir werden also eine amplitudenunabhängige, jedoch frequenzabhängige Beschreibungsfunktion erhalten. Die etwas langwierige Integration der Gl. (10.7) ergibt schließlich

$$x_a(t) = \sum_{k=-\infty}^{+\infty} \frac{2\pi\left(\frac{1}{n}+k\right)}{\alpha^2 + 4\pi^2\left(\frac{1}{n}+k\right)^2} [(e^{\alpha\tau}+1)\sin A \cdot \sin B + $$
$$+ (e^{\alpha\tau}-1)\cos A \cdot \cos B] -$$
$$- \sum_{k=-\infty}^{+\infty} \frac{\alpha}{\alpha^2 + 4\pi^2\left(\frac{1}{n}+k\right)^2} [(e^{\alpha\tau}+1)\sin A \cdot \cos B -$$
$$- (e^{\alpha\tau}-1)\cos A \cdot \sin B],$$

mit den Abkürzungen

$$A = \left[\tau\pi\left(\frac{1}{n}+k\right)\right],$$
$$B = \left[(1+kn)\omega t - \omega t_1 - \tau\pi\left(\frac{1}{n}+k\right)\right]. \quad (10.8)$$

Zur Bildung der Beschreibungsfunktion betrachten wir als Näherung weiterhin nur mehr jene Teilschwingungen von $x_a(t)$, welche die Frequenz ω der Eingangsschwingung Gl. (10.1) aufweisen. Eine Überlegung hinsichtlich der Größe der Amplituden der Oberschwingungen zeigt, daß diese Näherung bei nicht zu großen Tastverhältnissen ohne großen Fehler zulässig ist. Der Ausdruck $(1 + kn)$ in der Abkürzung B der Gl. (10.8) muß also den Wert eins ergeben, woraus man zwei Lösungen erkennt:

$k = 0$, n beliebig (wegen des Shannonschen Abtastgesetzes [u. a. 316] muß $n \geqq 2$ sein),

$k = -1$, $n = 2$.

Es ist daher auch schon ersichtlich, daß sich die Beschreibungsfunktion aus zwei Ästen (nämlich einen für $n \geqq 2$ und einen für $n = 2$), zusammensetzen wird.

Die Aufgabe besteht jetzt in einer rein formalen Rechnung: Setzen wir in Gl. (10.8) $k = 0$, dann erhalten wir eine Ausgangsfunktion $x_{a0}(t)$; ebenso erhalten wir mit $k = -1$ und $n = 2$ eine Funktion $x_{ak}(t)$. Beide Funktionen werden mittels der Laplace-Transformation in den Bildbereich transformiert und zu der Laplace-Transformierten der Gl. (10.1) ins Verhältnis gesetzt. Das Ergebnis sind zwei komplexe Übertragungsfunktionen der Variablen s, welche für $s = i\omega$

die beiden Äste der Beschreibungsfunktion ergeben. Diese etwas aufwendige Rechnung, die wir dem Leser ersparen wollen, liefert schließlich für die Beträge und Argumente der beiden Beschreibungsfunktionsäste die Ausdrücke:

$$|G_0| = \sqrt{\frac{1 + e^{2\alpha\tau} - 2e^{\alpha\tau}\cos\frac{\tau 2\pi}{n}}{\alpha^2 + \frac{4\pi^2}{n^2}}}, \tag{10.9a}$$

$$\arg G_0 = -\operatorname{arc\,tg}\frac{2\pi\left(e^{-\alpha\tau} - \cos\frac{\tau 2\pi}{n}\right) + \alpha n \sin\frac{\tau 2\pi}{n}}{2\pi\sin\frac{\tau 2\pi}{n} - \alpha n\left(e^{-\alpha\tau} - \cos\frac{\tau 2\pi}{n}\right)}, \tag{10.9b}$$

$$|G_k| = \sqrt{\frac{1 + e^{2\alpha\tau} - 2e^{\alpha\tau}\cos\tau\pi}{\alpha^2 + \pi^2}}\; 2\sin(\omega t_1), \tag{10.10a}$$

$$\arg G_K = -\frac{\pi}{2} + \omega t_1 - \operatorname{arc\,tg}\frac{\pi(e^{-\alpha\tau} - \cos\tau\pi) + \alpha\sin\tau\pi}{\pi\sin\tau\pi - \alpha(e^{-\alpha\tau} - \cos\tau\pi)}. \tag{10.10b}$$

Für den in [1] behandelten wichtigen Sonderfall der Treppenkurve erhalten wir aus den obigen Gleichungen für $\alpha = 0$ und $\tau = 1$ die einfachen Beziehungen

$$G_0 = \left(\frac{n}{\pi}\sin\frac{\pi}{n}\right) e^{-i\pi/n} \tag{10.11}$$

und

$$G_k = \left(\frac{4}{\pi}\sin\omega t_1\right) e^{i(\omega t_1 - \pi)}. \tag{10.12}$$

Wir erkennen aus den Gln. (10.9), daß die Beschreibungsfunktion G_0 unabhängig von den Parameterwerten α und τ nicht von der Phasenlage der Abtastimpulse abhängt (der Wert t_1 ist bei der Rechnung herausgefallen). Der Einfluß der Phasenlage tritt lediglich bei G_k (Gln. 10.10) in Erscheinung. Es ist weiter bemerkenswert, daß die Kurven G_k nach Gln. (10.11) für alle Parameterwerte α und τ Kreise sind, die für $\omega t_1 = 0$ durch den Ursprung hindurchgehen.

In den Abb. 10.4 und 10.5 sind für einige Parameterwerte der Abtastfunktion die Beschreibungsfunktionen bzw. die negativ inversen Beschreibungsfunktionen gezeichnet, wobei der Sonderfall der Treppenkurve stark hervorgehoben ist. Es fällt auf, daß sowohl die Beschreibungsfunktionen G_0 als auch deren negativ inverse Beschreibungsfunktion $(-1/G_0)$ für $n \gtrsim 3$ mit sehr guter Genauigkeit durch Kreise anzunähern sind. Für die negativ inversen Beschreibungsfunktionen $(-1/G_k)$ ergeben sich wegen der Kreisform von G_k naturgemäß Gerade. In den Abb. 10.4 und 10.5 fällt auch auf, daß sich für $n \to \infty$, also für den Grenzfall der stetigen Regelung, wohl keine Phasenverschiebung mehr, jedoch nur für $\alpha = 0$, $\tau = 1$ auch tatsächlich die „Ortskurve" eines reinen P-Gliedes der Verstärkung eins, nämlich der Punkt $(+1, \pm i0)$ ergibt. Es liegt dies in der Art der verwendeten Näherung begründet und ist mit den Sprüngen der Abtastfunktion zu erklären, die beim Übergang $n \to \infty$ nur bei der Treppenkurve verschwinden (s. auch Abschnitt 9.3.1). Die verwendete Näherung durch die Grundschwingung ist demnach bei Abweichen der Abtastfunktion von der

Treppenkurve nur bei kleineren Tastverhältnissen genügend genau. Es ist dies keine wesentliche Einschränkung, weil den großen Tastverhältnissen im allgemeinen nur theoretische Bedeutung zukommt.

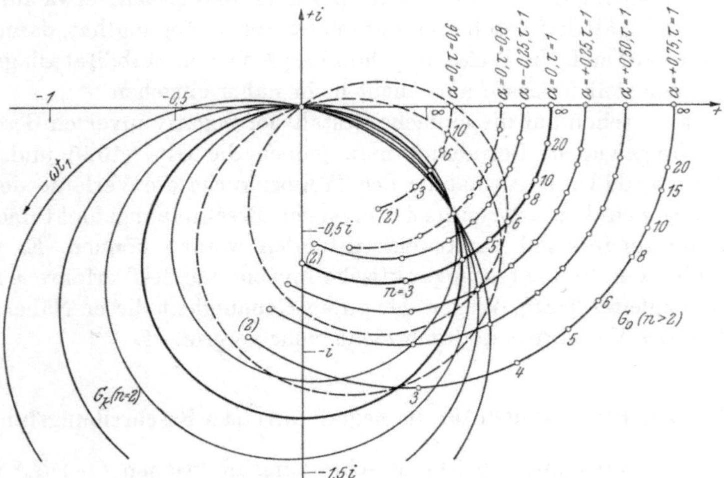

Abb. 10.4. Ortskurven der Beschreibungsfunktionen für Abtaster und Formierungsglied

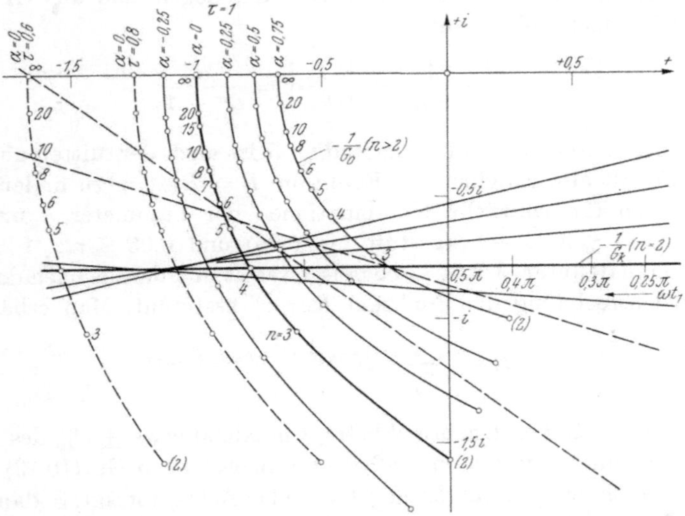

Abb. 10.5. Ortskurven der negativ inversen Beschreibungsfunktionen für Abtaster und Formierungsglied

Man zeichnet nach den Gln. (10.9) bzw. (10.10) für die jeweiligen Parameter α und τ die negativ inverse Beschreibungsfunktion oder man kann ein für allemal ein transparentes Kurvenblatt nach Abb. 10.5 ausarbeiten. Nun geht man wieder nach der in Abschnitt 8.3.1 besprochenen Zwei-Ortskurven-Methode vor, indem man die negativ inverse Beschreibungsfunktion mit der Ortskurve des stetigen linearen Teiles zum Schnitt bringt. Die Ortskurve liefert die Kreisverstärkung V_0 bzw. andere frei wählbaren Parameter des linearen Teiles. An der Schnittstelle liest man die Kennwerte der möglichen stabilen Lösung, n_s, ω_s, $n_s \cdot \omega_s = \omega_{As}$ ab. Wenn man für den linearen Teil eine Ortskurvenschar, etwa für die Kreisverstärkung V_0 als frei wählbaren Parameter zur Verfügung hat, dann kann man auch wieder auf einfache Weise die schon besprochenen Stabilitätsdiagramme ausarbeiten. Wir wollen darauf aber nicht mehr näher eingehen.

Wir haben schon auf die einfache Gestalt der negativ inversen Beschreibungsfunktion hingewiesen. Betrachtet man jedoch die Gln. (10.9) und (10.10), so erkennt man, daß mit Ausnahme der Treppenkurve die Verläufe der Beschreibungsfunktionen bzw. der negativ inversen Beschreibungsfunktionen nur mit großem Rechenaufwand punktweise gefunden werden können. Es wird daher zweckmäßig sein, für die rasche praktische Anwendung des Verfahrens Näherungsformeln abzuleiten [188]. Wegen der guten Genauigkeit dieser Näherungen wird der Fehler des Verfahrens dadurch nicht mehr vergrößert.

10.1.1 Näherungsformeln für die negativ inversen Beschreibungsfunktionen

Wie schon erwähnt, sind die Beschreibungsfunktionen $(-1/G_0)$ im Bereich $n \gtrsim 3$ mit großer Genauigkeit durch Kreisbögen anzunähern, deren Mittelpunkte M sämtlich auf der positiv reellen Achse liegen (Abb. 10.6). Die auf der negativ reellen Achse liegenden Endpunkte dieser Kreisbögen sind aus Gl. (10.9a) für $n \to \infty$ auf einfache Weise mit

$$\left| -\frac{1}{G_{0\infty}} \right| = \left| \frac{1}{G_{0\infty}} \right| = \frac{\alpha}{e^{\alpha\tau} - 1} \tag{10.13}$$

zu bestimmen. Damit und mit dem Radius R ist auch der Mittelpunktabstand a gegeben. Es gilt also lediglich, die Funktion $R = R(\alpha, \tau)$ zu finden. Zu diesem Zweck werden für sämtliche Kombinationen der Parameter α und τ in den Bereichen $-1 \leqq \alpha \leqq +1$ (gestuft um 0,05) und $0{,}05 \leqq \tau \leqq 1$ (gestuft um 0,05) die Gln. (10.9) für $3 \leqq n \leqq \infty$ ausgewertet und daraus nach den Methoden der Ausgleichsrechnung die Funktion $R(\alpha, \tau)$ bestimmt. Man erhält auf diese Weise

$$R \approx \left| \frac{1}{G_{0\infty}} \right| 10^{(0{,}03\,\tau^2 - 0{,}08\,\alpha\tau + 0{,}18)}. \tag{10.14}$$

Der Fehler dieser Näherungsformel beträgt maximal etwa $\pm 1\%$ des Kreisradius.

Man wird nun so verfahren, daß man zunächst nach Gl. (10.13) den Betrag $|-1/G_{0\infty}|$ bestimmt und auf der negativ reellen Achse abträgt. Sodann berechnet man mit den gegebenen Werten α und τ nach Gl. (10.14) den Kreisradius R, womit die negativ inverse Beschreibungsfunktion $(-1/G_0)$ gezeichnet werden kann. Um die Gln. (10.9) vollkommen zu ersetzen, wird noch eine Formel für die Frequenzteilung benötigt, was am einfachsten auf eine Näherungsformel für das Argument $\arg(-1/G_0)$ hinauskommt. Unter Verwendung der berechneten Werte erhält man wieder mit den Methoden der Ausgleichsrechnung

$$\arg\left(-\frac{1}{G_0}\right) = \frac{\pi}{n}\,(0{,}1685\,\alpha\tau^2 + \tau - n), \tag{10.15}$$

bzw. in Graden:

$$\arg\left(-\frac{1}{G_0}\right) = \frac{1}{n}\left(30{,}3\,\alpha\tau^2 + 180\,(\tau - n)\right). \tag{10.15a}$$

Der maximale Fehler dieser Näherung beträgt etwa $\pm 0{,}05°$, liegt also weit innerhalb der Zeichengenauigkeit.

Bei der Stabilitätsanalyse wird nun wie oben besprochen die negativ inverse Beschreibungsfunktion als Kreisbogen gezeichnet und mit der Ortskurve des linearen stetigen Teiles geschnitten. Am Schnittpunkt liest man an der Ortskurve

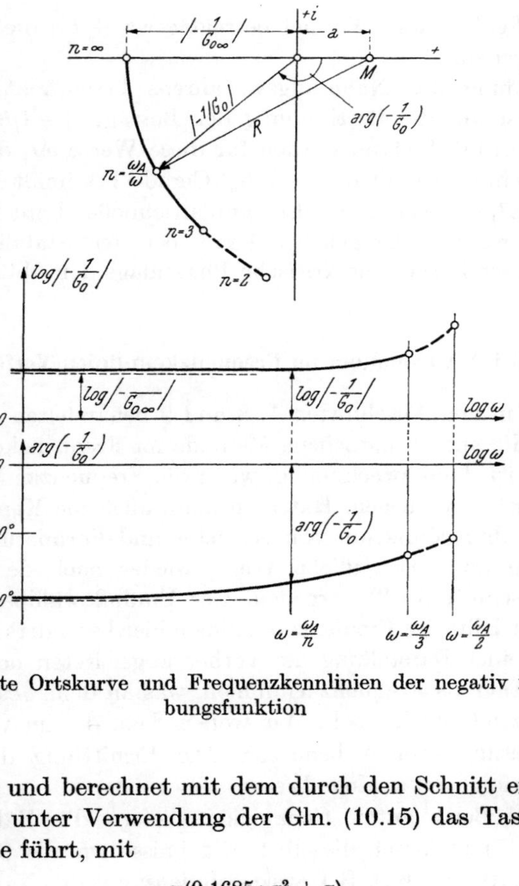

Abb. 10.6. Angenäherte Ortskurve und Frequenzkennlinien der negativ inversen Beschreibungsfunktion

die Frequenz ω_s ab und berechnet mit dem durch den Schnitt erhaltenen Argument von $(-1/G_{0s})$ unter Verwendung der Gln. (10.15) das Tastverhältnis, das zur Stabilitätsgrenze führt, mit

$$n_s = \frac{\pi(0{,}1685\,\alpha\tau^2 + \tau)}{\pi + \arg(-1/G_{0s})}, \tag{10.16}$$

bzw.

$$n_s = \frac{30{,}3\,\alpha\tau^2 + 180\tau}{180 + \arg(-1/G_{0s})}. \tag{10.16a}$$

Dem Ast $(-1/G_k)$ der negativ inversen Beschreibungsfunktion für den Sonderfall $n = 2$ kommt geringere Bedeutung zu. Untersucht man auch hier die Möglichkeit einer Näherung für den Verlauf der Geraden als Funktion der Parameter α und τ, so kommt man zu dem Schluß, daß sich hier der Rechenaufwand kaum reduzieren läßt. Lediglich für die Frequenzteilung bzw. für das Argument kann man wieder eine einfache Formel finden. Aus den berechneten Werten ermittelt man mit den Methoden der Ausgleichsrechnung den Zusammenhang

$$\arg(-1/G_k) = 0{,}291\,\alpha\tau^2 - \frac{\pi}{2}(1-\tau) - \omega t_1, \tag{10.17}$$

bzw. in Graden:

$$\arg(-1/G_k) = 16{,}7\,\alpha\tau^2 - 90(1-\tau) - \omega t_1\,180/\pi. \tag{10.17a}$$

Der maximale Fehler dieser Formel beträgt etwa $\pm 1°$; die Gl. (10.17) ist also ebenfalls recht genau.

Bei Verwendung des Näherungsverfahrens beschränkt sich der Rechenvorgang zunächst auf die Bestimmung der Beträge $|-1/G_k|$ für zwei Werte ωt_1 nach Gl. (10.10a). Sodann werden für diese Werte ωt_1 die Argumente nach Gl. (10.17) berechnet, womit die $(-1/G_k)$-Gerade bestimmt ist. Die Teilung für die Phasenlage ωt_1 der Abtastimpulse kann anschließend mit Hilfe der Gl. (10.17) vervollständigt werden. Umgekehrt kann bei der Stabilitätsanalyse wieder ebenfalls mit dieser Formel die kritische Phasenlage der Abtastimpulse ermittelt werden.

10.1.2 Anwendung im Frequenzkennlinien-Verfahren

Ähnlich den in den Abschnitten 5, 8 und 9 behandelten Verfahren läßt sich natürlich auch die eben besprochene Methode im Frequenzkennlinien-Verfahren anwenden. Dies ist dann zweckmäßig, wenn die Frequenzkennlinien des stetigen linearen Teiles schon vorliegen. Hat man dann auch die Kennlinien der negativ inversen Beschreibungsfunktion von Abtaster und Formierungsglied zur Hand, dann kann man auf anschauliche Weise wieder nach der Zwei-Ortskurven-Methode (s. Abschnitt 5.1.2) vorgehen. Der Einfluß wählbarer Parameter läßt sich wie stets mit Hilfe der Frequenzkennlinien hier besonders deutlich beurteilen. Es bedarf also einer Darstellung der vorher abgeleiteten negativ inversen Beschreibungsfunktion als Frequenzkennlinien, was an dem wesentlich wichtigeren Ast $(-1/G_0)$ gezeigt werden soll. Wir wollen dazu die im vorigen Kapitel angegebenen Näherungsformeln benutzen. Die Ermittlung der Kennlinien des Astes $(-1/G_k)$ erfolgt auf analoge Weise.

Wegen der äußerst guten Genauigkeit liefern die Näherungsgleichungen (10.14) und (10.15) praktisch dieselben Ergebnisse wie die Gln. (10.9). Die Berechnung der negativ inversen Betragskennlinie ist aus den Näherungsgleichungen wohl ohne weiteres möglich, führt aber auf eine Formel, die gegenüber der Gl. (10.9a) eigentlich keine Rechenersparnis bringt. Es ist daher wohl am besten, zunächst die Ortskurve der negativ inversen Beschreibungsfunktion in der komplexen Ebene nach den Angaben des Abschnittes 10.1.1 zu zeichnen und diese sodann punktweise in die Frequenzkennlinien-Darstellung zu übertragen. Zum bequemeren Arbeiten kann man dazu ein Polar-Koordinatenpapier verwenden.

Für ein bestimmtes Tastverhältnis n entnimmt man dem gezeichneten Ortskurven-Diagramm den Betrag $|-1/G_0|$. Mit der gegebenen Abtastfrequenz ω_A

erhält man den zugehörigen Wert der Kreisfrequenz $\omega = \omega_A/n$, womit ein Punkt der Betragskennlinie ermittelt ist. Auf gleiche Weise kann man die Phasenkennlinie zeichnen, indem man dem Ortskurven-Diagramm gleichzeitig auch die Argumente entnimmt und als Funktion der Frequenz aufträgt. Die Zusammenhänge sind in Abb. 10.6 angedeutet.

Im Gegensatz zur Betragskennlinie läßt sich für die Phasenkennlinie eine sehr einfache Beziehung angeben, die zum Zeichnen der Kennlinie verwendet werden kann. Aus den Gln. (10.6) und (10.15) erhält man:

$$\arg(-1/G_0) = -\pi + \pi\,(0{,}1685\,\alpha\tau^2 + \tau)\,\frac{\omega}{\omega_A}. \tag{10.18}$$

Für gegebenes α und τ ist der Klammerausdruck eine konstante Größe und man erhält für die Phasenkennlinie den einfachen Zusammenhang

$$\arg(-1/G_0) = -\pi + C\,\frac{\omega}{\omega_A}. \tag{10.19}$$

Ändert sich die Abtastfrequenz ω_A, dann tritt lediglich eine Parallelverschiebung der Betrags- und Argumentenkennlinie längs der Frequenzachse auf. Diesen Vorteil der logarithmischen Darstellung sind wir schon gewohnt.

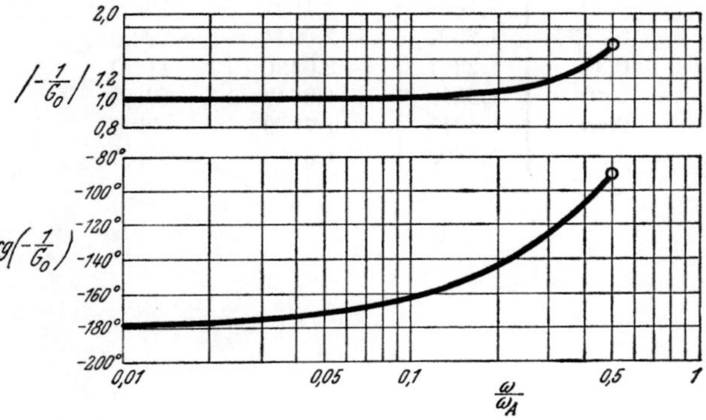

Abb. 10.7. Frequenzkennlinien der negativ inversen Beschreibungsfunktion $(-1/G_0)$ für Abtaster und Halteglied ($\alpha = 0$, $\tau = 1$)

Für den wichtigen Sonderfall der Treppenkurve ergab sich für die Beschreibungsfunktion G_0 die einfache Gl. (10.11). Daraus erhält man für die negativ inverse Beschreibungsfunktion die Betragskennlinie

$$\left|-\frac{1}{G_0}\right| = \pi\,\frac{\omega}{\omega_A} \Big/ \sin\pi\,\frac{\omega}{\omega_A} \tag{10.20}$$

und die Argumentenkennlinie

$$\arg(-1/G_0) = -\pi + \pi\,\frac{\omega}{\omega_A}. \tag{10.21}$$

Man sieht, daß für $\alpha = 0$, $\tau = 1$ die Näherungsformel (10.18) in die Gl. (10.21) übergeht. Werte für diese wichtigen Kennlinien sind abschließend in der Tabelle 10.1 angegeben und die Kennlinien sind in Abb. 10.7 aufgetragen.

Die im Abschnitt 10.1.1 angegebenen Näherungsformeln und die vorhergehend beschriebene Übertragung der negativ inversen Beschreibungsfunktion des nichtstetigen Teiles des Abtastsystems in die Frequenzkennliniendarstellung ermöglichen es, auch für Abtastsysteme eine praktische Stabilitätsanalyse im Frequenzkennlinien-Verfahren nach der Zwei-Ortskurven-Methode durchzuführen.

Tabelle 10.1. *Beträge und Argumente der negativ inversen Beschreibungsfunktion* $(-1/G_0)$ *für Abtaster und Halteglied (Treppenkurve)*

$\frac{\omega}{\omega_A} = \frac{1}{n}$	$\left\lvert -\frac{1}{G_0} \right\rvert$	$\arg(-1/G_0)$ [Bogen]	[Grad]
0,01	1,0002	−3,1102	−178,2
0,02	1,0007	−3,0788	−176,4
0,05	1,0042	−2,9845	−171,0
0,10	1,0167	−2,8274	−162,0
0,1250	1,0262	−2,7489	−157,5
0,15	1,0380	−2,6704	−153,0
0,1667	1,0472	−2,6180	−150,0
0,20	1,0690	−2,5133	−144,0
0,25	1,1107	−2,3562	−135,0
0,30	1,1650	−2,1991	−126,0
0,3333	1,2092	−2,0944	−120,0
0,35	1,2341	−2,0420	−117,0
0,40	1,3213	−1,8849	−108,0
0,45	1,4313	−1,7279	− 99,0
0,50	1,5708	−1,5708	− 90,0

C. Experimentelle Analyse und Identifikation

„Die experimentell ermittelten Frequenzkennlinien eines physikalischen Systems repräsentieren — wenn man von Meßfehlern absieht — dieses System vollständig. Es gibt auch nicht zwei physikalische Systeme, welche dieselben Frequenzkennlinien besitzen. In gewisser Hinsicht sind diese Kurven für ein physikalisches System ebenso charakteristisch wie die Fingerabdrücke für einen Menschen. Sie sind tatsächlich Differentialgleichungen in bildlicher Form."

R. Oldenburger

11. Durchführung und Auswertung von Frequenzgangmessungen

Nachdem wir uns bisher mit den Grundlagen und verschiedenen Anwendungsmöglichkeiten des Frequenzkennlinien-Verfahrens von der theoretischen Seite her befaßt haben, wollen wir uns nun auch der versuchstechnischen Praxis zuwenden und uns dabei im wesentlichen auf linearisierte Systeme beschränken. Bei der mit Papier und Bleistift durchgeführten Analyse und Synthese der Regelungssysteme wurde stets vorausgesetzt, daß die Übertragungsfunktionen bzw. die Frequenzgänge oder Frequenzkennlinien von einzelnen Elementen oder Teilen der Systeme und deren Strukturen schon bekannt sind. Diese mathematischen Modelle müssen aber doch als Vorbedingung für die Anwendung der besprochenen Theorien erst einmal ermittelt werden. Soweit dies die Kennwerte von Bauelementen oder Regelgeräten betrifft, ergeben sich hier kaum Schwierigkeiten. Die Erfassung der dynamischen Eigenschaften der Regelstrecken hingegen ist auch heute Gegenstand gewisser Problematik. Die direkte rein rechnerische Bestimmung der dynamischen Eigenschaften der Übertragungssysteme aus den gegebenen physikalischen Zusammenhängen heraus ist nur in seltenen Fällen möglich, weshalb sich Rechnung und Experiment sinnvoll ergänzen müssen. Mit dem äußerst wichtigen experimentellen Teil dieser „Identifikation" werden wir uns nun etwas näher beschäftigen. Wir beschränken uns in diesem Kapitel auf den Weg der harmonischen Erregung, was der thematischen Abgrenzung des Buches entspricht. Auf andere als sinusförmige Testsignale wird also nicht eingegangen.

Wir haben schon einmal den Unterschied zwischen Zeitbereich und Frequenzbereich erwähnt. Die wichtigste Untersuchungsmethode des Zeitbereichs ist die Feststellung der „Übergangsfunktion" oder „Sprungantwort" $\bar{x}_a(t)$ als Antwort des Übertragungssystems auf eine Änderung des Eingangssignales nach einer

Einheits-Sprungfunktion. Im Gegensatz dazu wird der Definition des Frequenzganges entsprechend das Übertragungssystem an der Eingangsseite sinusförmig erregt und die dadurch am Ausgang entstehende Sinusschwingung registriert. Dieser Vorgang wird bei verschiedenen Frequenzen wiederholt und die Eigenschaften des Systems werden als Funktion der Frequenz ermittelt.

Die im allgemeinen sehr anschauliche und auch leicht zu erzeugende Sprungantwort hat an und für sich einen ebensolchen Informationsgehalt wie der Frequenzgang. Es geht dies schon aus dem zwischen Sprungantwort und Übertragungsfunktion herrschenden Zusammenhang

$$W(s) = s \cdot \mathfrak{L}[\bar{x}_a(t)] \tag{11.1}$$

hervor, der für verschwindende Anfangsbedingungen gilt. Es ergibt sich somit die Frage, wann die in jeder Beziehung aufwendigere Frequenzganguntersuchung dem Aufzeichnen der Sprungantwort vorzuziehen ist. Eine Antwort liefert zum Teil bereits die obige Gl. (11.1) einschließlich der Bedingungen unter denen sie abgeleitet wurde. Wird nämlich vorausgesetzt, daß die Anfangswerte für die einzelnen Ableitungen der Ausgangsgröße verschwinden sollen, so bedeutet dies, daß das System zum Anfangszeitpunkt keine gespeicherte Energie enthalten darf, worunter auch das Nichtvorhandensein von Geräusch fällt. Dies ist aber von Regelstrecken, die in einen Prozeß eingefügt sind und bei denen die Messung der Übergangsfunktion ohne Produktionsausfall erfolgen soll, nicht zu verlangen. Selbst unter den günstigsten Bedingungen ist eine exakte Messung der Übergangsfunktion schwierig. Eine exakte Sprungfunktion zu erzeugen, ist in der meßtechnischen Praxis auch eine schwer zu bewältigende Aufgabe. Überall dort, wo ein mit bewegten Teilen arbeitendes Stellglied den als Signalträger zu betrachtenden Energiestrom am Eingang einer Strecke sprungartig ändern soll, müßten die massenbehafteten Teile des Stellgliedes in verschwindend kurzen Zeitintervallen bestimmte endliche Wege zurücklegen. Auf ähnliche Schwierigkeiten stößt man bei der Registrierung der Sprungantwort, die von der eigentlichen Messung bis zum Registrieren verzögerungs- und totzeitfrei zu erfolgen hat. Diese Forderung ist bei Messungen in der Anlage, wo man oft auf betriebliche und nicht laboratoriumsmäßige Meßfühler und Schreiber angewiesen ist, schwer zu erfüllen. Überall dort, wo eine möglichst genaue quantitative Erfassung des Verhaltens eines Übertragungsgliedes erfolgen soll, wird wenn möglich von der Aufzeichnung der Übergangsfunktion auf die Aufnahme des Frequenzganges übergegangen werden müssen. (Auf die Möglichkeit der Identifikation mittels stochastischer Verfahren wurde bereits im Vorwort verwiesen.)

Wie nicht anders zu erwarten, stößt aber auch die Messung des Frequenzganges auf Schwierigkeiten. Die Übertragungsfunktion eines linearen Systems ist bei verschwindenden Anfangsbedingungen als Quotient der Laplace-Transformierten von Ausgangs- und Eingangsfunktion definiert (s. Abschnitt 1.1). Es gelten also prinzipiell dieselben Einschränkungen, wie bei der Übergangsfunktion. Dennoch ist es leichter möglich, diese Schwierigkeit bei den praktischen Versuchen zu umgehen (s. Abschnitt 11.3).

Bei der Frequenzganguntersuchung einer im Produktionsprozeß eingegliederten Strecke treten noch weitere Schwierigkeiten auf. Wird die Kennlinie des

Stellgliedes bei der Ermittlung der Betriebskennlinie mit einbezogen, dann erfolgt die Bemessung des Stellgliedes meist so, daß sich eine annähernd lineare Betriebskennlinie ergibt. Kann aber aus verschiedenen Gründen einmal der Hub des Stellgliedes nicht als Eingangssignal der Strecke definiert werden, dann läuft das Problem, das Eingangssignal der Regelstrecke sinusförmig zu verändern, auf folgende Aufgabe hinaus: das Eingangssignal wird dann durch den Informationsparameter einer physikalischen Größe (Signalträger) getragen. Es handelt sich dabei in der verfahrenstechnischen Industrie meist um einen Energie- oder Massestrom. Die zeitliche Änderung dieses Informationsparameters erfolgt mit Hilfe des Stellglieds. Wird dem Eingangssignal dieses Stellgliedes eine Sinusschwingung überlagert, so wird der vom Stellglied beeinflußte Informations-

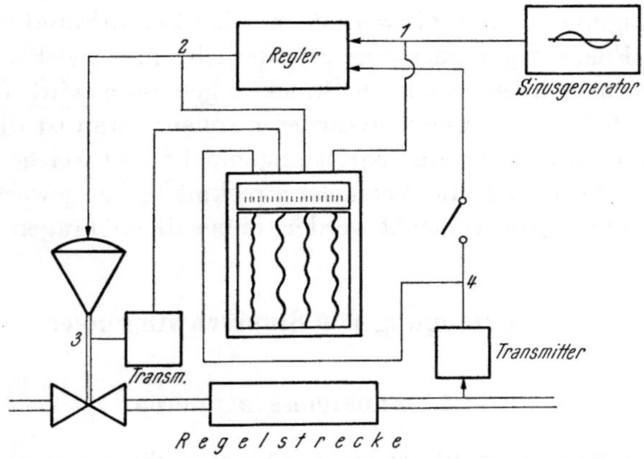

Abb. 11.1. Prinzip der Versuchsanordnung für eine Frequenzgangmessung

parameter nur dann von einer Sinusschwingung überlagert sein, wenn das Stellglied eine lineare Kennlinie besitzt. In der chemischen Industrie werden aber als Stellglieder vielfach Ventile verwendet, die eine nichtlineare Charakteristik (z. B. gleichprozentig) aufweisen. Würde demnach dem (nichtlinearen) Stellglied eine Sinusschwingung zugeführt werden, so wird dann das der Strecke aufgeprägte Signal sicherlich nicht sinusförmig schwanken. Eine Abhilfe wäre die Verwendung eines Positioners, der es gestattet, die Kennlinie des Ventils durch das Austauschen einer Kurvenscheibe so zu verändern, daß eine lineare Charakteristik entsteht. Positioner dieser Art wurden u. a. von der Firma Honeywell entwickelt. Eine andere, meist aber problematische Möglichkeit ist es, extrem kleine Eingangsamplituden zu verwenden (s. Abschnitt 11.1.2).

An Hand eines in Abb. 11.1 skizzierten Beispieles soll zunächst das Wesentliche einer Versuchsanordnung kurz besprochen werden. Die Führungsgröße des Reglers als Eingangssignal des Kreises wird mit Hilfe eines Funktionsgenerators (s. Abschnitt 11.1.1) sinusförmig verändert. Die Eingangs- und Ausgangssignale von Regler und Strecke werden zur Bestimmung der einzelnen Frequenzgänge herangezogen, was durch einen Schreiber angedeutet ist. Bei einer Untersuchung des offenen Kreises wird der geschlossene Wirkungsablauf etwa durch Öffnen des Signalpfades der Regelgröße unterbrochen. Die Signale an den Stellen 2 und 1 liefern dann den Frequenzgang des Reglers, 3 und 2 den Frequenzgang von Leitung und Stellantrieb, 4 und 3 den Frequenzgang der Strecke und schließlich erhält man aus den Signalen an den Stellen 4 und 1 den Frequenzgang des gesamten offenen Systems. Schließt man den geöffneten Signalpfad, dann erhält man auf gleiche Weise aus den Signalen 4 und 1 den Frequenzgang des geschlossenen Kreises. Im allgemeinen werden die Versuche am geschlossenen System wesentlich kleinere Fehler aufweisen als jene am offenen Regelkreis.

Viele Fragen drängen sich dem Versuchsingenieur auf, ehe mit dem eigentlichen Messen begonnen werden kann: Soll die Messung an einzelnen Gliedern oder an geschlossenen Regelkreisen vorgenommen werden; wie wird am Eingang eines zu untersuchenden Meßgliedes eine Sinusschwingung aufgebracht; welche Sinusgeneratoren sind für diese Zwecke vorhanden; welche Art der Registrierung der Ausgangsschwingung soll gewählt werden; welcher Zeitaufwand ist für die Durchführung einer Frequenzgangmessung erforderlich; mit welchen Störungen der Produktion ist zu rechnen, wenn an Strecken gemessen wird, die während der Versuche möglichst normal weiterproduzieren sollen; wann ist die Durchführung von Frequenzgangmessungen überhaupt angebracht und welche Ergebnisse darf man erwarten; wie werden die Versuche zweckmäßig ausgewertet usw. In den folgenden Abschnitten soll versucht werden, einige dieser Fragen zu beantworten.

11.1 Erzeugung von Sinusschwingungen

11.1.1 Funktionsgeneratoren

Die überwiegende Mehrzahl der handelsüblichen Sinusgeneratoren weist einen elektrischen Ausgang auf. Durch Verwendung von Transmittern ist es dann möglich, den Ausgang in eine andere physikalische Größe umzuwandeln. Sehr häufig ist der Versuchsingenieur aber auch genötigt, vorhandene Sinusgeber für einen speziellen Untersuchungsfall zu adaptieren, oder geeignete Sinusgeber auch neu zu entwickeln. So kann es manchmal notwendig sein, etwa einen rein mechanisch-pneumatischen Sinusgenerator zur Verfügung zu haben; z. B. dann, wenn an pneumatischen Regeleinrichtungen in explosionsgefährdeten Räumen Frequenzganguntersuchungen durchgeführt werden sollen.

11.1.1.1 Elektrische Sinusgeneratoren

Elektrische Sinusgeneratoren sind heute bereits ebenso bekannt und ebenso verbreitet wie etwa Oszillographen. Es kann aus diesem Grund darauf verzichtet werden, hier in Einzelheiten einzugehen. Lediglich die Möglichkeiten zur Erzeugung einer sinusförmigen Spannung sollen aufgezählt und ihre wichtigsten Eigenschaften sollen angegeben werden. Es sind dies: 1. Frequenzschwingungssteuerung, Phasenverschiebungsoszillator, 2. Abgeglichenes Sinuspotentiometer, 3. Oszillierender oder drehender Schieber; bei diesen Prinzipien ist für große Verstellkräfte ein Verstärker erforderlich, 4. Verwendung einer herkömmlichen Wechselstrommaschine, 5. Frequenzumwandler auf induktiver Basis; bei diesen beiden Möglichkeiten wird bei höheren Frequenzen eine ausreichende Kraft erzeugt, bei niedrigen Frequenzen ist die abgegebene Kraft jedoch gering, 6. Frequenzumwandler auf kommutativer Basis; hier ist der Spannungs- und Stromausgang praktisch unabhängig von der bequem zu regelnden Frequenz und der Schwingungsverlauf ist sehr genau.

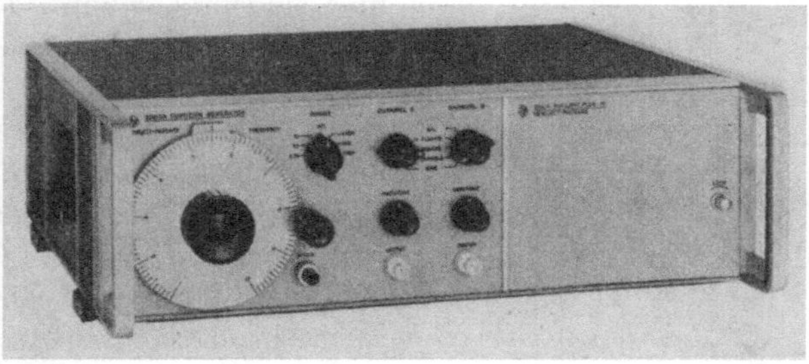

Abb. 11.2. Funktionsgenerator von Hewlett Packard; Modell 3300 A (Photo: Hewlett Packard, Palo Alto, Calif., U.S.A.)

Bezüglich näherer Beschreibung einzelner Geräte soll auf die Literatur [u. a. 33, 42, 67, 85, 140, 143, 164, 283, 285, 362] sowie auf die zahlreichen Druckschriften der Erzeuger hingewiesen werden. Lediglich zur Illustration sind in Abb. 11.2 und 11.3 zwei wahllos herausgegriffene Funktionsgeneratoren abgebildet (s. auch Abschnitt 11.3).

Abb. 11.3. Funktionsgenerator von Taylor; Modell 191 A (Photo: Taylor Electrical Instruments Ltd., Slough, England)

11.1.1.2 Pneumatische und hydraulische Sinusgeneratoren

Da die pneumatischen oder auch Öl-hydraulischen Sinusgeneratoren im allgemeinen weniger bekannt sind als elektrische Funktionsgeneratoren, sollen anschließend einige Möglichkeiten zur Erzeugung sinusförmiger Drücke besprochen werden.

Sourisse [292] verwendet handelsübliche Bauteile in Büchsenbauweise. Die Funktion des vorgeschlagenen Sinusgebers ist aus der Abb. 11.4 gut zu erkennen, wenn man beachtet, daß die Vorspannung der oberen Feder durch eine Konchoiden-Nocke variiert und dadurch die sinusförmige Druckschwankung erzeugt wird. Die Mittellinie der Sinusschwingung wird durch einen konstanten Hilfsdruck bestimmt, der in der oberen Kammer eingebracht wird. Das Flächenverhältnis der diese Kammer abschließenden Membranen ist so bemessen, daß der hier herrschende Druck resultierend in derselben Richtung wirkt wie die Federkraft. Die Frequenz läßt sich normalerweise von $2 \cdot 10^{-4}$ Hz bis 5 Hz verändern, wobei es aber durch Auswechseln eines Ritzels möglich ist, auch eine Schwingungsdauer bis zu 6 Stunden zu erreichen. Die Amplitude läßt sich von 0,02 bis 2 kp/cm², der mittlere Druck von 0,05 bis 1,2 kp/cm² stufenlos verstellen. Die Gesamtverzerrung des Signals beträgt für Frequenzen bis 2 Hz etwa 0,1% und für höhere Frequenzen bis zu 2%. Ein gewisser Nachteil dieses Sinusgenerators ist es, daß die Amplitude nur frequenzabhängig eingestellt werden kann.

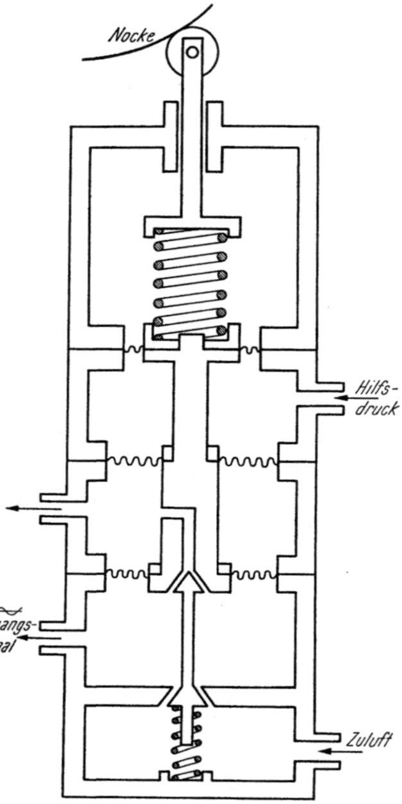

Abb. 11.4. Pneumatischer Sinusgenerator (aus [292])

Abb. 11.5 zeigt das Prinzip eines pneumatischen Sinusgenerators, der das Prinzip Düse—Prallplatte verwendet [88]. Die Prallplatte ist als Taumelscheibe ausgebildet, wodurch sich der Abstand y zwischen ihr und der Düse sinusförmig verändert. Die Nullinie der Schwingung wird durch den Abstand y_0, die Amplitude

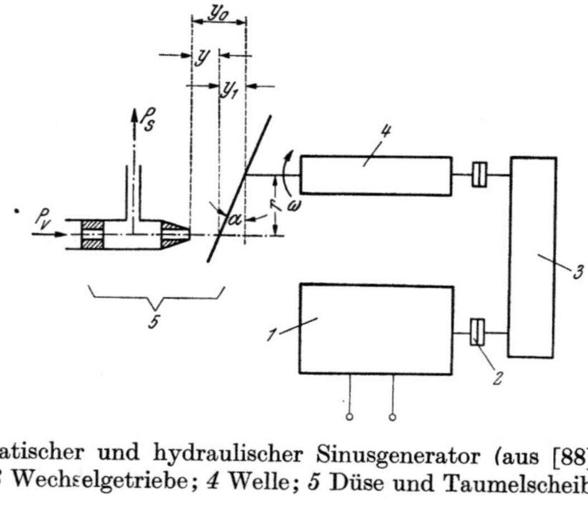

Abb. 11.5. Pneumatischer und hydraulischer Sinusgenerator (aus [88]). *1* Antriebsmotor; *2* Kupplung; *3* Wechselgetriebe; *4* Welle; *5* Düse und Taumelscheibe als Prallplatte

durch r oder α und die Frequenz durch die Drehzahl der Taumelscheibe festgelegt. Das System Düse—Prallplatte muß so ausgebildet sein, daß der Zusammenhang zwischen dem Abstand y und dem Kaskadendruck p_s weitgehend

Abb. 11.6. Pneumatischer, hydraulischer und mechanischer Sinusgenerator (aus [197]; Photo: K. LECHNER)

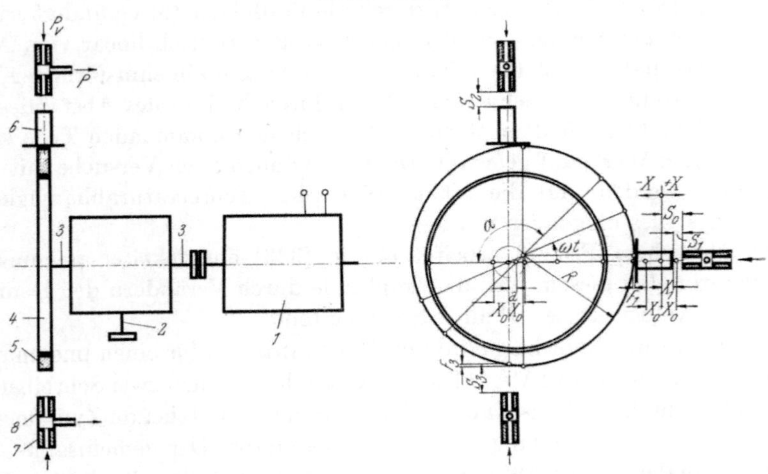

Abb. 11.7. Schema des Sinusgenerators Abb. 11.6. *1* Motor; *2* Schneckengetriebe; *3* Welle; *4* Exzenterflansch; *5* Exzenterring; *6* Stößel; *7* Zulaufdrossel; *8* Ablaufdrossel (Düse)

linear ist, wobei die Verstärkung klein gehalten werden muß [19]. Der Frequenzbereich dieses Gerätes erstreckt sich von $2 \cdot 10^{-3}$ Hz bis 20 Hz.

Ein von LECHNER [197] speziell für Untersuchungen an öl-hydraulischen Bauelementen entworfenes Gerät zeichnet sich durch besondere Genauigkeit und vor allem dadurch aus, daß es in gleicher Weise auch für ein pneumatisches sowie für ein mechanisches Signal in Form eines sich sinusförmig ändernden Weges verwendet werden kann. Das Gerät ist in Abb. 11.6 abgebildet; Abb. 11.7 zeigt das Prinzip des Generators, der durch einen zwischen 0 und 4500 U/min stufenlos regelbaren Gleichstrommotor (*1*) angetrieben wird. Der Motor kann entweder direkt oder unter Zwischenschaltung eines Schneckentriebes (*2*) mit der Hauptwelle (*3*) gekuppelt werden. Dadurch ist die Frequenz zwischen 0,01 Hz und 75 Hz einstellbar. Die Hauptwelle ist auf Hochgenauigkeitskugellagern gelagert und trägt an ihrem zweiten Ende einen verstellbaren Exzenter. Dieser besteht im wesentlichen aus einem Flansch (*4*), dessen Radius um den Betrag a exzentrisch ist und einem gleichexzentrischen Ring (*5*), der auf dem Flansch spielfrei drehbar gelagert ist. Somit kann durch Drehen des Exzenterringes zwischen 0 und 180° die Amplitude die Werte $0 \leqq X_0 \leqq 2a$ annehmen. Abhängig vom jeweiligen Verwendungszweck kann ein Exzentersatz mit entsprechendem Hub auf die Hauptwelle aufgesetzt werden. An drei um je 90° versetzten Stellen des Exzenters können die Funktionen $x_1 = \overline{X}_0 \cos \omega t$, $x_2 = \overline{X}_0 \sin \omega t$, $x_3 = -\overline{X}_0 \sin \omega t$ abgegriffen werden. Erfolgt die Abnahme mittels Stössel (*6*), dann sind die erhaltenen Schwingungen geometrisch genau, andernfalls wird ein vernachlässigbarer Fehler in Kauf genommen. Die bei größeren Frequenzen und Amplituden bemerkbar werdende Unwucht kann durch verschiebbare Gewichte ausgeglichen werden. Wird der Sinusgenerator zur Erzeugung hydraulischer oder pneumatischer Schwingungen verwendet, so sind die vorher beschriebenen sinusförmigen Wegänderungen jeweils Eingangsgröße für den hydraulischen oder pneumatischen Verstärker. Dieser besteht im wesentlichen aus einer Zulaufdrossel (*7*) und einer Ablaufdrossel (*8*), deren Querschnitt durch die Prallplatte (*6*) verändert wird. Der Kaskadendruck des Verstärkers ist in einem großen Bereich linear vom Abstand zwischen Düse und Prallplatte abhängig, wodurch sich ein sinusförmiger Verlauf ergibt. Die Mittellinie der Schwingung kann durch Ändern des Abstandes s_0 eingestellt werden. Alle mit dem Medium in Berührung kommenden Teile sind aus nicht rostendem Werkstoff gefertigt. Dadurch können auch Versuche mit Wasser durchgeführt werden und die oft unerwünschte Temperaturabhängigkeit der Viscosität des Öles umgangen werden.

Nach ähnlichem Prinzip arbeitet ein in [323] entwickelter pneumatischer Sinusgenerator. Bei diesem wird die Amplitude durch Verändern der Kennlinienneigung des Systems Düse—Prallplatte eingestellt.

Ein interessanter Vorschlag wird von Bertrand [21] für einen pneumatischen Doppelgenerator gemacht (Abb. 11.8). Als Grundlage dienen zwei Schreiber, deren Schreibrollen durch zwei aus Papier oder Aluminium bestehende Zylinder ersetzt werden und deren Abwicklung eine Sinuskuve ergibt. Der gemeinsame Antrieb für beide Zylinder erfolgt über ein Differential, so daß sie mit gleicher Winkelgeschwindigkeit aber in umgekehrter Drehrichtung rotieren. Durch kurzzeitige Bremsung des einen Zylinders kann ihre Stellung zueinander verändert werden, wodurch eine Phasenverschiebung der beiden Schwingungen erzielt wird. Der Antrieb des Differentials erfolgt über ein stufenloses Getriebe, das wahlweise durch einen von drei Synchronmotoren angetrieben wird. Die Drehzahllücken dieser Motoren werden durch das Getriebe geschlossen. Somit wird die Frequenz zwischen $0{,}5 \cdot 10^{-3}$ und 1 Hz stufenlos einstellbar. Der Schreibstift des Schreibers wird durch ein System Strahl- und Fangdüse ersetzt. Der Druck in der Fangdüse wirkt über einen pneumatischen Verstärker auf eine federbelastete Verstelleinrichtung für den Schreibarm. Durch diese Nachlaufregelung wird der Schreiberarm den Zylinderkonturen stets nachgeführt. Der dazu von der Verstelleinrichtung aufgebrachte Druck schwankt direkt proportional der Zylinderabwicklung. Durch Auswechseln der Zylinder können mit diesem Generator beliebige periodische Funktionen erzeugt werden, was sonst nur mit elektrischen Generatoren möglich ist.

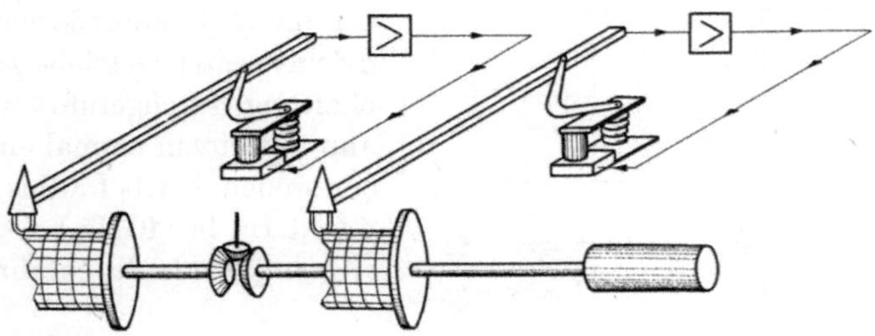

Abb. 11.8. Pneumatischer Funktionsgenerator (aus [21])

Zahlreiche weitere Ausführungen werden schließlich in [58] und [88] zusammengestellt. Es sei auch noch darauf verwiesen, daß J. C. Eckardt eben einen kommerziellen Sinusgenerator für den Frequenzbereich 0,001 bis 3 Hz auf den Markt gebracht hat, dessen Prinzip der Abb. 11.5 entspricht.

11.1.1.3 Mechanische Sinusgeneratoren

Zur Erzeugung eines sinusförmigen Hubes kann mit Vorteil das bereits erwähnte Prinzip der Taumelscheibe verwendet werden, wobei die sinusförmige Bewegung durch einen Taststift abgenommen wird. Die Frequenz kann dabei durch Variation der Antriebsdrehzahl, die Amplitude durch Ändern einer Hebelübersetzung eingestellt werden [45]. Das der Taumelscheibe ähnliche Prinzip des Exzenters wurde bereits bei dem in Abb. 11.6 und 11.7 dargestellten Gerät zur Erzeugung einer Sinusbewegung kleiner Amplitude verwendet. Einige weitere Weg-Sinusgeneratoren sind auch in [33, 37, 112, 150, 243] beschrieben.

Ein ganz anderes Problem entsteht dann, wenn einer Antriebswelle sinusförmige Drehzahlschwankungen überlagert werden sollen [184]. Ein solcher mechanischer Sinusdrehzahlgeber wurde u. a. von Schmid [282] entwickelt und bei den u. a. von Hutarew durchgeführten zahlreichen Untersuchungen in Wasserkraftanlagen [153—156] verwendet (s. Abschnitt 11.5). Die Ausgangswelle des in Abb. 11.9 prinzipiell dargestellten Gerätes wird über ein Differentialgetriebe (*1*) von einem Synchronmotor (*2*) angetrieben, auf dessen Welle ein Schwungrad (*3*) befestigt ist. Zur Variation der mittleren Drehzahl ist vor dem Differentialgetriebe ein Wechselgetriebe (*4*) vorgesehen. Ist das Gehäuse des Differentialgetriebes in Ruhe, so ist die Ausgangsdrehzahl gleich der Drehzahl des Antriebsmotors. Zur Erzeugung einer sinusförmigen Drehzahlschwankung wird nun das Gehäuse des Differentials durch die Zahnstange (*6*) über ein Ritzel verdreht, wobei die Zahnstange mit Hilfe der in einer Gleitbahn geführten Kurbelschleife (*7*) nach einer Sinusfunktion hin- und herbewegt wird. Das Gehäuse des

Differentialgetriebes wird von einem Synchronmotor (*8*) unter Zwischenschaltung zweier Schaltgetriebe (*9*) und (*5*) und eines zweistufigen Übersetzungsgetriebes (*10*) angetrieben. Der Mitnehmerbolzen der Kurbelschleife kann durch eine Spindel radial verstellt werden. Wird bei einem bestimmten Kurbelradius die Frequenz durch Schalten des Getriebes (*9*) geändert, o würde sich auch die Amplitude proporional der Frequenz ändern. Dies kann ber dadurch kompensiert werden, daß n dem zweiten Getriebe genau die gleiche ichaltung durchgeführt wird. Man kann lann mit einem einmal eingestellten und emessenen Kurbelradius die Ortskurve on 0,3 Hz bis 40 Hz bei konstanter Einangsamplitude durchfahren.

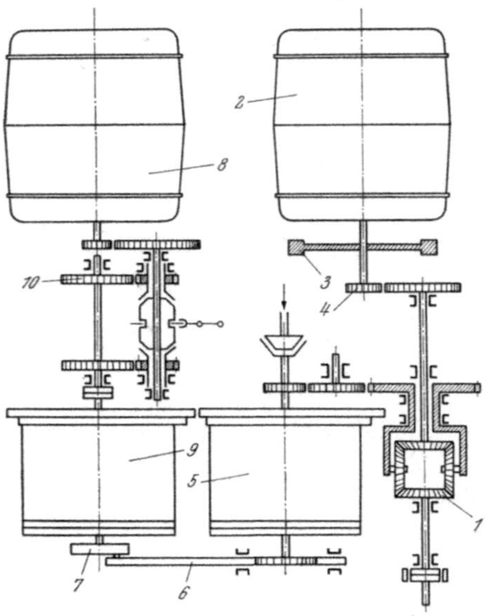

Abb. 11.9. Mechanischer Sinusgenerator (aus [282]). *1* Differentialgetriebe; *2, 8* Motor; *3* Schwungrad; *4, 5, 9, 10* Getriebe; *6* Zahnstange; *7* Kurbelschleife

11.1.2 Wahl der Amplitude

Nur in seltenen Fällen haben die ntersuchten Übertragungsglieder lineare Kennlinien, weshalb man zur Unteruchung des linearisierten Gliedes die Amplitude der Eingangsschwingung entprechend klein halten muß. Als Arbeitsder Linearitätsbereich soll jener maximale Wert der Amplitude verstanden werden, bei dem ausgangsseitig noch keine Verzerrung der Sinusform zu bemerken bzw. die Verzerrung noch vernachlässigbar ist. Um den zulässigen Maximalwert der Eingangsamplitude festzustellen, ist es nicht unbedingt erforderlich, eingangsseitig eine Sinusschwingung aufzuprägen. Auch die Sprungfunktion kann als Eingangssignal gewählt werden. Wird zuerst ein relativ kleiner Sprung gewählt und wird die zugehörige Sprungantwort aufgezeichnet, so muß bei Vergrößerung des Eingangssprunges die nun entstehende Sprungantwort in jedem Zeitpunkt der ersten Sprungantwort proportional sein, und zwar solange der Linearitätsbereich nicht überschritten ist. Die tatsächlich gewählte Amplitude sollte dann mit Sicherheit unter dem höchstzulässigen Wert liegen.

Im Gegensatz dazu wird bei experimenteller Bestimmung der Beschreibungsfunktion die Frequenz konstant gehalten und die Amplitude als unabhängiger Parameter in weitem Bereich variiert. Im allgemeinen Fall der frequenzabhängigen Nichtlinearität wird dann diese Untersuchung für verschiedene Frequenzen wiederholt.

Bei Messungen an Strecken, die während der Messung normal weiterproduzieren sollen, ist man von vornherein genötigt, die Eingangsamplitude recht klein zu halten, um den Produktionsprozeß so wenig wie möglich zu stören. Die Schwierigkeiten, die dabei auftreten, sind mannigfaltig: kein Betriebsingenieur sieht es gerne, wenn seine Anlage sinusförmigen Schwankungen unterworfen wird; wegen der an und für sich vorhandenen regellosen Störungen wird nicht mit einer exakten Sinusschwingung am Ausgang zu rechnen sein; auch die Nullinie der Schwingung wird keine Gerade sein. An die Empfindlichkeit der Meßinstrumente am Ausgang müssen daher hohe Anforderungen gestellt werden, um noch kleine Amplituden erfassen zu können.

11.1.3 Wahl des Frequenzbereichs

Die von SENF [270] zusammengestellte Tabelle 11.1 soll einen Überblick über die Frequenzbereiche verschiedenster bekanntgewordener Messungen geben. Den Aussagen dieser Aufstellung wird in [270] aber etwas kritisch begegnet, denn in einer Reihe von Fällen beläuft sich der untersuchte Frequenzbereich nur auf eine Dekade. Dafür werden wohl andere Gründe als ein ausreichender Bereichsumfang angenommen werden müssen. Wahrscheinlich haben die verwendeten Versuchseinrichtungen eine Erweiterung des Frequenzbereiches nicht gestattet. Man muß also annehmen, daß die Frequenzintervalle nach beiden Seiten erweitert werden können. Berücksichtigt man diese Möglichkeit, so sind für Untersuchungen an Regelstrecken und an Bauelementen solche Meßgeräte nötig, die mit einem Frequenzbereich von etwa 5 Dekaden ausgestattet sind. Dabei kommt es vor allem bei der Untersuchung von industriellen Regelstrecken darauf an, daß dieser Bereich in einem einzigen Gerät zur Verfügung steht. Für die Messung von Bauelementen liegt der erforderliche Bereich etwa um eine Dekade höher als für Regelstrecken, so daß etwa folgende grobe Angaben gemacht werden können: Notwendiger Frequenzbereich für industrielle Regelstrecken: 10^{-4} Hz bis 10 Hz. Frequenzbereich für die Untersuchung von Bauelementen und flinken Regelstrecken (z. B. elektrische Antriebe): 10^{-3} Hz bis 100 Hz. Für die Untersuchung eines einzelnen Reglers wäre sicher mit einem Frequenzbereich von drei Dekaden auszukommen. Die beiden weiteren Dekaden tragen dabei der Vielfalt der zu untersuchenden Objekte und dem Einsatz des Frequenzverfahrens zur eingehenderen Identifikation der Strecken und Bauelemente Rechnung.

Die Angabe der unteren Frequenz mit etwa 10^{-4} Hz hat ihren Grund in einer praktischen Erwägung: In den wenigsten Fällen ist ein Gefühl für die zu einer Frequenz von 10^{-4} Hz oder 10^{-5} Hz gehörende Schwingungsdauer vorhanden. Eine Schwingung von der Frequenz 10^{-4} Hz hat nämlich eine Schwingungsdauer von etwa 2,8 Stunden und eine solche von 10^{-5} Hz schon von etwa 28 Stunden. Dies bedeutet, daß Frequenzgangmessungen bei derart niederfrequenten Schwingungen zwischen vielen Stunden und einigen Tagen in Anspruch nehmen können, weil das Eintreten des Einschwingvorganges sicherlich das Abwarten einer Periode erforderlich macht. Diese langen Versuchszeiten bringen schon deshalb Schwierigkeiten mit sich, weil innerhalb dieser Zeit die Regelstreckenparameter kaum konstant zu halten sind. Damit wird die Aussagekraft solcher Messungen sehr fragwürdig.

Man wird daher jedenfalls bei P-wirkenden Systemen die Frequenzgangmessung durch die Aufnahme der Sprungantwort, also durch eine Untersuchung im Zeitbereich, ergänzen. Man erhält dadurch die Verstärkung des Systems (bei Nullfrequenz) und vermeidet das Messen bei sehr niedrigen Frequenzen, wo ohnehin das Amplitudenverhältnis nahezu konstant und die Phasenverschiebung angenähert null ist.

Tabelle 11.1. *Frequenzbereiche bekannt gewordener Frequenzgangmessungen* (aus [270])

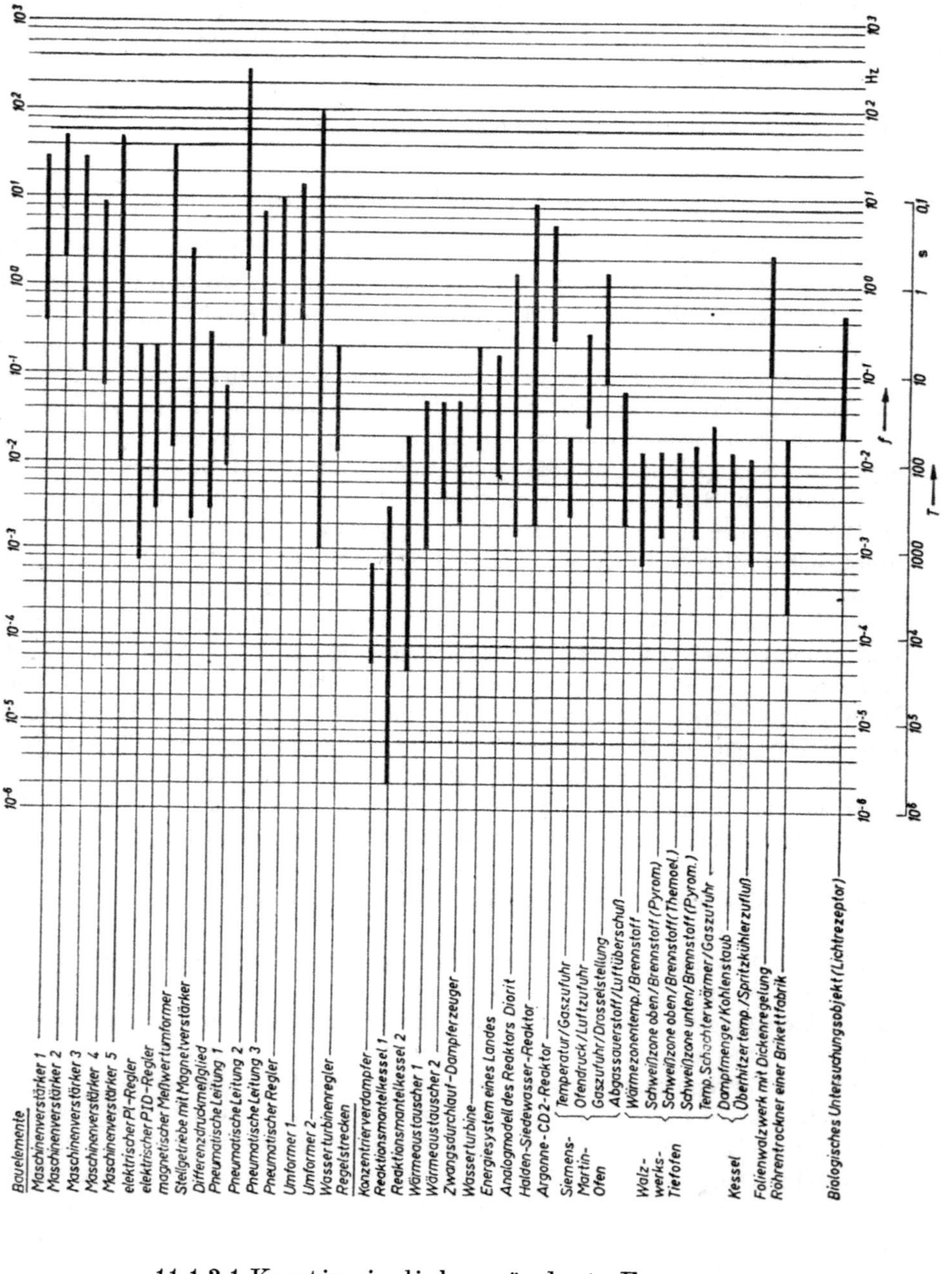

11.1.3.1 Kontinuierlich veränderte Frequenz

Wird bei Messung des Frequenzganges mit konventionellen Methoden nach jeder Änderung der Frequenz der stationäre Zustand abgewartet, dann kann sich für die Untersuchung eines einzigen Übertragungsgliedes schon ein recht beträchtlicher Zeitaufwand ergeben. Dieser Aufwand vervielfacht sich entsprechend, wenn die Frequenzgänge für verschiedene Parameter bestimmt werden sollen. Wird hingegen zur Abkürzung des Verfahrens die Frequenz des Eingangssignales mittels eines Gleitfrequenzgenerators kontinuierlich verändert, wobei Amplitudenverhältnis und Phasenverschiebung ebenfalls kontinuierlich ermittelt werden, dann entsteht natürlich ein gewisser Fehler, weil dem Übertragungsglied keine Zeit zum Einschwingen gegeben wird. Dennoch kann ein derartiges Meßverfahren angewendet werden, wenn man jene Frequenz-Änderungsgeschwindigkeit abschätzen kann, bei welcher der Fehler des Ausganges noch tragbar ist. Da in den letzten Jahren einige kontinuierlich arbeitende Geräte zur selbsttätigen Aufzeichnung der Frequenzkennlinien bekannt geworden sind, soll die Frage der zulässigen Frequenz-Änderungsgeschwindigkeit näher besprochen werden.

Zunächst wird eine lineare Änderung der Frequenz von ω_1 auf ω_2 innerhalb der „Durchlaufzeit" T_d angenommen:

$$\omega(t) = \omega_1 + \frac{\omega_2 - \omega_1}{T_d}\, t = \omega_1 + \lambda t. \tag{11.2}$$

Schreibt man die Übertragungsfunktion als Laplace-Transformierte der Gewichtsfunktion $x_{a\delta}(\tau)$ [319]:

$$W(s) = \int_0^\infty x_{a\delta}(\tau)\, e^{-s\tau}\, d\tau, \tag{11.3}$$

dann erhält man mit $s = i\omega$ den Frequenzgang

$$F(i\omega) = \int_0^\infty x_{a\delta}(\tau)\, e^{-i\omega\tau}\, d\tau, \tag{11.4}$$

der als stationärer Frequenzgang bezeichnet werden soll.

Setzt man für das Eingangssignal den Vektor

$$x_e(t) = e^{i\alpha_e(t)}, \tag{11.5}$$

dann ergibt sich im Falle einer nach Gl. (11.2) veränderten Frequenz die Phase zu

$$\alpha_e(t) = \int_0^t \omega(t)\, dt = \int_0^t (\omega_1 - \lambda t)\, dt = \omega_1 t - \frac{\lambda t^2}{2}. \tag{11.6}$$

Man kann nun mit dem Faltungssatz der Laplace-Transformation [72, 106] für das Ausgangssignal

$$x_a(t) = \int_0^t x_{a\delta}(\tau)\, e^{i\alpha_e(t-\tau)}\, d\tau \tag{11.7}$$

schreiben, worin man Gl. (11.6) einsetzt und schließlich unter Verwendung der Gl. (11.2) den Ausdruck

$$x_a(t) = e^{i\alpha_e(t)} \int_0^t x_{a\delta}(\tau)\, e^{-i\omega\tau}\, e^{i\lambda\tau^2/2}\, d\tau \tag{11.8}$$

erhält. Damit ergibt sich auch der sogenannte dynamische Frequenzgang mit

$$F_{\text{dyn}}(i\omega) = \int_0^t x_{a\delta}(\tau)\, e^{-i\omega\tau} e^{i\lambda\tau^2/2}\, d\tau \tag{11.9}$$

und man erhält den Absolutwert des Meßfehlers als Differenz zwischen den Gln. (11.4) und (11.9) mit

$$\begin{aligned} \Delta F(i\omega) &= \int_t^\infty x_{a\delta}(\tau)\, e^{-i\omega\tau} d\tau + \int_0^t x_{a\delta}(\tau)\, e^{-i\omega\tau}(1 - e^{i\lambda\tau^2/2})\, d\tau = \\ &= \Delta_t F(i\omega) + \Delta_\lambda F(i\omega). \end{aligned} \tag{11.10}$$

Der Gesamtfehler setzt sich also aus einem Anteil $\Delta_t F(i\omega)$, der von dem zur Zeit $t = 0$ beginnenden Einschwingvorgang herrührt, und aus einem Anteil $\Delta_\lambda F(i\omega)$ zusammen, der durch die Frequenzänderung mit der Geschwindigkeit λ bedingt ist. $\Delta_t F(i\omega)$ ist anfangs beträchtlich, vermindert sich aber mit der Zeit zusehens und wird nach einer gewissen Anlaufzeit wesentlich kleiner als der zulässige Gesamtfehler. $\Delta_\lambda F(i\omega)$ ist der Hauptfehler, weil er durch die kontinuierliche Frequenzänderung hervorgerufen wird und daher stets gleich bleibt. Für kleine Fehler ermittelt man aus Gl. (11.10) schließlich mit guter Näherung für den relativen Fehler des Amplitudenverhältnisses

$$\frac{\Delta_\lambda A(\omega)}{A(\omega)} \approx -\frac{\lambda}{2}\, Im \left\{\frac{1}{F(i\omega)} \frac{d^2 F(i\omega)}{d\omega^2}\right\}, \tag{11.11}$$

während man für den Fehler der Phasenverschiebung

$$\Delta_\lambda \alpha(\omega) \approx \frac{\lambda}{2}\, Re \left\{\frac{1}{F(i\omega)} \frac{d^2 F(i\omega)}{d\omega^2}\right\} \tag{11.12}$$

erhält.

Der eben besprochene Fall der linearen Änderung der Frequenz wird in [319] eingehend behandelt. In [215] wird dann die Rechnung auf den Fall der logarithmischen Änderung der Frequenz erweitert und es werden die Durchlaufzeiten für einige Frequenzgänge bei linearer und logarithmischer Frequenzänderung berechnet. Bei der logarithmischen Frequenzänderung ist die momentane Änderungsgeschwindigkeit der Frequenz proportional dem Momentanwert der Frequenz:

$$\omega(t) = \omega_1\, e^{kt}; \quad \dot{\omega}(t) = k \cdot \omega(t). \tag{11.13}$$

Dafür erhält man durch eine ähnliche Rechnung wie vorher bei kleinen Fehlern mit guter Näherung

$$\frac{\Delta_\lambda A(\omega)}{A(\omega)} \approx -\frac{\omega k}{2}\, Im \left\{\frac{1}{F(i\omega)} \frac{d^2 F(i\omega)}{d\omega^2}\right\}, \tag{11.14}$$

bzw.

$$\Delta_\lambda \alpha(\omega) \approx \frac{\omega k}{2}\, Re \left\{\frac{1}{F(i\omega)} \frac{d^2 F(i\omega)}{d\omega^2}\right\}, \tag{11.15}$$

mit $k = \dfrac{\ln \dfrac{\omega_2}{\omega_1}}{T_d}$.

Nach den Gln. (11.11) und (11.12) bzw. (11.14) und (11.15) kann nun für einen bestimmten zugelassenen Fehler die Geschwindigkeit bzw. die Durchlaufzeit T_d für einen gegebenen Frequenzbereich berechnet werden. Für komplizierte Frequenzgänge wird die Rechnung allerdings recht umfangreich.

Für die in Tabelle 11.2 angegebenen Frequenzgänge wurden in [215] die Durchlaufzeiten berechnet. Der Rechnung ist ein Betragsfehler von 1% und ein Phasenfehler von 1° vorgegeben. Die Frequenz wird von $\omega_1 = 2\pi \cdot 20$ bis

Tabelle 11.2. *Durchlaufzeiten in [sec] bei linearer und logarithmischer Frequenzänderung (Betragsfehler 1%, Phasenfehler 1°) (aus [215])*

$F(i\omega)$	D	linear		logarithmisch	
		Betrag	Phase	Betrag	Phase
$\frac{1}{1+iT\omega}$		400	57	2,75	0,79
$\frac{iT\omega}{1+iT\omega}$		63,3	228	0,69	1,58
$\frac{1+iT\omega}{1+i0{,}1T\omega}$		45	7,5	0,44	0,11
$\frac{1+i0{,}1T\omega}{1+iT\omega}$		355	65	2,46	0,84
$\frac{1}{1-T^2\omega^2+i\,2DT\omega}$	0,1	$57 \cdot 10^3$	$45 \cdot 10^3$	400	312
	0,25	$10 \cdot 10^3$	$68 \cdot 10^2$	74	47,5
	0,5	$32 \cdot 10^2$	$14 \cdot 10^2$	22,3	9,5
	1,0	$12 \cdot 10^2$	171	8,25	2,36

$\omega_2 = 2\pi \cdot 20 \cdot 10^3$ geändert und die Zeitkonstante mit $T = 1/\omega_1$ angenommen. Aus der Tabelle ist nun ersichtlich, daß die logarithmische Frequenzänderung wesentlich kürzere Durchlaufzeiten gestattet. Läßt man einen Registrierfehler von etwa 1% zu und bedenkt man, daß in obiger Rechnung $T = 1/\omega_1$ ein praktisch kaum auftretender ungünstiger Fall ist, dann wird für einen Frequenzbereich wie vorher angegeben eine Durchlaufzeit von etwa 30 sec im allgemeinen sicher einen brauchbaren Kompromiß darstellen. Diese kurze Durchlaufzeit ist natürlich durch den gewählten Frequenzbereich bedingt. An anderer Stelle [14] wird aber für einen mit den Angaben auf S. 189 besser übereinstimmenden Bereich von 0,01 Hz bis 100 Hz die Durchlaufzeit mit 184 sec angegeben. Bei konventioneller Messung wird für einen einzigen Meßpunkt sicher eine längere Versuchszeit benötigt.

Der kontinuierlichen Aufzeichnung des Frequenzganges bzw. der Frequenzkennlinien kommt also eine sehr große praktische Bedeutung zu, weil die Zeitersparnis gegenüber der punktweisen Bestimmung des „stationären" Frequenzganges das Inkaufnehmen eines relativ kleinen Fehlers sehr wohl gerechtfertigt.

Rechenschaltungen zur selbsttätigen Aufzeichnung der Frequenzkennlinien unter logarithmischer Frequenzänderung mittels Analogrechner und Koordinatenschreiber werden z. B. in [14, 15] und [215] angegeben. Ein kommerzielles Gerät dieser Art wird im Abschnitt 11.3 besprochen.

11.2 Registrierung der Signale

Wenn die Frequenzkennlinien nicht, wie in den Abschnitten 11.1.3.1 und 11.3 besprochen, direkt aufgezeichnet werden, dann besteht die konventionelle Methode darin, Eingangs- und Ausgangsschwingung in ihren zeitlichen Verläufen zu registrieren. Die Auswertung der Schreibstreifen ermittelt dann das Amplitudenverhältnis und die Phasenverschiebung für die jeweilige Frequenz. Die Auswertung wird manchmal dadurch vereinfacht, daß der Eingang nicht gesondert registriert werden muß, weil seine Amplitude und Phasenlage schon vom Sinusgenerator angezeigt werden. Die Registrierung der Signale erfolgt mittels Einkoordinaten-Schreiber unter Vorschaltung entsprechender Transmitter.

Eine andere Möglichkeit der Ermittlung der Frequenzkennlinien besteht in der Verwendung der Lissajouschen Figuren. Die beiden Signale werden so geschaltet, daß am Oszillographen das Ausgangssignal als Funktion des Eingangssignales angezeigt wird. Die Parameterdarstellung der entstehenden Figur lautet dann

$$x_e = \overline{X}_e \sin \omega t,$$
$$x_a = \overline{X}_a \sin (\omega t + \alpha). \tag{11.16}$$

Durch diese Beziehung wird eine Ellipse beschrieben, die für $\alpha = 0$ in eine Gerade ausartet. Für den Fall $\overline{X}_e = \overline{X}_a$ hat dann diese Gerade die Neigung 45°. Der Meßvorgang erfolgt nun so, daß mit einer Phaseneinstellung, die meist schon in Grad geeicht ist, die Ausgangsschwingung so lange phasenverschoben wird, bis eine Gerade entsteht bzw. bis die Fläche der Ellipse zu einem Minimum wird. Dann wird die Ausgangsamplitude solange verändert, bis die Gerade unter 45° geneigt ist, womit die beiden Amplituden einander gleich gemacht wurden. Der Einstellknopf für die Amplitudenverstellung kann in dB geeicht werden. Diese Methode ermöglicht es, am Meßgerät die Phasenverschiebung und das Amplitudenverhältnis direkt abzulesen. Nichtlinearitäten machen sich durch eine Abweichung von der Ellipsenform bemerkbar.

Die Methode der Schwingungsmessung mittels Lissajouscher Figuren ist auch einer automatischen Auswertung zugänglich. Die Auswertung läuft dann auf die Flächenminimierung der Ellipse mittels Analogrechner hinaus. Dazu wird das Ausgangssignal mit einer sinusförmigen Schwingung von gleicher Frequenz und einstellbarer Phase synchronisiert. In den Arbeiten [24, 105, 257] findet man eingehende Darstellungen von Methoden zur Bestimmung der Phasenverschiebung.

Für die Signalaufzeichnung können, wie schon angedeutet, Oszillographen wie auch herkömmliche Linienschreiber oder Lichtpunktschreiber verwendet werden. Letztere sind für die Registrierung von Zeit-Diagrammen bei höheren Frequenzen vorzuziehen. Für die konventionelle Registrierung der Signale wird man meist Einkoordinaten-Schreiber verwenden, während ansonsten, vor allem bei der selbsttätigen Aufzeichnung der Frequenzkennlinien, der in den letzten Jahren besonders verbreitete X-Y-Schreiber benutzt wird. Zu diesem Zweck werden auch Logarithmier-Einheiten angeboten, welche die Verwendung linearer X-Y-Schreiber ermöglichen. Aus dem sehr großen Angebot an Schreibern verschiedenster Art sind mit den Abb. 11.10 und 11.11 wahllos zwei Beispiele herausgegriffen.

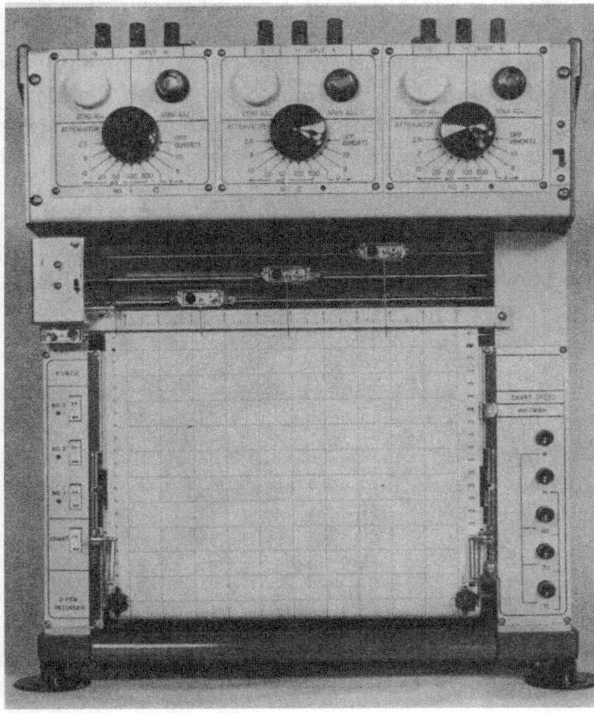

Abb. **11.10.** Mehrkurven-Kompensations-Linienschreiber von Hellige; Modell Multi-Pen Recorder B 31 A (Photo: F. Hellige & Co. GmbH, Freiburg/Breisgau, BRD)

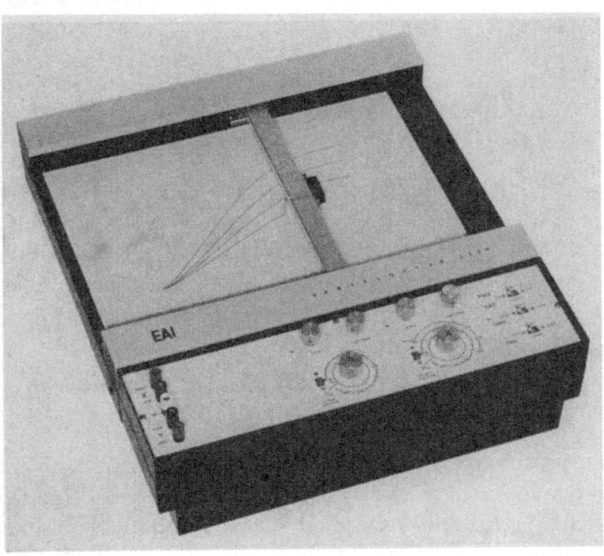

Abb. **11.11.** *X-Y*-Schreiber von EAI; Modell Variplotter 1130 (Photo: EAI Electronic Associates, Inc., West Long Branch, New Jersey, U.S.A.)

Einzelheiten über die Geräte mögen den Druckschriften der Erzeuger entnommen werden.

Bei Verwendung eines Linienschreibers ist es manchmal auch sehr wichtig (z. B. wenn Eingang und Ausgang nicht am selben Gerät registriert werden können), sich über dessen Zeitkonstante und deren Einfluß auf das zu registrierende Diagramm Rechenschaft zu legen. Meist wird für einen Schreiber nicht dessen Zeitkonstante, sondern naheliegender jene Zeit angegeben, innerhalb der die Feder die volle Schreiberbreite zu überfahren vermag. Dabei wird angenommen, daß der Ausschlag des Schreibstiftes durch eine eingangsseitige Sprungfunktion hervorgerufen wurde. Die erzeugte Kurve möge dann etwa der Beziehung

$$y(t) = 1 - e^{-t/T} \tag{11.17}$$

entsprechen. Wird eine Anzeigetoleranz von $\pm 0{,}5\%$ des Skalenendwertes angenommen (ein guter Wert), so wird für die Skalenbreite als Einheitslänge der Wert $y = 0{,}995$ angesetzt. Sei z. B. weiter angegeben, daß die volle Schreibbreite in $t = 0{,}5$ sec überstrichen werden kann, so erhält man die Zeitkonstante T des Schreibers aus der Gleichung

$$0{,}995 = 1 - e^{-0{,}5/T} \tag{11.18}$$

zu etwa $T = 0{,}1$ sec. Wenn wir für unseren Schreiber weiter bei der Annahme eines linearen Übertragungsgliedes erster Ordnung bleiben, so kann seine Übertragungsfunktion mit

$$W_s(s) = \frac{1}{1 + 0{,}1s} \tag{11.19}$$

angeschrieben werden. Soll z. B. der Schreiber eine Sprungantwort erster Ordnung mit der Zeitkonstante $T = 1$ sec, also

$$y(t) = 1 - e^{-t} \tag{11.20}$$

aufzeichnen, dann registriert er demnach tatsächlich die Funktion

$$\bar{y}(t) = \mathfrak{L}^{-1}\,\{W_s(s)\cdot\mathfrak{L}[1 - e^{-t}]\} = 1 - 1{,}1\,e^{-t} + 0{,}11\,e^{-10t}. \tag{11.21}$$

Zur Illustration sind in Tabelle 11.3 einige Werte nach Gl. (11.20) den vom Schreiber tatsächlich geschriebenen Werten nach Gl. (11.21) gegenübergestellt. Ähnliches gilt für den Schrieb einer Sinusschwingung. Diese wird mit dem Frequenzgang

$$F_s(i\omega) = \frac{1}{1 + 0{,}1(i\omega)} = \frac{1}{\sqrt{1 + 0{,}01\omega^2}}\,e^{-i\,\mathrm{arctg}\,0{,}1\omega} \tag{11.22}$$

entsprechend amplitudenverzerrt und phasenverschoben, was sich bei hohen Frequenzen unangenehm bemerkbar machen kann. Diese Überlegungen zeigen deutlich, wie wichtig ein nahezu trägheitslos arbeitender Schreiber für das Aufzeichnen von Schwingungen höherer Frequenzen sein kann. Jedenfalls wird man vor Beginn der eigentlichen Messungen einen Vorversuch durchführen, bei dem man nach Entfernen des zu prüfenden Übertragungsgliedes nicht nur die Funktion der Meßanordnung prüft, sondern auch die Frequenzkennlinien der gesamten Versuchseinrichtung einschließlich Schreiber ermittelt. Das Ergebnis dieses Versuches muß dann bei der Auswertung entsprechend berücksichtigt werden.

Tabelle 11.3. *Mögliche Registrierfehler bei Aufzeichnen einer Sprungantwort*

t[sec]	0,1	0,2	0,5	1,0	2,0	5,0
$y(t)$	0,095	0,181	0,393	0,632	0,865	0,993
$\bar{y}(t)$	0,046	0,114	0,333	0,595	0,851	0,992

11.3 Kommerzielle Frequenzgang-Meßeinrichtungen

Einrichtungen zur Messung des Frequenzganges arbeiten im wesentlichen nach zwei Verfahren. Bei dem auf S. 194 im Prinzip schon erwähnten sogenannten „Phasen-Null-Verfahren“ wird das Ausgangssignal des Prüflings mit dem Bezugssignal verglichen, dessen Amplitude und Phase durch einen Vergleichskanal stetig verstellbar sind. Man kann so die beiden Werte direkt ablesen. Beim „Real- und

Abb. 11.12. Frequenzgang-Meßeinrichtung von Servo Consultants; Modell 120 (Photo: Servo Consultants Ltd., Wembley, England)

Imaginärteil-Verfahren“ (auch „Wattmeter-Verfahren“ genannt) wird die Ausgangsgröße sowohl mit dem Bezugssignal selbst als auch mit dem um 90° phasenverschobenen Bezugssignal multipliziert. Mittels Integratoren werden die Mittelwerte dieser Produkte bestimmt und ergeben ein Maß für Real- und Imaginärteil des Frequenzganges. Einen Vergleich beider Methoden bietet [219], worin u. a. gezeigt wird, daß die Wattmetermethode gegen regellose Störungen unempfindlicher ist.

Bei der Besprechung kommerzieller Meßeinrichtungen wollen wir uns auf die direkte Aufzeichnung der Frequenzkennlinien konzentrieren und vorher nur der Vollständigkeit halber einige Geräte erwähnen, die zum Aufzeichnen der Ortskurven dienen. Natürlich können auch diese Instrumente zur Ermittlung der

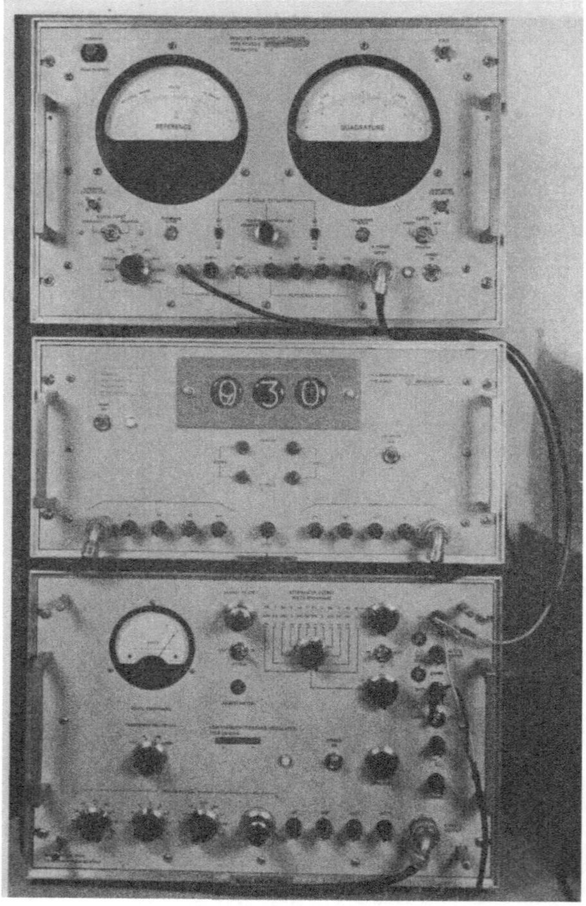

Abb. 11.13. Frequenzgang-Meßeinrichtung von Solartron (Photo: The Solartron Electronic Group Ltd., Farnborough, England)

Frequenzkennlinien verwendet werden. Eine schöne Übersicht über Meßplätze, wie überhaupt über Frequenzgangmessungen bieten die Arbeiten [112, 184], während z. B. in [108, 268, 360, 363, 365] kommerzielle Frequenzgang-Meßeinrichtungen besprochen sind. Zunächst sollen die Meßeinrichtungen der AEG [366] und der Solartron Electronic Group Ltd. genannt werden. Erwähnenswert ist auch ein recht handliches, Amplitude und Phase anzeigendes Gerät von Servo Consultants Ltd. (Abb. 11.12) vor allem deshalb, weil es neben dem elektrischen auch einen direkten mechanischen Ausgang aufweist.

Der Anwendungsbereich des transportablen AEG-Meßplatzes umfaßt, wie alle derartigen Einrichtungen, die Regelungstechnik und die niederfrequente Schwingungstechnik. Es können natürlich lineare und nichtlineare Systeme gemessen werden, wobei der Frequenzbereich 0,01 bis 1100 Hz beträgt. Bei nicht elektrischen Systemen müssen entsprechende Transmitter verwendet werden. Die Anzeige erfolgt nach Betrag (dB) und Phase (Grad).

Der von Solartron entwickelte Frequenzgangmeßplatz besteht aus einem Tiefton-Dekadenoszillator, der als Meßsignal-Generator verwendet wird, und aus einem Vektorenkomponenten-Voltmeter, das die relative Amplituden- und Phasenverschiebung gleichzeitig zu messen gestattet. Der Meßplatz kann auch noch durch einen Phasenindikator erweitert werden, wodurch die Anzeige von Amplitude und Phase möglich wird (Abb. 11.13). Es werden Wattmeter verwendet, in denen eine Anzeigegröße hergestellt wird, deren Werte dem Produkt zweier periodischer Funktionen entsprechen, wobei dieses Produkt über eine genügend lange Zeit integriert wird. Ist eine der beiden Funktionen eine exakte Sinusschwingung, so entsteht nur dann eine von Null verschiedene Anzeigegröße, wenn die zweite Funktion ebenfalls eine reine Sinuskurve derselben Frequenz darstellt. Alle anderen Bestandteile der zweiten Schwingung, z. B. Rauschen oder Oberwellen, tragen dann zur Anzeigegröße nicht bei. Wird die erste Schwingung als Bezugsgröße konstant gehalten, so ist die Anzeigegröße proportional der Projektion des Vektors der zweiten Schwingung in Richtung des Vektors der ersten Schwingung. Mit dieser Methode können Real- und Imaginärteil der Ausgangssignale eines Systems bezüglich des Eingangssignals direkt angezeigt werden. Das Gerät ist für die Untersuchung linearer und nichtlinearer Systeme geeignet. Der Frequenzbereich umfaßt 0,01 bis 1110 Hz und ist in Stufen von 0,01 Hz mit Multiplikationsfaktoren von 10, 100 und 1000 verstellbar.

Nach dem gleichen Verfahren, das auch als Korrelationsmethode bezeichnet wird, arbeitet der seit kurzem in verschiedenen Ausführungen am Markt befindliche digitale volltransistorisierte Frequenzgangmeßplatz der Weston-Boonshaft and Fuchs Div. (Abb. 11.14). Hier werden durch Verwendung eines Digital-Voltmeters die Werte von Amplitude und Phase direkt angezeigt. Der Frequenzbereich beträgt 0,001 Hz bis 1000 Hz, die Genauigkeit wird für die Amplitude mit 1%, für die Phase mit 1° angegeben. Ein ganz ähnliches Gerät wurde kürzlich auch von Solartron herausgebracht.

Eines der modernsten Geräte zur selbsttätigen Aufzeichnung der Frequenzkennlinien dürfte der Servo-Meßplatz von Junkers [114] sein (Abb. 11.15). Er besteht im wesentlichen aus der Stromversorgung und dem Rechenwerk. Letzteres enthält den Sinusgenerator und die Auswerteschaltungen für Eingang und Ausgang des zu prüfenden Systems. Die Frequenz des Sinusgenerators kann von Hand oder auch automatisch verändert werden. Bei automatischer Verstellung ist die Frequenzänderung proportional der momentanen Frequenz; es handelt sich also um die in Abschnitt 11.1.3.1 besprochene logarithmische Frequenzänderung. Am Ausgang des Gerätes kann der Logarithmus der Frequenz abgelesen bzw. auf einen X-Y-Schreiber geschaltet werden. Die Auswerteschaltung des Gerätes ist als eine spezielle Analogrechenschaltung aufgebaut, welche die Mittelwerte X_{e0} und X_{a0} der Ein- und Ausgänge $x_e(t)$ und $x_a(t)$, ihre Amplituden $\overline{X}_e$ und $\overline{X}_a$ sowie die Phasenverschiebung α von $x_a(t)$ gegenüber $x_e(t)$ ermittelt.

In Abb. 11.16 sind die Verwendungsmöglichkeiten des Servo-Meßplatzes prinzipiell angedeutet. Das Gerät eignet sich zum Prüfen einzelner Übertragungsglieder sowie zur Messung an geschlossenen Regelkreisen. Die im Bild eingezeich-

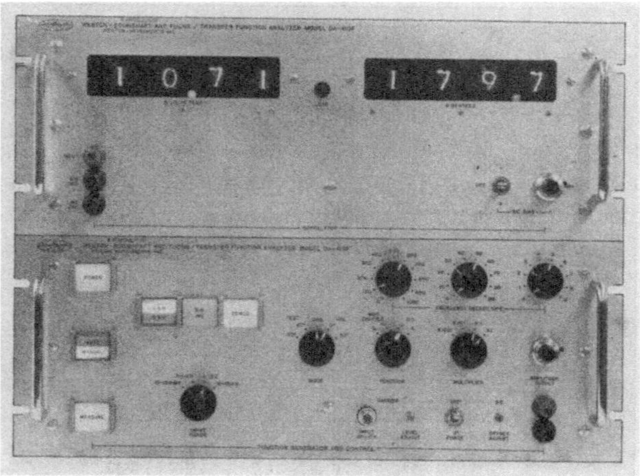

Abb. 11.14. Frequenzgang-Meßeinrichtung von Weston-Boonshaft and Fuchs; Modell DA-410 F (Photo: Weston Instruments Inc., Boonshaft and Fuchs Div., Hatboro, Penns., U.S.A.)

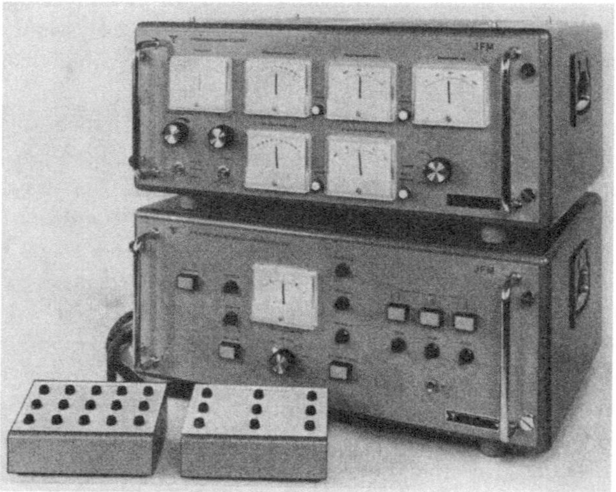

Abb. 11.15. Frequenzgang-Meßeinrichtung „Servo-Meßplatz" von Junkers (Photo: Junkers Flugzeug- und Motorenwerke A.G., München, BRD)

neten elektromechanischen Wandler sind nicht Bestandteil des Gerätes, werden aber ebenfalls von Junkers erzeugt. Sie formen elektrische Stellsignale beliebiger vorgegebener Form in entsprechende mechanische Linearbewegungen um. Sie eignen sich zur Betätigung von Prallplatten, Ventilen, Kolben, Membranpumpen usw. Vorteilhafterweise ist die Rechenschaltung so ausgelegt, daß sie die vom

Prüfling abgegebene Schwingung gegen die dem Prüfling unmittelbar eingegebene Schwingung vergleicht. Dies verlangt zwar vom Rechner eine größere Eingangskapazität, hat aber den Vorteil, daß das Übertragungsverhalten des Wandlers nicht mitgemessen wird. Das Eingangssignal in den Prüfling muß aber dann natürlich über einen Transmitter gemessen werden.

Das Rechenwerk ermittelt zunächst für jedes einlaufende Signal die charakteristischen Parameter (Mittelwert bzw. Nullinie, Amplitude und Phasenverschie-

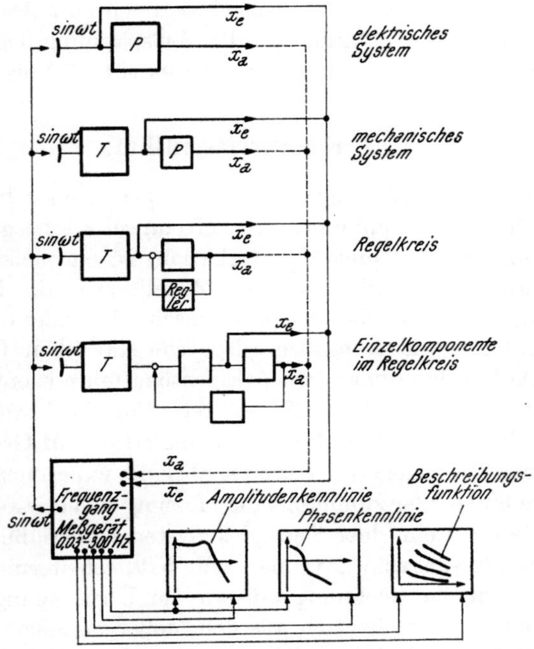

Abb. 11.16. Verwendungsmöglichkeiten des Servo-Meßplatzes von Junkers (aus [114]). x_e Eingangsgröße; x_a Ausgangsgröße; P Prüfling; T Transmitter

bung gegenüber einer internen Bezugsschwingung), wobei nach der Methode der kleinsten Fehlerquadrate vorgegangen wird. Es wird die Differenz zwischen der vorhandenen Eingangsgröße und der Vergleichsschwingung solange nachgeführt, bis das Quadrat des Fehlers über der Zeit ein Minimum wird. Für Mittelwert, Amplitude und Phase sowohl der Schwingung $x_e(t)$ als auch der Schwingung $x_a(t)$ ist je eine gesonderte derartige Rechenschaltung vorhanden. In weiteren Rechenschaltungen werden dann der Logarithmus des Amplitudenverhältnisses und die Phasenverschiebung bestimmt. Das Gerät unterscheidet sich also grundsätzlich von allen Geräten, die nach der Wattmetermethode arbeiten. Dieser hohe Aufwand in der Rechenschaltung bringt es mit sich, daß die Auswertung der Meßgrößen, selbst bei sehr stark verrauschtem Ausgangssignal und damit großer Fehlerrausch-Amplitude, noch exakt möglich ist.

Um die Vorteile der selbsttätigen Auswertung bei gleichzeitiger Erfassung von zwei beliebigen Meßgrößen voll zur Geltung zu bringen, werden alle erforderlichen

Meßbereichumschaltungen automatisch durchgeführt. Die Bedienung ist dadurch so vereinfacht, daß Bedienungs- und Ablesefehler praktisch ausgeschlossen sind.

Außer der direkten Aufzeichnung der Frequenzkennlinien und dem automatischen Ablauf dieser Aufzeichnung seien noch die einfache Optimierung von Systemen und die Auswertung zwischen zwei beliebigen Meßpunkten als Vorteile hervorgehoben. Da bei konstant gehaltener Frequenz auch die Eingangsamplitude als unabhängige Variable verwendet werden kann, ist auch die Aufzeichnung von Beschreibungsfunktionen nichtlinearer Systeme möglich. Die Ausgänge des Gerätes sind auch unmittelbar auf Anzeigeinstrumenten ablesbar. Die Frequenz ist zwischen 0,03 und 300 Hz variierbar, die Meßspannung liegt zwischen 10 mV und 10 V, wodurch sich ein Amplitudenverhältnis von 10^{-3} bis 10^{+3} ergibt.

11.4 Kennwertermittlung

Wir sind nun an der Stelle angelangt, wo die gemessenen Frequenzkennlinien vorliegen. Wie erhalten wir nun daraus die „Kennwerte" des geprüften Systems? Das Ziel der Kennwertermittlung (Identifikation) ist ein meist beträchtlich vereinfachtes (linearisiertes) mathematisches Modell, etwa in Form einer Übertragungsfunktion, durch welche das dynamische Verhalten des untersuchten Systems möglichst gut wiedergegeben wird. Die statischen Eigenschaften sind dabei als Sonderfall in den dynamischen Eigenschaften mit enthalten. Die Übertragungsfunktion kann entweder "off-line" oder "on-line" ermittelt werden. Im ersten Fall wird die Übertragungsfunktion rechnerisch auf Grund der physikalischen Zusammenhänge abgeleitet. Dazu ist aber die experimentelle Bestimmung der Frequenzkennlinien oder zumindest die Messung von stationären Kennwerten einzelner Bauteile oder einzelner Teile des Systems unerläßlich. Ohne Zurückgreifen auf solche Messungen würde man sehr bald scheitern. Zur Einbeziehung der Meßergebnisse in die Rechnung müssen die Übertragungsfunktionen ihrer Struktur und ihrer Kennwerte nach aus den Meßergebnissen bestimmt werden. Im Fall der "on-line"-Identifikation führt man mit der gesamten Anlage Versuche durch, was allerdings seltener möglich ist. Man erhält so auf rein experimentellem Weg die gesuchten Kennlinien der Regelstrecke. Meist genügt für die dann weiter gestellten Aufgaben die Kenntnis dieser Frequenzkennlinien. Oft kann es aber auch hier notwendig sein, die Struktur und die Kennwerte der Übertragungsfunktion aus den Meßergebnissen zu bestimmen.

Ohne Zweifel ist das Frequenzkennlinien-Verfahren zur Darstellung und zur Auswertung der Meßergebnisse wesentlich besser geeignet als die Ortskurvenmethode. Durch Annähern der Kennlinien und Bestimmen der Eckfrequenzen kann man wohl in vielen Fällen die Übertragungsfunktion finden, besonders dann, wenn man Anhaltspunkte über deren Struktur zur Verfügung hat. Sehr oft findet man mit dieser grundsätzlichen Möglichkeit aber nicht das Auslangen. Es sind daher zahlreiche Verfahren bekannt geworden, die aus den experimentell gemessenen Ortskurven oder Frequenzkennlinien die Übertragungsfunktion bestimmen [175, 272]. Dieser Problemkreis der Kennwertermittlung ist heute keineswegs abgeschlossen und könnte Inhalt eines wesentlich umfangreicheren Abschnittes sein. Wir wollen aber den Rahmen des Buches nicht sprengen und uns auf Besprechung zweier Methoden beschränken. Die anschließend besprochene

Methode steht für eine Reihe ähnlicher Verfahren, denen u. a. gemeinsam ist, daß sie gewisse Kenntnisse der Struktur voraussetzen.

Das von SZWEDA [272, 295] angegebene Verfahren approximiert den gemessenen Frequenzgang

$$F(i\omega) = A(\omega) e^{i\alpha(\omega)} = U(\omega) + i\,V(\omega) \tag{11.23}$$

durch

$$F^*(i\omega) = A^*(\omega) e^{i\alpha^*(\omega)} = \frac{a_0}{(i\omega)^m (1 + b_1(i\omega) + \cdots b_n(i\omega)^n)} = \frac{a_0}{(i\omega)^m (u(\omega) + iv(\omega))}, \tag{11.24}$$

worin das Nennerpolynom n-ter Ordnung der Übertragungsfunktion nur Wurzeln mit negativen Realteil haben soll. Es wird also ein Phasenminimumsystem vorausgesetzt, weshalb die Betrachtung nur einer der beiden Kennlinien genügt. Für die Phasenkennlinien gilt

$$\alpha^*(\omega) = \alpha(\omega), \tag{11.25}$$

bzw. unter Verwendung der Gln. (11.23) und (11.24)

$$\frac{v(\omega_j)}{u(\omega_j)} = -\operatorname{tg}\left(\alpha(\omega_j) + m\,\frac{\pi}{2}\right). \tag{11.26}$$

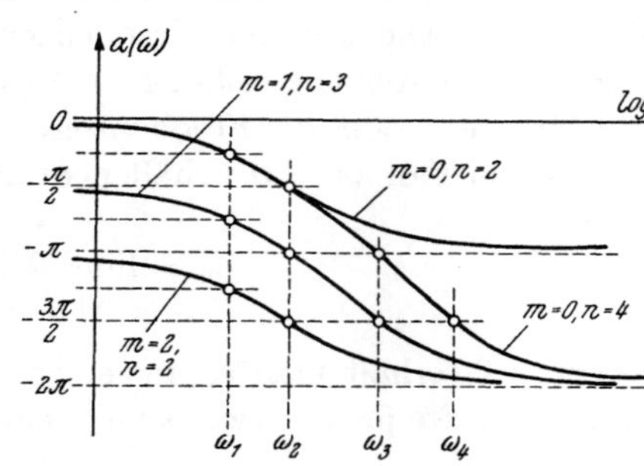

Abb. 11.17. Zur Kennwertermittlung nach SZWEDA. Phasenkennlinien

Darin ist $j = 1, 2 \ldots n$ die Zahl der gewählten Interpolationspunkte. Die Ordnungen m und n erkennt man aus den Asymptoten der gemessenen Phasenkennlinie (Abb. 11.17):

$$m = -\frac{2}{\pi}\left(\alpha(\omega \to 0)\right), \tag{11.27a}$$

$$n = \frac{2}{\pi}\left(\alpha(\omega \to 0) - \alpha(\omega \to \infty)\right). \tag{11.27b}$$

Benützt man zur Kennwertermittlung n gemessene Argumente $\alpha(\omega_1), \alpha(\omega_2), \ldots, \alpha(\omega_n)$, dann lassen sich aus Gl. (11.26) n Bestimmungsgleichungen für die unbekannten Koeffizienten b_1, $b_2 \ldots b_n$ ableiten. Werden die Phasenverschiebungen als zweckmäßige Vielfache von $\pi/4$ herangezogen, dann ergeben sich recht einfache Bestimmungsgleichungen, deren Lösungen für $n = 7$ von SZWEDA angegeben werden:

$$b_1 = \frac{1}{\omega_1} \frac{\left(1 - \frac{\omega_1^2}{\omega_2^2}\right)\left(1 - \frac{\omega_1^2}{\omega_4^2}\right)\left(1 - \frac{\omega_1^2}{\omega_6^2}\right)}{\left(1 - \frac{\omega_1^2}{\omega_3^2}\right)\left(1 - \frac{\omega_1^2}{\omega_5^2}\right)\left(1 - \frac{\omega_1^2}{\omega_7^2}\right)},$$

$$b_2 = \frac{1}{\omega_2^2} + \frac{1}{\omega_4^2} + \frac{1}{\omega_6^2},$$

$$b_3 = b_1\left(\frac{1}{\omega_3^2} + \frac{1}{\omega_5^2} + \frac{1}{\omega_7^2}\right),$$

$$b_4 = \frac{1}{\omega_2^2 \cdot \omega_4^2} + \frac{1}{\omega_2^2 \cdot \omega_6^2} + \frac{1}{\omega_4^2 \cdot \omega_6^2},$$

$$b_5 = b_1\left(\frac{1}{\omega_3^2 \cdot \omega_5^2} + \frac{1}{\omega_3^2 \cdot \omega_7^2} + \frac{1}{\omega_5^2 \cdot \omega_7^2}\right),$$

$$b_6 = \frac{1}{\omega_2^2 \cdot \omega_4^2 \cdot \omega_6^2},$$

$$b_7 = b_1 \frac{1}{\omega_3^2 \cdot \omega_5^2 \cdot \omega_7^2}. \tag{11.28}$$

Darin ist ω_1 jene Frequenz, bei welcher erstmals $|U(\omega)| = |V(\omega)|$ wird (siehe Abb. 11.17). Die weiteren Frequenzen $\omega_2, \omega_3 \ldots \omega_n$ sind jene Frequenzen, bei denen die Phasenverschiebung ein Vielfaches von $\pi/2$ beträgt. In den Gln. (11.28) sind für alle $j > n$ die Frequenzen $\omega_j = \infty$ zu setzen.

Für den Fall $m = 0$ erhält man die Konstante a_0 als Verstärkungsfaktor des Systems

$$a_0 = \lim_{\omega \to 0} F(i\omega) = A(\omega \to 0); \tag{11.29}$$

für $m \neq 0$ erhält man a_0 aus einer Amplitudenmessung bei einer von null verschiedenen Frequenz, etwa bei ω_1, nach der Beziehung

$$a_0 = A(\omega_1)\sqrt{2}\,\omega_1^m\left(1 - \frac{\omega_1^2}{\omega_2^2}\right)\left(1 - \frac{\omega_1^2}{\omega_4^2}\right)\left(1 - \frac{\omega_1^2}{\omega_6^2}\right). \tag{11.30}$$

Bei dem eben besprochenen einfachen Verfahren ist es notwendig, gewisse Anhaltspunkte über die Struktur der Übertragungsfunktion zu besitzen. Es muß nämlich bekannt sein, daß der Frequenzgang gemäß Gl. (11.24) darstellbar ist. Wie schon erwähnt, setzen nahezu alle Methoden zur Kennwertermittlung eines Übertragungssystems in bestimmtem Maße die Kenntnis der Struktur dieses Systems voraus. Als Beispiel für eine Ausnahme gestattet das im folgenden besprochene Verfahren, die interessierenden Koeffizienten ohne vorherige Kenntnis der Struktur der Übertragungsfunktion zu errechnen. Diese folgt zwangsläufig aus der Koefizientenbestimmung. Allerdings kann man die gemessenen Frequenzkennlinien nicht direkt verwenden, sondern es müssen unter ihrer Benutzung zunächst Real- und Imaginärteil des Frequenzganges ermittelt werden.

Dudnikow [77, 78] setzt den gemessenen Frequenzgang

$$F(i\omega) = U(\omega) + i\,V(\omega) \tag{11.23}$$

entsprechend der Gl. (1.10) gleich dem Frequenzgang

$$F(i\omega) = F^*(i\omega) = \frac{a_0 + a_1(i\omega) + \cdots + a_m(i\omega)^m}{1 + b_1(i\omega) + \cdots + b_n(i\omega)^n}, \tag{11.31}$$

dessen Koeffizienten mit Hilfe des gemessenen Frequenzganges zu bestimmen sind. Dabei muß $n > m$ sein. Gl. (11.31) wird auf folgende Weise in einen Kettenbruch entwickelt: Zähler und Nenner werden durch $(i\omega)^n$ dividiert; sodann wird der Zähler des erhaltenen Ausdruckes durch dessen Nenner dividiert, wodurch man eine Beziehung von der Form

$$F(i\omega) = A_0 + \Phi_1(i\omega) \tag{11.32}$$

erhält. $\Phi_1(i\omega)$ stellt für $n > m$ eine unecht gebrochen rationale Funktion dar, die für $\omega \to 0$ verschwindet. Durch Bildung des Kehrwertes

$$F_1(i\omega) = 1/\Phi_1(i\omega) = U_1(\omega) + i\,V_1(\omega) = [F(i\omega) - A_0]^{-1} \tag{11.33}$$

und nochmalige Division erhält man

$$F_1(i\omega) = A_1 + \frac{B_0}{(i\omega)} + \Phi_2(i\omega). \tag{11.34}$$

Durch Fortführen dieses Verfahrens erhält man die Rekursionsformel

$$F_j(i\omega) = 1/\Phi_j(i\omega) = U_j(\omega) + i\,V_j(\omega) = \left[F_{j-1}(i\omega) - A_{j-1} - \frac{B_{j-2}}{(i\omega)}\right]^{-1}, \tag{11.35}$$

die durch Division des Zählers von $F_j(i\omega)$ durch dessen Nenner in den Ausdruck

$$F_j(i\omega) = A_j + \frac{B_{j-1}}{(i\omega)} + \Phi_{j+1}(i\omega) \tag{11.36}$$

übergeht. Das letzte Glied erhält man zu

$$F_n(i\omega) = 1/\Phi_n(i\omega) = A_n + \frac{B_{n-1}}{(i\omega)} + 0, \tag{11.37}$$

womit schließlich der Kettenbruch für den Frequenzgang lautet:

$$F(i\omega) = A_0 + \cfrac{1}{A_1 + \cfrac{B_0}{i\omega} + \cfrac{1}{A_2 + \cfrac{B_1}{i\omega} + \cfrac{1}{A_3 + \cdots \ddots \cfrac{1}{A_n + \cfrac{B_{n-1}}{i\omega}}}}}. \tag{11.38}$$

Die nun benötigten Bestimmungsgleichungen für die Koeffizienten A_j und B_j des Kettenbruches lassen sich aus Grenzwertbestimmungen für $\omega \to 0$ ermitteln, weil dafür die Funktionen Φ_j verschwinden. Man erhält:

$$1.:\ A_0 = \lim_{\omega\to 0} F(i\omega) = U(\omega \to 0),$$

$$2.:\ A_1 = \lim_{\omega\to 0}\left(F_1(i\omega) - \frac{B_0}{i\omega}\right) = U_1(\omega \to 0),$$

$$\frac{B_0}{\omega} = \lim_{\omega\to 0} F_1(i\omega) = -V_1(\omega \to 0),$$

$$3.: \; A_2 = U_2(\omega \to 0),$$

$$\frac{B_1}{\omega} = -V_2(\omega \to 0),$$

$$\vdots$$

$$j.: \; A_j = U_j(\omega \to 0), \qquad \frac{B_{j-1}}{\omega} = -V_j(\omega \to 0). \tag{11.39}$$

Die Handhabung der Methode geschieht nun folgendermaßen: Zuerst wird $U = U(\omega)$ bestimmt, womit man A_0 aus dessen asymptotischen Verhalten für $\omega \to 0$ nach Gl. (11.39) erhält. Mit A_0 berechnet man aus Gl. (11.33) den Frequenzgang $F_1(i\omega) = U_1(\omega) + V_1(\omega)$. Nun wird $U_1 = U_1(\omega)$ aufgetragen und daraus nach Gl. (11.39) der Koeffizient A_1 bestimmt. In gleicher Weise ergibt $V_1(\omega)$ den Koeffizienten B_0. Mit den für die Koeffizienten A_1 und B_0 erhaltenen Werten bestimmt man nun nach Gl. (11.35) den Frequenzgang $F_2(i\omega)$, mit dem man A_2 und B_1 erhält, usw. Der Vorgang kann schließlich abgebrochen werden, sobald nach Gl. (11.36) bzw. Gl. (11.37) die Funktion $\Phi_{n+1}(i\omega)$ für alle Frequenzen annähernd verschwindet. Durch Einsetzen der ermittelten Koeffizienten A_j und B_j in Gl. (11.38) und durch Hauptnennerbildung erhält man schließlich einen Frequenzgang bzw. für $(i\omega) = s$ eine Übertragungsfunktion von der Form der Gl. (11.31). Es muß wohl zugegeben werden, daß das Verfahren recht mühsam ist; es ist aber vorläufig offenbar eine der wenigen Methoden, die eine Kennwertermittlung ohne Kenntnis der Struktur der Übertragungsfunktion gestatten. Bei unzureichendem Frequenzbereich der Messung und vor allem bei Streuung der Meßpunkte können sich bei Anwendung des Verfahrens allerdings große Schwierigkeiten ergeben [79, 299, 300].

11.5 Beispiel für durchgeführte Versuche: Frequenzgangmessungen in Wasserkraftanlagen

In den vergangenen Jahren wurden an den Regelkreisen von Wasserkraftanlagen zahlreiche Frequenzgangmessungen durchgeführt. Es ist hauptsächlich das Verdienst von Hutarew [u. a. 153 bis 156], derartige Versuche angeregt zu haben, wodurch man heute im Gegensatz zu manchen anderen Anwendungsgebieten über das dynamische Verhalten der Turbinenregler und vor allem der Regelstrecken schon ziemlich gut informiert ist [89, 198]. Es wurden sogar von der IEC (Internationale Elektrotechnische Kommission) bereits Richtlinien für die Untersuchung der Regler und Regelstrecken der Wasserkraftanlagen ausgearbeitet [157].

Abb. 11.18 zeigt die schematische Darstellung des Regelkreises eines Kaplan-Maschinensatzes mit der später besprochenen Versuchseinrichtung für die Aufnahme der Frequenzgänge. Der mechanische Regler ist dabei nicht konstruktiv, sondern nur in seiner prinzipiellen Wirkungsweise angedeutet. Die Regelstrecke wird von der Turbine mit ihrem gesamten hydraulischen System, dem Generator und dem Netz gebildet. Eingangsgröße des Reglers bzw. Ausgangsgröße der Strecke ist eine bezogene Drehzahl- bzw. Frequenzabweichung, die von einem Generator (*2*) über eine elektrische Welle an das Drehzahlmeßwerk (*1*) gegeben wird.

Ausgang des Reglers bzw. Eingang der Strecke ist als Stellgröße etwa die bezogene Abweichung des Hubes des Leitradservomotors (*7*).

Die vom Meßwerk festgestellte Drehzahlabweichung wird über das Gestänge (*12*) und die aus Vorsteuerventil (*4*) und Stellmotor (*5*) bestehende Verstärkerstufe in einen Hub dieses Stellmotors umgeformt. Dieser Hub wird auf das Vorsteuerventil und auf die Dämpfung des Meßwerkes zurückgeführt. Dadurch entspricht im Beharrungszustand einer bestimmten Abweichung x eine proportionale Abweichung s. Dieser Teil des Reglers wird vorwiegend als „Steuerregler" bezeichnet

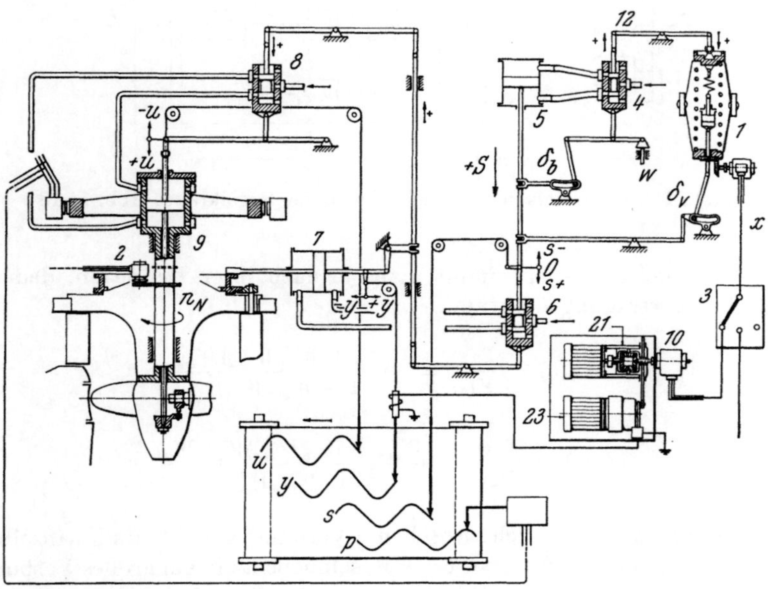

Abb. 11.18. Schematische Darstellung des Regelkreises eines Kaplanturbinen-Maschinensatzes mit der Versuchseinrichtung für Frequenzgangmessungen (aus [156])

und häufig auch als elektrischer Regler ausgeführt. Der Ausgang s des Steuerreglers ist Eingangssignal der Leitrad-Verstärkerstufe (*6*), (*7*), die bei größeren Turbinen auch mehrstufig sein kann. Die bezogene Abweichung des Servomotorhubes ist das Stellsignal y, das seinerseits wieder Eingang der Laufrad-Verstärkerstufe (*8*), (*9*) mit dem Stellsignal u ist. Im stationären Zustand entspricht jeder Leitradöffnung eine ganz bestimmte für optimalen Wirkungsgrad notwendige Stellung der Laufschaufeln. Diese Doppelregulierung führt an sich auf einen vermaschten Regelkreis, was aber dadurch umgangen wird, daß z. B. die Laufrad-Verstärkerstufe der Regelstrecke zugerechnet wird. Eine weitere Möglichkeit besteht darin, auch die Leitrad-Verstärkerstufe zur Strecke zu rechnen, deren Eingangssignal dann das Stellsignal s des Steuerreglers ist.

Abb. 11.19 zeigt den vereinfachten Signalflußplan des Regelkreises. Das von der Turbine an den Generator übertragene Drehmoment setzt sich aus je einer von der Leitradstellung und von der Laufradstellung herrührenden Komponente zusammen, die durch die Übertragungsfunktionen W_{my} und W_{mu} gegeben sind.

Der Einfluß der Drehzahländerung auf das abgegebene Drehmoment wird durch die Übertragungsfunktion W_{mx} berücksichtigt. Das hydraulische Drehmoment der Turbine wird schließlich durch die Übertragungsfunktion W_{xm} in das Drehzahlsignal x übergeführt. Die Übertragungsfunktion W_{xm} repräsentiert das Verhalten des Generators und des gesamten elektrischen Netzes.

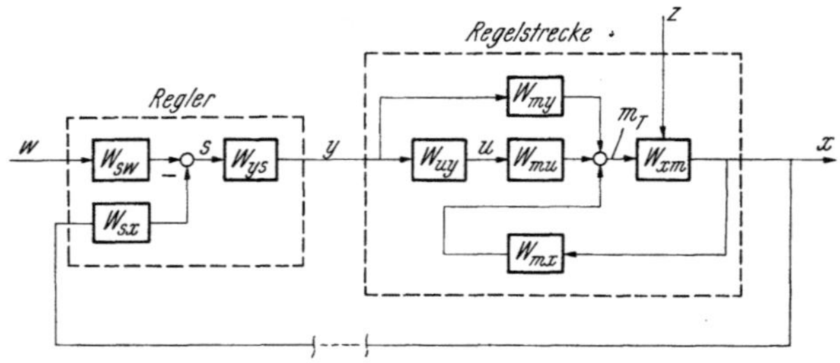

Abb. 11.19. Vereinfachter Signalflußplan des Regelkreises Abb. 11.18

Für die Regelstrecke entnimmt man, je nach ihrer Definition, dem Signalflußbild die Übertragungsfunktion

$$W_S(s) = \frac{X(s)}{Y(s)} = \frac{(W_{my} + W_{uy} W_{mu}) W_{xm}}{1 - W_{mx} W_{xm}}, \tag{11.40}$$

bzw.

$$W_S(s) = \frac{X(s)}{S(s)} = \frac{(W_{my} + W_{uy} W_{mu}) W_{xm} W_{ys}}{1 - W_{mx} W_{xm}}, \tag{11.41}$$

wobei man nun grundsätzlich zwischen „Verbundbetrieb" und „Inselbetrieb" unterscheidet. Im ersten Fall speist der Maschinensatz in ein großes Verbundnetz; dabei ist x die bezogene Drehzahlabweichung des Polrades und der Turbine von der Synchrondrehzahl, die mit der Netzfrequenz als konstant angesehen werden kann. Wird weiter vereinfachend angenommen, daß die Drehzahl des Polrades völlig synchron der Netzfrequenz ist, dann wird $x = \dot{x} = \cdots = 0$ und die Übertragungsfunktion der Regelstrecke vereinfacht sich zu

$$W_S(s) = \frac{X(s)}{Y(s)} = W_{my} + W_{uy} W_{mu}, \tag{11.42}$$

bzw.

$$W_S(s) = \frac{X(s)}{S(s)} = (W_{my} + W_{uy} W_{mu}) W_{ys}. \tag{11.43}$$

Im Fall des Inselbetriebes — es gelten die Gln. (11.40) oder (11.41) — deckt der Maschinensatz den Leistungsbedarf eines isolierten Netzes, wobei an den Regler effektiv die ihm entsprechendenden Anforderungen gestellt werden. Im Falle des Verbundbetriebes hingegen beschränkte sich bis vor kurzem die Funktion des Reglers im wesentlichen auf die eines Sicherheitsorganes. Nun werden aber in den letzten Jahren auch die großen Laufkraftwerke mit Kaplanturbinen immer mehr zur sogenannten Frequenzstützung im Verbundbetrieb herangezogen. Das bedeutet, daß die Maschinensätze auf die geringfügigen in Gln. (11.42) bzw. (11.43) vernachlässigten Schwankungen der Netzfrequenz entsprechend reagieren müssen. Damit war der Anlaß gegeben, sich mit dem dynamischen Verhalten der Regler und Regelstrecken dieser Anlagen eingehend zu beschäftigen.

Man kann nun einerseits die Übertragungsfunktion von Regler und Strecke "off-line" berechnen und anderseits die Rechnung durch Frequenzgangmessungen überprüfen. Diese Kombination hat den Vorteil, daß bei der Auswertung der Messung die Strukturen der zu bestimmenden Übertragungsfunktionen im wesentlichen bekannt sind, was die Kennwertermittlung erleichtert. So berechnet man z. B. unter verschiedenen vereinfachenden Annahmen für den in Abb. 11.18 skizzierten Regler die Übertragungsfunktion

$$W_R(s) = \frac{1 + T_k s}{\delta_b + (T_k(\delta_b + \delta_v) + T_y \delta_b)s + T_k T_y(\delta_b + \delta_v)s^2}. \qquad (11.44)$$

Die einzelnen einstellbaren Parameter dieser Funktion können durch verhältnismäßig einfache stationäre Versuche bestimmt werden [153 bis 156]. Es sind dies: δ_b und δ_v der stationäre und der bei diesem Regler vorübergehend wirkende P-Grad, T_k und T_y die Zeitkonstanten von Dämpfung und Leitrad-Verstärkerstufe. Die Angaben für die Größen dieser Parameter betragen für δ_b etwa 0 bis 0,06, für δ_v etwa 0,4 bis 0,6, für T_k bei Inselbetrieb etwa 4,5 bis 6,0 sec und bei Verbundbetrieb etwa 1,0 sec, für T_y etwa 0,25 sec. Die Berechnung der Übertragungsfunktion der Regelstrecke ist ebenfalls unter gewissen Vereinfachungen und unter Heranziehung der Ergebnisse stationärer Versuche möglich, führt aber auf kompliziertere Ausdrücke. So erhielt man z. B. für einen speziellen Fall unter Verwendung der ermittelten Zahlenwerte aus Gl. (11.42) als Übertragungsfunktion einer Regelstrecke im Verbundbetrieb [89]:

$$W_S(s) = \frac{1{,}38(1 - 0{,}97s - 0{,}28s^2)}{(1 + 0{,}70s)(1 + 0{,}68s)(1 + 0{,}11s)}. \qquad (11.45)$$

Wir wollen nicht mehr näher auf derartige Berechnungen eingehen, sondern nach dieser Einführung einiges zur Frequenzgangmessung besprechen.

In Abb. 11.18 ist auch die Versuchseinrichtung zur Messung von Regler und Regelstrecke schematisch angedeutet. Die elektrische Übertragung zwischen Drehzahlgeber und Drehzahlmeßwerk ist an der Stelle (*3*) unterbrochen, was einer Auftrennung der Rückführschleife im Signalflußbild entspricht. Es ist dies in Abb. 11.18 auch eingezeichnet. Das Drehzahlmeßwerk wird an einen gesonderten Generator (*10*) angeschlossen, der von dem im Abschnitt 11.1.1.3 (Abb. 11.9) besprochenen mechanischen Sinusgenerator (*21*), (*23*) angetrieben wird. Die Turbine arbeitet je nach den jeweiligen Untersuchungen auf ein Verbundnetz oder sie versorgt ein isoliertes Inselnetz. Wie schon in dem auf S. 181 gezeigten Beispiel besprochen, werden die an verschiedenen Stellen auftretenden Signale registriert. Es sind dies die Bewegungen s des Steuerreglers, y und u der beiden Servomotoren und wechselweise die Generatorleistung p oder die Netzfrequenz f. Aus der Generatorleistung berechnet man das Turbinendrehmoment, das ja nicht direkt gemessen werden kann. Am Oszillogramm werden auch die Zeitpunkte $x = 0$ des Eingangssignales markiert. Erregungsfrequenz und -amplitude werden am Sinusgenerator direkt abgelesen. Bei den bekannt gewordenen Versuchen an

Wasserturbinen betrug die Kreisfrequenz meist etwa 0,1 bis 3 $\sec^{-1}$ und die Amplitude etwa 1% bis 2% der Nenndrehzahl.

Abb. 11.20 zeigt ein typisches Oszillogramm einer derartigen Messung. Die Auswertung geschieht in einfacher Weise so, daß die einzelnen Amplituden unter Berücksichtigung des Maßstabes dem Oszillogramm entnommen und durch die Eingangsamplitude dividiert werden. Die Phasenverschiebungen werden unter Berücksichtigung der mitgeschriebenen Zeitmarken und der Kreisfrequenz am Schreibstreifen direkt abgelesen. Die so bestimmten Amplitudenverhältnisse und Phasenverschiebungen werden für die einzelnen Versuchsfrequenzen aufgetragen, wodurch man die Frequenzkennlinien erhält. Zählt man die Leitrad-Verstärkerstufe zur Regelstrecke, dann ergibt diese Auswertung unter Verwendung des Schriebes für s die Kennlinien des Reglers. Bei Verbundbetrieb erhält man aus

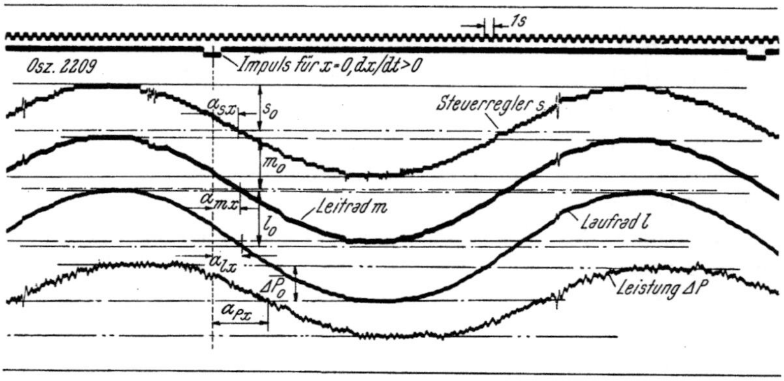

Abb. 11.20. Oszillogramm einer Frequenzgangmessung

den Schrieben für p und s die Frequenzkennlinien der Turbine bzw. vereinfacht jene der Regelstrecke. Rechnet man die Leitrad-Verstärkerstufe noch zum Regler (s. Gl. (11.44)), dann erhält man dessen Kennlinien aus dem Schrieb y, während die Schriebe p und y die Frequenzkennlinien der Turbine bzw. der Strecke liefern. Aus den Schrieben s, y und u ermittelt man die Kennlinien des Leitrad- und des Laufradverstärkers (s. Abb. 11.21). Bei Betrieb mit einem Inselnetz tritt an Stelle der Messung der Generatorleistung die Messung der Netzfrequenz. Die vom Sinusgenerator geschriebenen Nullmarken und die Schriebe p bzw. f liefern schließlich die Frequenzkennlinien des offenen Regelkreises.

An einem ganz einfachen Beispiel soll gezeigt werden, was für eine Streuung der Meßpunkte bei Messungen am offenen Regelkreis etwa zu erwarten sind. Im Verlauf von Untersuchungen an einem großen Maschinensatz[1] berechnete man u. a. unter Verwendung stationärer Versuchsergebnisse für eine Laufrad-Verstärkerstufe den Frequenzgang

$$F_{uy}(i\omega) = \frac{1{,}4}{1 + 2{,}112(i\omega) + 1{,}225(i\omega)^2}. \qquad (11.46)$$

[1] Die Ergebnisse stammen von Versuchen, die an den Maschinensätzen des Donaukraftwerkes Aschach durchgeführt wurden. Auch das Oszillogramm Abb. 11.20 ist dem von der Firma J. M. Voith und der Österreichischen Donaukraftwerke A.G. in dankenswerterweise zur Verfügung gestellten Versuchsberichten entnommen.

Der Verstärker war bei dieser Anlage zweistufig ausgeführt, weshalb man unter Vernachlässigung der bewegten Massen den Frequenzgang eines PT2-Gliedes erhielt ($V = 1{,}4$, $T = 1{,}107$ sec, $D = 0{,}954$). Mit der in Abb. 11.18 besprochenen Versuchsanordnung wurde unter Verwendung der Schriebe für u und y der Frequenzgang gemessen, wobei sich die in Abb. 11.21 eingetragenen Meßpunkte ergaben. Der vorausberechnete Frequenzgang erleichtert natürlich die Auswertung

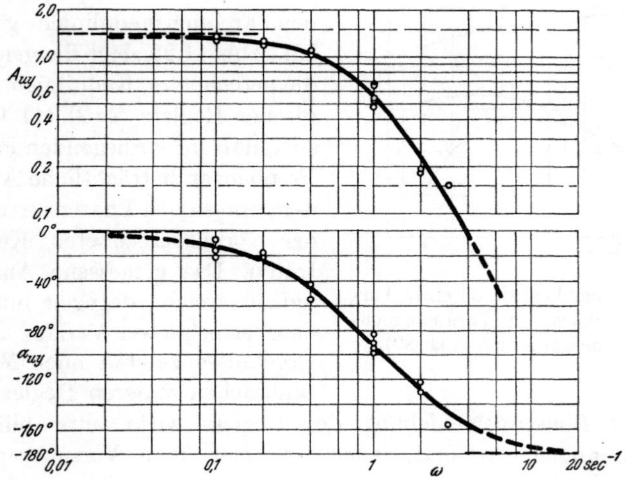

Abb. 11.21. Frequenzkennlinien der Laufrad-Verstärkerstufe eines Kaplanturbinen-Maschinensatzes

dieser Messungen; so kennt man die Verstärkung und die Asymptotenneignung der Amplitudenkennlinien und man weiß, daß die Asymptoten der Phasenkennlinie bei 0° und bei $-180°$ liegen. Damit legt man die ausgleichenden Kennlinien durch die aufgetragenen Meßpunkte. Die Phasenkennlinien kann man jetzt zur Kennwertermittlung nach Szweda (s. Abschnitt 11.4) heranziehen. Man entnimmt der Abb. 11.21 die Werte

$$\begin{aligned} \text{für } \alpha &= -\ 45° : \omega_1 = 0{,}39, \\ \text{für } \alpha &= -\ 90° : \omega_2 = 0{,}95, \\ \text{für } \alpha &\leqq -180° : \omega_j = \infty. \end{aligned}$$

Damit berechnet man nach Gl. (11.28) die Kennwerte des Frequenzganges:

$$b_1 = \frac{1}{\omega_1}\left(1 - \frac{\omega_1^2}{\omega_2^2}\right) = \frac{1}{0{,}39}\left(1 - \frac{0{,}39^2}{0{,}95^2}\right) = 2{,}13 \text{ sec},$$

$$b_2 = \frac{1}{\omega_2^2} = \frac{1}{0{,}95^2} = 1{,}11 \text{ sec},$$

und erhält damit für den gemessenen Frequenzgang:

$$F_{uy}(i\omega) = \frac{1{,}4}{1 + 2{,}13(i\omega) + 1{,}11(i\omega)^2}. \tag{11.47}$$

($T = 1{,}054$ sec, $D = 1{,}01$).

Ein Vergleich mit den vorausberechneten Werten zeigt befriedigende Übereinstimmung; für eine Auswertung nach der Methode von DUDNIKOW wäre jedoch die Streuung der in Abb. 11.21 eingetragenen Meßpunkte zu groß.

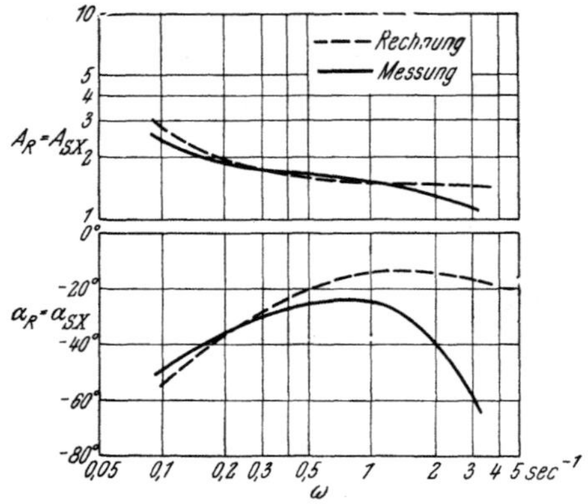

Abb. 11.22. Frequenzkennlinien eines Turbinenreglers. Vergleich von Vorausberechnung und Versuchsergebnis (aus [89])

In zwei weiteren Beispielen wollen wir nun noch die Ergebnisse von "offline" Vorausberechnungen den gemessenen Frequenzkennlinien gegenüberstellen. Abb. 11.22 zeigt die gemessenen und die gerechneten Kennlinien eines mechanischen Reglers (s. Gl. (11.44)). Es zeigt sich, daß im vorliegenden Fall bei hohen Frequenzen beträchtliche Abweichungen der gemessenen Phasenverschiebung von der vorausberechneten Kennlinie auftreten. Das gemessene Amplitudenverhältnis weicht dagegen nur wenig von dem errechneten Verlauf ab. Ähnliche Ergebnisse zeigten auch Messungen an zahlreichen anderen Reglern. Eine Vergrößerung der Phasenverschiebung des Reglers wirkt entstabilisierend; bei Stabilitätsrechnungen wird man daher, falls man keine Versuchsergebnisse zur

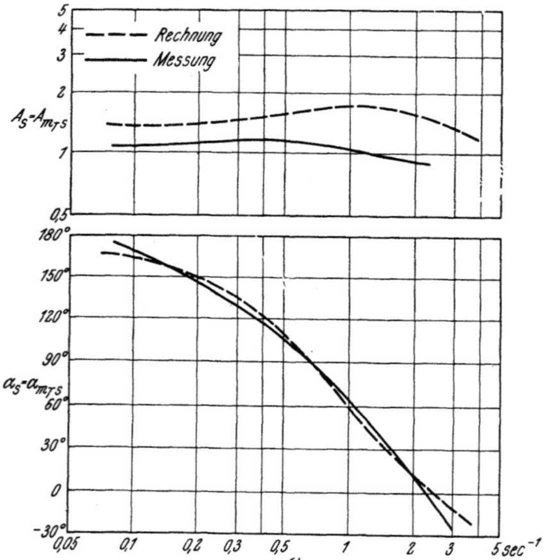

Abb. 11.23. Frequenzkennlinien der Regelstrecke einer Wasserkraftanlage. Vergleich von Vorausberechnung und Versuchsergebnis (aus [89])

Verfügung hat und rechnerisch ermittelte Reglerkennwerte verwendet, die Reserve gegen Instabilität entsprechend groß halten müssen. Dies trifft natürlich nur bei hoher Eigenfrequenz des Regelkreises zu, was aber selten vorkommt. In

Abb. 11.23 sind schließlich die Frequenzkennlinien für die mit Gl. (11.45) angegebene Übertragungsfunktion einer speziellen Regelstrecke aufgetragen. Die an dieser Regelstrecke durchgeführten Frequenzgangmessungen lieferten das ebenfalls in der Abb. eingetragene Ergebnis. Hier erhielt man im untersuchten Frequenzbereich eine sehr gute Übereinstimmung der Phasenkennlinien, während die gemessene Amplitudenkennlinie von der vorausberechneten Kennlinie beträchtlich abweicht. Ändert man die Verstärkung der berechneten Kennlinie, dann erhält man bei kleinen Frequenzen gute Übereinstimmung, während sich bei höheren Frequenzen größere Differenzen ergeben.

Rein regelungstechnisch von größerem Interesse ist weniger der Verbundbetrieb als der allerdings sehr seltene Inselbetrieb. Mit der Versuchsanordnung Abb. 11.18 kann der Frequenzgang der Regelstrecke mit einem Inselnetz bestimmt werden, wenn man — wie schon erwähnt — den Maschinensatz ein solches Netz versorgen läßt und statt der Generatorleistung die Netzfrequenz registriert. Mit Hilfe der Versuchsergebnisse kann man unter Verwendung der Kennlinien von Regler und Strecke nach der Zwei-Ortskurven-Methode (s. Abschnitt 5.1.2) eine Stabilitätsprüfung vornehmen und dabei den Einfluß wählbarer Parameter feststellen [89]. Man kann in gewissem Maß diese Einflüsse natürlich auch durch Versuche mit dem geschlossenen Regelkreis unter Aufzeichnung der Sprungantworten beurteilen.

Lösungen der Übungsaufgaben

Aufgabe 2.1:

Die Produktdarstellung der Übertragungsfunktion lautet

$$W(s) = 3s \frac{1}{1 + 2s} \frac{1}{1 + 0{,}25s}.$$

Mit den Eckfrequenzen der PT1-Glieder: $\omega_{E1} = 0{,}5$, $\omega_{E2} = 4{,}0$ zeichnet man zunächst die Asymptoten der Amplitudenkennlinien der Grundformen sowie die Grundwerte der Phasenkennlinien (Abb. L. 1). Diese Verläufe werden sodann durch Addition überlagert. Zum Eintragen des genauen Verlaufes der Kennlinien fertigt man sich unter Verwendung der Tabelle 2.1 oder der Tafeln 1 und 2 für einige ω-Werte eine sogenannte Korrekturtabelle an:

ω	$\frac{\omega}{\omega_{E1}}$	$\frac{\omega}{\omega_{E2}}$	$\log \Delta A_1$ [dB]	$\log \Delta A_2$ [dB]	$\log \Delta A$ [dB]	$\Delta\alpha_1$ [Grad]	$\Delta\alpha_2$ [Grad]	$\Delta\alpha$ [Grad]
0,2	0,4	0,05	−0,65	−0,01	−0,66	−21,8	− 2,9	−24,7
0,4	0,8	0,10	−2,15	−0,04	−2,19	−38,7	− 5,7	−44,4
1,0	2,0	0,25	−0,97	−0,26	−1,23	+26,6	−14,0	+12,6
2,0	4,0	0,50	−0,26	−0,97	−1,23	+14,0	−26,6	−12,6
4,0	8,0	1,00	−0,05	−3,01	−3,06	+ 7,2	−45,0	−37,8
10	20	2,50	−0,01	−0,65	−0,66	+ 2,9	+21,8	+24,7

Damit können die Frequenzkennlinien in Abb. L. 1 genügend genau eingetragen werden.

Natürlich können auch zunächst die Frequenzkennlinien der Grundformen für sich unter Verwendung der Tabelle 2.1 bzw. der Tafeln 1 und 2 genau gezeichnet und sodann erst durch Addition überlagert werden.

Die inversen Kennlinien erhält man durch Spiegeln an den Frequenzachsen.

Aufgabe 2.2:

Die Produktdarstellung der Übertragungsfunktion lautet:

$$W(s) = 4 \frac{1}{1 + 2s + 4s^2} (1 + s).$$

Mit den Eckfrequenzen der Frequenzkennlinien: PT2: $\omega_{E1} = 1/\sqrt{4} = 0{,}5$, PD1: $\omega_{E2} = 1{,}0$ zeichnet man wieder die Asymptoten der Amplitudenkennlinien der Grundformen sowie die Grundwerte der Phasenkennlinien (Abb. L. 2) und überlagert diese Verläufe durch Addition. Der Dämpfungsgrad des PT2-Gliedes beträgt $D = 0{,}5$. Unter Verwendung der Tabellen 2.1 bis 2.3 oder der Tafeln 1 bis 3 fertigt man für einige ω-Werte eine Korrekturtabelle an:

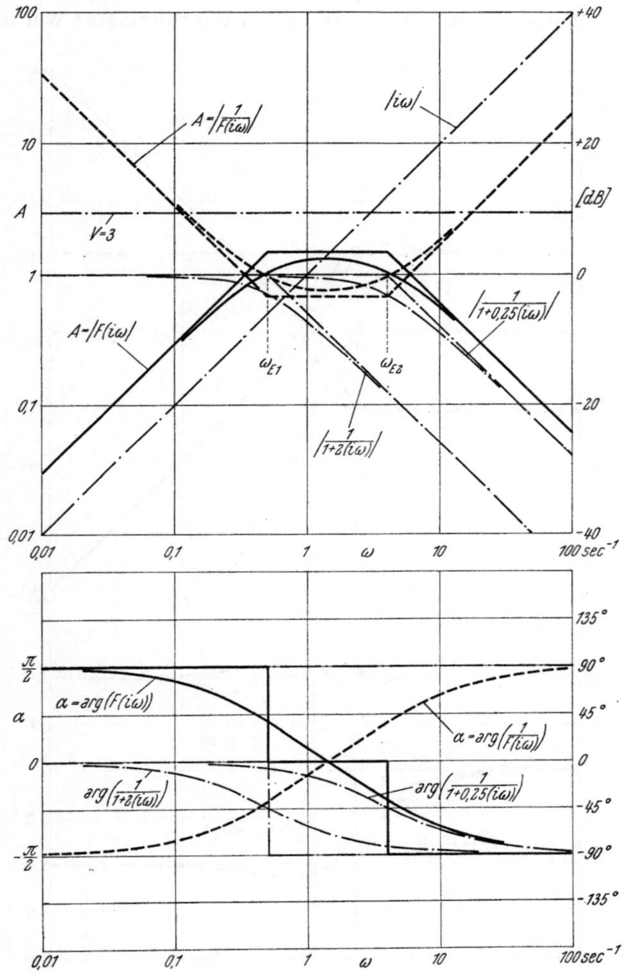

Abb. L. 1. Zur Lösung der Aufgaben 2.1 und 2.11

ω	$\frac{\omega}{\omega_{E1}}$	$\frac{\omega}{\omega_{E2}}$	$\log \Delta A_1$ [dB]	$\log \Delta A_2$ [dB]	$\log \Delta A$ [dB]	$\Delta\alpha_1$ [Grad]	$\Delta\alpha_2$ [Grad]	$\Delta\alpha$ [Grad]
0,05	0,10	0,05	+0,04	+0,01	+0,05	− 5,8	+ 2,9	− 2,9
0,15	0,30	0,15	+0,37	+0,10	+0,47	−18,3	+ 8,5	− 9,8
0,30	0,60	0,30	+1,14	+0,37	+1,51	−43,2	+16,7	−26,5
0,50	1,00	0,50	0,00	+0,97	+0,97	−90,0	+26,7	−63,3
1,00	2,00	1,00	+0,90	+3,01	+3,91	+33,7	+45,0	+78,7
2,0	4,0	2,0	+0,26	+0,97	+1,23	+14,9	−26,7	−11,8
5,0	10,0	5,0	+0,04	+0,17	+0,21	+ 5,8	−11,3	− 5,5

Damit können die Frequenzkennlinien in Abb. L. 2 genügend genau eingetragen werden.

Natürlich können wieder auch zunächst die Frequenzkennlinien der Grundformen für sich unter Verwendung der Tabellen 2.1 bis 2.3 bzw. der Tafeln 1 bis 3 genau gezeichnet und sodann erst durch Addition überlagert werden.

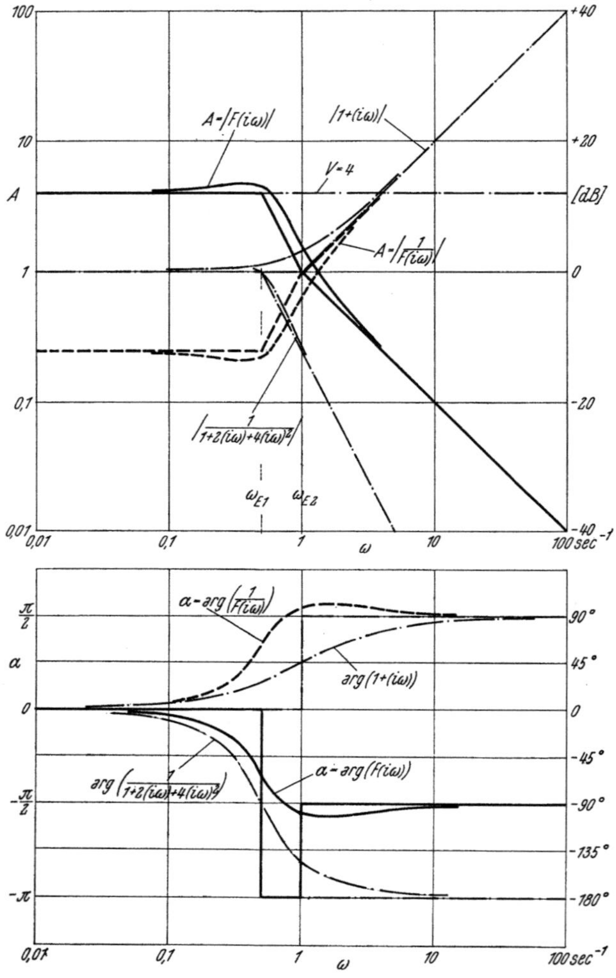

Abb. L. 2. Zur Lösung der Aufgabe 2.2

Die inversen Kennlinien erhält man durch Spiegeln an den Frequenzachsen.

Aufgabe 2.3:

Die Produktdarstellung der Übertragungsfunktion lautet:

$$W(s) = 1{,}2s \frac{1}{1 + 0{,}5s} e^{-0{,}2s}.$$

Mit der Eckfrequenz des PT1-Gliedes $\omega_E = 2{,}0$ zeichnet man die Amplitudenkennlinien der Grundformen, die man durch Addition überlagert (Abb. L. 3). Die Korrekturtabelle braucht jetzt wohl nicht mehr wiedergegeben zu werden.

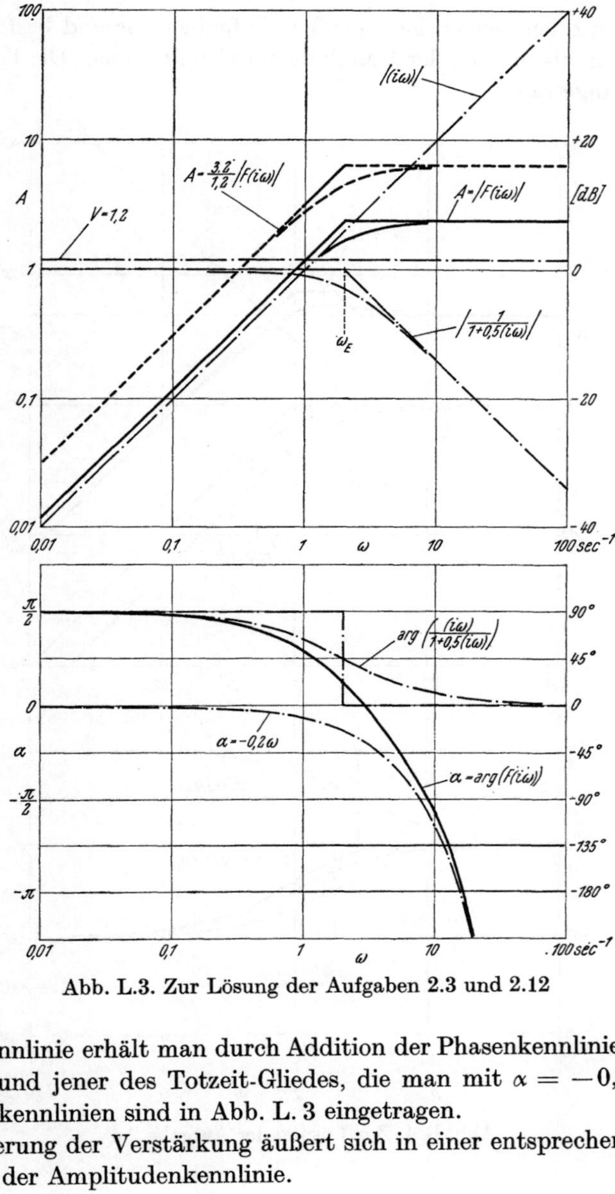

Abb. L.3. Zur Lösung der Aufgaben 2.3 und 2.12

Die Phasenkennlinie erhält man durch Addition der Phasenkennlinien des D- und PT1-Gliedes und jener des Totzeit-Gliedes, die man mit $\alpha = -0{,}2\,\omega$ zeichnet. Die Frequenzkennlinien sind in Abb. L. 3 eingetragen.

Eine Änderung der Verstärkung äußert sich in einer entsprechenden Parallelverschiebung der Amplitudenkennlinie.

Aufgabe 2.4:

Durch Umformen erhält man die Produktdarstellung der Übertragungsfunktion:

$$W(s) = 5(1 + 3s)\,\frac{1}{1 + 2s}\,\frac{1}{1 + s}.$$

Die Eckfrequenzen der Frequenzkennlinien betragen:

$$\text{PD1}: \omega_{E1} = 0{,}33, \ \text{PT1}: \omega_{E2} = 0{,}5, \ \omega_{E3} = 1{,}0.$$

Man geht wie bei den vorhergehenden Aufgaben vor und bestimmt die Frequenzkennlinien als Summe der Kennlinie der Grundformen. Die Kennlinien sind in Abb. L. 4 eingetragen.

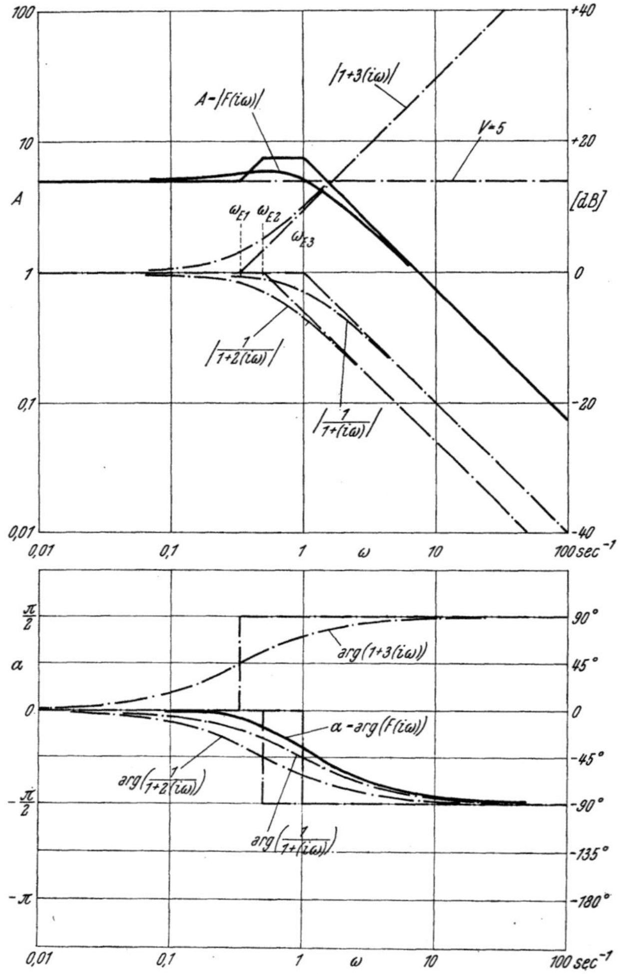

Abb. L. 4. Zur Lösung der Aufgabe 2.4

Aufgabe 2.5:

Durch Umformen erhält man die Produktform der Übertragungsfunktion:

$$W(s) = 0{,}11 \, \frac{1}{s} \, (1 + 10s) \, \frac{1}{1 + 5s} \, \frac{1}{1 + 2{,}4s + 9s^2}.$$

Die Eckfrequenzen der Frequenzkennlinien betragen:

$$\text{PD1}: \omega_{E1} = 0{,}1\,, \quad \text{PT1}: \omega_{E2} = 0{,}2\,, \quad \text{PT2}: 0{,}33.$$

Der Dämpfungsgrad des PT2-Gliedes beträgt $D = 0{,}4$.

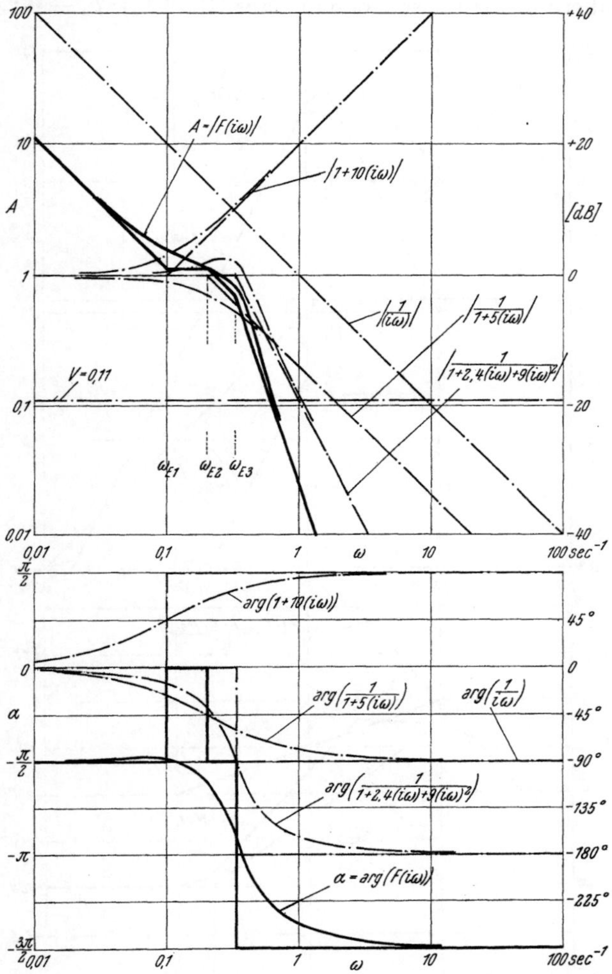

Abb. L. 5. Zur Lösung der Aufgaben 2.5 und 2.13

Man geht wie bei den vorhergehenden Aufgaben vor und bestimmt die Frequenzkennlinien als Summe der Kennlinien der Grundformen. Die Kennlinien sind in Abb. L. 5 eingetragen.

Aufgabe 2.6:

Durch Umformen erhält man die Übertragungsfunktion

$$W(s) = 1{,}25\,\frac{1}{s}\,(1 + 12s + 100s^2)\,\frac{1}{(1 + 1{,}8s)^2}\,\frac{1}{1 + s}.$$

Die Eckfrequenzen der Frequenzkennlinien betragen:

$$\text{PD2}: \omega_{E1} = 0{,}1\,, \quad \text{PT1}: \omega_{E2} = 0{,}556\,, \; \omega_{E3} = 1{,}0\,.$$

Der Dämpfungsgrad des PD2-Gliedes beträgt $D = 0{,}6$; damit erhält man für die Geraden-Näherung der Phasenkennlinie aus Gl. (2.40): $k_0 = 0{,}236$.

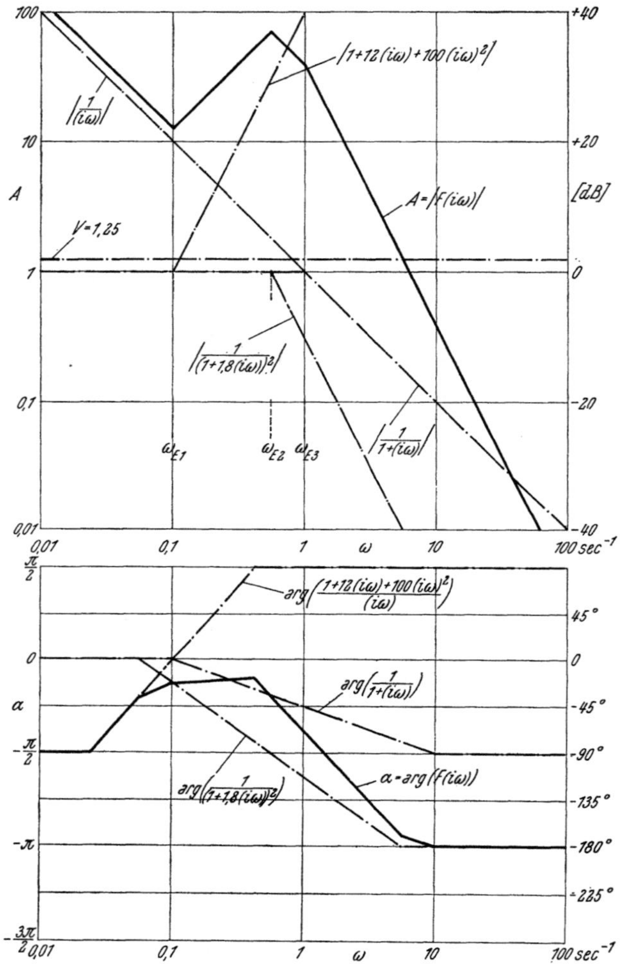

Abb. L. 6. Zur Lösung der Aufgabe 2.6

Die angenäherten Frequenzkennlinien der Grundformen sowie die resultierenden Frequenzkennlinien als deren Summen sind in Abb. L. 6 eingetragen.

Aufgabe 2.7:

Durch Umformen erhält man die Übertragungsfunktion

$$W(s) = 0{,}2\,\frac{1}{s^2}\,(1 + 4s + 6{,}24s^2)\,\frac{1}{1 + 2s}\,\frac{1}{1 + 0{,}8s}\,.$$

Die Eckfrequenzen der Frequenzkennlinien betragen:

$$\text{PD2}: \omega_{E1} = 0{,}405\,,\ \text{PT1}: \omega_{E2} = 0{,}5\,,\ \omega_{E3} = 1{,}25\,.$$

Der Dämpfungsgrad des PD2-Gliedes beträgt $D = 0{,}8$; damit erhält man für die Geraden-Näherung der Phasenkennlinie aus Gl. (2.40): $k_0 = 0{,}16$.

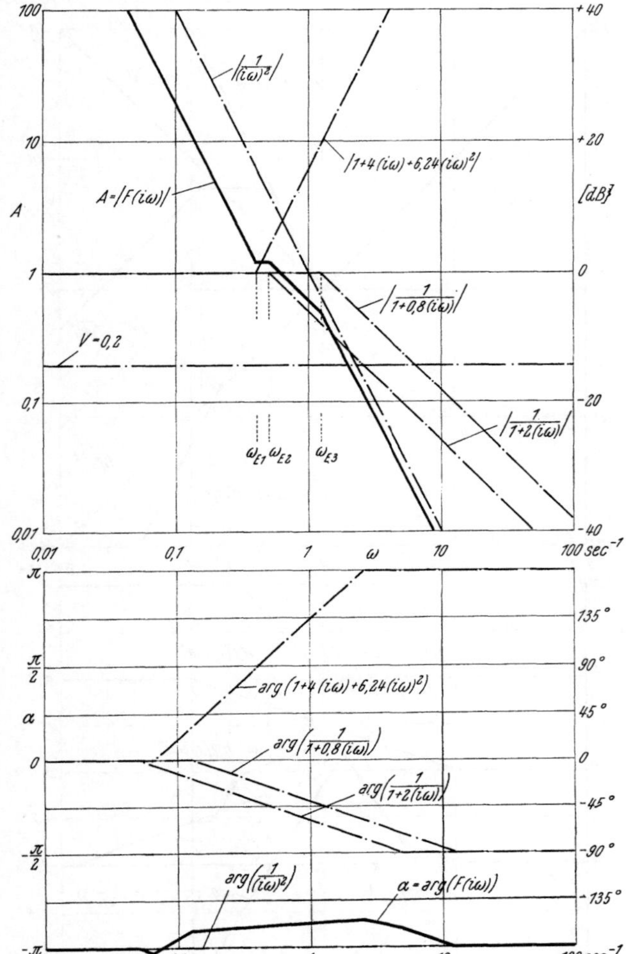

Abb. L. 7. Zur Lösung der Aufgabe 2.7

Die angenäherten Frequenzkennlinien der Grundformen sowie die resultierenden Frequenzkennlinien als deren Summen sind in Abb. L. 7 eingetragen.

Aufgabe 2.8:

Durch Umformen erhält man die Übertragungsfunktion

$$W(s) = \frac{1}{s}\,(1 + s)\,(1 + 1{,}2s + s^2)\,\frac{1}{1 + 0{,}32s + 0{,}16s^2}\,\frac{1}{1 + 0{,}12s}\,.$$

Die Eckfrequenzen der Frequenzkennlinien betragen:

$$\text{PD1}: \omega_{E1} = 1{,}0, \quad \text{PD2}: \omega_{E2} = 1{,}0, \quad \text{PT2}: \omega_{E3} = 2{,}5, \quad \text{PT1}: \omega_{E4} = 8{,}33.$$

Der Dämpfungsgrad des PD2-Gliedes beträgt $D = 0{,}6$; damit erhält man für die Geraden-Näherung der Phasenkennlinie aus Gl. (2.40): $k_0 = 0{,}236$. Der Dämpfungsgrad des PT2-Gliedes beträgt $D = 0{,}4$; damit erhält man aus Gl. (2.40): $k_0 = 0{,}345$.

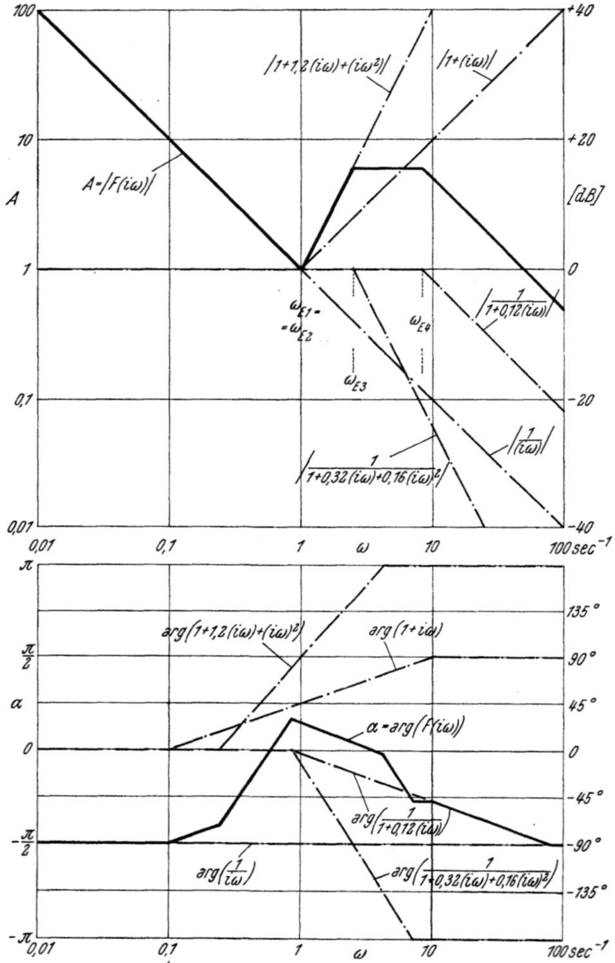

Abb. L. 8. Zur Lösung der Aufgabe 2.8

Die angenäherten Frequenzkennlinien der Grundformen sowie die resultierenden Frequenzkennlinien als deren Summen sind in Abb. L. 8 eingetragen.

Aufgabe 2.9:

Durch Umformen erhält man die Übertragungsfunktion:

$$W(s) = 2(1 + 3s)\,\frac{1}{1 + 2s}\,\frac{1}{1 + s} \cdot \frac{1 - 3s}{1 + 3s}.$$

Die Eckfrequenzen der Frequenzkennlinien betragen:

$$\text{PD1 und Allpaß: } \omega_{E1} = 0{,}33\,, \ \text{PT1: } \omega_{E2} = 0{,}5\,, \ \omega_{E3} = 1{,}0.$$

Die angenäherten Frequenzkennlinien der Grundformen sowie die resultierenden Frequenzkennlinien als deren Summen sind in Abb. L. 9 eingetragen.

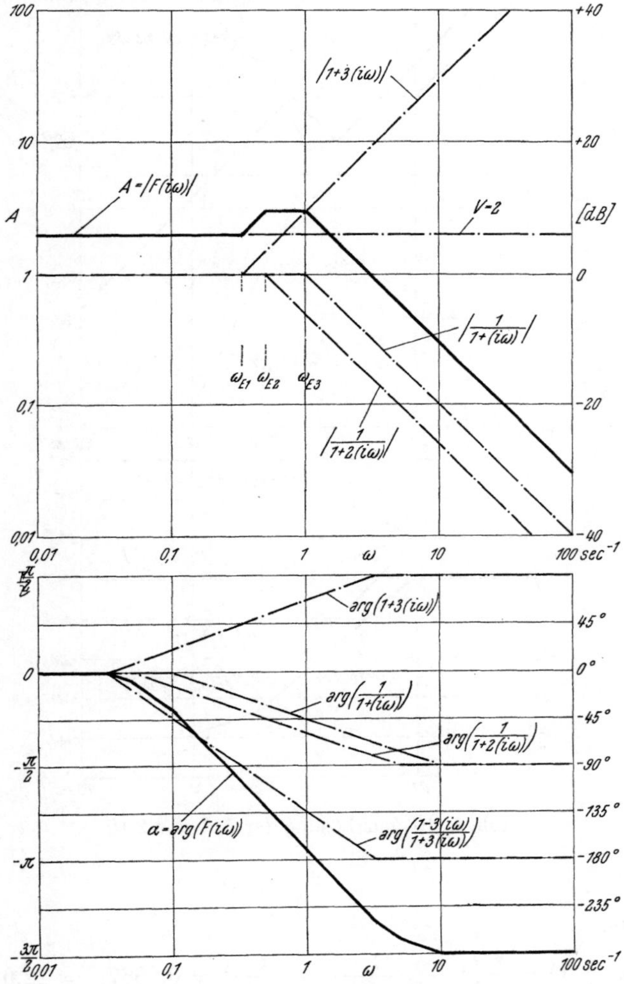

Abb. L. 9. Zur Lösung der Aufgabe 2.9

Aufgabe 2.10:

Durch Umformen erhält man die Übertragungsfunktion:

$$W(s) = 2\,\frac{1}{s}\,(1 + 2{,}8s + 4s^2)\,\frac{1}{(1 + 0{,}8s)^2}\cdot\frac{1 - 2{,}8s + 4s^2}{1 + 2{,}8s + 4s^2}.$$

Die Eckfrequenzen der Frequenzkennlinien betragen:

$$\text{PD2 und Allpaß: } \omega_{E1} = 0{,}5\,, \quad \text{PT1: } \omega_{E2} = 1{,}25.$$

Der Dämpfungsgrad des PD2-Gliedes und des Allpasses 2. Ordn. beträgt $D = 0{,}7$; damit erhält man aus Gl. (2.40): $k_0 = 0{,}195$.

Die angenäherten Frequenzkennlinien der Grundformen sowie die resultierenden Frequenzkennlinien als deren Summen sind in Abb. L. 10 eingetragen.

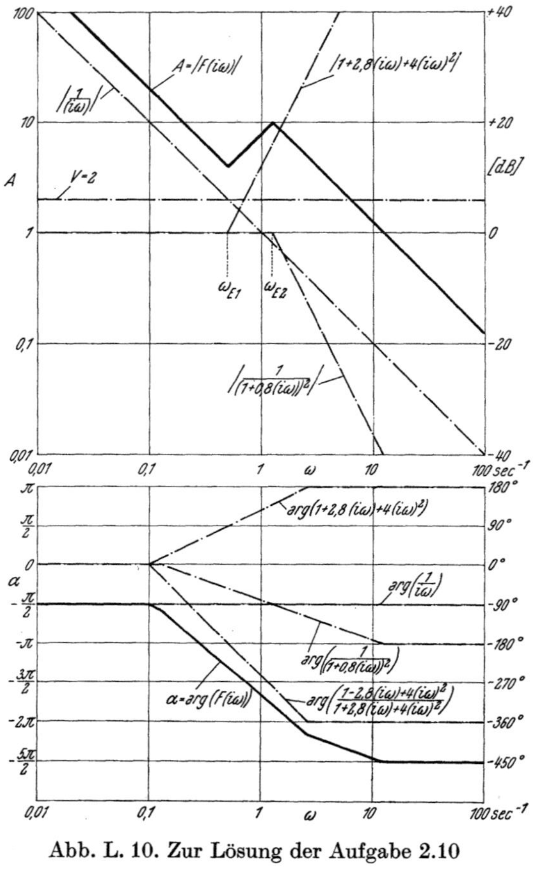

Abb. L. 10. Zur Lösung der Aufgabe 2.10

Aufgabe 2.11:

Man erhält:

$$\alpha(\omega = 1) = \frac{\pi}{2}\left(1 - \frac{1}{0{,}5 + 1} - \frac{1}{4 + 1}\right) = 0{,}0667\,\pi = 12{,}0°.$$

(Der genaue Wert beträgt laut Korrekturtabelle S. 23 $\alpha = 12{,}6°$).

Aufgabe 2.12:

Man erhält:

$$\alpha(\omega = 5{,}5) = \frac{\pi}{2}\left(1 - \frac{5{,}5}{2 + 5{,}5} - \frac{2 \cdot 0{,}2 \cdot 5{,}5}{\pi}\right) = -0{,}217\,\pi = -39{,}0°.$$

(Der Abb. L. 3 entnimmt man den genauen Wert $\alpha = -42{,}5°$.)

Aufgabe 2.13:

Der Abb. L. 5 entnimmt man für $A = 1{,}2$ die Kreisfrequenz $\omega = 0{,}68\,\mathrm{sec}^{-1}$. Damit erhält man:

$$\alpha(\omega = 0{,}68) = \frac{\pi}{2}\left(-1 + \frac{0{,}68}{0{,}1 + 0{,}68} - \frac{0{,}68}{0{,}2 + 0{,}68} - \right.$$

$$\left. - \frac{2 \cdot 0{,}4 \cdot 0{,}33 \cdot 0{,}68 - 2(0{,}33^2 - 0{,}68^2)}{2 \cdot 0{,}4 \cdot 0{,}33 \cdot 0{,}68 - (0{,}33^2 - 0{,}68^2)}\right) = -1{,}282\pi = -230{,}8^\circ.$$

(Der Abb. L. 5 entnimmt man den genauen Wert $\alpha = -235{,}5^\circ$.)

Aufgabe 4.1:

In Abb. L. 11 sind zunächst die Frequenzkennlinien des offenen Systems gezeichnet. Die Asymptoten der Frequenzkennlinien des geschlossenen Systems (auf Grund der Abschätzung) sind stark ausgezogen. Für die eingetragenen Punkte werden die Werte für A_0 und α_0 den gezeichneten Kennlinien entnommen und sodann die Werte A und α mit Hilfe des Nichols-Diagrammes (Tafel 4) laut nachstehender Tabelle ermittelt.

ω	$A_0\,[dB]$	α_0	$A\,[dB]$	α
0,15	+12,5	− 9,8°	−1,8	− 1,9°
0,30	+13,6	− 26,5°	−1,5	− 4,6°
0,50	+13,0	− 63,3°	−1,0	−10,3°
1,00	+ 3,9	−101,3°	−0,6	−35,0°
2,00	− 4,8	−101,8°	−5,2	−69,0°

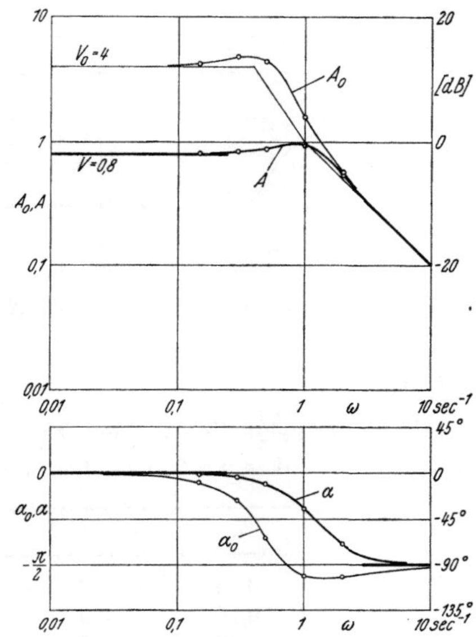

Abb. L. 11. Zur Lösung der Aufgabe 4.1

Aufgabe 4.2:

In Abb. L. 12 sind die Frequenzkennlinien des offenen Systems und die Asymptoten der Kennlinien des geschlossenen Systems gezeichnet. Für die eingetragenen Punkte werden die Werte für A und α dem Nichols-Diagramm laut nachstehender Tabelle entnommen.

ω	$A_0\,[dB]$	α_0	$\alpha_0 - 180$	$A\,[dB]$	α
0,15	+12,5	− 9,8°	−189,8°	+ 2,3	− 3,0°
0,30	+13,6	− 26,5°	−206,5°	+ 1,8	− 6,7°
0,50	+13,0	− 63,3°	−243,5°	+ 0,7	−12,5°
1,00	+ 3,9	−101,3°	−281,3°	− 2,2	−29,0°
2,00	− 4,8	−101,8°	−281,8°	− 6,8	−52,0°
5,00	−13,8	− 95,5°	−275,5°	−14,3	−74,0°

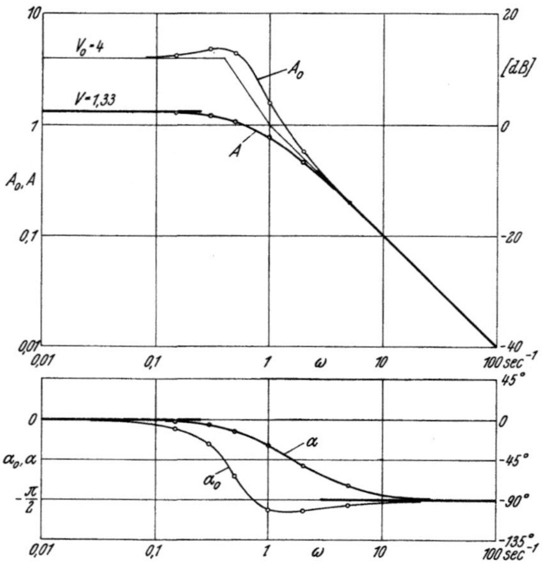

Abb. L. 12. Zur Lösung der Aufgabe 4.2

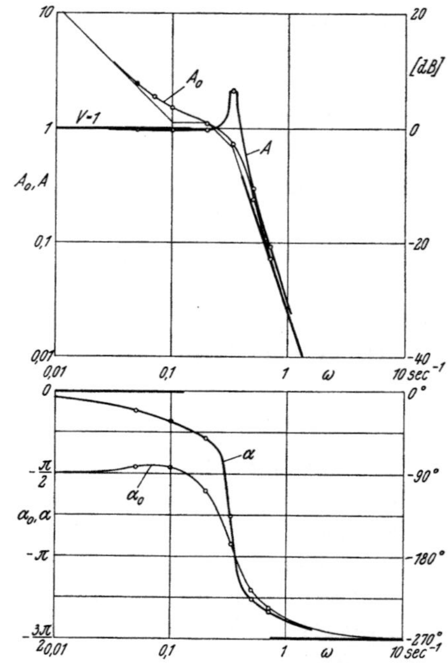

Abb. L. 13. Zur Lösung der Aufgabe 4.3

Aufgabe 4.3:

Abb. L. 13 zeigt die Frequenzkennlinien; die mit Hilfe des Nichols-Diagrammes ermittelten Punkte sind in nachstehender Tabelle zusammengestellt:

ω	$A_0\,[dB]$	α_0	$A\,[dB]$	α
0,05	+ 7,7	− 83,5°	− 1,0	− 21,5°
0,10	+ 3,6	− 86,5°	− 1,8	− 32,5°
0,20	+ 0,7	− 108,5°	− 1,1	− 51,0°
0,33	− 2,7	− 166,5°	+ 6,5	− 136,0°
0,50	− 12,3	− 216,5°	− 10,5	− 227,0°
0,70	− 23,1	− 236,0°	− 23,0	− 240,0°

Aufgabe 4.4:

In Abb. L. 14 sind zunächst die Frequenzkennlinien von W_1 und W_2 sowie die Asymptoten der Kennlinien der Parallelschaltung (auf Grund der Abschätzung) eingetragen. Die Ermittlung der eingetragenen Werte für A und α erfolgt in nachstehender Tabelle und unter Verwendung des Nichols-Diagrammes.

ω	A_1	α_1	A_2	α_2	A_1-A_2	$\alpha_1-\alpha_2$	$\lvert\Phi_1\rvert$	$\arg\Phi_1$	A	α
0,2	+ 20	− 90°	+ 14,9	− 19,7°	+ 5,1	− 70,3°	− 2,3	− 24,0°	+ 22,3	− 66,0°
0,4	+ 14	− 90°	+ 14,4	− 37,9°	− 0,4	− 52,1°	− 5,3	− 27,0°	+ 19,3	− 63,0°
0,8	+ 8	− 90°	+ 11,9	− 66,8°	− 3,9	− 23,2°	− 8,0	− 14,0°	+ 16,0	− 76,0°
2,0	0	− 90°	+ 3,9	− 113,2°	− 3,9	+ 23,2°	− 8,0	+ 14,0°	+ 8,0	− 104,0°
4,0	− 6	− 90°	− 5,6	− 142,0°	− 0,4	+ 52,0°	− 5,3	+ 27,0°	− 0,7	− 117,0°
8,0	− 12	− 90°	− 16,8	− 160,3°	+ 4,8	+ 70,3°	− 2,4	+ 24,5°	− 9,6	− 114,5°

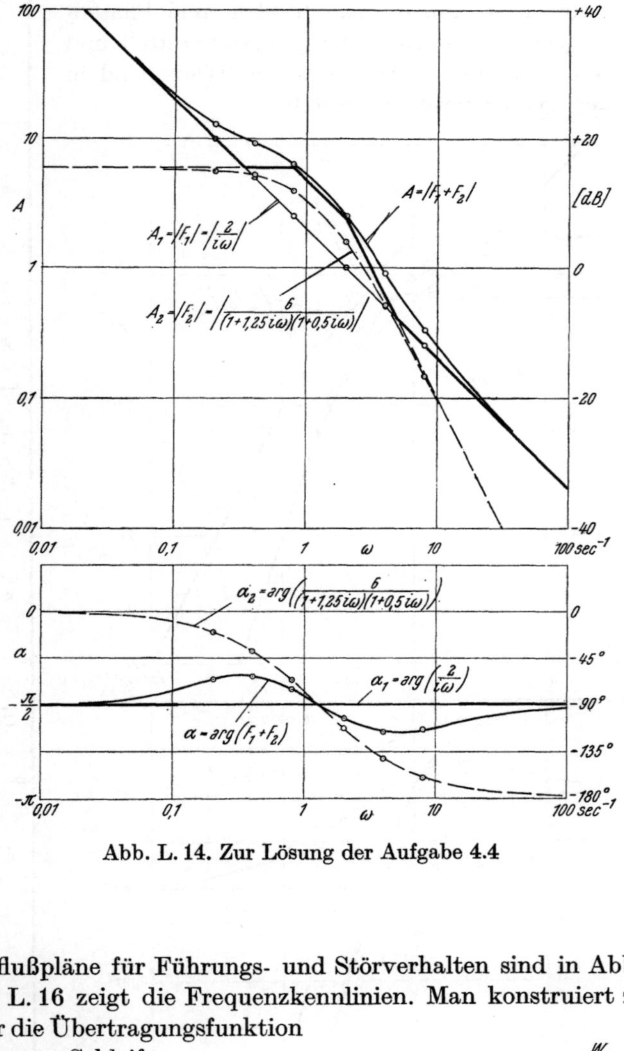

Abb. L. 14. Zur Lösung der Aufgabe 4.4

Aufgabe 4.5:

Die Signalflußpläne für Führungs- und Störverhalten sind in Abb. L. 15 dargestellt; Abb. L. 16 zeigt die Frequenzkennlinien. Man konstruiert zunächst die Kennlinien für die Übertragungsfunktion der offenen inneren Schleife:

$$W_R \cdot W_{S1} =$$

$$= 0{,}5\,\frac{1}{s}\,(1 + 4s)\,\frac{1}{1+s}\,\frac{1}{1+0{,}25s}$$

und zeichnet die Asymptoten der Kennlinien von W_1. Mit Hilfe des Nichols-Diagrammes ermittelt man sodann für einige Punkte (s. nachfolgende Tabelle) die Werte von A_1 und α_1. Diese Kennlinien werden den Frequenzkennlinien von W_{S2} überlagert. Mit Hilfe des Nichols-

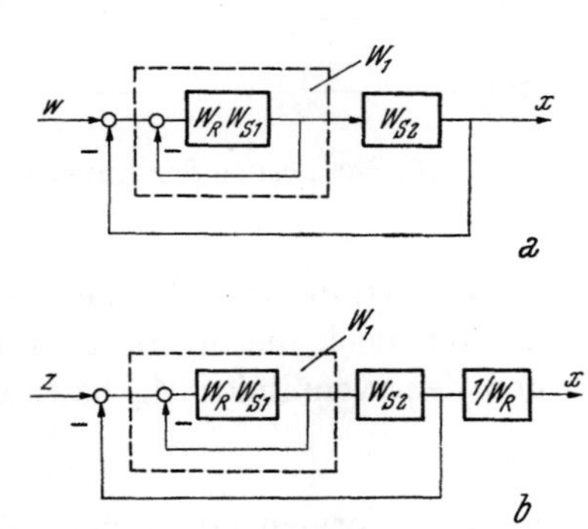

Abb. L. 15. Zur Lösung der Aufgabe 4.5. *a* Signalflußplan für Führungsverhalten, *b* Signalflußplan für Störverhalten

Diagrammes werden sodann die Amplituden- und Phasenwerte A_w und α_w des Führungsfrequenzganges ermittelt und die Asymptoten eingetragen. Die einzelnen Werte sind in nebenstehender Tabelle zusammengestellt.

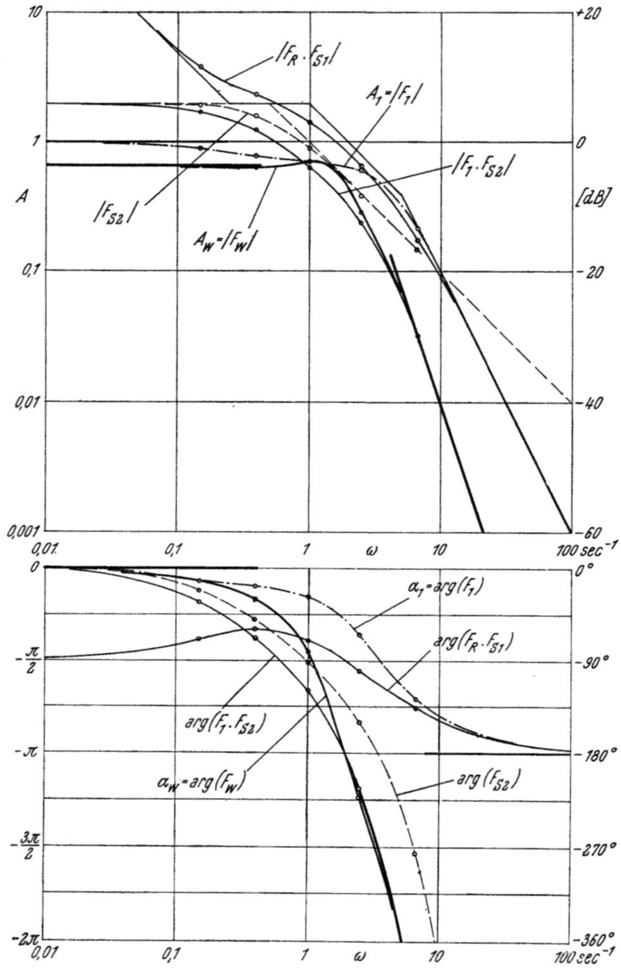

Abb. L. 16. Zur Lösung der Aufgabe 4.5. Frequenzkennlinien

ω	$A_R A_{S1}$	$\alpha_R \alpha_{S1}$	A_1	α_1	A_{S2}	α_{S2}	$A_1 + A_{S2}$	$\alpha_1 + \alpha_{S2}$	A_w	α_w
0,15	+ 11,7	− 69,0°	− 1,0	− 12,5°	+ 5,7	− 21,0°	+ 4,7	− 33,5°	− 3,6	− 12°
0,40	+ 7,4	− 58,5°	− 2,1	− 17,5°	+ 3,9	− 50,0°	+ 1,8	− 67,5°	− 3,6	− 30°
1,00	+ 3,1	− 70,0°	− 3,0	− 28,0°	+ 1,0	− 92,0°	− 4,0	− 120,0°	− 2,9	− 81°
2,50	− 3,6	− 100,5°	− 4,4	− 64,0°	− 8,1	− 150°	− 12,5	− 214°	− 10,8	− 224°
6,67	− 15,4	− 136,5°	− 13,2	− 128°	− 16,5	− 277°	− 29,7	− 405°	—	—

Zur Ermittlung der Frequenzkennlinien für Störverhalten müßten noch die inversen Kennlinien von W_R gezeichnet und den Kennlinien A_w bzw. α_w überlagert werden.

Aufgabe 5.1:

Durch Umformen erhält man die Übertragungsfunktion

$$W_0(s) = V_0 \cdot 2{,}5 \, \frac{1}{s} \, \frac{1}{1 + 2s} \, \frac{1}{1 + 5s + 4s^2} \, (1 + 0{,}8s).$$

Mit den Eckfrequenzen $\omega_{E1} = \omega_{E2} = 0{,}5$, $\omega_{E3} = 1{,}25$ und dem Dämpfungsgrad $D = 0{,}8$ (aus Gl. (2.40): $k_0 = 0{,}16$) zeichnet man für $V_0 = 1$ die angenäherten Frequenzkennlinien Abb. L. 17.

Der Abb. entnimmt man bei der Eigenfrequenz $\omega_s = 0{,}34\ \text{sec}^{-1}$ einen Amplitudenrand $A_r(V_0 = 1) = 7{,}35$; das geschlossene System ist demnach bei $V_0 = 1$

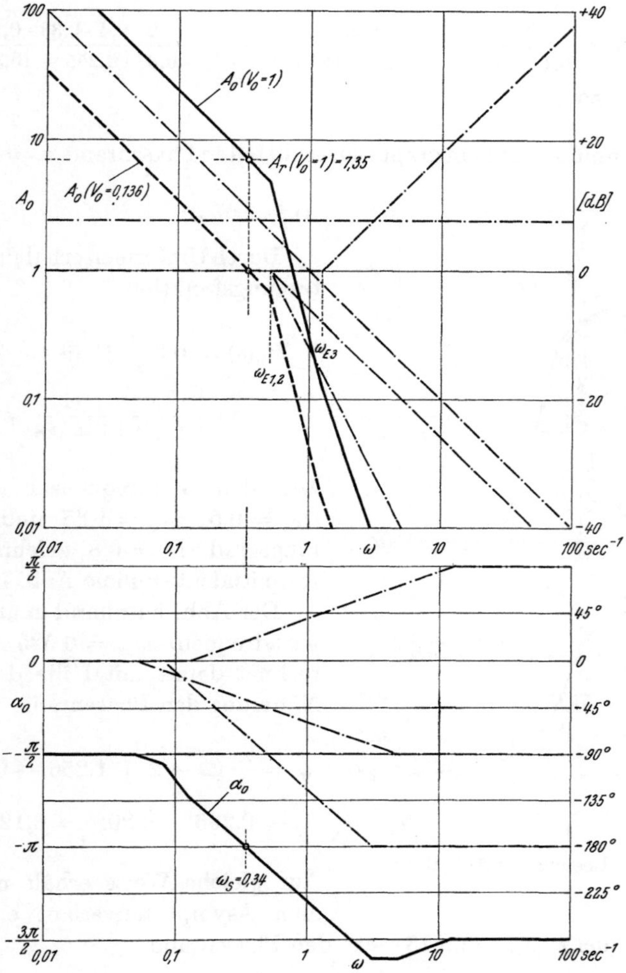

Abb. L. 17. Zur Lösung der Aufgabe 5.1

instabil. Für $V_0 = 1/7{,}35 = 0{,}136$ befindet sich das System an der Stabilitätsgrenze. Die Verstärkung muß also $V_0 < 0{,}136$ eingestellt werden.

Aufgabe 5.2:

Die Frequenzkennlinien der Aufgabe 2.5 sind in Abb. L. 18 nochmals dargestellt. Man entnimmt der Abb. bei $\omega_s = 0{,}37\ \text{sec}^{-1}$ einen Amplitudenrand $A_r = 0{,}69$

bzw. bei $\omega_{\alpha r} = 0{,}255\,\mathrm{sec}^{-1}$ einen Phasenrand $\alpha_r = +49{,}5°$. Das geschlossene System ist stabil.

Aus dem Amplitudenrand $A_r = 0{,}69$ erkennt man, daß bei einer Vergrößerung der Verstärkung von $V_0 = 0{,}11$ auf $V_0 \geqq 0{,}11/0{,}69 = 0{,}159$ das System instabil würde.

Mit Hilfe der Hyperbel-Näherung erhält man den Phasenrand

$$\alpha_r = \frac{\pi}{2}\left(2 - 1 + \frac{0{,}255}{0{,}1 + 0{,}255} - \frac{0{,}255}{0{,}2 + 0{,}255} - \frac{2 \cdot 0{,}4 \cdot 0{,}33 \cdot 0{,}255}{2 \cdot 0{,}4 \cdot 0{,}33 \cdot 0{,}255 + (0{,}33^2 - 0{,}255^2)}\right)$$
$$= 0{,}281\,\pi = 50{,}6°.$$

Die Übereinstimmung mit dem graphisch ermittelten Phasenrand $\alpha_r = 49{,}5°$ ist gut.

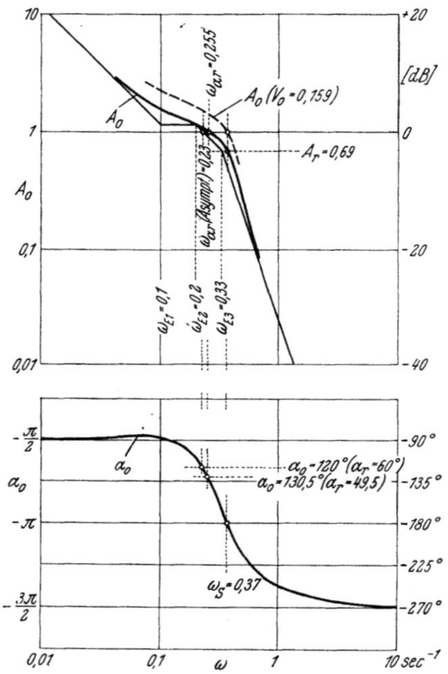

Abb. L. 18. Zur Lösung der Aufgabe 5.2

Aufgabe 5.3:

Durch Umformen erhält man die Übertragungsfunktion

$$W_0(s) = 0{,}2\,\frac{1}{s^2}\,(1 + 4s + 6{,}25s^2) \cdot$$
$$\cdot \frac{1}{1 + 2s}\,\frac{1}{1 + 0{,}8s}\,e^{-0{,}6s}.$$

Mit den Eckfrequenzen $\omega_{E1} = 0{,}4$, $\omega_{E2} = 0{,}5$, $\omega_{E3} = 1{,}25$ und dem Dämpfungsgrad $D = 0{,}8$ zeichnet man die Amplitudenkennlinie Abb. L. 19.

Der Abb. entnimmt man die Durchtrittsfrequenz $\omega_{\alpha r} = 0{,}525\,\mathrm{sec}^{-1}$ und berechnet damit mit Hilfe der Hyperbel-Näherung den Phasenrand

$$\alpha_r = \frac{\pi}{2}\,(2 - 2 + 1{,}256 - 0{,}512 -$$
$$- 0{,}296 - 0{,}201) = 0{,}124\pi = 22{,}3°.$$

Auf gleiche Weise erhält man mit der dem Asymptotenverlauf entnommenen Durchtrittsfrequenz $\omega_{\alpha r} = 0{,}625\,\mathrm{sec}^{-1}$ den Phasenrand

$$\alpha_r = 0{,}119\pi = 21{,}4°.$$

Das geschlossene System ist stabil.

Aufgabe 5.4:

Die Kurve S (Abb. 3.2c) wird, so wie in Abb. L. 20 gezeigt, unter die Amplitudenkennlinie Abb. L. 18 gelegt. Für die Eckfrequenzen $\omega_{E1} = 0{,}1$, $\omega_{E2} = 0{,}2$ und $\omega_{E3} = 0{,}33$ entnimmt man sodann dem Nomogramm die in der Abb. eingetragenen Werte ΔS. Damit und mit den Neigungen der Asymptoten erhält man für

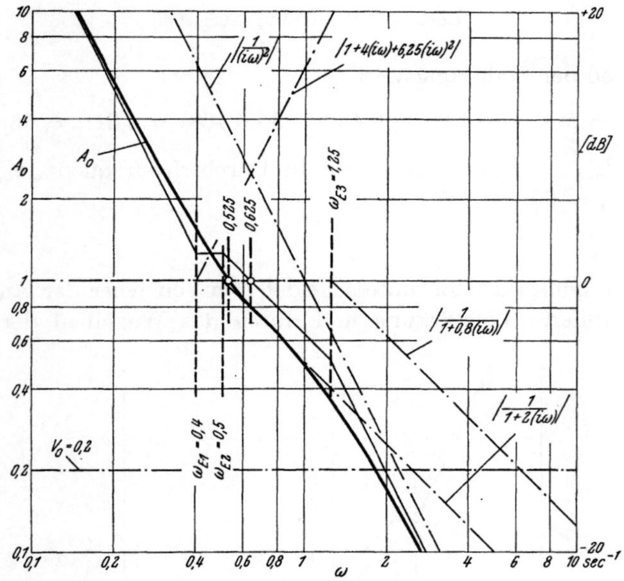

Abb. L. 19. Zur Lösung der Aufgabe 5.3

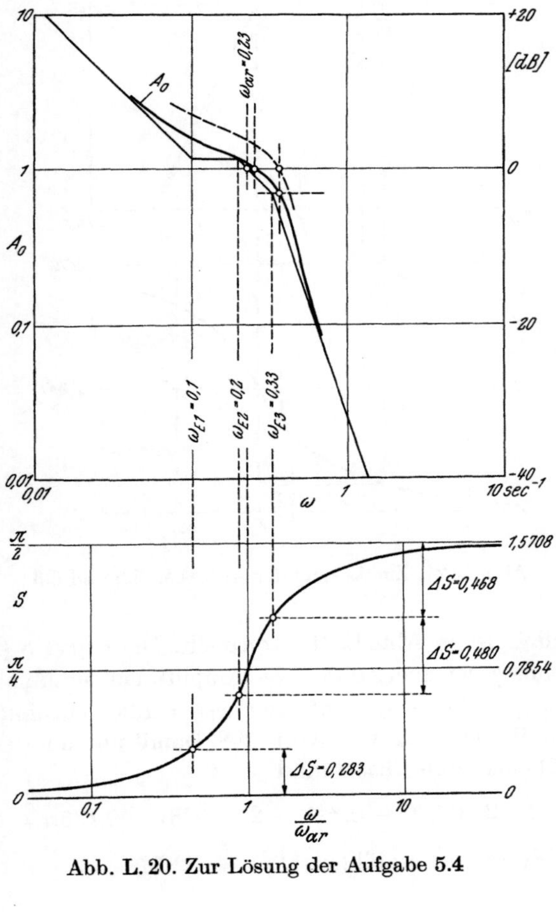

Abb. L. 20. Zur Lösung der Aufgabe 5.4

den Phasenrand den Näherungswert

$$\alpha_r = \pi + (-0{,}283 - 0{,}480 - 3 \cdot 0{,}468) = 0{,}31\pi = 55{,}8°.$$

Der Abb. L. 18 entnimmt man für die Durchtrittsfrequenz $\omega_{\alpha r} = 0{,}23$ den Phasenrand $\alpha_r = 60°$.

Aufgabe 5.5:

Die Übertragungsfunktion unterscheidet sich von jener der Aufgabe 5.3 nur durch die geänderte Verstärkung und durch das Wegfallen der Totzeit. Die

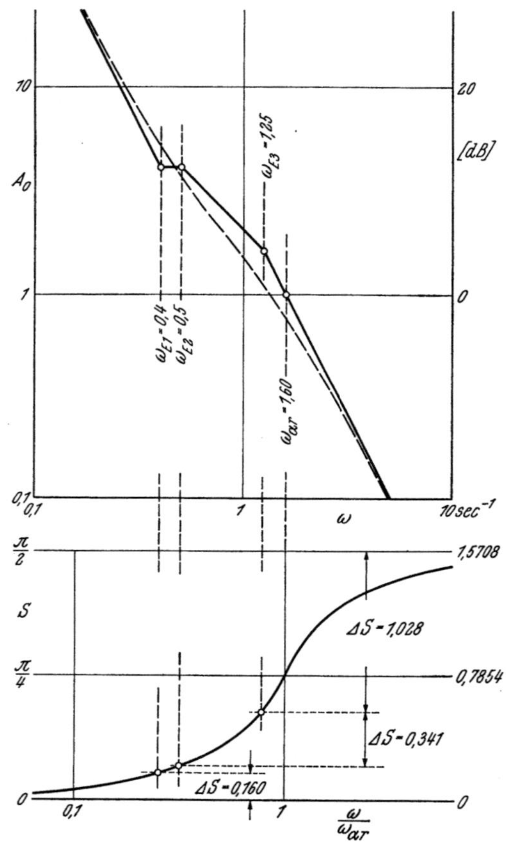

Abb. L. 21. Zur Lösung der Aufgaben 5.5 und 6.3

Amplitudenkennlinie ist in Abb. L. 21 dargestellt. Die Kurve S (Abb. 3.2c) wird, so wie in der Abb. gezeichnet, unter die Amplitudenkennlinie gelegt. Für die Eckfrequenzen $\omega_{E1} = 0{,}4$, $\omega_{E2} = 0{,}5$ und $\omega_{E3} = 1{,}25$ entnimmt man sodann dem Nomogramm die eingetragenen Werte ΔS. Damit und mit den Neigungen der Asymptoten erhält man den Phasenrand

$$\alpha_r = \pi + (-2 \cdot 0{,}160 - 0{,}341 - 2 \cdot 1{,}028) = 0{,}135\pi = 24{,}3°.$$

Das geschlossene System ist stabil (exakt: $\alpha_r = 32{,}5°$).

Aufgabe 5.6:

Man erhält den Phasenrand

$$\begin{aligned}\alpha_r = \pi + \frac{\pi}{2}\,[-2(1 - e^{-0,7\cdot 0,18/1,37} + e^{-0,7\cdot 4,0/1,37}) -\\ -1,77\,(e^{-0,7\cdot 0,18/1,37} - e^{-0,7\cdot 0,46/1,37}) -\\ -1,19\,(e^{-0,7\cdot 0,46/1,37} - e^{-0,7\cdot 1,3/1,37}) -\\ -1,72\,(e^{-0,7\cdot 1,3/1,37} - e^{-0,7\cdot 4,0/1,37})] = 0,180\pi = 32,4^\circ\end{aligned}$$

(exakt: $\alpha_r = 36,0^\circ$).

Aufgabe 5.7:

Man zeichnet am besten zuerst die Phasenkennlinien, womit man nach Abb. L. 22 die Eigenfrequenz $\omega_s = \omega_{\alpha r} = 1,1\,\mathrm{sec}^{-1}$ erhält. Die Amplitudenkennlinie

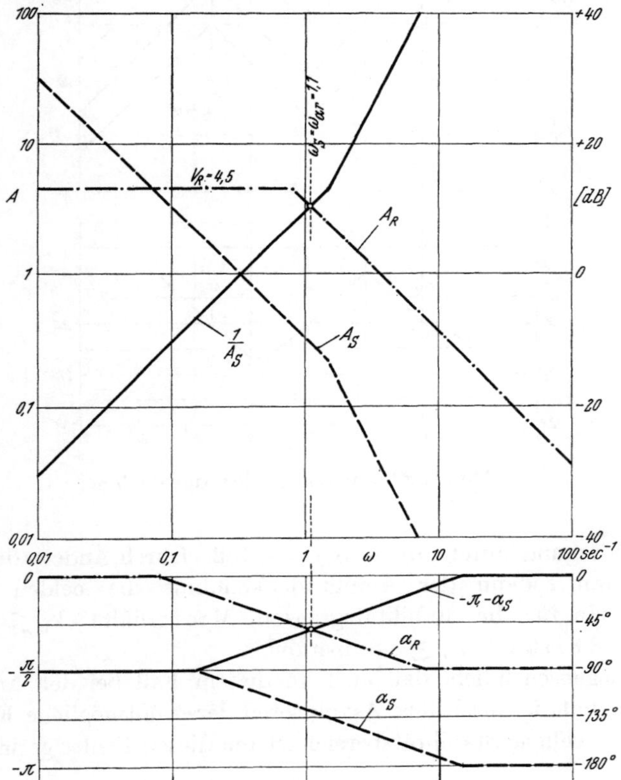

Abb. L. 22. Zur Lösung der Aufgabe 5.7

$1/A_S$ ergibt für diese Frequenz den Schnittpunkt mit der Amplitudenkennlinie A_R, die sodann gezeichnet werden kann. Damit erhält man die kritische Verstärkung $V_R = 4,5$. Die Verstärkung muß also $V_R < 4,5$ eingestellt werden.

Da die Frequenz ω_s in der Nähe beider Eckfrequenzen liegt und sich in diesem Fall die Fehler außerdem addieren, ist es augenscheinlich, daß der Näherungswert für V_R beträchtlich kleiner ist als der exakte Wert $V_R = 6{,}9$.

Aufgabe 5.8:

Man zeichnet zunächst mit $V_0 = 1$ die Frequenzkennlinien Abb. L. 23 und erhält die Schnittpunkte: 1/2 negativ bei $\omega = 0$, positiv bei ω_{s1} und ω_{s3}, negativ bei ω_{s2}. Aus der Übertragungsfunktion erkennt man: $P = 2$, $P_0 = 2$ womit die

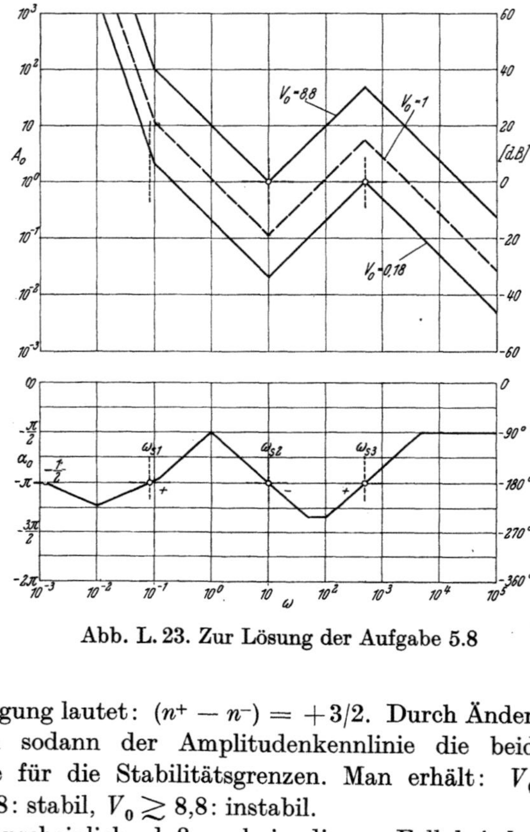

Abb. L. 23. Zur Lösung der Aufgabe 5.8

Stabilitätsbedingung lautet: $(n^+ - n^-) = +3/2$. Durch Ändern der Verstärkung entnimmt man sodann der Amplitudenkennlinie die beiden eingetragenen Näherungswerte für die Stabilitätsgrenzen. Man erhält: $V_0 \lesssim 0{,}18$: instabil, $0{,}18 \lesssim V_0 \lesssim 8{,}8$: stabil, $V_0 \gtrsim 8{,}8$: instabil.

Es ist ausgenscheinlich, daß auch in diesem Fall bei der Annäherung der Amplitudenkennlinie durch ihre Asymptoten der größtmögliche Fehler gemacht wird. Der tatsächliche Stabilitätsbereich ist um diesen Fehler geringer.

Aufgabe 5.9:

Man zeichnet zunächst mit $V_0 = 1$ die Frequenzkennlinien Abb. L. 24 und erhält die Schnittpunkte: negativ bei ω_{s1}, positiv bei ω_{s2}. Aus der Übertragungsfunktion erkennt man: $P = 2$, $P_0 = 0$ womit die Stabilitätsbedingung lautet: $(n^+ - n^-) = +1$. Durch Ändern der Verstärkung entnimmt man sodann der Amplitudenkennlinie die beiden eingetragenen Näherungswerte für die Stabilitätsgrenzen. Man erhält: $V_0 \lesssim 0{,}76$: instabil, $0{,}76 \lesssim V_0 \lesssim 1{,}66$: stabil, $V_0 \gtrsim 1{,}66$: instabil.

Man erkennt aus der Amplitudenkennlinie, daß die Näherungswerte für den verhältnismäßig engen Stabilitätsbereich wesentlich genauer sind als bei der Aufgabe 5.8.

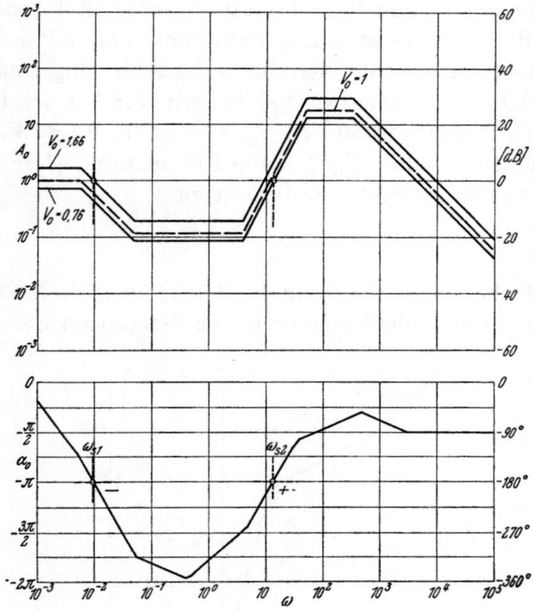

Abb. L. 24. Zur Lösung der Aufgabe 5.9

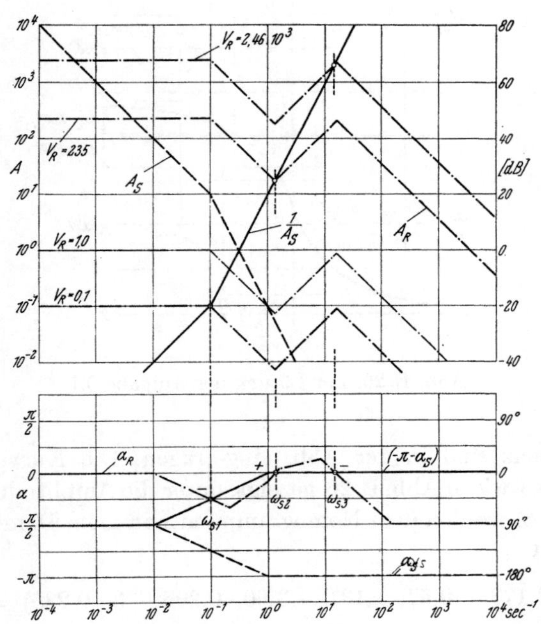

Abb. L. 25. Zur Lösung der Aufgabe 5.10

Aufgabe 5.10:

Man zeichnet zunächst mit $V_R = 1$ die Frequenzkennlinie Abb. L. 25 wobei die Phasenkennlinien folgende Schnittpunkte ergeben: negativ bei ω_{s1} und ω_{s3}, positiv bei ω_{s2}. Mit $P = 0$ und $P_0 = 1$ lautet die Stabilitätsbedingung: $(n^+ - n^-) = 0$. Durch Ändern der Verstärkung entnimmt man unter Beachtung dieser Bedingung den Amplitudenkennlinien die in der Abb. eingetragenen Näherungswerte für die Stabilitätsbereiche (wie bei Aufgabe 5.8 hat der Fehler hier wieder seinen größten Wert). Man erhält: $V_R \lesssim 0{,}1$: stabil, $0{,}1 \lesssim V_R \lesssim 235$: instabil, $235 \lesssim V_R \lesssim 2{,}46 \cdot 10^3$: stabil, $V_R \gtrsim 2{,}46 \cdot 10^3$: instabil. (Der obere Stabilitätsbereich ist allerdings ohne praktische Bedeutung.)

Aufgabe 6.1:

Die Amplitudenkennlinie der Aufgabe 2.5 ist in Abb. L. 26 durch Geradenstücke angenähert. Die Knickfrequenzen, die Neigungen der Geraden und die

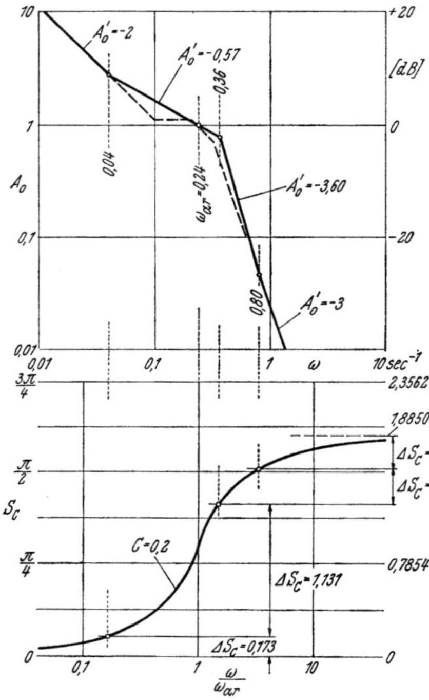

Abb. L. 26. Zur Lösung der Aufgabe 6.1

Durchtrittsfrequenz sind in der Abb. eingetragen. Die Kurve S_c für $c = 0{,}2$ (Abb. 6.6) wird, so wie in Abb. L. 26 gezeigt, unter die Amplitudenkennlinie gelegt und die Werte ΔS_c werden dem Nomogramm entnommen. Damit erhält man den Güte-Phasenrand

$$\varphi_r = \pi + (-2 \cdot 0{,}173 - 0{,}57 \cdot 1{,}131 - 3{,}60 \cdot 0{,}296 - 3 \cdot 0{,}285) = 0{,}073\pi = 13{,}1°.$$

Das Gütekriterium ist erfüllt.

Aufgabe 6.2:

Durch Umformen erhält man die Übertragungsfunktion

$$W_0(s) = 3{,}33\,\frac{1}{s}\,\frac{1}{1+3s}\,(1+5s)\,\frac{1}{1+0{,}5s}.$$

Die durch Geradenstücke angenäherte Amplitudenkennlinie ist in Abb. L. 27 eingezeichnet. Die Knickfrequenzen, die Neigungen der Geraden und die Durch-

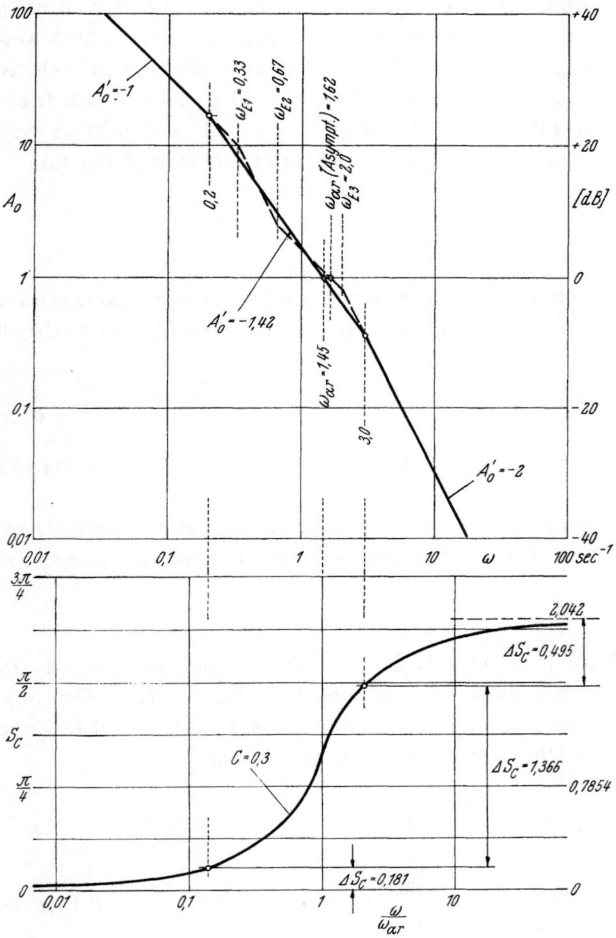

Abb. L. 27. Zur Lösung der Aufgaben 6.2. und 6.4

trittsfrequenz sind im Bild eingetragen. Der nach Abb. L. 27 verwendeten Kurve S_c entnimmt man für $c = 0{,}3$ die im Bild eingetragenen Werte ΔS_c. Damit erhält man den Güte-Phasenrand

$$\varphi_r = \pi + (-0{,}181 - 1{,}42 \cdot 1{,}366 - 2 \cdot 0{,}495) = +0{,}01\,\pi = +1{,}8°.$$

Das Gütekriterium ist eben noch erfüllt.

Aufgabe 6.3:

Man erhält mit $c = 0{,}186$ und $a = 0{,}660$ (aus Abb. 6.7) den Güte-Phasenrand

$$\varphi_r = \pi + \frac{1{,}186\pi}{2}\,[-2(1 - e^{-0{,}66\cdot 0{,}4/1{,}6}) - (e^{-0{,}66\cdot 0{,}5/1{,}6} - e^{-0{,}66\cdot 1{,}25/1{,}6}) -$$
$$- 2\cdot e^{-0{,}66\cdot 1{,}25/1{,}6}] = -0{,}018\pi = -3{,}2°.$$

Das Gütekriterium ist also nicht mehr erfüllt. Zur Erzielung der verlangten Stabilitätsgüte müßte die Verstärkung geringfügig verkleinert werden.

Zur näherungsweisen Bestimmung der tatsächlichen relativen Dämpfung wiederholt man die Rechnung und erhält auf gleiche Weise für $c = 0{,}175$ den Wert $\varphi_r = -0{,}009\pi = -1{,}6°$ und für $c = 0{,}150$ den Wert $\varphi_r = +0{,}014\pi = +2{,}5°$. Durch Interpolieren bestimmt man die Dämpfung mit $c = 0{,}163$ bzw. $\vartheta = 0{,}26$.

Aufgabe 6.4:

Mit den in Abb. L. 27 eingetragenen Eckfrequenzen, Asymptotenneigungen und der Durchtrittsfrequenz erhält man mit $a = 0{,}652$ (aus Abb. 6.7) den Güte-Phasenrand

$$\varphi_r = \pi + \frac{1{,}3\cdot\pi}{2}\,[-(1 - e^{-0{,}652\cdot 0{,}33/1{,}62}) - 2(e^{-0{,}652\cdot 0{,}33/1{,}62} - e^{-0{,}652\cdot 0{,}67/1{,}62}) -$$
$$- (e^{-0{,}652\cdot 0{,}67/1{,}62} - e^{-0{,}652\cdot 2/1{,}62}) - 2\cdot e^{-0{,}652\cdot 2/1{,}62}] = -0{,}012\pi = -2{,}2°.$$

Das Gütekriterium ist hier nicht mehr erfüllt. Ein Vergleich mit Aufgabe 6.2 zeigt aber, daß die beiden Näherungsrechnungen gut übereinstimmen.

Aufgabe 6.5:

Man zeichnet laut Abb. L. 28 die Amplitudenkennlinien A_S bzw. $1/A_S$ sowie die Amplitudenkennlinie A_R zunächst versuchsweise für eine Verstärkung $V_R = 4{,}0$, womit sich $\omega_{\alpha r} = 2{,}0\,\text{sec}^{-1}$ ergibt. Mit $c = 0{,}186$ und $a = 0{,}66$ errechnet man die Phasenwerte der Gütekennlinien

$$\varphi_R = \frac{1{,}186\pi}{2}\,(-1\cdot e^{-0{,}66\cdot 4/2}) = -0{,}158\pi = -28{,}5°,$$

$$(-\pi - \varphi_S) = -\pi - \frac{1{,}186\pi}{2}\,(-1 - e^{-0{,}66\cdot 2/2}) = -0{,}10\pi = -18{,}0°.$$

Das Kriterium ist nicht erfüllt; für $V_R = 4{,}0$ ist die relative Stabilitätsgüte schlechter als gefordert. Die Rechnung wird nun mit $V_R = 3{,}0$ wiederholt, wobei man mit $\omega_{\alpha r} = 1{,}5\,\text{sec}^{-1}$ erhält:

$$\varphi_R = \frac{1{,}186\pi}{2}\,(-1\cdot e^{-0{,}66\cdot 4/1{,}5}) = -0{,}102\pi = -18{,}4°,$$

$$(-\pi - \varphi_S) = -\pi - \frac{1{,}186\pi}{2}\,(-1 - e^{-0{,}66\cdot 2/1{,}5}) = -0{,}161\pi = -29{,}0°.$$

Das Kriterium ist jetzt erfüllt. Durch Interpolation erhält man für die einzustellende Verstärkung $V_R = 3{,}5$.

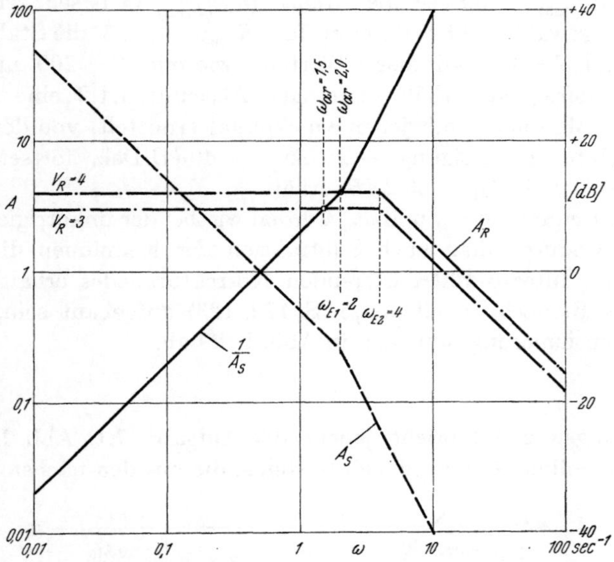

Abb. L. 28. Zur Lösung der Aufgabe 6.5

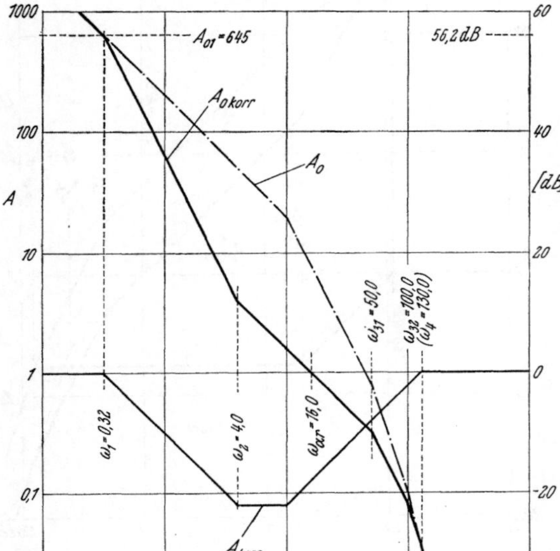

Abb. L. 29. Zur Lösung der Aufgabe 7.1

Aufgabe 7.1:

Abb. L. 29 zeigt die Amplitudenkennlinie A_0 des offenen unkorrigierten Systems. Aus $\ddot{x}(t)_{\max} = 200\,\mathrm{sec}^{-2}$ und $w_0 = 0{,}55$ erhält man nach Gln. (7.6) und

(7.7) für die optimale Durchtrittsfrequenz $(\omega_{\alpha r})_{\mathrm{opt}} = 19\,\mathrm{sec}^{-1}$. Mit $x_{m\,\max} = 0{,}3$ liest man in Abb. 7.5a die Werte $Re_{\max} = 1{,}25$ und $k = 3{,}5$ ab, womit man aus Gl. (7.9) für $T_{r\max} = 0{,}8\,\mathrm{sec}$ die Grenze $(\omega_{\alpha r})_{T_{r\max}} = 14\,\mathrm{sec}$ erhält. Es wird $\omega_{\alpha r} = 16\,\mathrm{sec}^{-1}$ gewählt. Abb. 7.6 liefert für $Re_{\max} = 1{,}25$ die Stabilitätsreserven $\bar{A} = 14\,dB$ und $\bar{\alpha} = 45°$. Mit diesen Werten sowie mit $V = 200$ und der gewählten Durchtrittsfrequenz erhält man nach Abschnitt 7.1.2 eine Knickfrequenz $\omega_2 = 4{,}0\,\mathrm{sec}^{-1}$. Man hat damit jenen Knickpunkt ermittelt, von dem aus man mit einer Asymptote der Neigung -2 bzw. $-40\,dB$/Dek. fortsetzt und damit $\omega_1 = 0{,}32\,\mathrm{sec}^{-1}$ und $A_{01} = 56{,}2\,dB$ erhält.

Die Knickfrequenzen ω_{31} und ω_{32} werden wie bei der unkorrigierten Kennlinie beibehalten, wodurch man nach Subtraktion der Kennlinien die Amplitudenkennlinie eines Integro-differenzierenden Korrekturgliedes erhält. Dieses Netzwerk kann z. B. nach Tabelle 7.1/5 (S. 122, 123) aufgebaut sein, die Daten zu seiner Dimmensionierung liest man in Abb. L. 29 ab.

Aufgabe 7.2:

Der Lösungsweg entspricht jenem der Aufgabe 7.1. Abb. L. 30 zeigt die Amplitudenkennlinie A_0 des offenen Systems, die aus den nachstehenden Ergeb-

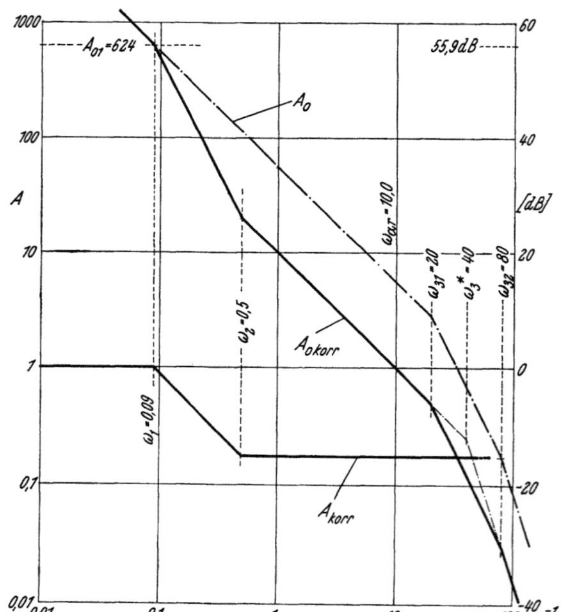

Abb. L. 30. Zur Lösung der Aufgabe 7.2

nissen folgende korrigierte Kennlinie des offenen Systems und schließlich die Kennlinie des sich ergebenden phasenabsenkenden (integrierenden) Korrekturnetzwerkes.

Man erhält $(\omega_{\alpha r})_{T_{r\max}} = 8\,\mathrm{sec}^{-1}$ und $(\omega_{\alpha r})_{\mathrm{opt}} = 12\,\mathrm{sec}^{-1}$ ($k = 2{,}5$, $Re_{\max} = 1{,}075$) und wählt $\omega_{\alpha r} = 10\,\mathrm{sec}^{-1}$. Die Stabilitätsreserven betragen $\bar{A} = 23\,dB$,

$\bar{\alpha} = 60°$, womit die Knickfrequenz $\omega_2 = 0{,}5\,\text{sec}^{-1}$ folgt. Nun können die korrigierte Kennlinie sowie die Kennlinie des korrigierenden Netzwerkes gezeichnet werden, denen man $A_{01} = 55{,}9\,dB$, $\omega_1/\omega_{\alpha r} = 0{,}009$, $\omega_3^*/\omega_{\alpha r} = 4{,}0$ entnimmt. Damit erhält man aus dem Nomogramm Abb. 7.20 die folgenden Kennwerte:

$$A_{w\,\max} = 1{,}13\,, \quad x_{\max}/x_k = 1{,}1\,, \quad \omega_t = 1{,}16\,\text{sec}^{-1},$$

$$\omega_{\max} = 0{,}4\,\text{sec}^{-1}, \quad T_{\max} = 0{,}3\,\text{sec}\,, \quad T_r = 0{,}8\,\text{sec}\,.$$

Als Korrekturnetzwerk kann z. B. das in Tabelle 7.1/3, Zeile 4 (S. 120, 121) angeführte Netzwerk verwendet werden. Seine Übertragungsfunktion lautet

$$W_{\text{korr}}(s) = \frac{1 + 2s}{1 + 11{,}1\,s}.$$

Aufgabe 7.3:

Mit der Übertragungsfunktion

$$W_s \cdot W_{\text{korr}} = \frac{V_1 V_{\text{korr}} T_{\text{korr}} s}{(1 + 0{,}005\,s)\,(1 + T_{\text{korr}} s)}$$

erhält man zunächst den qualitativen Verlauf der Amplitudenkennlinie der Korrekturfunktion nach Abb. L. 31a. Es sind die beiden Asymptotenneigungen sowie die Eckfrequenz $20\,\text{sec}^{-1}$ festliegend.

Als nächsten Schritt betrachten wir die Kennlinie des unkorrigierten offenen Systems der Aufgabe 7.2 in Abb. L. 30. Die Neigung der Asymptote A_0 zwischen $\omega = 20\,\text{sec}^{-1}$ und $\omega = 80\,\text{sec}^{-1}$ soll durch die Korrektur auf -1 bzw. $-20\,dB$/Dek. vermindert werden. Zu diesem Zweck wird die Korrekturfunktion so gewählt, daß deren Asymptote der Steigung $+20\,dB$/Dek. die Frequenzachse bei der Frequenz $80\,\text{sec}^{-1}$ trifft. Diese Überlegung liefert den Verlauf von $|K|$ für $\omega \geqq 20\,\text{sec}^{-1}$ (Abb. L. 31b).

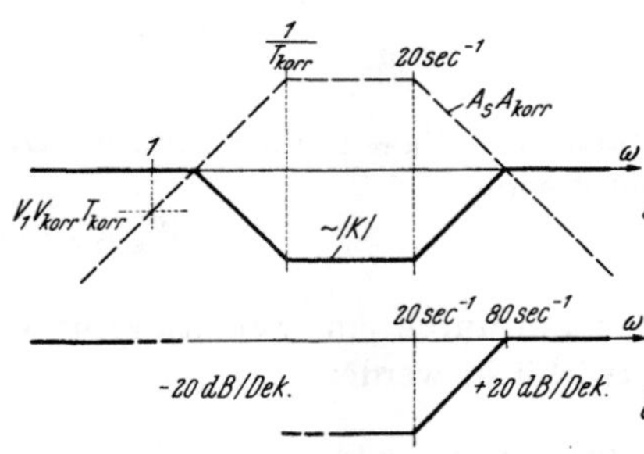

Abb. L. 31. Zur Lösung der Aufgabe 7.3. *a* grundsätzlicher Verlauf der Amplitudenkennlinie der Korrekturfunktion; *b* Amplitudenkennlinie der Korrekturfunktion nach Festlegung der Knickfrequenz $\omega = 80\,\text{sec}^{-1}$

Man wählt jetzt eine anzustrebende Kennlinie $A_{0\,\text{korr}}$ des korrigierten offenen Kreises so, daß $\omega_3/\omega_{\alpha r} = 4$ wird. Damit ergibt sich $\omega_{\alpha r} = 20\,\text{sec}^{-1}$, durch welche Frequenz man eine Asymptote der Steigung $-20\,dB$/Dek. legt, die von $\omega_3 = 80\,\text{sec}^{-1}$ bis zu der noch zu bestimmenden Knickfrequenz ω_2 läuft. Nun sind der mittelfrequente und hochfrequente Teil sowohl der korrigierten als auch der unkorrigierten Kennlinie festgelegt, weil sich letztere als Differenz der schon gezeichneten Kennlinien ergibt. Damit ist der Abb. L. 32 auch schon die Verstärkung $V_0 = 80$ zu entnehmen.

Man nimmt jetzt eine zulässige Überschwingweite $x_{m\,\max} = 0{,}2$ an und erhält damit (mit $Re_{\max} = 1{,}1$) eine Stabilitätsreserve $\bar{A} = 21\,dB$, $\bar{\alpha} = 57°$ und weiter eine Knickfrequenz $\omega_2 = 1{,}14\,\text{sec}^{-1}$. Damit liegt die korrigierte Kennlinie vollständig fest mit $\omega_1 = 0{,}285\,\text{sec}^{-1}$ und $A_{01} = 49\,dB$. Zur Kontrolle kann man mit dem ungünstigeren Wert $A_{01} = 60\,dB$ der Abb. 7.20. eine Überschwingweite $x_{\max}/x_k \approx 1{,}25$ (bei $\omega_1/\omega_{\alpha r} = 0{,}0143$) entnehmen.

Mit $1/T_{\text{korr}} = \omega_2 = 1{,}14\,\text{sec}^{-1}$ erhält man $T_{\text{korr}} = 0{,}88$; Aus $V_0 = 20 \cdot V_1 = 80$ folgt $V_1 = 4$; in Abb. 7.33 liest man $V_1 \cdot V_{\text{korr}} \cdot T_{\text{korr}} = 3{,}51$ ab, womit sich

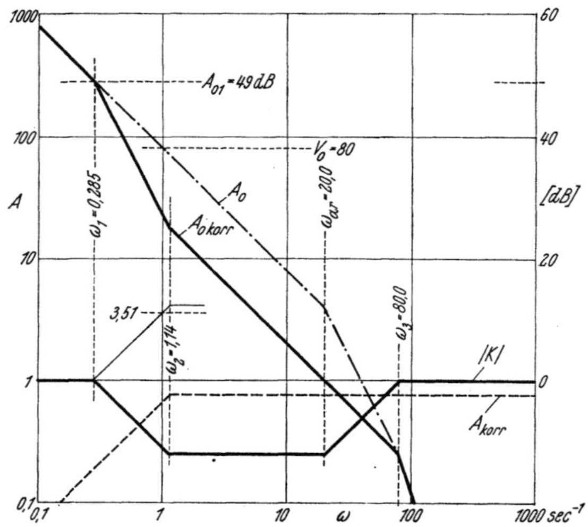

Abb. L. 32. Zur Lösung der Aufgabe 7.3

schließlich $V_{\text{korr}} = 0{,}77$ ergibt. Die Übertragungsfunktion der Rückführung lautet somit

$$W_{\text{korr}}(s) = 0{,}77 \frac{0{,}88s}{1 + 0{,}88s},$$

sie kann durch eine Schaltung nach Tabelle 7.1/1 (Zeile 2 bis 5) (S. 116, 117), verwirklicht werden.

Aufgabe 8.1:

Man zeichnet zunächst die Frequenzkennlinie des linearen Teiles nach Abb. L. 33. Aus den Kennwerten des nichtlinearen Teiles erhält man $e_2/e_1 = 4$ und $V = a/(e_2 - e_1) = 1$, womit auch die negativ inverse Beschreibungsfunktion in Abb. L. 33 gezeichnet werden kann. Die Stabilitätsanalyse ergibt eine Eigenfrequenz $\omega_s = 0{,}59\,\text{sec}^{-1}$ und zeigt, daß bei Anregung mit Amplituden $\overline{X}_{ws1} < 1{,}08$ die Schwingungen abklingen. Bei Anregung mit Amplituden $\overline{X}_{ws2} > 1{,}08$ wird sich eine stabile Eigenschwingung mit der Amplitude $\overline{X}_{ws2} = 4{,}15$ einstellen.

Bei Vergrößerung der Verstärkung des linearen Teiles nimmt die Amplitude der stabilen Eingeschwingung zu, die Amplitude der labilen Grenze hingegen nimmt ab. Man erkennt, daß für Verstärkungen kleiner als $25 \cdot 1{,}47/2{,}3 = 16$ eine stabile Eigenschwingung nicht mehr möglich ist.

Aufgabe 8.2:

Man zeichnet nach Abb. L. 34 die Frequenzkennlinien und die negativ inverse Beschreibungsfunktion. Letztere wird zur Berücksichtigung der Stellgröße $a = 2$ entsprechend parallelverschoben. Die Stabilitätsanalyse zeigt, daß sich in jedem

Fall eine stabile Eigenschwingung mit der Frequenz $\omega_s = 0{,}5\,\text{sec}^{-1}$ und der Amplitude $\overline{X}_{ws} = 3{,}75$ einstellt. Bei Vergrößerung der Verstärkung des linearen Teiles nimmt die Schwingungsamplitude nach dem Diagramm zu.

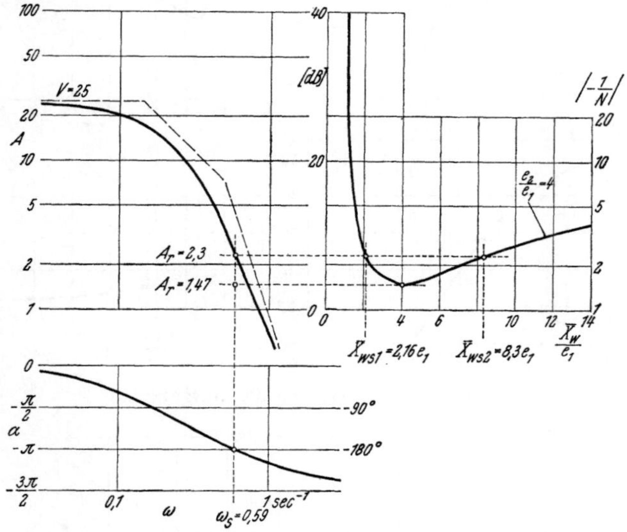

Abb. L. 33. Zur Lösung der Aufgabe 8.1

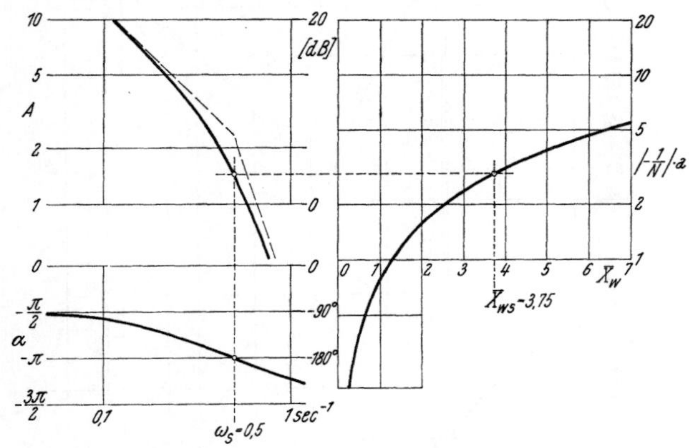

Abb. L. 34. Zur Lösung der Aufgabe 8.2

Aufgabe 8.3:

Man zeichnet zunächst nach Abb. L. 35 die Frequenzkennlinien des linearen Teiles. Aus den Kennwerten des Relais erhält man $e_1/\varepsilon = 2$ und $a/\varepsilon = 3$ womit auch die negativ inverse Beschreibungsfunktion gezeichnet werden kann. Letztere wird zur Berücksichtigung des Parameters $a/\varepsilon = 3$ entsprechend parallelverschoben. Die Stabilitätsanalyse ergibt eine stabile Eigenschwingung mit der Frequenz $\omega_s = 1{,}15\,\text{sec}^{-1}$ und der Amplitude $\overline{X}_{ws} = 5{,}6$; die Phasenverschiebung beträgt $-168°$.

Bei Vergrößerung der Verstärkung des linearen Teiles nehmen Eigenfrequenz, Amplitude und Phasennacheilung zu. Das Verfahren macht auch die Aussage,

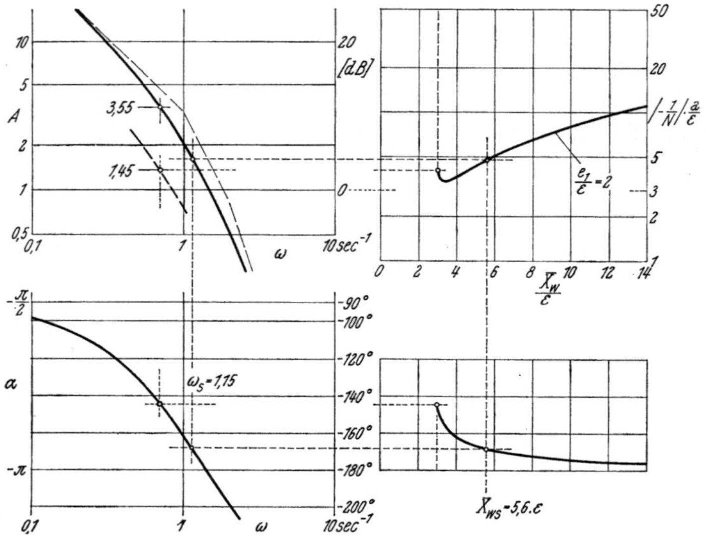

Abb. L. 35. Zur Lösung der Aufgabe 8.3

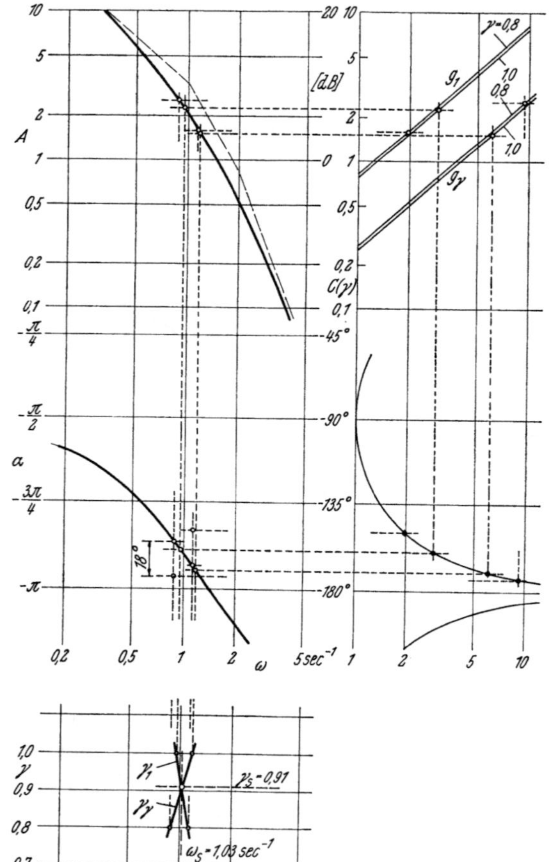

Abb. L. 36. Zur Lösung der Aufgabe 9.1

daß für Verstärkungen kleiner als 3,30 · 1,45/3,55 = 1,36 eine stabile Eigenschwingung nicht mehr möglich ist.

Aufgabe 9.1:

Die graphische Stabilitätsanalyse ist in Abb. L. 36 durchgeführt. Die Methode ergibt eine stabile Eigenschwingung mit der Frequenz $\omega_s = 1{,}03\,\mathrm{sec}^{-1}$ und der Schaltbreite $\gamma_s = 0{,}91$. Die Aufgabe 8.3 hat für dasselbe Beispiel nach der Methode der Beschreibungsfunktion die Näherungswerte $\omega_s = 1{,}15\,\mathrm{sec}^{-1}$ und $\overline{X}_{ws} = 5{,}6$ ergeben. (Mit der Methode der Relais-Charakteristiken könnte man noch die Amplitude nach dem auf S. 152 angedeuteten Verfahren bestimmen; die Beschreibungsfunktion kann natürlich keinen Wert für die Schaltbreite liefern.)

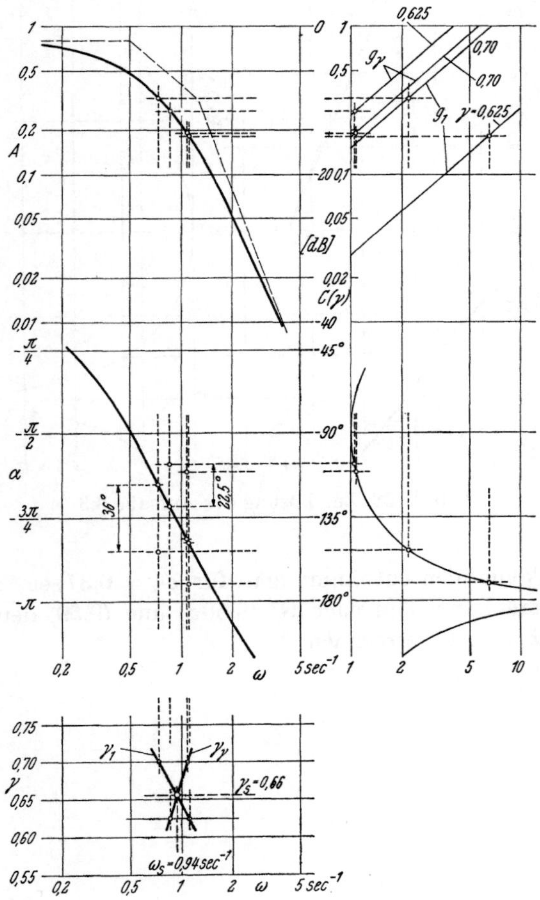

Abb. L. 37. Zur Lösung der Aufgabe 9.2

Aufgabe 9.2:

Die Stabilitätsanalyse ist in Abb. L. 37 durchgeführt, dem auch das Ergebnis zu entnehmen ist. Der Mittelwert der Schwingung errechnet sich mit $\omega_s = 0{,}66\,\mathrm{sec}^{-1}$ aus Gl. (9.54) zu $x_0 = 0{,}554$.

Aufgabe 9.3:

Man berechnet zunächst die Schaltbreite $\gamma_s = 0{,}5 - y_m/2a = 0{,}425$. Damit führt man die Stabilitätsanalyse nach Abb. L. 38 durch und erhält die Eigenfrequenz $\omega_s = 0{,}37\,\text{sec}^{-1}$.

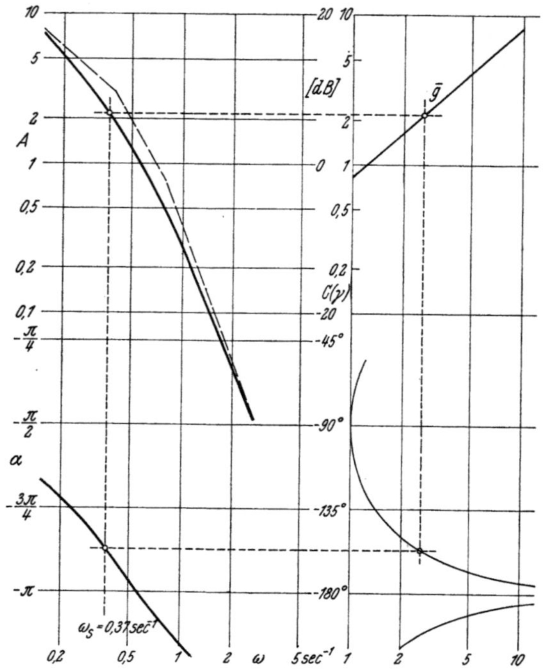

Abb. L. 38. Zur Lösung der Aufgabe 9.3

Den Frequenzkennlinien entnimmt man für $\omega_s = 0{,}37\,\text{sec}^{-1}$: $A_s = 2{,}15$ und $\alpha_s = -157°$. Damit kann man nach Gl. (9.50a) und (9.59) den Mittelwert der Schwingung mit $x_0 = 2{,}47$ errechnen.

Literaturverzeichnis

[1] ACKERMANN, J.: Über die Prüfung der Stabilität von Abtastregelungen mittels der Beschreibungsfunktion. Regelungstechnik, 9. Jg. (1961), S. 467—471.

[2] —: Beschreibungsfunktionen für die Analyse und Synthese von nichtlinearen Abtastregelkreisen. Regelungstechnik, 14. Jg. (1966), S. 497—504.

[3] AHRENDT, W. R.: Servomechanism Practice. New York: McGraw Hill, 1954.

[4] AIKMANN, A. R.: Die praktische Untersuchung von Regelungen mit Hilfe der Frequenzgangmethode. Regelungstechnik, 1. Jg. (1953), S. 4—8.

[5] —: A Portable Instrument for Process Control Analysis. Instrument Practice, 5. Jg. (1951), S. 393—398.

[6] —: The Frequency Response Approach to Automatic Control Problems. Trans. Soc. Instr. Technology, 3. Jg. (1951), S. 2.

[7] AMEMIYA: New Method of Compensating Network Design for Feedback Systems. Inst. of Radio Engin. on Automat. Control, Bd. AC 6 (1961), S. 360.

[8] ANDERSON, N. A.: Frequency Response Analysis. Instr. Contr. Syst., 37. Jg. (1964), S. 109.

[9] ADORNO: Optimum Control of Certain Linear Systems with Quadratic Loss. Inf. and Control, 5. Jg. (1962), S. 1.

[10] AOKI, M.: Minimizing Integrals of Absolute Deviations in Linear Control Systems. Trans. AIEE Part II Appl. and Industry, (1962), S. 125.

[11] ASELTINE, J. A.: Control Systems Synthesis Techniques. In: LEONDES (Ed.): Computer Control Systems Technology. New York: McGraw Hill, 1961.

[12] AXELBY, G. S.: Practical Methods of Determining Feedback Control Loop Performance. Automatic and Remote Control (Proc. 1. IFAC Congress), Bd. 1, S. 68—75. London: Butterworths, 1961.

[13] BALCHEN, I. G.: Ein einfaches Gerät zur experimentellen Bestimmung des Frequenzganges von Regelungsanordnungen. Regelungstechnik, 10. Jg. (1962), S. 200—205.

[14] BARD, M.: Schaltung zur automatischen Aufzeichnung von Frequenzgängen mit Analogrechner und Koordinatenschreiber. Elektron. Rechenanl., 7. Jg. (1965), S. 29—33.

[15] —: Schaltung zur automatischen Aufnahme von Frequenzgängen am Analogrechner. Regelungstechnik, 13. Jg. (1965), S. 431—437.

[16] BARTELS, E.: Beitrag zur praktischen Systemanalyse mit Korrelationsverfahren. Dissertation TH Hannover, 1966.

[17] BARTH, K.: Ein graphisches Verfahren zur Ermittlung der Beschreibungsfunktion eines Abtasters mit Halteglied und Nichtlinearität. Regelungstechnik, 14. Jg. (1966), S. 505 bis 513.

[18] BESEKERSKI, V. A., und S. M. FEDOROV: Equivalent Transfer Function Use in Calculation of Combined Control Servo Systems by the Logarithmic Frequency Characteristics Method. Automatic and Remote Control (Proc. 1. IFAC Congress), Bd. 1, S. 62—67, London: Butterworths, 1961.

[19] BERGEN, S. A.: Pneumatischer Kraftvergleich in der Instrumentation. Regelungstechnik, 2. Jg. (1954), S. 3—10.

[20] BERTHOLD, H.: Stufenlos verstellbare mechanische Getriebe. Berlin: VEB Verlag Technik, 1954.

[21] BERTRAND, P.: Analyseur de fonction de transfert pour régulations pneumatiques. Mesure et Control Industriel, 29. Jg. (1964), S. 67.

[22] BERTRAND, E.: Le transféromètre L. C. A. Automatisme, 2. Jg. (1957), S. 62—66, S. 142—147.

[23] BEREZIN, S. J.: Berechnung von Regelungssystemen mittels Amplituden-Phasen-Charakteristiken (russ.). Leningrad: Sudpromgiz, 1962.

[24] BENSON, F. A., und A. O. CARTER: A New Method of Measuring Phase Angle. Journal of Scientific Instruments, 26. Jg. (1949), S. 285.

[25] BELLARDINELLI, E.: Sulla determinazione sperimentale della funzione di transfer di una sistema lineare. L'Elettrotecnica, 38. Jg. (1961), S. 893.

[26] BIERSON, G. A.: A General Technique for Approximation Transient Response from Frequency Response Asymptotes. Trans. AIEE, 75. Jg. (1956), S. 253—273.

[27] —: Estimating Transient Responses from Open-loop Frequency Response. Trans. AIEE, 75. Jg. (1956), S. 403—406.

[28] BILKENROTH, R., und H. STROBEL: Frequenzgangmessung an einem Braunkohlen-Röhrentrockner. msr, 7. Jg. (1964), S. 150—152.

[29] BIGLIANO, R. P.: Here's a Way to Measure Pneumatic Component Dynamics. Contr. Eng., 3. Jg. (1956), S. 72—77.

[30] BLEISTEINER, G., und W. v. MANGOLDT (Herausgeber): Handbuch der Regelungstechnik. Berlin—Göttingen—Heidelberg: Springer, 1961.

[31] BODE, H. W.: Relations between Attenuation and Phase in Feedback Amplifier Design. Bell System Technical Journal, 19. Jg. (1940), S. 421.

[32] —: Network Analysis and Feedback Amplifier Design. New York: D. Van Nostrand Company, Inc. 1945.

[33] BÖHME, K. R.: Potentiometer mit Rollkurvengetriebe zur Erzeugung sinusförmiger Spannungen. Zeitschrift VDI, 91. Jg. (1949), S. 634—644.

[34] BOHN, E.: Stability Margins and Steady-State Oscillations of ON-OFF Feedback Systems. Trans. of Inst. of Radio Eng., Vol. CT 8, 1961, S. 127—130.

[35] BONNEN, Z.: Frequency Response of Feedback Relay Amplifiers. Proc. IEE, 108 (1961), Pt. C., S. 287—295.

[36] BONNET, P., und R. LANDRIN: Modifications apportées au „transféromètre" et resultats d'étude. Mesures et Control Industriel, 19. Jg. (1954), S. 241—246.

[37] —: Le „transféromètre", appareil de mesure du gain et de la phase des éléments de servomechanisme. Mesures et Control Industriel, 17. Jg. (1952), S. 691—699.

[38] BOPP, K.: Die Ermittlung der dynamischen Kennwerte eines Regelkreises aus Übergangsfunktion und Frequenzgang. Regelungstechnik, 5. Jg. (1957), S. 298—302.

[39] BOYD, D. M.: Warum elektronische Regelung für industrielle Prozesse. Regelungstechnik, 3. Jg. (1955), S. 239—243.

[40] BROWN, G. S., und D. P. CAMPBELL: Principles of Servomechanisms. New York: John Wiley & Sons, 1948.

[41] BROWN, R. G., und G. J. MURPHY: An Approximate Transfer Funktion for the Analysis and Design of Pulsed Servos. Trans. AIEE, 71. Jg. (1952), Pt. II, S. 435—440.

[42] BRUNNER, R. H.: A Low Frequency Function Generator. Electronics, 25. Jg. (1952), S. 114—117.

[43] BUKOVICS, E.: Mathematische Grundlagen der Regelungstechnik. Wien: WSW Technische Schriftenreihe, 1961.

[44] BULAND, R. N., und N. FURUMOTO: Dual Mode Relay Servos. Trans. AIEE, 78. Jg. (1959), Part II, S. 405.

[45] BURIAN, H.: Mechanischer Sinusgeber für Frequenzganguntersuchungen. Diplomarbeit, TH Wien, 1966.

[46] BURNS, D. O., und C. W. COOPER: A Harmonic-Response-Testing Equipment for Linear Systems. Journal of the IEE, Paper 1386, London, 1952.

[47] BOLLINGER und IAMB: The Design of a Combined Feedforward-feedback Control-System. Preprints of the 1963 Joint Automatic Control Conference, Amer. Inst. of Chem. Engrs. (1963), S. 514.

[48] MCCAMEY und THALER: Design of Some Active Compensators of Feedback Controls. Preprints of the Joint Automatic Control Conference, Amer. Inst. of El. Engng., New York (1962).

[49] Caldwell, W. I., G. A. Coon und L. M. Zoss: Frequency Response for Process Control. New York: McGraw Hill, 1959.

[50] Cauville, R.: Un trieur automatique de varistances. Automatisme, 8. Jg. (1963), S. 49—52.

[51] Chang, C. M., T. P. Goodman und J. B. Reswick: Use of Correlation Functions to Determine System Characteristics without Applying Artifical Disturbances. Regelungstechnik, Moderne Theorien und ihre Verwendbarkeit. München: R. Oldenbourg, 1957.

[52] Chen, K., R. A. Mathias und D. M. Sauter: Design of Noninteracting Control Systems Using Bode-Diagrams. Trans. AIEE, 80. Jg. (1961), Teil 2, S. 336—346.

[53] Chen, C. F., und B. L. Philip: Graphical Determination of Transfer Function Coefficients of a System from its Frequency Response. IEEE Transactions on Application and Industry, 65. Jg. (1963), S. 42—45.

[54] — und D. W. Shen: A New Chart Relating Open-loop and Closed-loop Frequency Responses of Linear Control Systems. Trans. AIEE, 78. Jg. (1959), S. 252—255.

[55] Chestnut, H.: Obtaining Attenuation — Frequency Characteristics for Servomechanisms. Gen. El. Rev., 50. Jg. (Dez. 1947).

[56] — und R. W. Meyer: Servomechanisms and Regulating Systems Design. New York: John Wiley & Sons, 1951.

[57] Chien, K. L., J. A. Hrones und J. B. Reswick: On the Automatic Control of Generalized Passive System. Trans. ASME, 74. Jg. (1952), S. 175—185.

[58] St. Clair, D. W., L. W. Erath und S. L. Gillespie: Sine Wave Generators. Trans. ASME, 76. Jg. (1954), S. 1177—1184. Auch in "Frequency Response". New York: Macmillan, 1956.

[59] Cohen, G. H., und G. A. Coon: Theoretical Considerations of Retarded Control. Trans. ASME, 75. Jg. (1953), S. 827—834.

[60] Coon, G. A.: Frequency Response Methods. ISA-Journal, 11. Jg. (1964), S. 81—82.

[61] —: How to Find Controller Settings from Process Characteristics. Control Engineering 3. Jg. (1956), S. 66—76.

[62] Cremer, H., und F. Kolberg: Zur Stabilitätsprüfung mittels der Frequenzgänge von Regler und Strecke. Regelungstechnik, 8. Jg. (1960), S. 190.

[63] — —: Zur Stabilitätsprüfung von Regelungssystemen mittels Zweiortskurvenverfahren. Köln, Opladen: Westdeutscher Verlag, 1964.

[64] — und F. H. Effertz: Über die algebraischen Kriterien für die Stabilität von Regelungssystemen. Math. Annalen, 137. Jg. (1959), S. 328.

[65] Czalkowski, Z.: A Harmonic Response Plotter. Electronic Engng., 27. Jg. (1955), S. 207—211.

[66] Darowskikh, L. N.: Zur Aufnahme einer Frequenzcharakteristik mit Hilfe der Rechenglieder eines elektron. Analogrechners (russ.) Avtomatika i Telemechanika, 23. Jg. (1962), S. 244—247.

[67] Denda W.: Generator für sehr niedrige Frequenzen. Zmsr, 6. Jg. (1963), S. 334—337.

[68] Denecke, U.: Phasenmeßverfahren in der Niederfrequenztechnik. ATM (1953) V 3631—1.

[69] DIN 19226: Regelungstechnik. Benennungen, Begriffe (Januar 1954).

[70] DIN 19226: Regelungstechnik und Steuerungstechnik. Begriffe und Benennungen. Entwurf (Mai 1962).

[71] Dittmann, H.: Kennwertermittlung von Regelstrecken und Regelgeräten. Reihe Automatisierungstechnik Bd. 20. Berlin: VEB Verlag Technik, 1965.

[72] Doetsch, G.: Anleitung zum praktischen Gebrauch der Laplace-Transformation. 2. Auflage. München: R. Oldenbourg, 1961.

[73] Dörrie, H.: Einführung in die Funktionen-Theorie. München: R. Oldenbourg, 1951.

[74] Douse, I. L.: An Electronic Nyquist Diagramm Plotter. Electronic Engng., 27. Jg. (1955), S. 32—34.

[75] Dravid, V. N.: An Appraisal of Servo-System Analytical Methods. Control, 9. Jg. (1965), in vielen Fortsetzungen.

[76] Dudgeon, D. R.: What is Frequency Response? Control, 7. Jg. (1963).

[77] DUDNIKOW, E. E.: Bestimmung der Koeffizienten von Übertragungsfunktionen linearer Systeme aus dem Anfangsabschnitt gemessener Frequenzgänge (russ.). Avtomatika i Telemechanika, 20. Jg. (1959), S. 576—582.

[78] —: Détermination de la transmittance d'un système linéaire à partir de sa réponse fréquentielle. Automatisme, 5. Jg. (1960), S. 194—197.

[79] —: Über eine Methode zur Bestimmung der Koeffizienten von Übertragungsfunktionen linearer Systeme aus dem gemessenen Frequenzgang. msr, 6. Jg. (1963), S. 453—456.

[80] DZUNG, L. S.: Die Ortskurven als Hilfsmittel zur Kennzeichnung von Regelkreisgliedern. Regelungstechnik, 1. Jg. (1953), S. 123—124; S. 143—145; S. 204—206.

[81] ECKMANN, D. P., und J. O. MOISE: A Pneumatic Sine Wave Generator for Process Control Study. Proceedings ISA, 7. Jg. (1952), S. 13—15.

[82] EFFERTZ, F. H.: On the Relation between the Stability Boundary Surfaces of Linear and Nonlinear Servomechanisms and the Realizability Boundary Surfaces of Some Classes of Frequency Characteristics of Electrical Networks. In: CAUER (Ed.): Synthesis of Linear Communication Networks. New York 1958, S. 840.

[83] —: On the Synthesis of Networks Containing Two Kinds of Elements. Proc. Symposium on Modern Network Synthesis, 5 (1955), S. 145.

[84] — und F. KOLBERG: Einführung in die Dynamik selbsttätiger Regelungssysteme. Düsseldorf: VDI-Verlag, 1963.

[85] EGGERS, S. Z. E.: A New Function Generator. Communication and Electronics, 52. Jg. (1961), S. 756—762.

[86] EHRET, R. J., I. M. EMBBREE, E. C. GROGAN und E. F. HOCHSCHILD: An Automatic Transferfunction. Measuring and Recording System. Trans. AIEE, 72. Jg. (1953). Pt. II, S. 664—669.

[87] EHRENBERG, L., und M. WAGNER: Erprobung der Methode der Korrelationsfunktionen für die Bestimmung der Dynamik industrieller Anlagen. Zmsr, 9. Jg. (1966), S. 41—45.

[88] EHRLICH, H.: Entwicklung und Bau eines pneumatischen Frequenzgenerators. Diplomarbeit, TH Dresden, 1959.

[89] EILKEN, H., und G. LEIN: Die Regulierung von Kaplanturbinen. Voith Forschung und Konstruktion, Jg. 1964, H. 12.

[90] EULER: Regelsysteme mit Laufzeit. Dissertation TH Darmstadt, 1957.

[91] EYKHOFF, P.: Some Fundamental Aspects of Process Parameter Estimation. Electronics Laboratory, T. U. Delft, Dec. 1962.

[92] —: Process Parameter Estimation. Electronics Laboratory, T. U. Delft, May 1962. Auch erschienen in: R. H. MCMILLAN (Ed.): Progress in Control Engineering. Bd. 2, London: Heywood and Co., 1963.

[93] FASOL, K. H.: Ein Beitrag zur Analyse von Relaissystemen. Regelungstechnik, 14. Jg. (1966), S. 423—426.

[94] —: Bemerkungen zur Anwendung des Nyquist-Kriteriums im Bode-Diagramm. E und M, 82. Jg. (1965), S. 31—34.

[95] —: Einige Näherungsmethoden für die Anwendung des Frequenzkennlinien-Verfahrens. E und M, 82. Jg. (1965), S. 422—428.

[96] —: Zur Analyse nichtlinearer Regelungssysteme im Frequenzkennlinien-Verfahren. E und M, 83. Jg. (1966), S. 605—610.

[97] —: Ein Beitrag zur Stabilitätsprüfung linearer Abtast-Regelungssysteme. E und M, 84. Jg. (1967), S. 379—384.

[98] — und H. SPRINGER: Ein Beitrag zur Vereinfachung der Analyse von Relais-Regelungssystemen. Regelungstechnik, 16. Jg. (1968), S. 97—104

[99] FELDBAUM, A. A.: Relaisregelsysteme mit einem Freiheitsgrad (russ.). Avtomatika i Telemechanika, 10. Jg. (1949), S. 249—266.

[100] FELDMANN, H. H.: Ein neues Meßgerät zur Untersuchung wechselstromgespeister Verstärkeranlagen. Regelungstechnik, 5. Jg. (1957), S. 74—77.

[101] FEISSEL, W.: Ein störverminderndes Verfahren zur Frequenzganganalyse träger Regelstrecken. Diplomarbeit, Universität Frankfurt/Main, 1955.

[102] FERGUSON, F. H.: A Frequency Spectrum Analyser for the Study of Servo-Mechanisms. Naval Ordnance Laboratory, Memorandum 9317.

[103] FIEBIG, E.: Erläuterung von Stabilisierungsmöglichkeiten mit Hilfe des Frequenzkennlinienverfahrens. E und M, 76. Jg. (1959), S. 510—516.

[104] FLEISHMAN, B. A.: Harmonic and Subharmonic Response of an ON-OFF Control System to Sinusoidal Inputs. J. Franklin Inst., (1960), S. 99—113.

[105] FLEMMING, J. A.: The Use of the Cathode-Ray Tube as a Wattmeter and Phase Difference Measurer for High-Frequency Electric Currents. Journal of the IEE, 63. Jg. (1925), S. 1045.

[106] FODOR, G.: Laplace Transforms in Engineering. Budapest: Verlag der Ung. Akademie der Wissenschaften, 1965.

[107] FÖLLINGER, O., und G. GLOEDE: Dynamische Struktur von Regelkreisen. Berlin: AEG (Eigenverlag), 1964.

[108] FRASER, H. J., und W. V. P. REECE: Un traceur automatique du diagramme de Nyquist. Proc. of the IEE, Part B, 108 (1961), S. 535—538.

[109] FRAUNBERGER, F.: Ein Beitrag zur Optimierung von Regelungen. Regelungstechnik, 10. Jg. (1962), S. 358—363.

[110] FRITSCHE, G.: Entwurf von Kompensationsschaltungen. Zmsr, 5. Jg. (1962), S. 499 und 557.

[111] FUCHS, A. M.: Testing Servomechanism. Control Engineering, 3. Jg. (1956), S. 174—182.

[112] —: Control System Equipment. Control Engineering, 6. Jg. (1959): Signal Generators, H. 3, S. 116—121; Complete Test and Evaluating Systems, H. 5, S. 125—132; Response Evaluation Instruments, H. 7, S. 85—92.

[113] —: A Bibliography of the Frequency-Response Method as Applied to Automatic-Feedback-Control Systems. ASME Trans., 76. Jg. (1954), S. 1185—1194.

[114] FUCHS, F., M. KNAUER und J. LEX: Automatisierung regeldynamischer Untersuchungen. Regelungstechnische Praxis 14. Jg. (1966), S. 18—20, 74—76.

[115] GANAPATHY, S., und G. KRISHNA: A Method of Determining the Transfer Function of a Linear System in Terms of its Poles and Zeros from the Frequency Response. IEEE Transactions on Application and Industry, 64. Jg. (1962), S. 282—290.

[116] GARDE, A., und E. PERSSON: Experimental Frequency Analysis of Servoelements. ASEA-Journal, 23. Jg. (1950), S. 163—166.

[117] GIBSON, J. E.: How to Specify the Performance of Closed-Loop Systems. Control Engineering, 3. Jg. (1956), S. 122—129.

[118] —: Nonlinear Automatic Control. New York: McGraw-Hill, 1963.

[119] — und F. B. TUTEUR: The Response of Relay Amplifiers with Feedback. Trans. AIEE, 76. Jg. (1957), Part II, S. 303.

[120] GILLE, J. C., und J. G. PAQUET: Subharmonic Oscillations in ON-OFF Control Systems. Trans. AIEE, Appl. and Ind., 81. Jg. (1962), S. 210—216.

[121] —, M. PELEGRIN und P. DECAULNE: Lehrgang der Regelungstechnik. München: R. Oldenbourg, 1960.

[122] —, S. WEGRZYN und J. G. PAQUET: Oscillations sous-harmoniques dans un asservissement par plus-ou-moins. Automatic and Remote Control (Proc. 2. IFAC Congress), Bd. "Theory", S. 204—209. London: Butterworths, 1963.

[123] GLOEDE, G.: Frequenzgang-Meßplatz für Frequenzen von 0,1 bis 100 Hz. Regelungstechnik, Moderne Theorien und ihre Verwendbarkeit. München: R. Oldenbourg, 1957.

[124] GLYNNE, A.: The Measurement of the Phase Angle of Electric Circuits. Proc. of the IEE, 96. Jg. (1949), S. 80.

[125] GOCHET, M.: Appareil de mesure de la transmittance isochrone des systèmes asservis. Revue "A" Belgium, 3. Jg. (1961), S. 32—35.

[126] GOODMAN, T. P.: Theory and Application of a Tapered Electronic Delay-Line Synthesizer. Automatic and Remote Control (Proc. 1. IFAC Congress), Bd. 3, S. 102—108. London: Butterworths, 1961.

[127] — und R. H. HILLSLEY: Continuous Measurement of Characteristics of System with Random Input. Trans. ASME (1958), S. 1839—1847.

[128] GOLDFARB, L. S.: Einige Nichtlinearitäten in Regelungssystemen (russ.). Avtomatika i Telemechanika, 8. Jg. (1947), S. 349—383.

[129] GÖRK, E.: Stabilitätskriterien. Archiv für elektrische Übertragung. 4. Jg. (1950), S. 89—96.

[130] Gould, L., und P. Smith: Dynamical Behaviour of Pneumatic Devices. Instruments, 26. Jg. (1953), S. 1026.
[131] Gräb, H.: Das Frequenzgangverfahren zur Untersuchung von Regelkreisen. Energie, 12. Jg. (1960), S. 423—426.
[132] Greif, H. D.: Describing Function Method of Servomechanism. Trans. AIEE, 72. Jg. Pt. II, S. 243—248.
[133] Gröschel, E.: Die Eigenschaften von Regelkreisen mit beschränkter Stellgeschwindigkeit oder Stellgröße. Regelungstechnik, 15. Jg. (1967), S. 204—211.
[134] Grünwald, E.: Entwurf von Reglern und Rückführungen. Regelungstechnik, 3. Jg. (1955), S. 147—152, 172—180.
[135] Hahn, W.: Zur Theorie der Relaisregler mit Unempfindlichkeitszonen. ZAMM, 37. Jg. (1957), S. 224—227.
[136] Hall, A. C.: The Analysis and Synthesis of Linear Servomechanismus. Cambridge, Mass.: Technology Press, Mass. Inst. of Technology, 1943.
[137] Halsall, J. R.: A Portable Instrument for Process Control Analysis; The Electrical Equipment. Instrument Practice, 5. Jg. (1951), S. 793—798.
[138] Hamel, B.: Contribution à l'étude mathématique des systèmes de réglage par tout ou rien, CEMV Nr. 17, STAé, Paris 1949.
[139] —: Etude mathématique des systèmes à plusieurs degrés de liberté décrits par des équations linéaires avec un terme de commande discontinu. Bericht der Schwingungstagung, A.E.R.A., Paris 1950.
[140] Hänel, H.: Möglichkeiten zur Erzeugung sehr tiefer Frequenzen. Zmsr, 5. Jg. (1962), S. 7—13.
[141] Hannah, M. R., und S. M. Thesis: Investigation of the Frequency Response of an Hydraulic Amplifier. Dept. of El. Eng., Mass. Inst. of Technology, 1946.
[142] —: Frequency-Response Measurements of a Hydraulic Power Unit. Trans. ASME, 70. Jg. (1948), S. 525—534.
[143] Hanny, J.: Sinusgeber für 0,1—2 Hz (Nebenschlußmotor) in: Regelungstheorie. Zürich: Leemann, 1947, S. 223.
[144] Harris, H. R. J .: The Frequency Response of Automatic Control Systems. Trans. AIEE, 65. Jg. (1946), S. 539—546.
[145] Henning, T.: Testing for Plant Transfer Functions in Presence of Noise and Nonlinearity. Part I: Outlining the Overall Problem. Contr. Eng., 10. Jg. (1963), S. 67—70. Part II: Getting Dynamics from Noisy Signals. Contr. Eng., 10. Jg. (1963), S. 119—124.
[146] Hertel, H.: Kritische Beurteilung, Auswahl und Erprobung von Verfahren zur Ermittlung der dynamischen Kennwerte von Regelstrecken. Mitteilungen des Instituts für Energetik, 1965, Nr. 73, S. 172—193.
[147] Hoffmann, H.: Logarithmierverstärker. Diplomarbeit TH Dresden, 1959.
[148] Hofmann, H.: Die Laplace-Transformation und ihre Anwendung in der Elektrotechnik und Regelungstechnik. Österr. Zeitschr. f. Elektr. Wirtschaft, 15. Jg. (1962), S. 33, 79, 121, 301, 447.
[149] Horowitz, S.: Analysis and Synthesis of Linear Systems with Inputs Satisfying certain Bounding Conditions. Journ. of Electronics and Control, 12. Jg. (1962), S. 195.
[150] Hougen, J. O., und S. Less: Determination of Pneumatic Controller Characteristics by Frequency Response. Industrial and Engineering Chemistry, 48. Jg. (1956), S. 1053.
[151] — —: Pulse Testing a Modell Heat Exchange Process. Industrial and Engineering Chemistry, 48. Jg. (1956) S. 1064.
[152] Hughes, K.: Equipement d'enregistrement des efforts dynamiques. Mesures et Controle Industriel, 20. Jg. (1955), S. 141.
[153] Hutarew, G.: Regelungstechnik. Kurze Einführung am Beispiel der Drehzahlregelung von Wasserturbinen. 2. Aufl. Berlin—Göttingen—Heidelberg: Springer, 1961.
[154] —: Untersuchungen an Reglern und an Maschinensätzen in Wasserkraftanlagen mit offener Wasserzuleitung. E und M, 79. Jg. (1962), S. 233—243.
[155] —: Regelungsuntersuchungen an Wasserkraftanlagen mit offener Wasserzuleitung im Verbundbetrieb und im Inselbetrieb. E und M, 80. Jg. (1963), S. 201—208.
[156] —: Tests on Turbine Governing Systems. Water Power, 1963, H. 4, 5, 6.

[157] IEC (International Electrotechnical Commission): Draft International Code for Testing of Speed Governing Systems for Hydraulic Turbines. Genf, 1965.

[158] ISA: Dynamic Response Testing of Process Control Instrumentation. Richtlinienvorschlag der Instrument Society of America.
Teil I: Generelle Richtlinien. ISA Report 26. 1.;
Teil II: Geräte mit pneumatischem Ausgang. ISA Report 26. 2.;
Teil III: Geräte mit elektrischem Ausgang. ISA Report 26. 3.

[159] ISERMANN, R.: Frequenzgangmessung an Regelstrecken durch Eingabe von Rechteckschwingungen. Regelungstechnik, 11. Jg. (1963), S. 404.

[160] IVEY, K. A.: Active Compensating Networks. Control Engineering, 10. Jg. (1963), S. 111, 112.

[161] IZAWA, K., und K. FURUTA: Apparatus to Measure Dynamic Characteristics. Paper 15 C. Preprints 3. IFAC Congress, London 1966.

[162] JAMES, H. M., N. B. NICHOLS und R. S. PHILIPS: Theory of Servomechanisms. New York: McGraw Hill, 1947.

[163] JANSSEN, J. M. L., und R. P. OFFEREINS: Die Anwendung eines elektron. Simulators auf das Problem der optimalen Reglereinstellung. Regelungstechnik, 5. Jg. (1957), S. 264–270.

[164] JENTSCH, W.: Frequenzgang-Meßeinrichtungen zur Untersuchung von Regelkreisgliedern. Elektr. Wirtschaft, 58. Jg. (1958), S. 256–258.

[165] JOHNSON, E. C.: Sinusoidal Analysis of Feedback-Control Systems Containing Nonlinear Elements. Trans. AIEE, 71. Jg. (1952), Pt. II, S. 169–181.

[166] JURY, E. J.: Sampled Data Control Systems. New York: John Wiley & Sons, 1958.

[167] KAHN, D. A.: An Analysis of Relay Servomechanisms. Trans. AIEE, Pt. 1, 68. Jg. (1949), S. 1079–1088.

[168] KALMAN, R. E.: Mathematical Description of Linear Dynamical Systems. Journal of Industrial and Applied Mathematics, Serie A, 1. Jg. (1963), S. 152–192.

[169] KARDASCHOW, A. A., und L. W. KARNJUSCHIN: Die Bestimmung der Parameter linearisierter Modelle von Steuerungssystemen aus gemessenen Frequenzgängen (russ.). Električestvo (1960), S. 51–55.

[170] KAUFMANN, H.: Dynamische Vorgänge in linearen Systemen der Nachrichten- und Regelungstechnik. München: R. Oldenbourg, 1959.

[171] KESSLER, C.: Ein Beitrag zur Theorie des Zweipunktreglers. Regelungstechnik, 4. Jg. (1957), S. 339–342.

[172] —: Ein Beitrag zur Theorie mehrschleifiger Regelungen. Regelungstechnik, 8. Jg. (1960), S. 261–266.

[173] —: Das symmetrische Optimum. Regelungstechnik, 6. Jg. (1958), S. 395–400, 432 bis 436.

[174] —: Über die Vorausberechnung optim. abgestimmter Regelkreise. Regelungstechnik, 2. Jg. (1954), S. 274, und 3. Jg. (1955), S. 16 und 40.

[175] KINDLER, H.: Probleme der Kennwertermittlung in der Regelungstechnik. msr, 7. Jg. (1964), S. 181–187.

[176] — und H. HINKEL: Theoretische Regelungstechnik. Lehrbriefe für das Fernstudium. Berlin: VEB Verlag Technik, 1965.

[177] — und K. REINISCH: Regelungstechnik. Beitrag in: E. PHILIPPOW (Herausgeber): Taschenbuch der Elektrotechnik. Berlin: VEB Verlag Technik, 1963.

[178] KNAPKE, A.: Nomogramm zur Bestimmung der Phase der asymptotischen logarithmischen Amplitudenfrequenzcharakteristik. (Referat über B. M. MENSKIJ [217]). Zmsr, 5. Jg. (1962), S. 381.

[179] KOCHENBURGER, R.: Analyzing Contactor Servomechanisms by Frequency-Response Methods. Electr. Eng., 69. Jg. (1950), S. 687–692.

[180] —: A Frequency Method for Analyzing and Synthesizing Contactor Servomechanisms. Trans. AIEE, 69. Jg. (1950), S. 270–284.

[181] KOENIG, L. A.: The Bode-Diagram. An Approach to Regulating-System Stability Fudamentals. Electrical Engineering, 78. Jg. (1959), S. 653–658.

[182] KOLLMANN, E.: Die Frequenzgangaddition im Bode-Diagramm. Regelungstechnik, 9. Jg. (1961), S. 379–383.

[183] KONDO, G., und S. IWAI: Analytical Approaches to Non-linear Sampled-data Control Systems. Automatic and Remote Control (Proc. 2. IFAC Congress), Bd. 1, S. 154—164, London: Butterworths, 1964.

[184] KOPACEK, P.: Studie über die Durchführung von Frequenzganguntersuchungen. Diplomarbeit, TH Wien, 1966.

[185] KORN, G. A., und T. M. KORN: Modern Servomechanism Testers. Electrical Eng., 69. Jg. (1950), S. 814—816.

[186] KRYLOW, N. M., und N. N. BOGOLJUBOW: Einführung in die nichtlineare Mechanik (engl. Übers.). Princeton University Press, 1949.

[187] KŘYŽE, J.: MUSA 6. Ein universeller statistischer Analysator. Zmsr, 6. Jg. (1963), S. 286—293, S. 386—391.

[188] KRZYWON, H.: Näherungsweise graphische Stabilitätsprüfung von linearen Abtastsystemen. Diplomarbeit TH Wien, 1967.

[189] KULIK, W. T.: Methode zur Bestimmung der dynamischen Charakteristiken von industriellen Regelstrecken aus ihren normalen Prozeßaufzeichnungen beim Vorhandensein von Störungen (ukrainisch). Avtomatika (Kiew), (1960) H. 1.

[190] KÜPFMÜLLER, K.: Die Systemtheorie der elektrischen Nachrichtenübertragung. Stuttgart: S. Hirzel, 1954.

[191] —: Regelungstechnik und Nachrichtentechnik (Systemtheorie der Regelungstechnik). München: R. Oldenbourg, 1958.

[192] KUSMIN, L. P.: Ein grapho-analytisches Verfahren zur Ermittlung der Kennlinien eines Relaissystems (russ.). Avtomatika i Telemechanika, 19. Jg. (1958), S. 285—295.

[193] KUSSL, V.: Einführung in die Regelungstechnik unter Benützung von Funktionaltransformationen. E und M, 76. Jg. (1959), S. 495—510.

[194] KUSTERS, N. L., und W. J. M. MOORE: A Generalisation of the Frequency Response Method for the Study of Feedback Control Systems. In: TUSTIN (Ed.): Automatic and Manual Control. London: Butterworth, 1952.

[195] LANGE, F. H.: Korrelationselektronik. Berlin: VEB Verlag Technik, 1959.

[196] LASPE, CH.: Frequency Response of the Process. Instr. Contr. Syst., 36. Jg. (1963), S. 130—138.

[197] LECHNER, K.: Theoretische und experimentelle Untersuchungen an pneumatischen und hydraulischen Regelgeräten. Dissertation TH Wien, in Ausarbeitung begriffen.

[198] LEIN, G., und K. PARZANY: Frequency Response Measurements at Vianden. Water Power, 19. Jg. (1967), S. 283 u. 323.

[199] LENIGK, S.: Über das Nyquist-Kriterium. Regelungstechnik, 4. Jg. (1956), S. 195.

[200] LEONHARD, A.: Das Stabilitätskriterium nach Nyquist-Bode erweitert für die Kontrolle der Stabilitätsgüte. Regelungstechnik, 2. Jg. (1954), S. 236.

[201] —: Die selbsttätige Regelung, 3. Aufl. Berlin—Göttingen—Heidelberg: Springer, 1962.

[202] LEONHARD, W.: Regelkreise mit symmetrischer Übertragungsfunktion. Regelungstechnik, 13. Jg. (1965), S. 4—12.

[203] LEONOW, J., P. LEONOW und L. N. LIPTOW: Statistische Methoden zur Bestimmung der Kennwerte industrieller Regelstrecken bei zufälligen Störungen und tiefstfrequenter Zufallsprozesse (russ.). Avtomatika i Telemechanika, 21. Jg. (1960), S. 180—190.

[204] — — —: Anwendung statistischer Methoden zur Bestimmung der Kennwerte von Regelstrecken (russ.). Avtomatika i Telemechanika, 20. Jg. (1959), S. 1289—1301.

[205] LEVY, E. C.: Complex-curve Fitting. IRE Transactions on Automatic Control, Vol. AC-4 (1959), S. 37—43.

[206] LIEWERS, P.: Einfache Methode zur Drifteliminierung bei der Messung von Frequenzgängen. Zmsr, 7. Jg. (1964), S. 384.

[207] LINVILL, W. K.: Sampled-data Control Systems Studies through Comparison with Amplitude Modulation. Trans. AIEE, 70. Jg. (1951), Pt. II, S. 1779—1788.

[208] LINVILL, J. G.: The Approximation with Rational-Functions of Prescribed Magnitude and Phase Characteristics. Proc. IRE, 40. Jg. (1952), S. 711—721.

[209] LITSYN, N. M.: Relaisregelung linearer asymmetrischer Objekte (russ.). Avtomatika i Telemechanika, 22. Jg. (1961), S. 1493—1497.

[210] LUKACS, J., und K. KOCZUR: Pneumatischer Sinusgenerator und Analysator (ungar.). Meres es Automat., 14. Jg. (1966), S. 181—184.

[211] MAGNUS, K.: Über ein Verfahren zur Untersuchung nichtlinearer Schwingungs- und Regelungssysteme. VDI-Forschungsheft 451 (1955).

[212] MANTON, F. E. S.: Un installation avec calculateur analogique donne la réponse fréquentielle. Contr. Eng., 9. Jg. (1962), S. 83—85.

[213] MARCHANT, E. W., und J. C. ROBB: Methods of Testing Small Servo-Mechanisms and Data Transmission Systems. Journal of the IEE, part 2 A, 94. Jg. (1947), S. 292—297.

[214] MARTIN, E.: Gerät zur Messung der verallgemeinten quadratischen Regelfläche. Zmsr, 6. Jg. (1963), S. 373.

[215] —: Gerät zur selbsttätigen Registrierung des logarithmischen Amplituden-Phasen-Frequenzganges (Bode-Diagramm). Zmsr, 6. Jg. (1962), S. 1—6.

[216] MAYER, H.: Ein Ortskurvenschreiber für den Tonfrequenzbereich. Siemens-Zeitschrift, 29. Jg. (1955), S. 563, 564.

[217] MENSKIJ, B. M.: Nomogramm zur Bestimmung der Phase der asymptotischen logarithmischen Amplitudenfrequenzcharakteristik (russ.). Avtomatika i Telemechanika, 22. Jg. (1961), S. 400—402.

[218] MERZ, L.: Grundkurs der Regelungstechnik, 2. Aufl. München—Wien: R. Oldenbourg, 1964.

[219] MESCH, F.: Vergleich von Frequenzgangmeßverfahren bei regellosen Störungen. msr, 7. Jg. (1964), S. 162—166.

[220] MOLLE, R.: De chaine d'action et de réaction hydraulique et pneumatique. Automatisme, 2. Jg. (1957), S. 211—213.

[221] MONASTIRSCHIN, G. I.: Bearbeitung gemessener Frequenzgänge (russ.). Avtomatika i Telemechanika, 21. Jg. (1960) S. 422—428.

[222] MORRIS, D.: A Phase-calibrated Variable Frequency Supply for Testing of Servomechanisms. Proceedings of the IEE, 97. Jg. (1950), part 2, S. 37—45.

[223] NASLIN, P.: Méthodes de correction des systèmes asservis linéaires. Automatisme, 1. Jg. (1956), No. 11, No. 12. Automatisme, 2. Jg. (1957), No. 2.

[224] NECHLEBA, M.: Theory of Indirect Speed Control. London: John Wiley & Sons, 1964.

[225] NEIMARK, Ju. I.: Über periodische Zustände und die Stabilität von Relaissystemen (russ.). Avtomatika i Telemechanika, 14. Jg. (1953), S. 556—569.

[226] — und I. M. KUBLANOW: Untersuchung von periodischen Zuständen und ihrer Stabilität in Relaissystemen mit einem Freiheitsgrad zur Temperaturregelung (russ.). Avtomatika i Telemechanika, 14. Jg. (1953), S. 34—42.

[227] NEWTON, G. C., jr., und W. T. WHITE: Laboratory Aids for Elektro-Mechanical System Development. Trans. AIEE, 66. Jg. (1947), S. 315—321.

[228] NEWTON, GOULD und KAISER: Analytic design of linear feedback controls. New York: John Wiley & Sons, 1957.

[229] NIXON, F. E.: Beispiele und Tafeln zur Laplace-Transformation. Stuttgart: Franckhsche Verlagshandlung, 1964.

[230] NOMOTO, A., T. KOIKE, T. YAMAGUCHI und H. KAWAMOTO: Automatization of Dynamic Testing. Automatic and Remote Control (Proc. 1. IFAC Congress). Bd. 3, S. 304 bis 309, London: Butterworths, 1960.

[231] NYQUIST, H.: Regeneration Teory. Bell Syst. Techn. Journal, 11. Jg. (1932), S. 126.

[232] OETKER, R.: Zur Synthese von Regelkreisen mit vorgeschriebener Stabilitätsgüte. Regelungstechnik, 1. Jg. (1953), S. 138—141.

[233] OLDENBOURG, R. C., und H. SARTORIUS: Dynamik selbsttätiger Regelungen. München: R. Oldenbourg, 1951.

[234] — —: A Uniform Approach to the Optimum Adjustment of Control Loops. Transactions ASME, 76. Jg. (1954), S. 1265—1279.

[235] OBRADOVIC, I.: Elektronisches Analogiegerät zur Untersuchung von Regelkreisen. Regelungstechnik, 4. Jg. (1956), S. 36—40.

[236] OGATA, K.: Subharmonic Oscillations of Nonlinear Feedback Control Systems. ASME-Paper No. 58-JRD-7.

[237] OLDENBURGER, R.: Bibliography on Frequency Response. Woodward Governor Comp., Rockford, Ill., 1953.

[238] OLDENBURGER, R. (Ed.): Frequency Response. New York: McMillan, 1956.

[239] Oppelt, W.: Oscillatory Phenomena in ON-OFF Controle with Feedback. Automatic and Manual Control (1952), S. 449—456.

[240] —: Untersuchungsverfahren für dynamische Kennwerte von Regler und Regelstrecke. Regelungstechnik, 1. Jg. (1953), H. 3, S. 56—60.

[241] —: Untersuchungsverfahren für Regler und Regelstrecke im Beharrungszustand. Regelungstechnik, 1. Jg. (1953), S. 8—10.

[241] —: Über die Anwendung der Beschreibungsfunktion zur Prüfung der Stabilität von Abtastregelungen. Regelungstechnik, 8. Jg. (1960), S. 15—18.

[243] —: Kleines Handbuch technischer Regelvorgänge, 4. Aufl. Weinheim: Verlag Chemie, 1964.

[244] Pestel, E., und E. Kollmann: Grundlagen der Regelungstechnik. Braunschweig: F. Vieweg, 1961.

[245] Peters, J.: Einschwingvorgänge, Gegenkopplung, Stabilität. Berlin—Göttingen—Heidelberg: Springer, 1954.

[246] Pfeifer, G., und R. Schönfeld: Über ein Verfahren zur Erzeugung tiefstfrequenter sinusförmiger Spannungen mit überlagertem Gleichglied. Zmsr, 4. Jg. (1961), S. 229 bis 303.

[247] Piglione, L.: Analisi della stabilità e diagramma di Bode. L'Elettrotecnica, 48. Jg. (1961), S. 79—85.

[248] Pilatte und Molle: Nouveau comparateur pneumatique. Automatisme, 8. Jg. (1963). S. 173—176.

[249] Popow, E. P.: Dynamik automatischer Regelsysteme. Berlin: Akademie-Verlag, 1958.

[250] — und I. P. Paltow: Näherungsmethoden zur Untersuchung nichtlinearer Regelungssysteme. Leipzig: Akademische Verlagsges. Geest & Portig KG., 1963.

[251] Pressler, G.: Regelungstechnik (Reihe Hochschultaschenbücher). Mannheim: Bibliographisches Institut, 1964.

[252] Profos, P.: Die Behandlung von Regelproblemen mittels des Frequenzganges von Regelkreisen. Dissertation, ETH Zürich, 1943.

[253] Quazza, G.: On the Validity of the Describing Function-, Zypkin- and Hamel-Methods for the Study of Self Oscillations in ON-OFF-Systems. Alta Frequenza, 32. Jg. (1963), S. 142—156.

[254] Rabkin, G. L., B. A. Mitrofanow und Ju. O. Schterenberg: Über die Bestimmung von Zahlenwerten für die Koeffizienten der Übertragungsfunktionen linearisierter Glieder und Systeme aus experimentellen Frequenzcharakteristiken (russ.). Avtomatika i Telemechanika, 16. Jg. (1955), S. 488—494.

[255] Ragazzini, J. R., und G. F. Franklin: Sampled Data Control Systems. New York: McGraw-Hill, 1958.

[256] Rao, P. V., und C. L. Bai: Determination of Transfer Function Coefficients of a Linear Dynamic System from Frequency Response Characteristics. IRE Transactions on Automatic Control, Vol. AC-6 (1960), S. 333.

[257] Rawcliffe, G. H., und C. M. Brownsey: A Rectifier Meter for the Indication and Measurement of Phase Angles. Journal of the IEE, 95. Jg. (1948), Part II, S. 227.

[258] Ream, N.: The Calculation of Process Control Settings from Frequency Characteristics, Trans. Soc. Instrument Technol., 6. Jg. (1954), S. 19—28.

[259] Reinisch, K.: Formel zur Bemessung von Regelkreisen einschließlich Totzeit unter Einwirkung determinierter aperiod. Störungen. Zmsr, 7. Jg. (1964), S. 94.

[260] Reswick, J. B.: A Simple Graphical Method for Deconvolution. In: Anwendung von Rechenmaschinen bei der Berechnung von Regelvorgängen. München: R. Oldenbourg, 1958.

[261] Richalet, J.: Note sur l'application de la méthode de Zypkin aux Oscillations libres des systèmes tout-ou-rien. Automatisme, 7. Jg. (1962), S. 272—274.

[262] Rutherford, C. I.: The Practical Applications of Frequency Response Analysis to Automatic Process Control. Proceedings Inst. Mech. Eng., 162. Jg. (1950), S. 334.

[263] Sagirow, P.: Zur Fehlerabschätzung der harmonischen Balance. ZAMM, 40. Jg. (1960), S. 456—463.

[264] SAKAWA, Y.: Subharmonic Oscilation in Relay-Control Systems. Automatic and Remote Control (Proc. 1. IFAC Congress), Bd. 1, S. 404—409, London: Butterworths, 1960.

[265] SALAMON, M.: Berechnung der Konstanten von Ersatzregelstrecken aus Betriebsmessungen. Zmsr, 3. Jg. (1960), S. 200—205.

[266] SAMAL, E.: Pneumatische Meßumformer für Regelzwecke. Regelungstechnik, 2. Jg. (1954), S. 59—63.

[267] —: Grundriß der praktischen Regelungstechnik, 5. Aufl. München—Wien: R. Oldenbourg, 1964.

[268] SEIFERT, W.: Kommerzielle Frequenzgangmeßeinrichtungen. Regelungstechnik, 10. Jg. (1962), S. 350—353.

[269] SENF, G.: Graphische Verfahren zur Bestimmung der Frequenzgänge geschlossener Kreise. Wiss. Zs. TH Dresden, 8. Jg. (1958/59), S. 505—506.

[270] —: Zu einigen Fragen der Kennwertermittlung durch Frequenzgangmessung. msr, 7. Jg. (1964), S. 145—149.

[271] — und W. KIENAST: Meßinstrumente für sinusförmige elektrische Größen extrem niedriger Frequenz. Zmsr, 3. Jg. (1960), S. 348—352.

[272] — und H. STROBEL: Verfahren zur Bestimmung von Übertragungsfunktionen linearer Systeme aus gemessenen Werten des Frequenzganges. Zmsr, 4. Jg. (1961), S. 411—420.

[273] SCHÄBITZ, R.: Entwicklung eines Phasenmeßgerätes. Diplomarbeit, TH Dresden 1958.

[274] SCHÄFER, O.: Über Erfahrungen mit der Bestimmung der Übergangsfunktion aus dem Frequenzgang durch ein Analysiergerät. Regelungstechnik, 2. Jg. (1954), S. 149—152.

[275] —: Einführung in die Korrelationsmethode, Regelungstechnik, 8. Jg. (1960), S. 312—314.

[276] —: Anwendung der statistischen Betrachtungsweise bei der Untersuchung von Übertragungssystemen. Regelungstechnik, Moderne Theorien und ihre Verwendbarkeit. S. 235—239. München: R. Oldenbourg, 1957.

[277] — und W. FEISSEL: Ein verbessertes Verfahren zur Frequenzganganalyse industrieller Regelstrecken. Regelungstechnik, 3. Jg. (1955), S. 225.

[278] SCHLIESSMANN, H.: Die optimale Bemessung von Regelsystemen mit Laufzeit. Regelungstechnik, 7. Jg. (1959), S. 272.

[279] —: Die Einstellung der Reglerparameter für Regelstrecken mit überwiegender Totzeit. Regelungstechnik, 10. Jg. (1962), S. 97—102.

[280] SCHLITT, H. (Ed.): Anwendung statistischer Verfahren in der Regelungstechnik. Beihefte zur Zeitschrift Regelungstechnik. München: R. Oldenbourg, 1962.

[281] —: Systemtheorie für regellose Vorgänge. Berlin—Göttingen—Heidelberg: Springer, 1960.

[282] SCHMID, A.: Ein mechanisches Gerät zur Bestimmung der stat. und dyn. Kennlinien von Drehzahlreglern für Wasserturbinen. Dissertation, TH Stuttgart 1960.

[283] SCHROTH, L.: Funktionsgeber aus vorgespannten Dioden. Regelungstechnik, 10. Jg. (1962), S. 59—65.

[284] SCHÜSSLER, W.: Messung des Frequenzverhaltens linearer Schaltungen am Analogrechner. Elektronische Rundschau, 15. Jg. (1961), S. 471—477.

[285] SHORTS: Niederfrequenter Schwingungsgeber. Regelungstechnik, 6. Jg. (1958), S. 87.

[286] SMITH, O.: Feedback Control Systems. New York: McGraw Hill, 1958.

[287] SOLODOWNIKOW, W. W.: Grundlagen der selbsttätigen Regelung. München: R. Oldenbourg, 1959.

[288] —: Einführung in die statistische Dynamik linearer Regelungssysteme. München—Wien: R. Oldenbourg, 1963.

[289] — (Ed.): Bauelemente der Regelungstechnik. Bd. 1: Meßeinrichtungen, Verstärker, Stelleinrichtungen, Bd. 2: Korrektur- und Rechenglieder. Berlin: VEB Verlag Technik, 1963.

[290] — und A. S. USKOW: Statistische Analyse von Regelstrecken. Berlin: VEB Verlag Technik, 1963.

[291] SOURISSE, C., und R. WAGNER: Transféromètre pneumatique. Automatisme, 8. Jg. (1963), S. 487—494.

[292] —: Etude et réalisation d'un transféromètre à air comprimé. Automatisme, 8. Jg. (1963), S. 149—155.

[293] Springer, H.: Über die Analyse von Relais-Regelungssystemen. Diplomarbeit TH Wien 1966.
[294] Syrbe, M.: Über die Einstellung von Reglern auf Grund geometr. Daten der Regelstreckenfrequenzgänge. Regelungstechnik, 1. Jg. (1953), S. 160—166.
[295] Szweda, T.: Methode zur Messung der Koeffizienten von Übertragungsfunktionen dynamischer Glieder. Archiwum Automatiki i Telemechaniki, 3. Jg. (1958), S. 3—15.
[296] Stahl, K.: Vorausberechnung von Regelkreisen nach dem Frequenzkennlinienverfahren. Regelungstechnik, 9. Jg. (1961), S. 289—294, 334—340.
[297] Steiger, F., und R. M. Ancell: Automatic Control: A Bibliography. U. S. Dept. of the Interior, Bureau of Reclamation, Design and Construction Division. Technical Library, Denver, Col., 1951.
[298] Strejc, V.: Possibilities and Present Achievement of Tabulating Optimal Control Processes. Automatic and Remote Control (Proc. 1. IFAC Congress) Bd. 1, S. 46—54. London: Butterworths, 1961.
[299] Strobel, H.: Bemerkungen zu einem Verfahren von Dudnikow. Zmsr, 5. Jg. (1962), S. 39—48.
[300] —: Zur Frage des wesentlichen Frequenzbereiches bei der Approximation gemessener Frequenzgänge. Zmsr, 7. Jg. (1964), S. 19—23.
[301] —: Messung spezieller Kennwerte an Bauelementen der Regelungstechnik. Zmsr, 7. Jg. (1964), S. 153.
[302] —: On a New Method of Determining the Transfer Function by Simultaneous Evaluation of the Real and Imaginary Parts of the Measured Frequency Response. Paper 1 F. Preprints 3. IFAC Congress, London, 1966.
[303] Ströle, D.: Messung von Frequenzgängen. Regelungstechnik, 3. Jg. (1955), S. 197 bis 200.
[304] —: Berechnung von Reglern bei vorgeschriebenen Regelfehlerschranken. Archiv f. el. Übertragung, 7. Jg. (1953), S. 37 und 107.
[305] Takahashi, Y.: Sinusgeber für Temperaturen. Journal of the Japan Soc. of Mech. Eng., (1951), S. 426—432. Auch in: Regelungstechnik, 1. Jg. (1953), S. 33—34.
[306] — und Y. Mataka: Frequency-Response of Jet Pipe Automatic Regulators. Seisan Kenkyn, 5. Jg. (1953), No. 6 (July).
[307] Tarpley, H. I.: Instrument to Measure Servomechanism Performance Review of Scientific. Instr., 18. Jg. (1947), S. 39—43.
[308] Teasdale, A. H., jr.: Getting Frequency Response Data from Transient Data. Contr. Eng., 2. Jg. (1956), S. 56—59.
[309] Terao, M., und K. Maruyama: Potentio-type Sine Wave Generator for a Servoscope and its Load Error. Bull. of the electrotechn. Lab., 16. Jg. (1953).
[310] Towill: Frequency Response of Second-Order Linear Systems with Phase — Advance Signal Shaping. Control, 10. Jg. (1966), S. 241.
[311] Towner, W. C.: Practical Dynamic Analysis. Instr. Contr. Syst., 36. Jg. (1963), S. 138 bis 144.
[312] Trambouze, P.: Analyse harmonique et réglage à action discontinue. Application à la regulation de température. Mesures et Control Industriel, 24. Jg. (1959), S. 697.
[313] Trnka, Z.: Einführung in die Regelungstechnik. Berlin: VEB Verlag Technik, 1956.
[314] Truxal, J. G.: Entwurf automatischer Regelsysteme. Wien—München: R. Oldenbourg, 1960.
[315] —: Control Engineers' Handbook. New York: McGraw Hill, 1958.
[316] Tschauner, J.: Einführung in die Theorie der Abtastsysteme. München: R. Oldenbourg, 1960.
[317] —: Zur Berechnung der Frequenzcharakteristiken von Relaissystemen. Regelungstechnik, 9. Jg. (1961), S. 200—203.
[318] Tucker, G. K., und D. M. Wills: Regelkreise der verfahrenstechnischen Praxis. München: R. Oldenbourg, 1960.
[319] Turbowitsch, I. T.: Über die Meßfehler bei der Bestimmung von Frequenzkurven mit Hilfe der Wobbelmethode. Nachrichtentechnik, 4. Jg. (1954), S. 523—524.
[320] Uttley, A. M., und P. H. Hammond: The Stabilization of ON-OFF Controlled Servomechanisms. Automatic and Manual Control (1952), S. 449—456.

[321] VDI/VDE-Richtlinie 2179: Beschreibung und Untersuchung pneumatischer Einheitsregelgeräte. Düsseldorf: VDI-Verlag, 1964.

[322] VELTMAN, B. P. TH., und J. H. WESTCOTT: Bestimmung der Parameter eines Reglers durch ein einfaches Frequenzgangverfahren. Regelungstechnik, 3. Jg. (1955), S. 95—100.

[323] WAERDER, H.: Pneumatischer Sinusgeber für Frequenzganguntersuchungen. Diplomarbeit, TH Wien, 1965.

[324] WAGNER, K. W.: Operatorenrechnung und Laplace-Transformation. Leipzig: J. A. Barth, 1962.

[325] WALKER, F.: Gain-Phase Analysis. Control, 7. Jg. (1963), S. 107—111.

[326] WAWILOW, A. A., und A. I. SOLODOWNIKOW: Experimentelle Ermittlung des Frequenzganges von Regelungssystemen (russ.). Moskau, Leningrad: Gosenergoizdat 1963.

[327] WEBB, E. K., und N. E. BACON: A Mechanical Harmonic Analyser. Journal of Scient. Instr., 39. Jg. (1962), No. 10, S. 500—503.

[328] WEIGOLD, S.: Logarithmierschaltungen. Diplomarbeit TH Dresden, Institut für Elektro- und Bauakustik (1958).

[329] WERNER, G. W.: Ersatz der Sinusfunktion durch Näherungsfunktionen in der Kennwertermittlung. Zmsr, 7. Jg. (1964), S. 158—162.

[330] —: Frequenzgangmessung an gestörten industriellen Regelstrecken mit geringem experimentellen Aufwand. Zmsr, 5. Jg. (1962), S. 545—546.

[331] —: Zur statistischen Analyse von Regelstrecken. Zmsr, 5. Jg. (1962), S. 261—266.

[332] —: Zur Korrelationstechnik in der Regelungstechnik. Zmsr, 5. Jg. (1962), S. 347—354.

[333] WEST, J. C.: An Amplidyne Phase Shift Oszillator. Journal of Scient. Instr., 34. Jg. (1951), S. 336—339.

[334] — und J. L. DOUCE: The Mechanism of Sub-Harmonic Generation in a Feedback System. Proc. I.E.E., 102. Jg. (1955), S. 569—574.

[335] —: The Use of Frequency Response Analysis in Non-linear Control Systems. Regelungstechnik, Moderne Theorien und ihre Verwendbarkeit. München: R. Oldenbourg, 1957.

[336] WIDMAN, A.: Untersuchung des dynamischen Verhaltens von Drehzahlreglern und Regelkreisgliedern mit wechselnder Zeitkonstante. Dissertation, TH Stuttgart 1959.

[337] WOLFF, P.: Anwendung des Frequenzkennlinienverfahrens. Reihe Automatisierungstechnik, Bd. 39. Berlin: VEB Verlag Technik, 1966.

[338] ZAIDENBERG, E. D.: Über das Problem der Ermittlung der erwünschten logarithmischen Amplituden-Charakteristik eines Regelungssystems (russ.). Avtomatika i Telemechanika, 24. Jg. (1963), S. 408—413.

[339] ZEMLIN, E.: Das Frequenzkennlinienverfahren. Zmsr, 2. Jg. (1959), S. 320—325.

[340] —: Eine Methode zum Aufstellen der Übertragungsfunktion des geschlossenen Regelkreises in Produktform. Zmsr, 4. Jg. (1961), S. 364—368.

[341] —: Die Anwendung der Beschreibungsfunktion beim Frequenzkennlinienverfahren. Zmsr, 5. Jg. (1962), S. 86—89.

[342] —: Die allgemeinen Betrags- und Argumentenkennlinien und ihre Anwendung. Zmsr, 5. Jg. (1962), S. 547—554.

[343] —: Bestimmung der Übergangsfunktion mit Hilfe der Betrags- und Argumentenkennlinien. Zmsr, 6. Jg. (1963), S. 505—507.

[344] —: Grundzüge des Frequenzkennlinienverfahrens. Reihe Automatisierungstechnik, Bd. 36. Berlin: VEB Verlag Technik, 1965.

[345] —: Optimierung mit Hilfe der Frequenzkennlinien. Zmsr, 4. Jg. (1961), S. 315.

[346] ZIEGLER, J. G., und N. B. NICHOLS: Optimum Settings for Automatic Controller. Trans. ASME, 64. Jg. (1942), S. 759—768.

[347] ZOSS, L. M., und H. S. WILSON: Frequency Response Analysis. ISA-Journal (1962), S. 25—26.

[348] ZURMÜHL, R.: Praktische Mathematik für Ingenieure und Physiker. Berlin—Göttingen—Heidelberg: Springer, 1957.

[349] ZYPKIN, JA. S.: Stabilität und Eigenschwingungen in Relaisregelsystemen (russ.). Trudy LKWWIA (1950), Nr. 32, S. 38—66.

[350] —: Stabilität und Selbstschwingungen von Relaissystemen der automatischen Regelung (russ.). Arbeiten aus der Leningrader Rotbanner-Ingenieurakademie, (Luftwaffe), Nr. 32, S. 38—66.

[351] ZYPKIN, JA. S.: Erzwungene Schwingungen in Relaisregelsystemen (russ.). Avtomatika i Telemechanika 13. Jg,. (1952), S. 501—524.

[352] —: Über die Stabilität periodischer Zustände in Relaisregelungssystemen (russ.). Avtomatika i Telemechanika, 14. Jg. (1953), S. 638—646.

[353] —: Frequenzmethode zur Analyse der Eigenschwingungen und erzwungenen Schwingungen in Relaisregelungssystemen (russ.). Osnowy Avtomatika Regulirowanija Teorija. Moskau (1954), S. 1034—1059.

[354] —: Frequenzmethode zur Untersuchung der periodischen Zustände in Relaisregelungssystemen (russ.). Sborn. „Pamjati A. A. Andronowa", AN SSSR, (1955), S. 383—410.

[355] —: Zur Theorie der Relaissysteme der automatischen Regelung (russ.). Trudy 2. Wsesojus Sow. Teor. Avtomat. Regul. Isd. AN SSSR, Bd. 1 (1955), S. 329—362.

[356] —: Die Stabilisierung von Relaissystemen der automatischen Regelung. Symposium on Problems of Automation, Milano 1956.

[357] —: Theorie der Relaissysteme der automatischen Regelung. München: Oldenbourg, 1958.

[358] —: Frequenzcharakteristiken von Folgerelaissystemen (russ.). Avtomatika i Telemechanika, 20. Jg. (1959), H. 12, S. 1603—1610.

[359] —: Theory of Pulse Systems. London, Oxford: Pergamon Press, 1962.

[360] Automatic Nyquist Diagramm Plotter. Mesures et Controle Industriel, 28. Jg. (1963), S. 523—527.

[361] Analyse des systèmes automatiques par la mesure directe. Process Control and Automation, 8. Jg. (1961), S. 3, London.

[362] A Low Frequency Sine Wave Generator. Review of Modern Practice. Electronic and Radio Eng., 35. Jg. (1958), S. 459—467.

[363] Frequenzgangmeßplatz der E. L. A. Mesures et Controle Industriel, 24. Jg. (1959), S. 705.

[364] Mittel und Möglichkeiten der Frequenzgangmethode. Regelungstechnische Praxis, 3. Jg. (1961), S. 47—52, 77—81, 110—111, 4. Jg. (1962), S. 26—27, 68—69, 102—103.

[365] Nyquistdiagrammschreiber der Fa. Plessey, Mesures et Controle Industriel, 17. Jg. (1952), S. 569.

[366] Frequenzgangmeßplatz der AEG. Regelungstechnik, 8. Jg. (1960), S. 421, 422.

[367] ZEMAN, E.: Synthese linerarer Regelkreise im Frequenzkennlinien-Verfahren. Diplomarbeit T. H. Wien, 1967.

[368] FÖLLINGER, O.: Zur Stabilität von Totzeitsystemen. Regelungstechnik, 15. Jg. (1967), S. 145—149.

[369] FUCHS, H.: Stabilitätskontrolle mittels logarithmischer Frequenzbilder. Die Technik, 17. Jg. (1962), S. 88—91.

[370] GRAWE, H.: Praktische Messung von Frequenzgängen mit einem Frequenzmeßplatz. Regelungstechnik, 15. Jg. (1967), S. 460—464.

[371] GRÖSCHEL, E.: Ein Verfahren zur Ermittlung der Frequenz-Kennlinien geschlossener Systeme, die eine Nichtlinearität enthalten. Regelungstechnik, 14. Jg. (1966), S. 373—377.

[372] —: Die Eigenschaften von Regelkreisen mit beschränkter Stellgeschwindigkeit oder Stellgröße. Regelungstechnik, 15. Jg. (1967), S. 204—211.

[373] HEDGES, F.: An Automatic Nyquist Plotter Using Track and Store Techniques. Simulation, 6. Jg. (1966), S. 217—218.

[374] KEYN, V. M., und V. A. TIMOFEEV: Graphische Methode zur Konstruktion der Frequenzkennlinien eines geschlossenen Systems aus der Amplituden- und Phasenkennlinie des offenen Systems (russ.). TZV. VUZ Elektromech. (1967), S. 87—91.

[375] PARNABY, J.: A Method of Synthesizing the Harmonic Response of a Control System Incorporating a Nonlinear Element. Trans. Soc. Instrum. Technol., 18. Jg. (1966), S. 45—49.

[376] SEN, A. K., und C. F. CHEN: Comments on "An Extension of Oppelt's Stability Criterion Based on the Method of two Hodographs" and "Relative Stability from the Dual-Locus Diagramm". IEEE Trans. Autom. Control., Vol. AC—11 (1965), S. 141—142.

[377] SILJAK, D. D.: A Note on the Generalised Nyquist Criterion. IEEE Trans. Automatic Control, Vol. AC—11, 1966, S. 317.

[378] SOMLO, J.: Beschreibungsfunktionen von Nichtlinearitäten mit stückweise linearen Kennlinien (russ.). Acta Techn. Hungar. 54. Jg. (1966), S. 307—331.

[379] SCHLITT, H.: Stochastische Vorgänge in linearen und nichtlinearen Regelkreisen. Braunschweig: Vieweg & Sohn, 1967.

Namen- und Sachverzeichnis

Abgetastete Funktion 168
Absolute Stabilitätsgüte 77, 78ff.
Abtastfunktion 168, 170
Abtast-Kreisfrequenz 168
Abtastsysteme 168 ff.
—, Beschreibungsfunktion 170ff.
Addition der Kennlinien 37
Allpaß 7,14, 35
Amplitudenbereich bei Frequenzgangmessung 188
Amplitudencharakteristik 17
Amplitudenfunktion 5
Amplitudengang 17
Amplitudenkennlinie 17
—, anzustrebende 94ff.
Amplitudenkorrektur 21, 22, 23, 28, 29, 30
Amplitudenrand 63
Amplitudenverhältnis 5
Äquivalente Linearisierung 132
Asymptote, hochfrequente 100
—, mittelfrequente 94ff.
—, niederfrequente 98, 100
Asymptoten der Amplitudenkennlinie 21
Asymptotenneigung 38
Ausregelzeit 95

Balance, harmonische 132
Bertrand, E. 186
Beschreibungsfunktion 130
—, Abtastsysteme 170ff.
—, —, Näherungsformeln 174ff.
—, Relais 137
Betrags- und Argumenten-Diagramme 137
Betragslineares Optimum 126
Bewertungsfunktion 42
Bode, H. W. 17, 40
Bode-Diagramm 16, 17
Bodes Gesetz 40, 42, 86
— —, Verallgemeinerung 85ff.
Bogoljubow, N. N. 132

Charakteristische Gleichung 60, 67
Charakteristisches Polynom 60, 67
Chestnut, H. 98,101

Dämpfungsgrad 11, 26
Dezibel 18
D-Glied 8, 19
Differentialgleichung 3
Dudnikow, E. E. 204, 212
Durchlaufzeit (Frequenzgangmessung) 191, 193
Durchtrittsfrequenz 63, 96
—, optimale 96

Eckfrequenz 21, 38
Eigenfrequenz 60, 143, 149, 153
Eigenschwingung 60
Eigenvorgang 60
Einschleifiges System 47

Feldbaum-Kriterium 127
Föllinger, O. 70
Formierungsglied 169
Fourier-Entwicklung 132
Fourier-Koeffizienten 133
Frequenz, logarithmische Änderung 192
Frequenzbereich 2
Frequenzgang 4
Frequenzgangmessungen 179ff.
—, Amplitudenbereich 188
—, Frequenzbereich 189, 190
—, Versuchsanordnung 181, 207
Frequenzgangmeßplätze 197ff.
Frequenzkennlinien 17, 19ff.
— erster Art 70
— zweiter Art 70
— dritter Art 72
—, geschlossenes System 46, 50
—, — —, Abschätzung 51
—, Grundformen 19ff., 36, 37
—, mehrschleifige Systeme 54
—, Parallelschaltung 52
—, —, Abschätzung 54
Führungs-Frequenzgang 47
Führungs-Übertragungsfunktion 47
Funktionsgenerator 181

Gegenkopplung 50, 124
Geraden-Näherung der Phasenkennlinie 23, 33
Geschlossenes System, Frequenzkennlinien 46, 50
— —, Kenngrößen 101ff.

Geschlossenes System, Übertragungsfunktion 46, 47
Gesetz von Bode 40,42
Gleitfrequenzgenerator 191
Gloede, G. 70
Goldfarb, L. S. 132
Grenzschwingung 130, 141
Grenzzyklus 130
Grundformen der Übertragungsfunktionen 6, 8ff., 36, 37
— — Frequenzkennlinien 19ff., 36, 37
Grundwert der Phasenkennlinie 22
Güte-Kennlinien, absolute Stabilitätsgüte 79
—, — —, Grundformen 79ff.
—, relative Stabilitätsgüte 83, 89
—, — —, Grundformen 83ff.
Güte-Phasenrand 87, 89

Hall, A. C. 49
Hall-Diagramm 49
Halteglied 169
Harmonische Balance 132
Hilfsregelgröße 55
Hilfsstellgröße 56
Hutarew, G. 187, 206
Hyperbel-Näherung der Phasenkennlinien 25, 34, 64

I-Glied 8, 9, 19
Identifikation 179, 202ff.
Integralkriterien 126, 127
Inverser Frequenzgang 20
ITAE-Kriterium 126

Kaskadenregelung 56
Kennlinien, nichtlineare 134, 135
Kennlinienaddition 37
Kennwertermittlung 179, 202ff.
Kippschwingung 146
Kochenburger, R. 132
Konforme Abbildung 5, 61
Korrektur durch Gegenkopplung 124
Korrekturglied, differenzierend 93
—, integrierend 93
—, integrodifferenzierend 94
—, Phasennacheilung erzeugend 93
—, Phasenvoreilung erzeugend 93
Korrekturglieder 92, 111, 116ff.
Kritischer Punkt 61
Krylow, N. M. 132

Laplace-Transformation 4, 46, 171, 191
—, diskrete 169
Lechner, K. 185
Leonhard, A. 1, 83
Lichtpunktschreiber 194
Lineares Optimum 126
Linearfaktoren 5
Linearisierung, äquivalente 132
—, harmonische 132
Linienschreiber 194
Lissajousche Figuren 194
Logarithmische Ortskurve 50
Logarithmus 17, 18

Magnus, K. 136
Mandelstam-Kriterium 127
Mayer, H. 98, 101
Mehrschleifige Systeme, Frequenzkennlinien 54ff.
Menskij, B. M. 44
Meßplätze 74ff.
Mindestdämpfung, absolute 78
—, relative 78
Mitkopplung 50

Netzwerke, korrigierende 92, 111, 116ff.
Nichols, N. B. 48
Nichols-Diagramm 48ff.
Nichtlinearität nullter Ordnung 131
Nichtreguläre Systeme 7, 13ff., 35
ND1-Glied 13
ND2-Glied 13
NT1-Glied 13
NT2-Glied 13
Nullstellen der Übertragungsfunktion 5
Nyquist, H. 61, 62
Nyquist-Kriterium, allgemeine Fassung 67ff.
—, Schnittpunktform 70
—, Umlaufform 69
—, vereinfachte Fassung 61ff.

Oberschwingungen 132
Offenes System, instabiles 67
— —, Ortskurve 68
— —, Übertragungsfunktion 46
Oldenbourg, R. C. 127
Oldenburger, R. 179
Operatorausdruck 3
Operatorenrechnung 3
Oppelt, W. 169
Optimale Reglereinstellung 126
Optimum, betragslineares 126
—, lineares 126
—, praktisches 127
—, quadratisches 126
Ortskurve 4
—, logarithmische 50
Oszillograph 194

P-Glied 8, 19
Parallelkorrektur 92, 124
Parallelschaltung, Frequenzkennlinien 46, 52ff.

PD1-Glied 9, 20
PD2-Glied 11, 26
PT1-Glied 9, 20
PT2-Glied 11, 26
Phasencharakteristik 17
Phasenfaktor 7
Phasenfunktion 5
Phasengang 17
Phasenkennlinie 17
—, Geraden-Näherung 23, 33
—, Grundwert 22
—, Hyperbel-Näherung 25, 34, 64
—, vereinfachte Bestimmung 44ff.
Phasenkorrektur 22, 23, 30, 31
Phasenminimumsysteme 7, 40
Phasen-Null-Verfahren 197
Phasenrand 63
Pole der Übertragungsfunktion 6
Praktisches Optimum 127

Quadratisches Optimum 126

Real- und Imaginärteil-Verfahren 197
Regelkreis 1
Regelkreissynthese 92ff.
Reglereinstellung, optimale 126
Reguläre Systeme 7
Relais, Beschreibungsfunktion 137
Relais-Charakteristik 149, 154, 163, 166
—, Frequenzkennlinien 150
—, vereinfachte 154ff.
Relais-System 147ff.
— mit Totzone 153
— ohne Totzone 147, 162, 165
Relative Stabilitätsgüte 78, 83ff.
— —, Faustformel 90
— —, Zwei-Ortskurven-Methode 90
Resonanzfrequenz 5
Resonanzkurve 17
Rückführung 50

Sartorius, H. 127
Schaltbedingungen (Relaissystem) 148, 153
Schaltbreite (Relaissystem) 153
Schaltgerade (Relaissystem) 149, 163
Schmid, A. 187
Schnittpunktform des Nyquist-Kriteriums 70
Schwingfähigkeit 78
Senf, G. 189
Serienkorrektur 92, 124
Serienschaltung 5, 37
Sinusgenerator, elektrisch 182
—, hydraulisch 183
—, mechanisch 187
—, pneumatisch 183
Solodownikow, W. W. 98, 130
Sourisse, C. 183
Sprungantwort 179
Stabilität im Großen 141
— — Kleinen 141
Stabilitätsanalyse, Abtastsysteme 168ff.
—, lineare Systeme 59ff.
—, näherungsweise 64
—, nichtlineare Systeme 140ff.
—, Relaissysteme 147ff.
Stabilitätsdiagramme 143ff.
Stabilitätsgrad 78
Stabilitätsgrenze 60, 62
Stabilitätsgüte 77ff.
—, absolute 77, 78ff.
—, relative 78, 83ff.
—, —, vereinfachte Analyse 86
Stabilitätskriterium 60
Stabilitätsreserve 95
Stellensatz der Funktionentheorie 69
Störfrequenzgang 47
Störgröße 47
Störgrößenaufschaltung 55
Störsignal 47
Störverhalten, Übertragungsfunktion 47
Symmetrisches Schalten des Relaissystems 147
Synthese des Regelkreises 92ff.
Szweda, T. 203, 211

Tastverhältnis 170
Tiefpaß 132
Totzeit-Glied 16, 35
Treppenkurve 172
Tschauner, J. 169

Übergangsfunktion 179
Überschwingweite 95
Übertragungsfunktion, allgemeine Form 3, 4, 6
— des geschlossenen Systems 46, 47
— des offenen Systems 46
— für Führungsverhalten 47
— für Störverhalten 47
Übertragungsfunktionen, reguläre 6ff.
Übertragungsglied 2
Übertragungsverhalten 2
Umlaufform des Nyquist-Kriteriums 69
Unsymmetrisches Schalten des Relaissystems 160ff.

Verallgemeinerung von Bodes Gesetz 85ff.
Vermaschte Systeme 55
Verstärkungsfaktor 6, 8
Verstärkungsglied 8

Wattmeter-Verfahren 197

X-Y-Schreiber 194

Z-Transformation 169
Zaidenberg, E. D. 99
Zeitbereich 2
Zeitkonstante 6
Zweifachregelung 57
Zwei-Ortskurven-Methode, Abtastsysteme 170ff.
—, lineare Systeme, erweiterte Fassung 73ff.
Zwei-Ortskurven-Methode, lineare Systeme, vereinfachte Fassung 65ff.
—, nichtlineare Systeme 140, 142
—, relative Stabilitätsgüte 90
Zweipunktregelung 146
Zypkin, Ja. S. 147, 149, 152
Zypkin-Methode für Relais-Systeme 147ff.
— — —, Erweiterungen 158ff.

GPSR Compliance

The European Union's (EU) General Product Safety Regulation (GPSR) is a set of rules that requires consumer products to be safe and our obligations to ensure this.

If you have any concerns about our products, you can contact us on ProductSafety@springernature.com

In case Publisher is established outside the EU, the EU authorized representative is:

Springer Nature Customer Service Center GmbH
Europaplatz 3
69115 Heidelberg, Germany

Batch number: 10584556

Printed by Printforce, the Netherlands